中等职业学校机械类专业通用教材

技工院校机械类专业通用教材（中级技能层级）

计算机制图——CAXA电子图板2023

崔兆华　主编

中国劳动社会保障出版社

简介

本书主要内容包括入门知识、绘制基本图形、绘制复杂图形、图形编辑、标注、绘制三视图和轴测图、绘制零件图、绘制装配图等。

本书由崔兆华任主编，李建民、洪善慧、王华、逯伟、张静参加编写，邵明玲任主审。

图书在版编目（CIP）数据

计算机制图：CAXA 电子图板 2023 / 崔兆华主编 . 北京：中国劳动社会保障出版社，2025. --（中等职业学校机械类专业通用教材）（技工院校机械类专业通用教材：中级技能层级）. -- ISBN 978-7-5167-6860-0

Ⅰ. TP391. 72

中国国家版本馆 CIP 数据核字第 20252Y6U54 号

计算机制图——CAXA 电子图板 2023

JISUANJI ZHITU——CAXA DIANZI TUBAN 2023

中国劳动社会保障出版社出版发行

（北京市惠新东街 1 号　邮政编码：100029）

*

北京市艺辉印刷有限公司印刷装订　新华书店经销

787 毫米 ×1092 毫米　16 开本　19.25 印张　456 千字

2025 年 6 月第 1 版　2025 年 6 月第 1 次印刷

定价：55.00 元

营销中心电话：400-606-6496

出版社网址：https://www.class.com.cn

https://jg.class.com.cn

前　言

为了更好地适应全国技工院校机械类专业的教学要求，全面提升教学质量，我们组织有关学校的一线教师和行业、企业专家，在充分调研企业生产和学校教学情况、广泛听取教师对教材使用反馈意见的基础上，对技工院校机械类专业通用教材进行了修订和补充开发。本次修订（新编）的教材包括：《机械制图（第八版）》《机械基础（第七版）》《极限配合与技术测量基础（第六版）》《金属材料与热处理（第八版）》《机械制造工艺基础（第八版）》《电工学（第七版）》《工程力学（第七版）》《数控加工基础（第五版）》《计算机制图——AutoCAD 2023》《计算机制图——CAXA 电子图板 2023》《计算机制图——中望 CAD 2023》等。

本次教材修订（新编）工作的重点主要体现在以下三个方面：

第一，更新教材内容，提升表现形式。

根据机械类专业毕业生所从事岗位的实际需要和教学实际情况的变化，合理确定学生应具备的能力与知识结构，对部分教材内容及其深度、难度做了适当调整；根据相关专业领域的最新发展，在教材中充实新知识、新技术、新设备、新材料等方面的内容，体现教材的先进性；采用最新国家技术标准，使教材更加科学和规范；在教材插图的制作中全面采用立体造型技术，并采用四色印刷，提升教材的表现力。

第二，打造新形态教材，体现时代发展。

《机械制图（第八版）》《机械基础（第七版）》《机械制图（第八版）习题册》为 AR（增强现实）教材。学生在移动终端上安装 App，扫描教材中带有 AR 图标的页面，可以对呈现的立体模型进行缩放、旋转、剖切等操作，以及观察模型的运动和拆分动画，便于更直观、细致地探究机构的内部结构和工作原理，还可以浏览相关视频、图片、文本等拓展资料。其他教材为融媒体教材。针对教材中的教学重点和难点制作了动画、视频、微课等多媒体资源，学生使用移动终端扫描二维码即可在线观看相应内容。

第三，开发配套资源，提供教学服务。

本套教材配有习题册、教学参考书、多媒体电子课件和电子教案，可以通过技工教育网（https://jg.class.com.cn）下载电子课件、电子教案等教学资源。

本次教材的修订（新编）工作得到了河北、辽宁、江苏、山东、广东、广西、陕西等省、自治区人力资源社会保障厅及有关学校的大力支持，在此我们表示诚挚的谢意。

目 录

第一章

入 门 知 识

CAXA CAD 电子图板 2023（以下简称“CAXA 电子图板”）是北京数码大方科技有限公司根据我国机械设计国家标准和工程师使用习惯开发，具有自主的 CAD 内核、独立的文件格式，支持第三方应用开发，支持新制图标准，提供海量新图库的制图软件。CAXA 电子图板广泛应用于航空航天、装备制造、电子电器、汽车及零部件、国防军工、教育等行业。

第一节 用 户 界 面

CAXA 电子图板的用户界面包括 Fluent 风格界面（见图 1-1）和经典界面（见图 1-2）两种。Fluent 风格界面主要通过使用功能区、快速启动工具栏和菜单按钮来访问常用命令。经典界面主要通过使用主菜单和工具条来访问常用命令。除上述界面元素

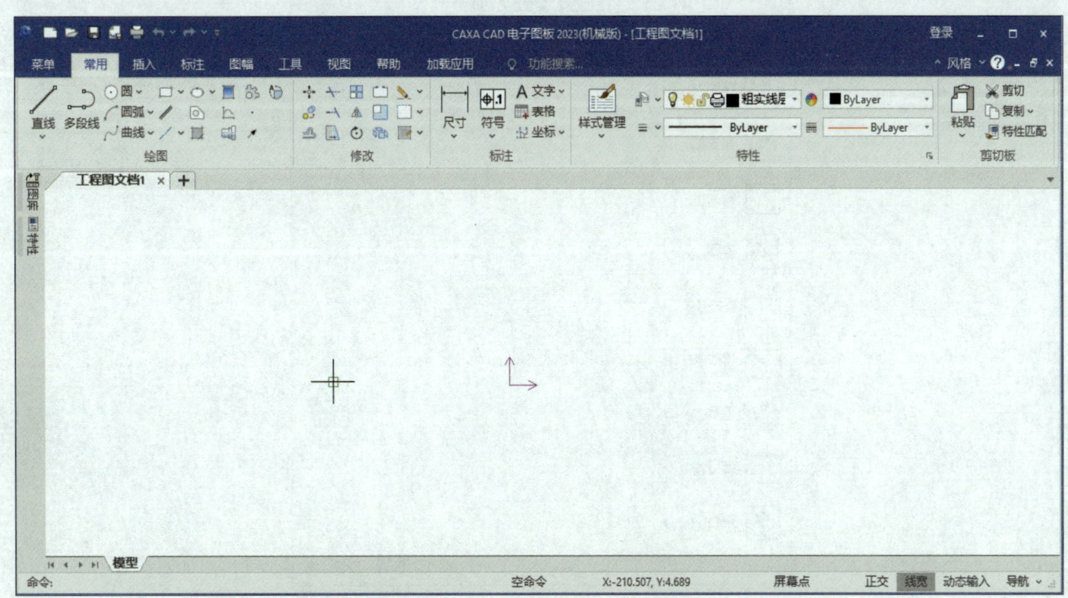

图 1-1　Fluent 风格界面

外，还包括状态栏、立即菜单、绘图区、工具选项板、命令行等。两种界面可以通过按F9键进行切换。

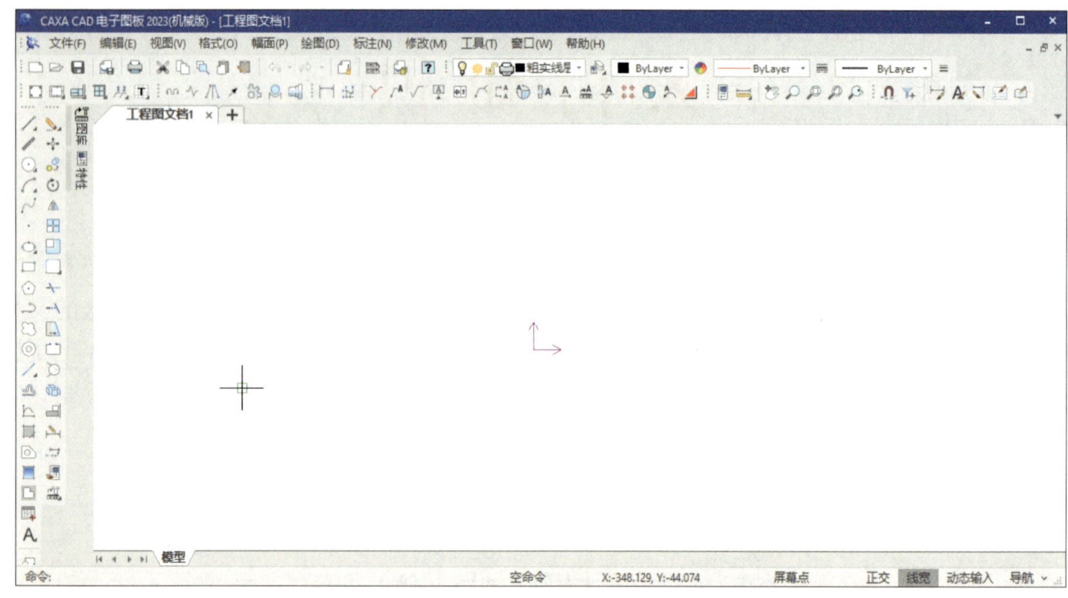

图 1-2　经典界面

一、Fluent 风格界面

1. 菜单按钮

在 Fluent 风格界面下，使用菜单按钮可以打开主菜单，如图 1-3 所示。

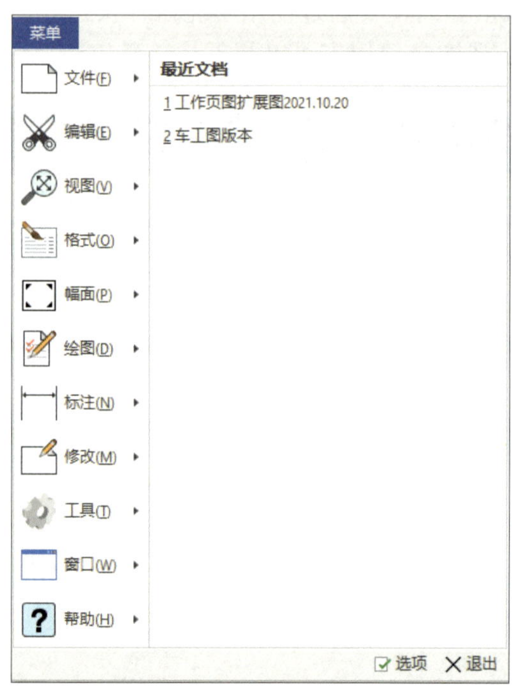

图 1-3　菜单按钮

菜单按钮的使用方法：

（1）单击菜单按钮，可以打开主菜单。

（2）主菜单右侧默认显示最近使用的文档，单击文档名称即可直接打开相应的文档。

（3）将光标在各菜单项上停放即可显示子菜单，单击子菜单中的选项即可执行相应的命令。

2. 快速启动工具栏

快速启动工具栏用于组织和访问经常使用的命令，该工具栏可以自定义。图 1–4 所示为快速启动工具栏。

图 1–4　快速启动工具栏

快速启动工具栏的使用方法：

（1）单击快速启动工具栏上的图标即可执行对应的命令。

（2）使用鼠标右键单击快速启动工具栏上的图标，即可弹出自定义快速启动工具栏菜单（见图 1–5）。此时可以选择“自快速启动工具栏删除”将不常用的图标删除，也可以选择“在功能区下方放置快速启动工具栏”将快速启动工具栏放置在功能区下方，还可以单击“自定义快速启动工具栏...”选项，并在弹出的“定制功能区”对话框（见图 1–6）中进行自定义。在图 1–6 中，选择左侧命令列表框中的命令，单击中间“添加（A）”按钮，可使选择的命令添加到快速启动工具栏；选择右侧列表框中的命令，单击中间“删除（R）”按钮，可将该命令从快速启动工具栏中删除。

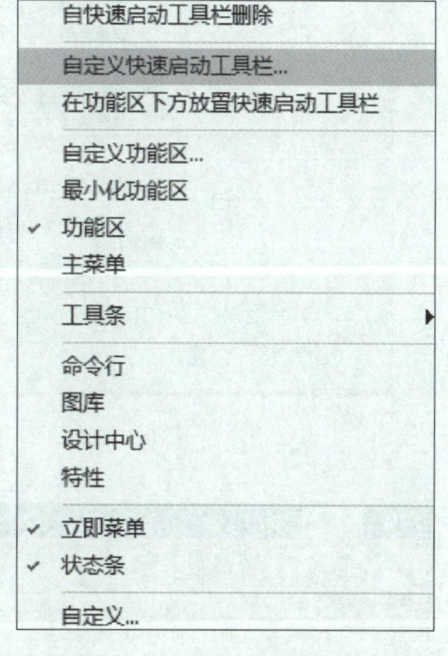

图 1–5　自定义快速启动工具栏菜单

另外，在自定义快速启动工具栏菜单中还可以打开或关闭其他界面元素，如主菜单、工具条以及命令行等。

（3）单击快速启动工具栏最右边的按钮 ，也可以进行快速启动工具栏的自定义。

3. 功能区

Fluent 风格界面中最重要的界面元素为功能区。功能区通常包括多个功能区选项卡，每个功能区选项卡由各种功能区面板组成。CAXA 电子图板的功能区包括“常用”“插入”“标注”“图幅”“工具”“视图”和“帮助”等选项卡，而常用选项卡由“绘图”“修改”“标注”“特性”和“剪切板”等功能区面板组成，如图 1–7 所示。

功能区的使用方法：

（1）在不同的功能区选项卡间进行切换时，可以单击要使用的功能区选项卡。当光标在功能区上时，也可以使用鼠标滚轮切换不同的功能区选项卡。

（2）可以双击当前功能区选项卡的标题，或者在功能区上单击鼠标右键“最小化”功能区。功能区最小化时单击功能区选项卡标题，功能区向下扩展；光标移出功能区，单击鼠标左键，功能区选项卡收起。

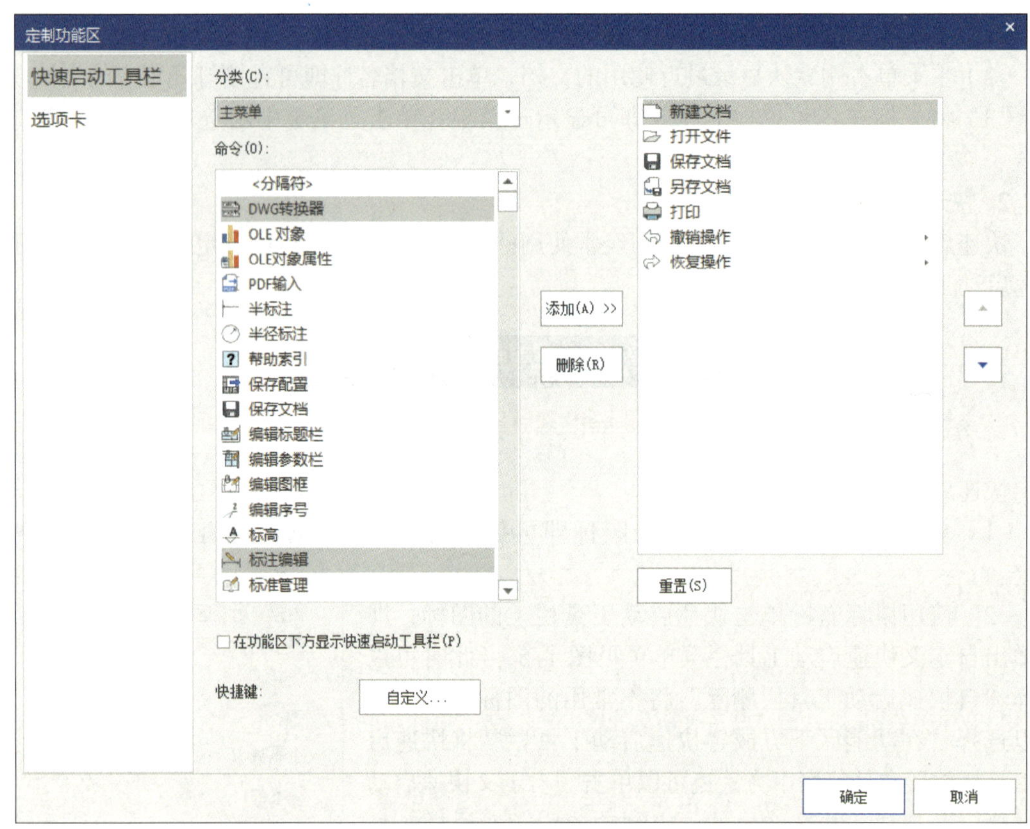

图 1-6 “定制功能区”对话框

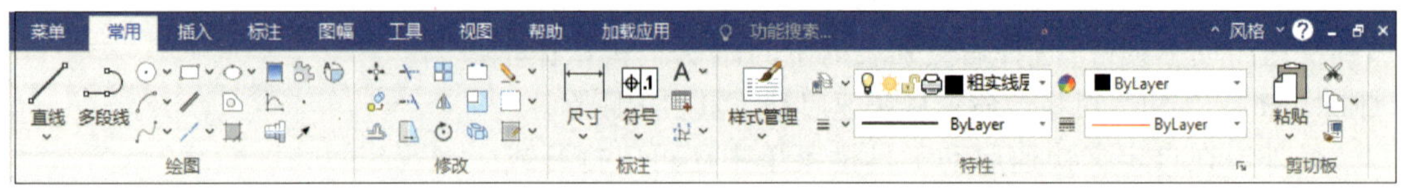

图 1-7 功能区

（3）在各种界面元素上单击鼠标右键后，可以在弹出的快捷菜单中打开或关闭功能区。

（4）功能区面板上包含各种功能命令和控件，使用方法与通常的主菜单或工具条上的相同。

（5）单击功能区右上角的“风格”，可以在下拉菜单中选择 CAXA 电子图板界面色彩。

4. 状态栏

CAXA 电子图板提供了多种显示当前状态的功能，包括操作信息提示区、命令与数据输入区、命令提示区和当前点坐标显示区等，如图 1-8 所示。

图 1-8 状态栏

（1）操作信息提示区

操作信息提示区位于屏幕底部状态栏的左侧，用于提示当前命令执行情况或提醒用户输入命令或数据。

（2）命令与数据输入区

命令与数据输入区与操作信息提示区重叠，用于通过键盘输入命令或数据。

（3）命令提示区

命令提示区显示目前执行功能的键盘输入命令的提示，便于用户快速掌握 CAXA 电子图板的键盘命令。

（4）当前点坐标显示区

当前点坐标显示区显示当前点的坐标值，当前点的坐标值随光标的移动动态变化。

（5）点工具状态提示

自动提示当前点的性质以及拾取方式。例如，点可能为屏幕点、切点、端点等，拾取方式为添加状态、移出状态等。

（6）正交状态切换

单击“正交切换”按钮可以打开或关闭“正交”状态。按 F8 键也可以快速打开或关闭“正交”状态。

（7）线宽状态切换

单击“线宽显示”按钮可以在“按线宽显示”和“细线显示”状态间切换。

（8）动态输入工具开关

单击“动态输入开关”按钮可以打开或关闭“动态输入”工具。

（9）点捕捉状态设置区

点捕捉状态设置区位于状态栏的最右侧，在此区域内设置点的捕捉状态，分别为自由、智能、导航和栅格。按 F6 键可以快速实现四种捕捉状态的切换。

5. 绘图区

绘图区是用户进行绘图设计的工作区域。它位于屏幕的中心，并占据了屏幕的大部分面积。绘图区默认为黑色，可通过“选项”对话框进行颜色设置，如图 1–9 所示，操作步骤如下：

（1）单击“工具”选项卡中的“选项”命令，系统弹出“选项”对话框。

（2）单击左侧列表框中的“显示”选项，右侧出现“颜色设置”面板。

（3）单击“颜色设置”面板中的“模型背景”下拉按钮，在弹出的颜色下拉列表中选择需要的颜色，然后单击右下角的“确定”按钮，即可完成绘图区颜色的设置。

6. 立即菜单

CAXA 电子图板提供了立即菜单的交互方式，该交互方式用来代替传统的逐级查找的问答式交互，使得交互过程更加直观和快捷。用户在输入某些命令后，在绘图区的底部会弹出一个立即菜单。立即菜单描述了该项命令执行的各种情况和使用条件。用户根据当前的作图要求，正确地选择某一选项，即可得到准确的响应。

例　直线命令

输入绘制直线的命令（用键盘输入“line”或在“绘图”功能区面板单击“直线”按钮 ），则系统立即弹出一个立即菜单及相应的操作提示，如图 1–10 所示。

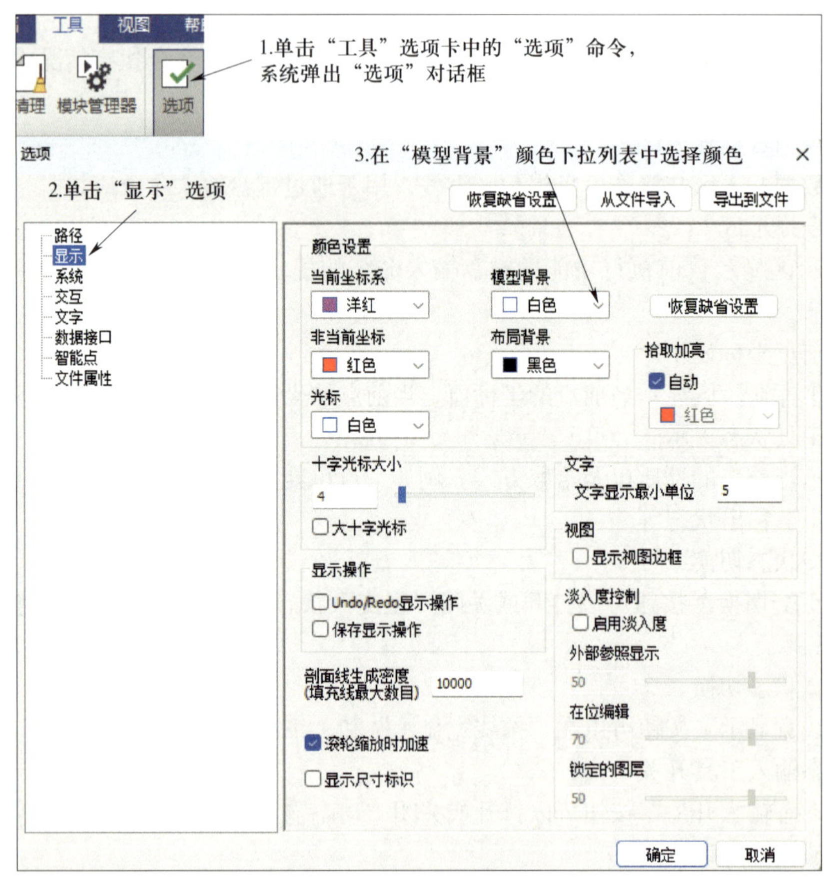

图 1–9　绘图区颜色的设置

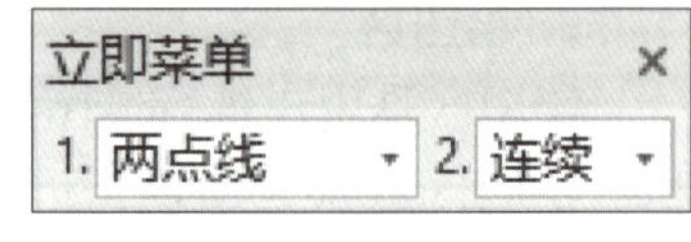

图 1–10　直线命令立即菜单

此菜单表示当前待绘制的直线为连续的两点线。在显示立即菜单的同时，在状态栏的最左侧系统提示“第一点：”。用户按要求输入第一点后，系统会提示“第二点：”。用户再输入第二点，系统在绘图区从第一点到第二点绘制出一条直线。

立即菜单的主要作用是可以选择某一命令的不同功能。可以通过单击立即菜单中的下拉按钮或用快捷键“Alt+ 数字键”进行激活，如果下拉列表中有很多可选项时，可使用快捷键“Alt+ 连续数字键”进行选项的切换。如上例，如果想绘制一条单根直线，那么可以单击立即菜单中的第二项“连续”下拉按钮或用快捷键“Alt+2”激活它，则该选项变为“单根”。如果要使用“角度线”功能，那么可以单击立即菜单中的第一项“角度线”下拉按钮或用快捷键“Alt+1”激活它。

7. 界面颜色

CAXA 电子图板提供界面颜色设置工具，可以修改软件整体界面元素的配色。在 CAXA 电子图板界面右上角有“风格”下拉菜单，如图 1–11 所示。单击“风格”展开下拉菜单后，可根据用户个人的喜好选择界面颜色。CAXA 电子图板提供蓝色、深灰色、白色和黑色四种颜色风格。

8. 工具选项板

工具选项板是一种特殊形式的交互工具，用来组织和放置图库、修改属性等。CAXA 电子图板的工具选项板有“图库”和“特性”两项，如图 1–12 所示。

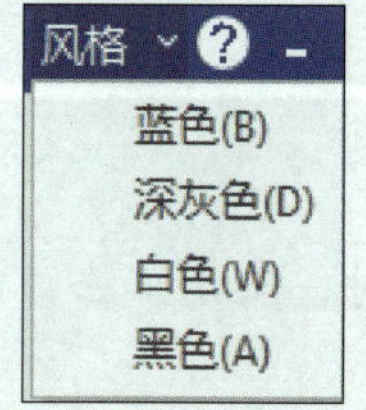

图 1–11 “风格”下拉菜单

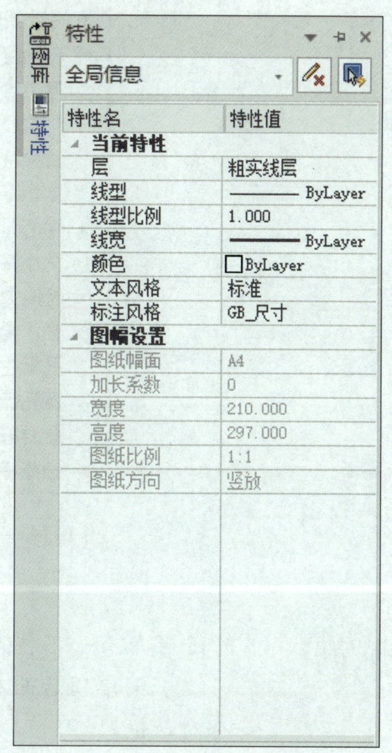

图 1–12 工具选项板

通常，工具选项板会隐藏在界面左侧的工具选项板工具条内，将光标移动到该工具条的工具选项板按钮上，对应的工具选项板就会弹出。

二、经典界面

1. 界面切换

在 Fluent 风格界面下的功能区中单击“视图”选项卡中“界面操作”面板内的“切换界面”按钮；或在经典界面下的主菜单中单击“工具”主菜单“界面操作”子菜单中的“切换”命令，就可以在 Fluent 风格界面和经典界面间进行切换。界面切换功能的快捷键为 F9。

2. 主菜单

CAXA 电子图板的主菜单位于屏幕的顶部，它由一行菜单条及其子菜单组成，包括“文件”“编辑”“视图”“格式”“幅面”“绘图”“标注”“修改”“工具”“窗口”“帮助”等菜单项，如图 1–13 所示。单击任意一个菜单项（例如“标注”），会弹出它的子菜单，单击子菜单上的选项即可执行对应命令，如图 1–14 所示。

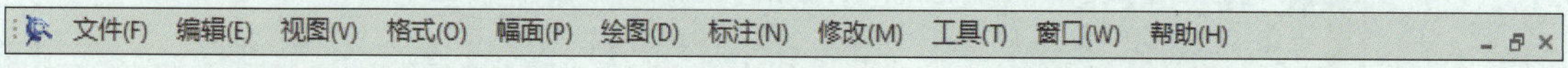

文件(F) 编辑(E) 视图(V) 格式(O) 幅面(P) 绘图(D) 标注(N) 修改(M) 工具(T) 窗口(W) 帮助(H)

图 1–13 主菜单

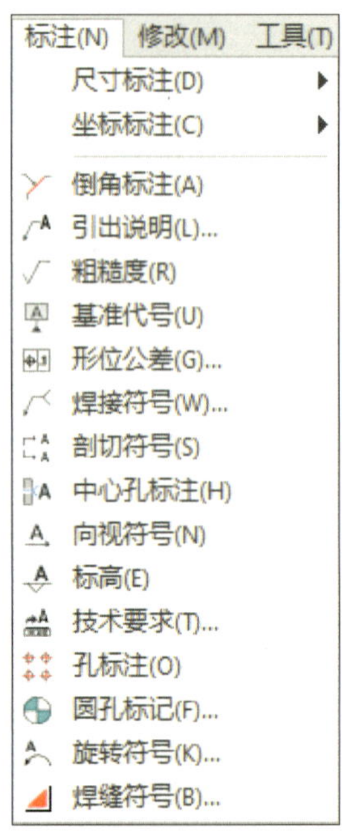

图 1–14 “标注”子菜单

提 示

子菜单有如下特点：

（1）菜单项后面有省略号“…”时，表示单击该选项后，会打开一个对话框。

（2）菜单项后面有黑色的小三角 ▶ 时，表示该选项还有子菜单。

（3）菜单项变为浅灰色时，表示在当前条件下，这些菜单项不能使用。

3. 工具条

工具条是很经典的交互工具。利用工具条，可以在 CAXA 电子图板界面中通过单击功能图标按钮直接调用功能。工具条可以自定义位置和是否显示在界面上，也可以建立全新的工具条。图 1–15 所示为常用工具条。

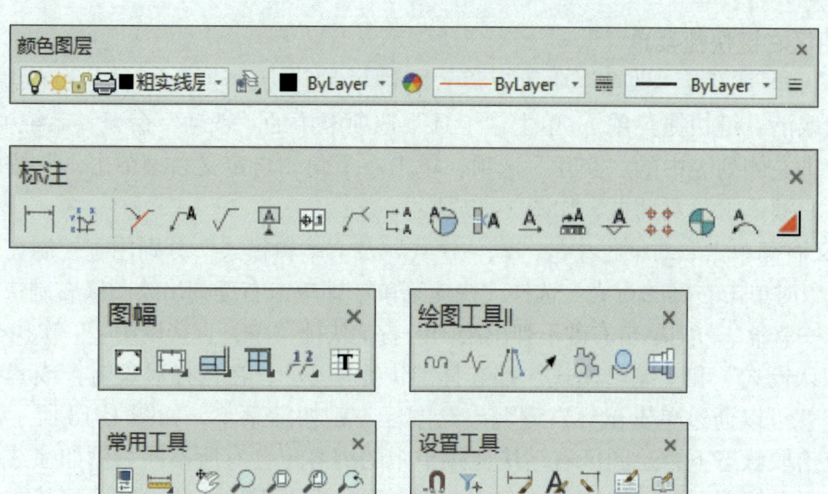

图 1–15　常用工具条

如果要显示当前隐藏的工具条，可在任意工具条上右击，此时弹出一个快捷菜单，可以显示或关闭相应的工具条。

4. 命令行

命令行用于显示当前命令的执行状态，并且可以记录本次程序开启后的操作。当光标位于工具条或工具条空白处时，单击鼠标右键，弹出如图 1–16a 所示快捷菜单，单击菜单中的“命令行”，弹出命令行，如图 1–16b 所示。如果在选项中将交互模式设置为关键字风格，那么在执行一部分命令时，命令行还起到交互提示工具的作用。

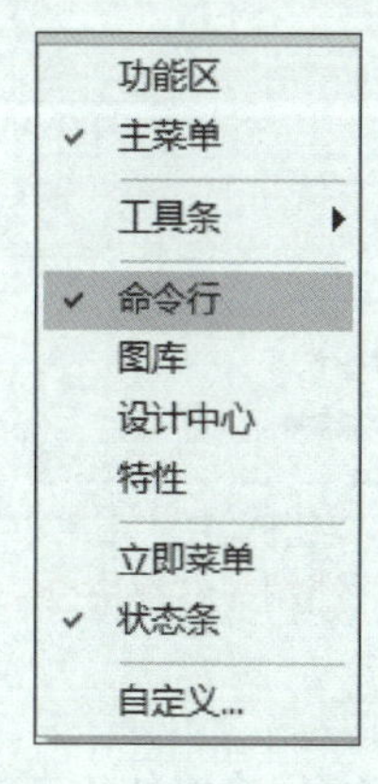

a）

b）

图 1–16　启动命令行

a）右键快捷菜单　b）命令行

三、右键快捷菜单

1. 绘图区右键快捷菜单

在 CAXA 电子图板“选项”中可以设置右键单击行为，使单击右键时直接重复上一次命令（同时取消右键快捷菜单）。单击“工具”选项卡中的“选项”命令，系统弹出“选项”对话框，单击左侧列表中的“交互”选项，单击右下角“自定义右键单击…”按钮，系统弹出“自定义右键单击”对话框，如图 1–17 所示。

“自定义右键单击”对话框中的“默认模式”及“编辑模式”分别用于控制在未选择对象和已选择对象时单击右键的行为。选择“快捷菜单”即单击右键弹出绘图区右键快捷菜单；选择“重复上一个命令”则单击右键不弹出绘图区右键快捷菜单，直接调用上一次执行的命令。

若“默认模式”和“编辑模式”都选择“快捷菜单”，在选择对象时，或者在无命令执行状态下，就可以通过单击鼠标右键调出绘图区右键快捷菜单，如图 1–18 所示。在不同的命令状态或拾取状态下，绘图区右键快捷菜单中的内容也会有所不同。例如在选中标题栏等实体的状态下，绘图区右键快捷菜单会比在空命令状态下多出一些内容，而基本编辑操作的选项会减少。选中其他实体后，右键快捷菜单的内容也会随之改变。

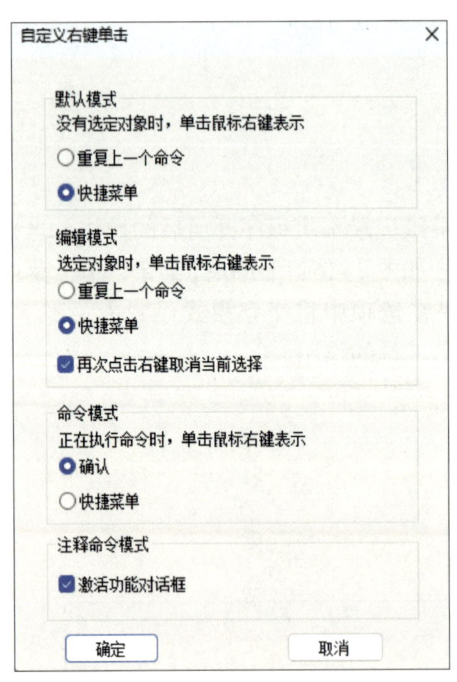

图 1–17 “自定义右键单击”对话框

图 1–18 绘图区右键快捷菜单

2. 界面元素配置菜单

在功能区、快速启动工具栏、工具条缓冲区等位置单击鼠标右键，可以调出界面元素配置菜单，如图 1–19 所示。该菜单可以对“快速启动工具栏”和“功能区”的状态进行设置。并且无论在 Fluent 风格界面还是经典界面中，都可以控制“功能区”“主菜单”“命令行”“图库”“特性”“立即菜单”“工具条”等界面元素是否显示在界面中。

3. 状态栏配置菜单

当光标位于状态栏时，单击鼠标右键，弹出状态栏配置菜单，如图 1-20 所示。状态栏配置菜单用于控制状态栏上的各种功能元素。可以控制的元素有“命令输入区”“命令提示区”“当前坐标”“点的性质和拾取方式”以及“正交切换”“线宽显示切换”“动态输入开关”和“智能点捕捉模式切换”按钮。

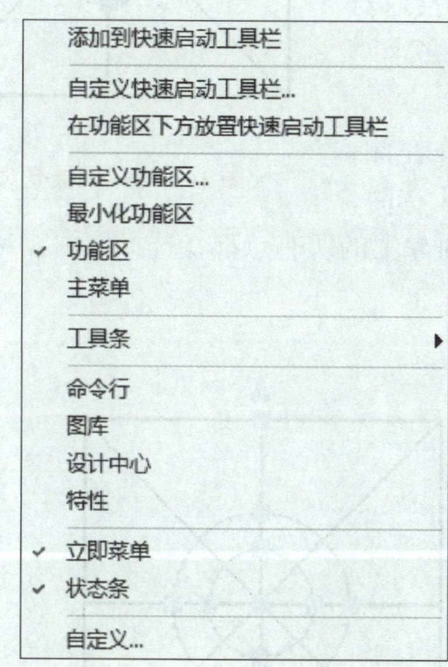

图 1-19　界面元素配置菜单

状态栏配置
✓ 命令输入区　第二点:
✓ L Line
✓ @530.406 <226.035°
✓ 屏幕点
✓ 正交
✓ 线宽
✓ 动态输入
✓ 导航

图 1-20　状态栏配置菜单

第二节　基本操作

一、对象操作

1. 对象的概念

在 CAXA 电子图板中，绘制在绘图区的各种曲线、文字、块等绘图元素实体，被称为图元对象，简称对象。能够单独拾取的实体就是一个对象。在 CAXA 电子图板中，如块一类的对象还可以包含若干个子对象。在使用 CAXA 电子图板绘图的过程中，除编辑环境参数外，实际上就是生成对象和编辑对象的过程。

2. 拾取对象

在 CAXA 电子图板中，如果想对已经生成的对象进行操作，则必须对对象进行拾取。拾取对象的方法可以分为点选、框选和全选。被选中的对象会被加亮显示，加亮显示的具体效果可以在系统选项中设置。拾取加亮对象如图 1–21 所示，图中虚线显示的实体为被拾取加亮的对象。

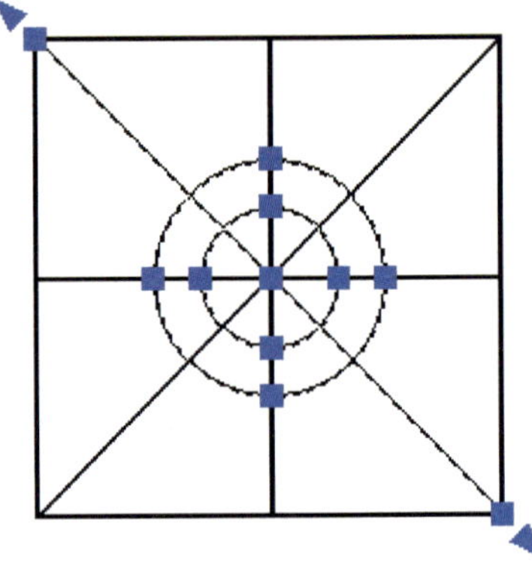

图 1–21　拾取加亮对象

（1）点选

点选是指将光标移动到对象内的线条或实体上单击鼠标左键，该实体会直接处于被选中状态。

（2）框选

框选是指在绘图区选择两个对角点形成选择框拾取对象。框选不仅可以选择单个对象，还可以一次选择多个对象。框选可分为正选和反选两种形式。

1）正选。正选是指在选择过程中，第一角点在左侧，第二角点在右侧（第一点的横坐标小于第二点）。正选时，选择框颜色为蓝色，框线为实线。在正选时，只有对象上的所有点都在选择框内，对象才会被选中，如图 1–22 所示。

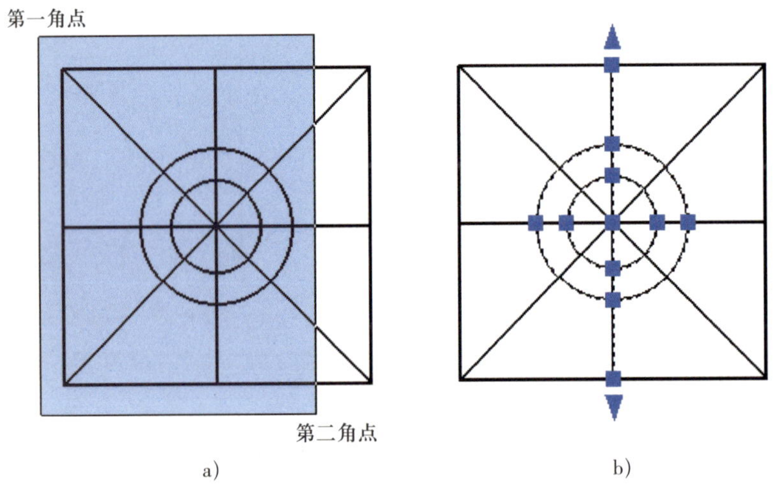

图 1–22　正选

a）正选选择框　b）选中的对象

2）反选。反选是指在选择过程中，第一角点在右侧，第二角点在左侧（第一点的横坐标大于第二点）。反选时，选择框颜色为绿色，框线为虚线。在反选时，只要对象上有一点在选择框内，则该对象就会被选中，如图 1–23 所示。

（3）全选

全选可以将绘图区能够选中的对象一次全部拾取。全选快捷键为 Ctrl+A。此外，在已经选择了对象的状态下，仍然可以利用上述方法直接在已有选择的基础上添加拾取。

3. 取消选择

使用常规命令结束操作后，被选择的对象也会自动取消选择状态。如果想手动取消当前的全部选择，可以按 Esc 键，也可以使用绘图区右键快捷菜单中的“全部不选”功能来取消全部选择。如果需要从当前选择集中取消某一个或某几个对象的选择状态，可以按 Shift 键，同时单击需要取消选择的对象。

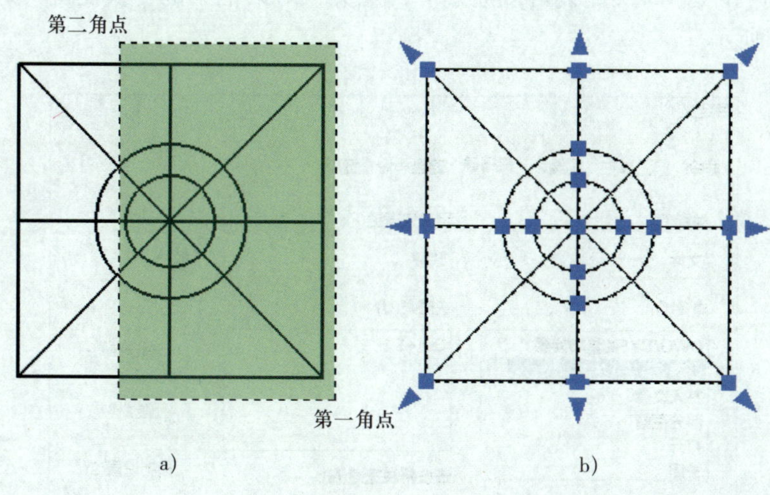

图 1–23　反选

a）反选选择框　b）选中的对象

二、命令操作

1. 命令的调用

在 CAXA 电子图板中，无论进行什么操作都必须调用命令。调用命令的方法主要有鼠标输入、键盘命令和快捷键三种。

（1）鼠标输入

在主菜单、工具条或功能区等位置找到需要执行命令的选项或图标，单击鼠标左键即可调用该命令。

（2）键盘命令

在 CAXA 电子图板中，绝大部分功能都有对应的键盘命令。在命令行中输入某一命令，然后按 Enter 键或空格键，即可执行该命令。

一些常用的功能，除标准的键盘命令外，还会有一个简化命令。简化命令往往拼写十分简单，便于输入调用功能，如直线功能的简化命令是 L，圆功能的简化命令是 C，尺寸标注功能的简化命令是 D。

（3）快捷键

快捷键又叫快速键或热键，是指通过某些特定的按键、按键顺序或按键组合来完成某一个操作。不同于键盘命令的是，按下快捷键后，需要调用的功能会立即执行，不必像键盘命令那样，按 Enter 键或空格键后才调用功能。因此，使用快捷键调用命令可以大幅提高绘图效率。

在常规的软件中，很多组合式的快捷键往往与键盘上的功能键 Alt、Ctrl、Shift 有关。如“关闭”功能的快捷键是 Alt+F4，“样式管理”功能的快捷键是 Ctrl+T，“另存文件”功能的快捷键是 Ctrl+Shift+S 等。

非组合式的快捷键主要是键盘最上方的 Esc 键和 F 系列功能键（F1 ~ F12）。其中 Esc 键在取消拾取、退出命令、关闭对话框、中断操作等方面具有广泛的应用。大部分的操作或特殊状态都可以通过按 Esc 键退出或消除。

CAXA 电子图板中的快捷键可以通过“自定义”对话框中的“快捷键”选项卡进行设置，如图 1–24 所示。

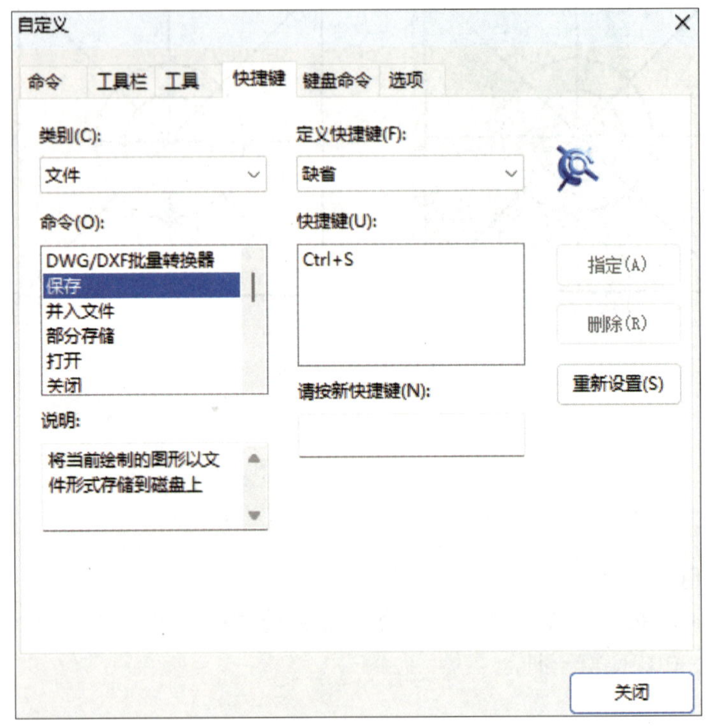

图 1–24 “自定义”对话框

2. 命令状态

CAXA 电子图板的命令状态可以分为三种，即空命令状态、拾取实体状态和执行命令状态。

（1）空命令状态下可以通过拾取对象进入拾取实体状态，或通过调用命令的方式进入执行命令状态。如果在空命令状态下调用了需要拾取实体的命令，则该命令运行后会提示用户拾取实体。

（2）拾取实体状态下可以通过按 Esc 键进入空命令状态，或通过调用命令的方式进入执行命令状态。如果在拾取实体状态下调用了需要拾取对象的命令，则该命令会直接以在拾取实体状态下选中的实体为操作对象，直接进入拾取对象后的环节。

（3）执行命令状态下可按 Esc 键回到空命令状态。部分命令也可以通过单击鼠标右键直接结束，回到空命令状态。

CAXA 电子图板执行命令时可以先拾取后调用命令，也可以先调用命令后拾取。需要拾取对象的命令有平移、旋转、镜像等。

此外，在空命令状态下可以在命令行直接输入算术式求得计算结果，例如：

输入“8–2”命令后，按 Enter 键，命令行显示“8–2=6”。

输入“4*3”命令后，按 Enter 键，命令行显示“4*3=12”。

输入“2^3”命令后，按 Enter 键，命令行显示“2^3=8”。

3. 命令的中止、重复、撤销和恢复

（1）命令的中止

在命令执行过程中，按 Esc 键，可中止命令执行。一般情况下，单击鼠标右键或按 Enter 键，也可中止当前操作直到退出命令。在一条命令执行过程中，单击菜单、工具条或功能区中的其他命令，可中止当前命令，执行新的命令。

（2）命令的重复

当执行完一条命令后，系统回到空命令状态，此时按 Enter 键、空格键或单击鼠标右键，可重复执行上一条命令。

（3）命令的撤销

单击“撤销操作”按钮，可撤销上一步的操作。可撤销操作的步数与系统设置有关。

（4）命令的恢复

单击“恢复操作”按钮，可恢复上一步的撤销操作。恢复操作为撤销操作的逆操作。

三、数据输入

CAXA 电子图板中需要输入的数据包括点（直线的端点、圆心等）、数值（直线的长度、圆的半径等）和位移。

1. 点的输入

图形要素大都可以通过输入点的位置来确定其大小。例如，绘制两点线时，会提示“第一点”“第二点”，绘制圆时会提示“圆心点”等，这种状态称为点输入状态。CAXA 电子图板除提供常用的键盘输入和鼠标输入方式外，还设置了智能点捕捉和工具点捕捉工具。

（1）键盘输入

在点输入状态下，用键盘输入该点的坐标值。点坐标可用直角坐标、相对直角坐标、极坐标、相对极坐标表示，其输入格式如下：

1）直角坐标。输入 X，Y 坐标值，以逗号为分隔符。

2）相对直角坐标。输入 @X，Y，其中 X 为当前点相对于前一点 X 的坐标差，Y 为当前点相对于前一点 Y 的坐标差。

3）极坐标。输入 $r<\alpha$，其中 r 为极径，α 为极角。

4）相对极坐标。输入 @$r<\alpha$，表示输入了一个相对前一点的极坐标。r 为当前点相对前一点的极坐标半径，α 为当前点与前一点连线与 X 轴形成的夹角。

（2）鼠标输入

在点输入状态下，通过移动十字光标选择需要输入点的位置。选中后单击鼠标左键，该点的坐标即被输入。还可利用智能点捕捉和工具点捕捉功能输入一些特殊的点，如中点、端点、切点等。

工具点就是在作图过程中具有几何特征的点，如圆心、切点、端点等。所谓工具点捕捉就是使用鼠标捕捉某个特征点。用户进入作图命令，需要输入特征点时，只要按下空格键，即在屏幕上弹出工具点菜单，如图 1-25 所示。

工具点捕捉状态的改变，也可以不用工具点菜单的弹出与拾取，用户在点输入状态的提示下，可以直接按相应的键盘字符（如 E 代表端点，C 代表圆心等）进行切换。

工具点的默认状态为屏幕点，用户在作图时拾取了其他的点状态，即在提示区右下角工具点状态栏中显示出当前工具点捕捉的状态。但这种点的捕捉只能一次有效，用完后立即自动回到屏幕点状态。

当使用工具点捕捉时，其他设定的捕捉方式暂时被取消，这就是工具点捕捉优先原则。当启用动态输入工具时，可以直接在屏幕上的动态输入框内输入点坐标。

2. 数值的输入

CAXA 电子图板中的某些命令执行时，需要输入数值，如长度、半径、角度等。此时可以输入一个数据，也可以输入一个表达式。

例如：100、35+70、sin（70/360）、sqrt（36+42）。

在表达式中输入角度值时，规定以度为单位。角度以 X 轴正向为 0°，逆时针旋转为正，顺时针旋转为负。

3. 位移的输入

位移是一个矢量。在某些操作中（如平移、拉伸等），需要输入位移，可采用“给定两点”和“给定偏移”两种方式。前者输入两个点，以两点连线方向作为位移方向，以两点间的距离作为位移量。后者直接输入位移分量“ΔX、ΔY”。

四、视图工具

在绘制或编辑图形时，为了查看图形的细节，需要经常平移或缩放当前的视图窗口。CAXA 电子图板提供了一系列命令，可以方便地控制视图。

与绘制、编辑命令不同，视图命令只改变图形在屏幕上的显示情况，而不能使图形产生实质性的变化。图形的显示控制对绘图操作，尤其是对绘制复杂视图和大型图纸具有重要作用，在图形绘制和编辑过程中经常使用。

视图控制的各项命令可以通过“视图”主菜单或功能区“视图”选项卡中的“显示”面板执行。图 1-26 所示为视图控制工具，视图控制工具中各按钮的名称、命令和功能见表 1-1。使用鼠标滚轮也可以进行视图的平移或缩放。

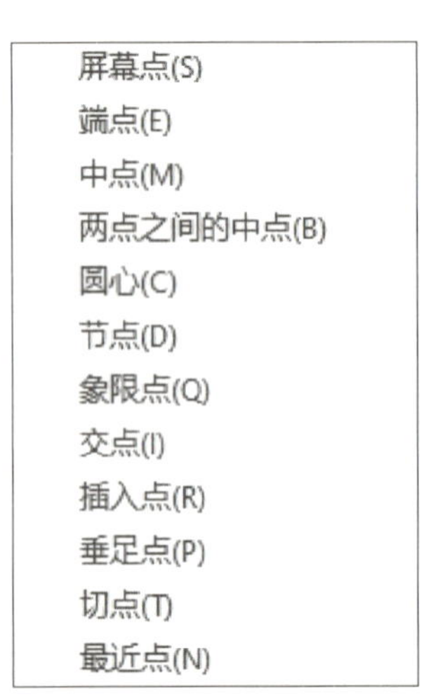

图 1-25　工具点菜单

图 1-26　视图控制工具

表 1-1　　　　视图控制工具中各按钮的名称、命令和功能

按钮	名称	命令	功能
	重生成	refresh 或 regen	将显示失真的图形进行重新生成。绘图区中圆和圆弧等图素在显示时都是由一段一段的线段组合而成的，当图形放大到一定比例时可能会出现显示失真的现象。通过使用“重生成”功能可以将显示失真的图形按当前窗口的显示状态进行重新生成
	全部重生成	refreshall 或 regenall	将绘图区内显示失真的图形全部重新生成
	显示窗口	zoom	通过指定一个矩形区域的两个角点，放大该区域的图形至充满整个绘图区
	显示全部	zoomall 或 za	将当前绘制的所有图形全部显示在屏幕绘图区内。显示全部的快捷键为 F3
	显示上一步	prev 或 zp	取消当前显示，返回到显示变换前的状态
	显示下一步	next	返回到下一次显示的状态。可与显示上一步配合使用
	动态平移	p 或 _pan 或 _p 或 pan	拖动鼠标平行移动图形。调用“动态平移”功能后，光标变成动态平移的图标，按住鼠标左键，移动鼠标就能平行移动视图。按 Esc 键或者单击鼠标右键可以结束动态平移操作。另外，可以按住鼠标滚轮直接进行平移，松开鼠标滚轮即可退出
	动态缩放	dynscale 或 rtzoom 或 _dynscale	拖动鼠标放大缩小显示图形。调用“动态缩放”功能后，光标变成动态缩放的图标，按住鼠标左键，向上移动光标为放大，向下移动光标为缩小。按 Esc 键或者单击鼠标右键可以结束动态缩放操作。另外，可以按住鼠标滚轮上下滚动直接进行缩放
	显示放大	zoomin 或 _zoomin	按固定比例放大视图。调用“显示放大”功能后，光标变成动态放大的图标，单击鼠标左键即可放大一次。按 Esc 键或者单击鼠标右键可以结束显示放大操作。另外，也可以按 PageUp 键，实现显示放大的操作
	显示缩小	zoomout 或 _zoomout	按固定比例缩小视图。调用“显示缩小”功能后，光标变成动态缩小的图标，单击鼠标左键即可缩小一次。按 Esc 键或者单击鼠标右键可以结束显示缩小操作。另外，也可以按 PageDown 键，实现显示缩小的操作
	显示平移	dyntrans 或 _dyntrans	指定一个显示中心点，系统以该点为屏幕显示的中心，平移显示图形。调用“显示平移”功能后，根据提示在屏幕上指定一个显示中心点，单击鼠标左键。系统立即将该点作为新的屏幕显示中心将图形重新显示出来。本操作不改变缩放系数，只平行移动图形。按 Esc 键或者单击鼠标右键可以退出“显示平移”状态。另外，可以使用上、下、左、右方向键使屏幕显示中心进行显示平移

续表

按钮	名称	命令	功能
	显示比例	vscale 或 _vscale	可按输入的比例系数，缩放当前视图。“显示放大”和“显示缩小”是按固定比例进行缩放，而“显示比例”可以更灵活地按设定比例缩放视图。调用“显示比例”功能后，根据提示输入一个（0，1 000）范围内的数值，该数值就是图形缩放的比例系数。按下 Enter 键后，一个由输入数值决定放大（或缩小）比例的图形被显示出来
	显示复原	home 或 _home	恢复标准图纸范围的初始显示状态。在绘图过程中，根据需要对视图进行各种显示变换，为了返回到标准图纸的初始状态可以使用“显示复原”命令。应用“显示复原”命令后，视图立即按照标准图纸范围显示。另外，也可以按 Home 键调用“显示复原”功能

第三节　图形文件管理

在 CAXA 电子图板中，图形文件管理包括新建、打开、保存图形文件，以及并入文件、部分存储图形对象等操作。文件操作的功能主要通过“文件”主菜单或快速启动工具栏来实现。“文件”主菜单如图 1–27 所示。

一、文件存取操作

1. 新建文件

选择模板新建一个图形文件。

（1）调用“新建”功能

1）单击“文件”主菜单中的“新建”命令。

2）单击快速启动工具栏中的“新建文档”按钮。

3）命令行：new。

4）快捷键：Ctrl+N。

（2）说明

调用“新建”功能后，弹出“新建”对话框，如图 1–28 所示。

对话框中列出了若干个模板文件，它们分别是国家标准规定的 A0 ~ A4 标准制图模板以及一个名称为 BLANK 的空白模板文件。这里所说的模板，实际上相当于已经印好图框和标题栏的一张空白图纸，用户调用某个模板文件相当于调用一张空白图纸。模板的作用是减少用户的重复性操作。

选取所需模板，单击“确定”按钮。此时，用户选取的模板文件被调出，并显示在屏幕的绘图区，这样一个新文件就建立了。

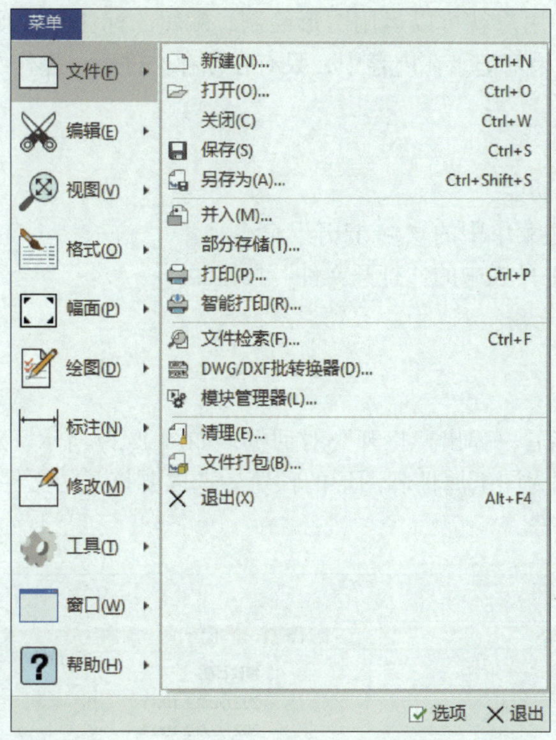

图 1-27 “文件”主菜单

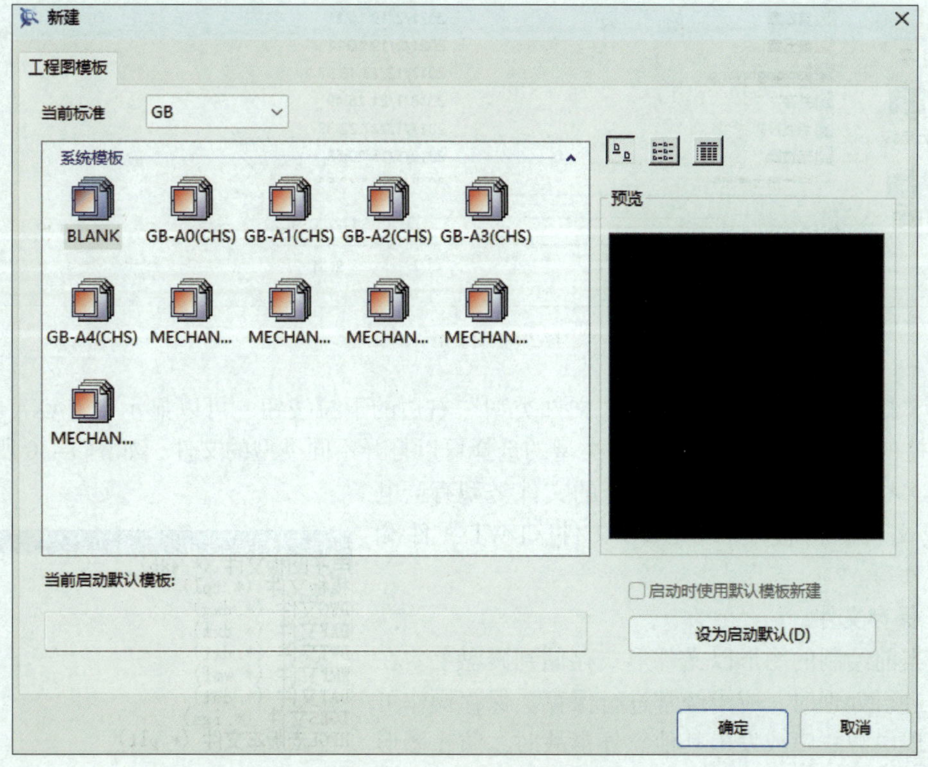

图 1-28 “新建”对话框

建立好新文件后，用户就可以运用图形绘制、编辑、标注等各项功能进行相应的操作了。当前的所有操作结果都记录在内存中，只有在保存文件后，操作结果才会被保存下来。

2. 打开文件

打开一个图形文件。

（1）调用“打开”功能

1）单击“文件”主菜单中的“打开”命令。

2）单击快速启动工具栏中的“打开文件”按钮。

3）命令行：open。

4）快捷键：Ctrl+O。

（2）说明

调用“打开”功能后，弹出“打开”对话框，如图 1-29 所示。对话框左侧为 Windows 标准文件对话框，右侧为图纸属性和图形的预览。选取要打开的文件，单击“打开”按钮，系统将打开这个图形文件。

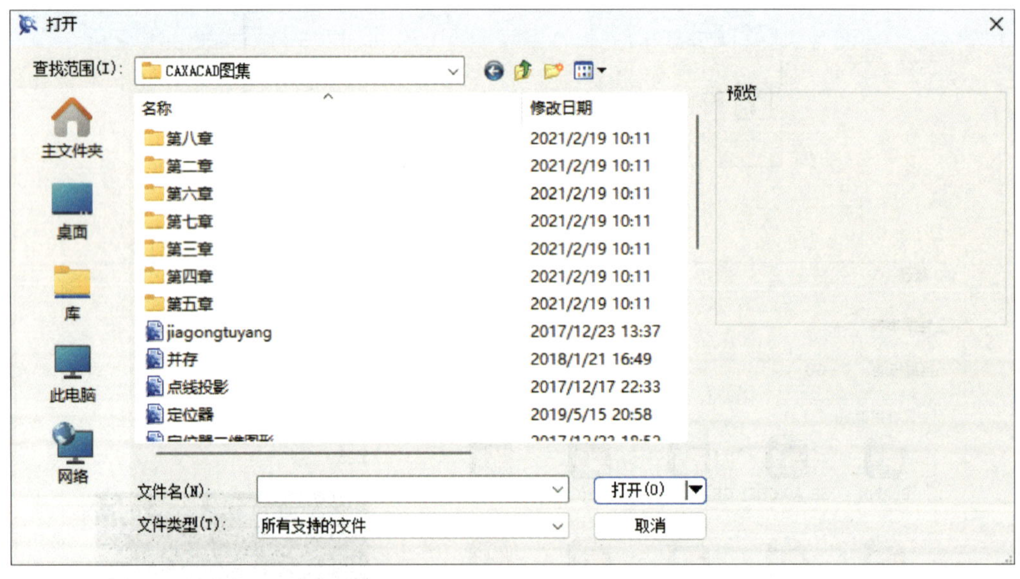

图 1-29 “打开”对话框

在“打开”对话框中，单击“文件类型”右边的下拉按钮，可以显示出 CAXA 电子图板所支持的文件类型，通过对文件类型的选择可以打开不同类型的文件，如图 1-30 所示。

CAXA 电子图板支持直接打开的文件类型有：电子图板文件、模板文件、DWG 文件、DWT 文件和 DXF 文件等。

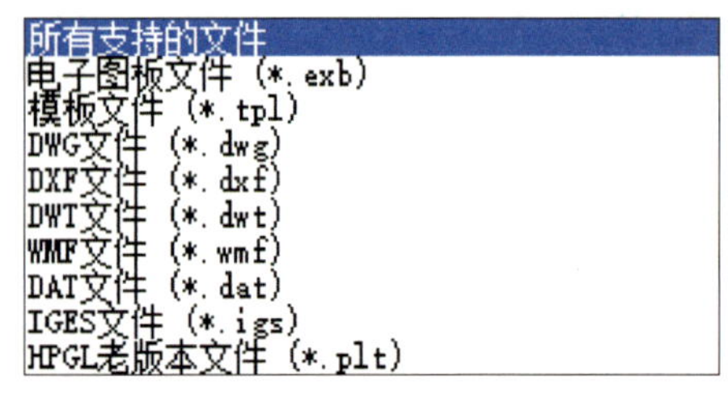

图 1-30 “文件类型”的选择

3. 保存文件

将当前绘制的图形以文件形式存储到磁盘上。在对图形进行处理时，应当经常进行保存。保存操作可以在出现电源故障或发生其他意外事故时，防止图形及其数据丢失。

（1）调用“保存”功能

1）单击“文件”主菜单中的“保存”命令。

2）单击快速启动工具栏中的“保存文档”按钮。

3）命令行：save。

4）快捷键：Ctrl+S。

（2）说明

文件未存盘时，调用“保存”功能会弹出“另存文件”对话框，如图 1–31 所示。如果文件已经存盘，或者打开一个已存盘的文件时，进行编辑操作后再调用“保存”功能，系统将直接把修改结果存储到文件中，不再提示选择存盘路径。

（3）保存文件的使用方法和注意事项

1）选择存盘路径后，在对话框的文件名编辑框内输入一个文件名，单击“保存”按钮，系统即按所输文件名存盘。

2）输入文件名时，如果当前目录已有同名文件，会提示是否覆盖。

3）单击“密码”按钮可以为文件设置密码。用户只需要按照系统提示重复输入两次密码，就可以设置成功。对于加密文件，需要正确输入密码才可以进行访问。

4）在“另存文件”对话框中，单击“保存类型”右边的下拉按钮，可以显示出 CAXA 电子图板所支持保存的文件类型，通过对文件类型的选择可以保存不同类型的文件。

5）如果要保存一个已存盘文件的副本，可以单击“文件”主菜单中的“另存为”命令，弹出“另存文件”对话框，如图 1–31 所示。

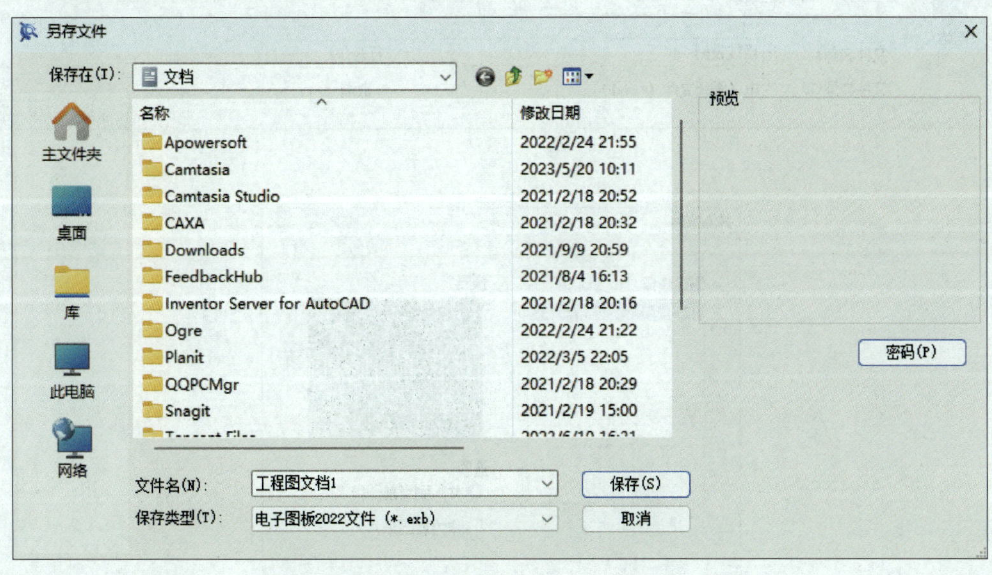

图 1–31 “另存文件”对话框

4. 并入文件

将用户输入的文件名所代表的文件并入当前的文件中。如果有相同的层，则并入相同的层；否则，全部并入当前层。

（1）调用“并入”功能

1）单击“文件”主菜单中的“并入”命令。

2）单击“插入”选项卡中“对象”面板内的“并入文件”按钮。

3）命令行：merge。

（2）说明

调用“并入”功能后，弹出“并入文件”对话框，如图 1–32a 所示。选择要并入的文件，单击“打开”按钮，弹出“并入文件”确定对话框，如图 1–32b 所示。

如果选择的文件包含多张图纸，并入文件时，在图 1–32b 所示对话框中的“图纸选择”下方选定一张要并入的图纸。选定图纸时，在对话框右侧会出现所选图形的预显。

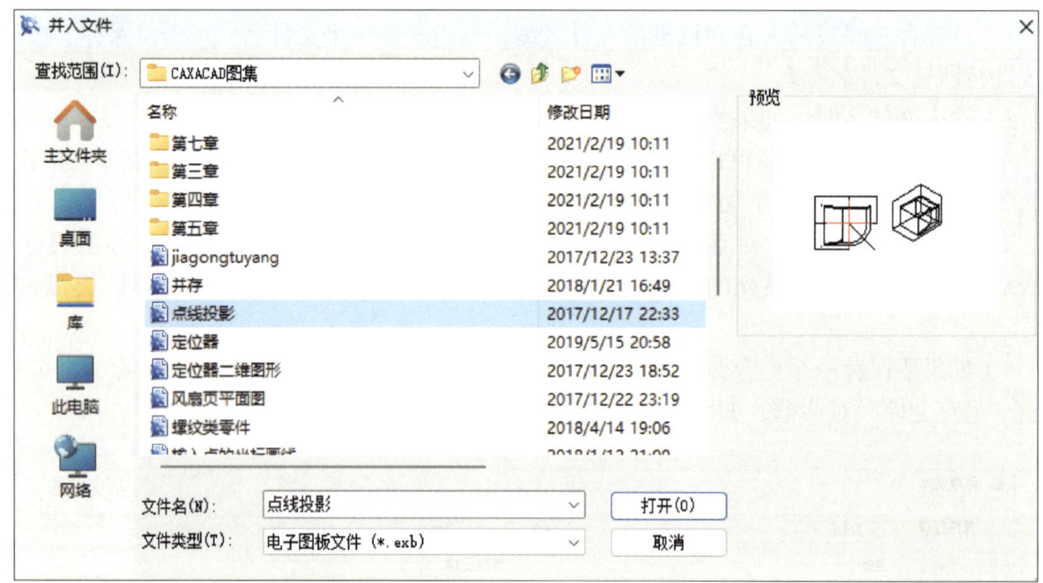

a）

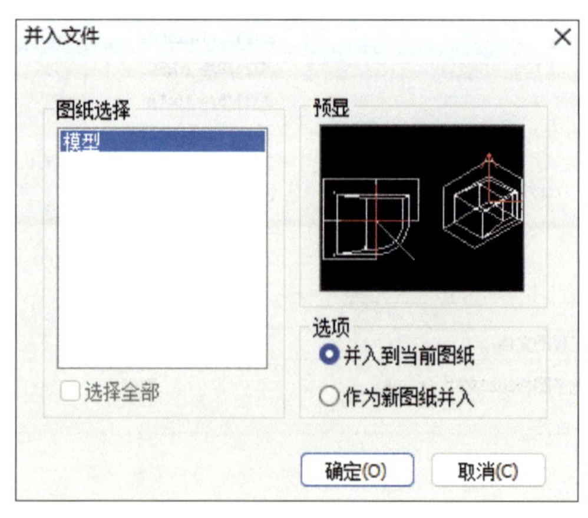

b）

图 1–32　并入文件

a）“并入文件”对话框　b）“并入文件”确定对话框

在“并入文件”确定对话框的“选项”下可以选择并入方式，具体含义如下：

1）并入到当前图纸。将所选图纸作为一个部分并入当前的图纸中。在立即菜单中可以选择定位方式为“定点”或“定区域”，设置放大比例，以及设置保持对象原态或者“粘贴为块”。选择“并入到当前图纸”时，只能选择一张图纸。

2）作为新图纸并入。将所选图纸作为新图纸并入当前的文件中。此时可以选择一张或多张图纸。如果并入的图纸名称和当前文件中的图纸名称相同，则会提示修改图纸名称。图 1–33 所示为“图纸重命名”对话框。

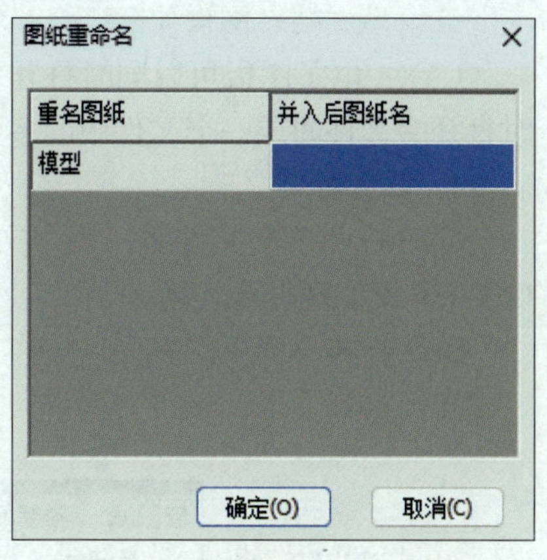

图 1–33 “图纸重命名”对话框

5. 部分存储

将图形的一部分存储为一个文件。

（1）调用“部分存储”功能

1）单击“文件”主菜单中的“部分存储”命令。

2）单击绘图区右键快捷菜单中的“部分存储”命令。

3）命令行：partsave。

（2）说明

先选择要存储的对象，调用“部分存储”命令，也可以先调用“部分存储”命令，再选择对象并单击鼠标右键确认。指定基点后弹出“部分存储文件”对话框，如图 1–34 所示。

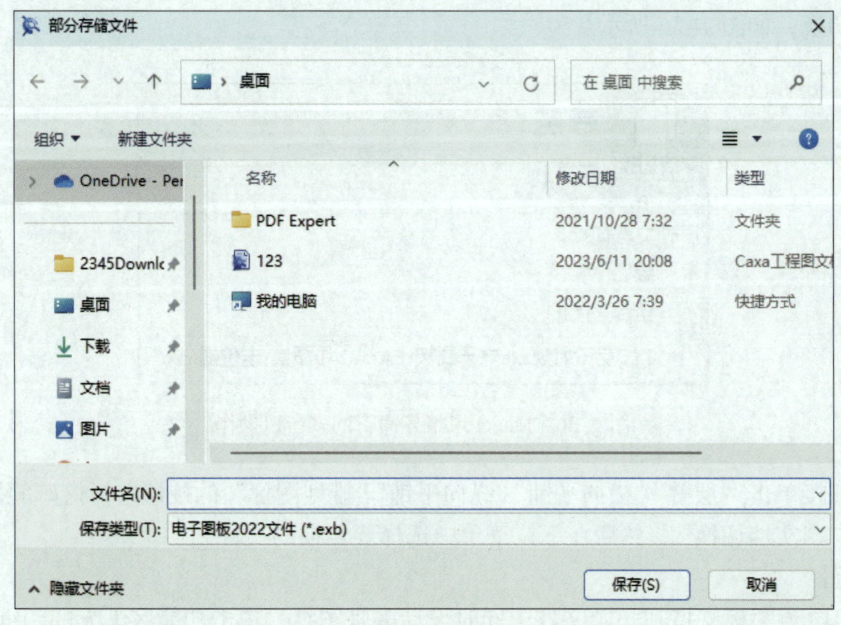

图 1–34 “部分存储文件”对话框

二、多文档多图操作

CAXA 电子图板可以同时打开多个图形文件，也支持在一个文件中设计多张图纸。在同时打开的文件间或一个文件中的多张图纸间可以方便地切换。

1. 多文档

同时打开多个文件时，每个文件均可以独立设计和存盘。切换不同文件时，可通过按 Ctrl+Tab 键实现循环切换。

（1）经典界面下的多窗口操作

在经典界面下，单击“窗口”主菜单，弹出如图 1–35 所示的子菜单。

图 1–35 经典界面下的“窗口”子菜单

可以选择多个文件窗口的排列方式，如层叠、横向平铺、纵向平铺、排列图标，也可以直接单击文件名称切换当前窗口。

（2）Fluent 风格界面下的多窗口操作

在 Fluent 风格界面下，单击“视图”选项卡，使用“窗口”面板上对应的功能实现各个文档间的切换，如图 1–36 所示。

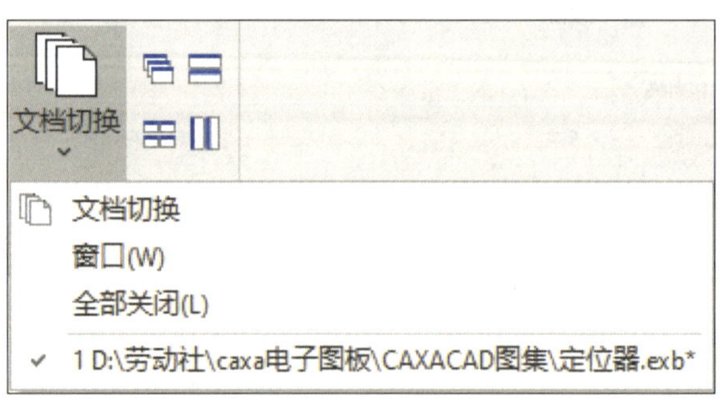

图 1–36 Fluent 风格界面下的多窗口操作

可以直接单击“层叠”“横向平铺”“纵向平铺”“排列图标”的按钮选择窗口的排列方式，也可以单击“文档切换”，然后在下拉菜单中选择要切换的文件。

2. 多图

CAXA 电子图板支持在一个文件中同时设计多张图纸。单击功能区下方的图纸名称，实现多张不同图纸间的切换，如图 1–37 所示。

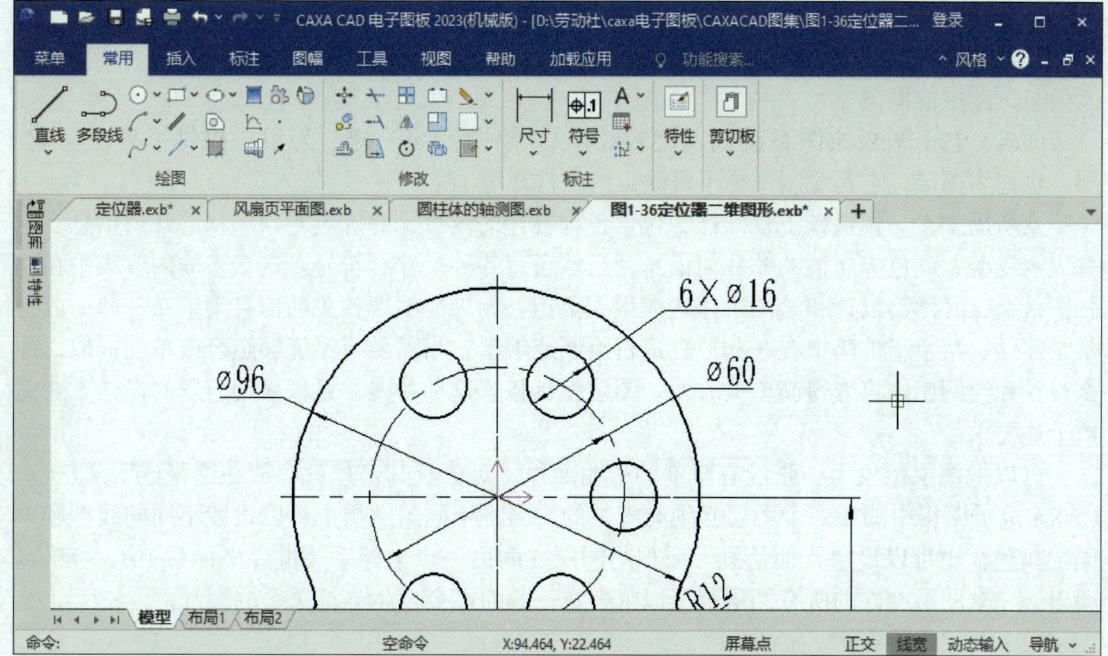

图 1–37　多张图纸切换

EXB 文件中的默认状态下仅有一个图纸——模型空间。除模型空间外，还可以插入多个布局空间。布局空间均可独立于模型空间设置幅面信息。

使用鼠标右键单击一张图纸时，在弹出的菜单（见图 1–38）中可以选择“插入”一张新图纸，“删除”所选图纸，“重命名”所选图纸，“移动或复制”所选图纸，“打印”所选图纸，“另存为”一个新的图纸文件，“来自文件”可将来自文件中的图纸并入当前图纸。

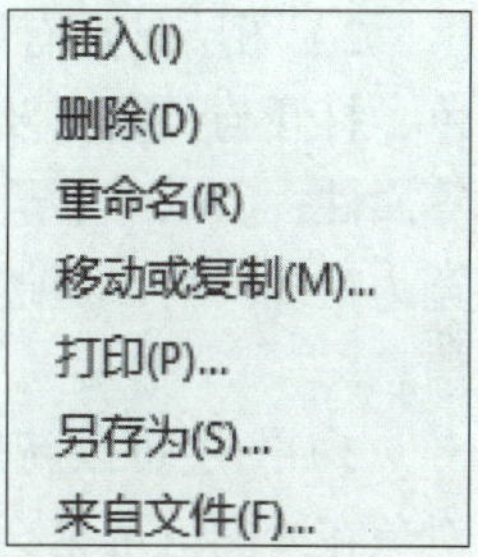

插入(I)
删除(D)
重命名(R)
移动或复制(M)...
打印(P)...
另存为(S)...
来自文件(F)...

图 1–38　图纸操作菜单

注意：一个 EXB 文件中，有且仅有一个模型空间，模型空间不能新增、删除或重命名。插入的新图纸全部为布局空间。布局空间可以通过拖放调整排序，但模型空间不能排序，永远处于首位。

第四节　绘图环境设置

在使用 CAXA 电子图板绘制图形之前，应该根据图形的应用领域和具体的设计需要做好绘图环境设置工作。绘图环境设置主要包括图层、颜色、线型、线宽等的设置。

一、图层

1. 图层的概念和特点

（1）图层的概念

CAXA 电子图板绘图系统同其他 CAD/CAM 绘图系统一样，为用户提供了分层功能。层，也称为图层，它是绘制图样不可缺少的软件环境。

众所周知，一幅机械工程图样，包含各种各样的信息，有确定对象形状的几何信息，也有表示线型、颜色等属性的非几何信息，当然还有各种尺寸和符号。这么多的内容集中在一张图纸上，必然给设计和绘图工作造成很大负担。如果能够把相关的信息集中在一起，或把某个零件、某个组件集中在一起单独进行绘制或编辑，当需要时又能够组合或单独提取，那么设计和绘图工作将变得简单又方便。图层就具备了这种功能，可以采用分层的设计方式完成上述要求。

可以把图层想象为一张没有厚度的透明薄片，对象及其信息就存放在这张透明薄片上。CAXA 电子图板中的每一个图层必须有唯一的层名，不同的图层上可以设置不同的线型和不同的颜色，也可以设置其他信息。图层与图层之间由一个坐标系（世界坐标系）统一定位。所以，一个图形文件的所有图层都可以重叠在一起而不会发生坐标关系的混乱。

（2）图层的特点

1）各图层之间不但坐标系是统一的，而且其缩放系数也是一致的。因此，图层与图层之间可以完全对齐。某一个图层上的一个标记点会自动精确地对应在其他图层的同一位置点上。

2）图层是具有属性的，其属性可以被改变。图层的属性包括层名、层描述、线型、颜色、打开与关闭以及是否为当前层等。每一个图层对应一套由系统设定的颜色、线型、线宽等属性。CAXA 电子图板默认模板的初始层为“粗实线层”，它为当前层，线型为实线，线宽为粗线。可以通过功能区“常用”选项卡的“特性”面板修改其颜色、线型、线宽等属性信息。

3）图层可以新建，也可以被删除。图层可以被打开，也可以被关闭。被打开图层上的对象在绘图区可见，被关闭图层上的对象在绘图区不可见。

为了便于用户使用，系统预先定义了 8 个图层。这 8 个图层的层名分别为“0 层”“尺寸线层”“粗实线层”“剖面线层”“细实线层”“虚线层”“中心线层”和“隐藏层”，每个图层都按其名称设置了相应的线型和颜色。

2. 图层操作

（1）设置当前层

所谓“当前层”就是当前正在进行操作的图层。将某个图层设置为当前层，随后绘制的图形元素均放在当前层上。系统只有唯一的当前层，其他图层均为非当前层。要想对已有的某个图层中的图形进行操作，必须将该图层设置为当前层。设置当前层的方法有：

1）在没有选择任何实体的情况下，单击“常用”选项卡中“特性”面板内的“图层”下拉按钮，可弹出“图层”下拉列表，如图 1–39 所示。在列表中单击所需的图层即可完成设置当

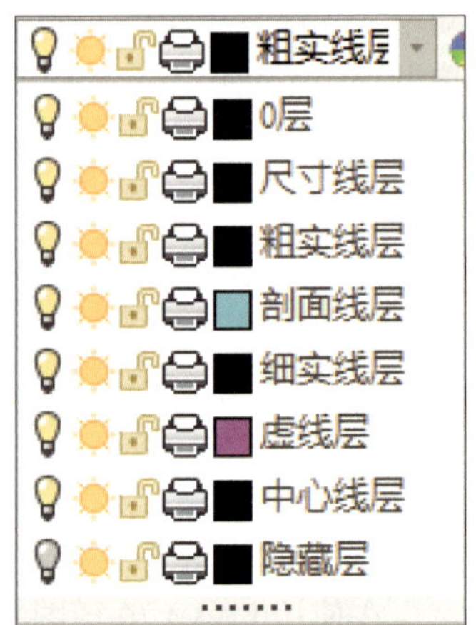

图 1–39 “图层”下拉列表

前层的操作。

值得注意的是，如果在绘图区选择了实体，那么此时“图层”中显示的是当前被选择实体的图层属性。而此时使用“图层”下拉列表进行切换图层操作，改变的是当前选中实体的属性，而非改变当前图层。

2）单击“常用”选项卡中“特性”面板内的“图层”按钮，打开“层设置”对话框，如图 1-40 所示。选中要设置的图层，单击“设为当前”按钮即可。也可以选中左侧图层列表中的图层，单击鼠标右键，在弹出的菜单中选择“设为当前”。

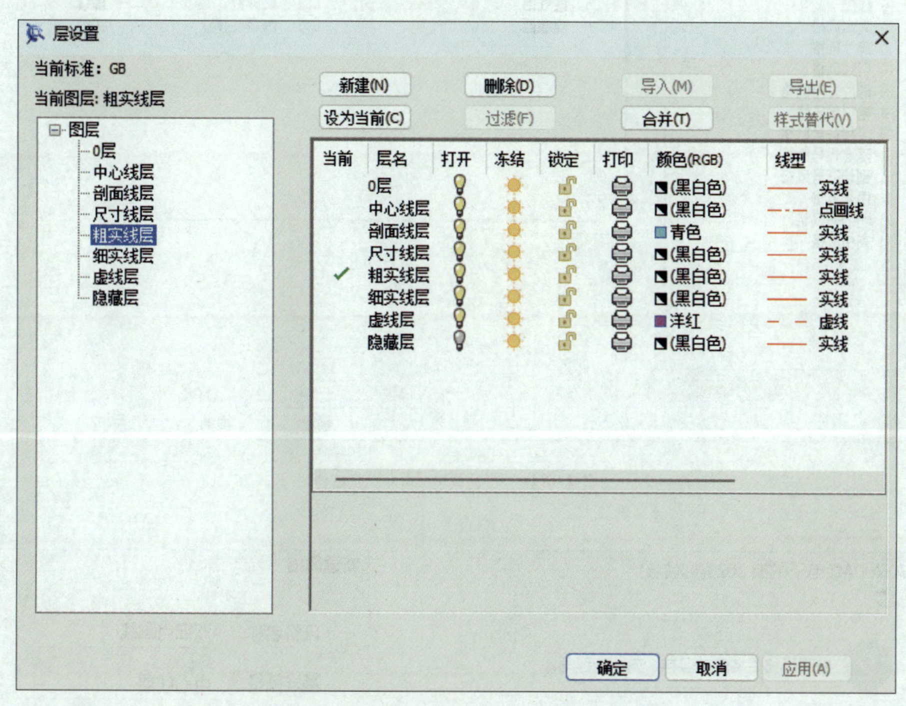

图 1-40 “层设置”对话框

3）单击“工具”选项卡中的“样式管理”按钮，打开“样式管理”对话框，如图 1-41 所示。选中要设置的图层，单击“设为当前”按钮即可。也可以选中左侧图层列表中的图层，单击鼠标右键，在弹出的菜单中选择“设为当前”。

（2）新建图层

创建一个新的图层。操作步骤如下：

1）调用“层设置”或“样式管理”功能。

2）单击“新建”按钮，系统弹出如图 1-42 所示询问框。单击“是”按钮，系统弹出“新建风格”对话框，如图 1-43 所示。输入一个图层名称，并选择一个基准图层，单击“下一步”按钮后在图层列表的最后一行可以看到新建的图层，新建图层的设置默认使用当前图层的设置。

（3）删除图层

删除一个用户自己建立的图层。操作步骤如下：

1）调用“层设置”或“样式管理”功能。

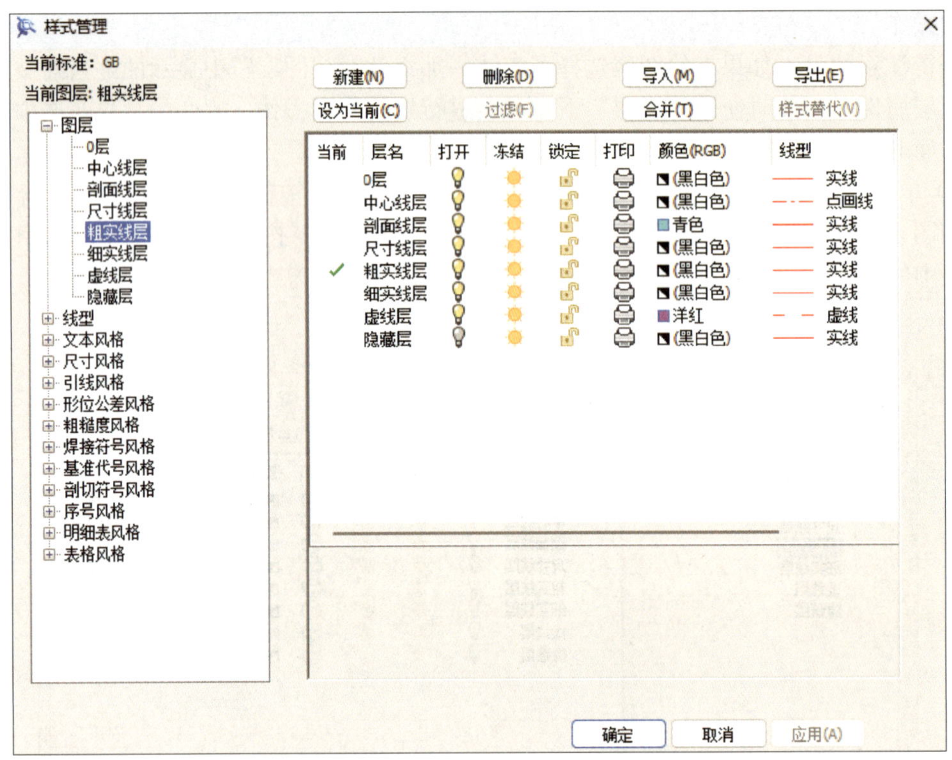

图 1-41 “样式管理”对话框

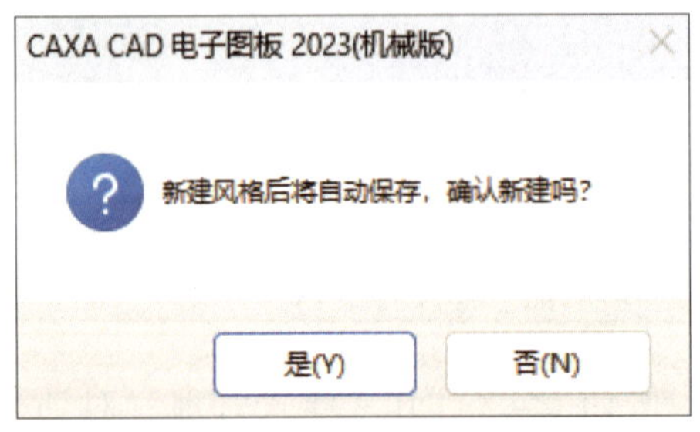

图 1-42 询问框

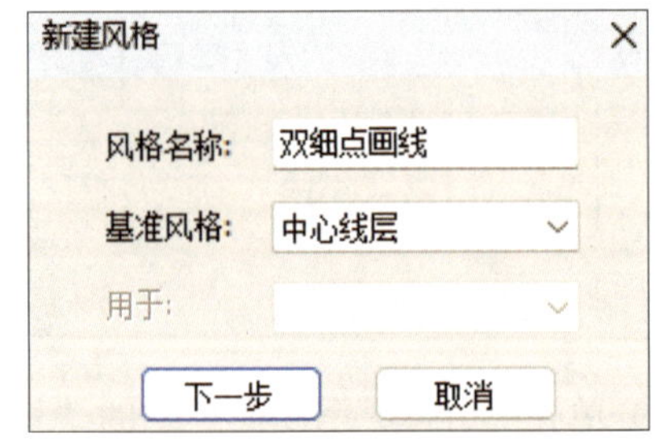

图 1-43 “新建风格”对话框

2）选中要删除的图层，单击“删除”按钮，在弹出的询问框中单击“是”按钮即可删除图层。

3）也可以在左侧的图层列表处选择要删除的图层，单击鼠标右键，在弹出的菜单中单击“删除”按钮并确认。

注意：操作时只能删除用户创建的图层，不能删除系统原始图层。图层被设置为当前图层时，不能被删除。图层上有图形被使用时，不能被删除。

3. 图层设置

图层的设置主要是通过“层设置”功能进行的，除基本的设置当前层、新建、删除外，还可以进行打开 / 关闭、冻结 / 解冻、层锁定、设置颜色、设置线型、设置线宽以及设置本层是否打印等操作。用户对图层属性内容进行修改，则图层上所有对象的 Bylayer 属性均会更新。

（1）调用“层设置”功能

1）单击“格式”主菜单中的“图层”命令。

2）单击“颜色图层”工具条上的“图层”按钮。

3）单击“常用”选项卡中“特性”面板内的“图层”按钮。

4）命令行：layer。

调用“层设置”功能后，系统弹出“层设置”对话框，如图 1–40 所示。

（2）打开 / 关闭图层

单击当前层后面的黄色按钮，系统弹出如图 1–44 所示询问框，单击“是”按钮，则当前层关闭，其后黄色按钮变为灰色按钮。若单击非当前层后面的黄色按钮，则其直接变为灰色按钮，无询问框。

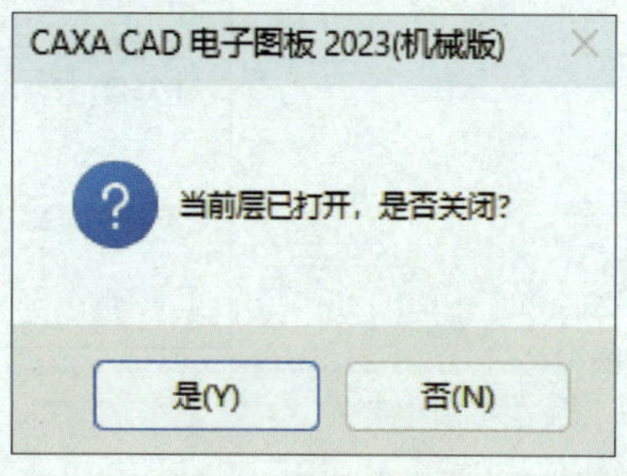

图 1–44　询问框

（3）冻结 / 解冻图层

除当前层外，单击其他层后面的黄色解冻按钮，其变为蓝色冻结按钮，表示该图层被冻结。单击蓝色冻结按钮，其变为黄色解冻按钮，表示该图层被解冻。

（4）层锁定设置

单击任意层后面的解锁按钮，其变为锁定按钮，表示该图层被锁定。单击任意层后面的锁定按钮，其变为解锁按钮，表示该图层未锁定。

（5）图层打印设置

图层后面的打印按钮为时，表示打印该图层；单击按钮，其变为，表示不打印该图层。

（6）图层颜色

图层的颜色是可以改变的，每个图层都可以设置一种颜色。系统已为常用的图层设置了不同的颜色。若想改变图层颜色，可按下述步骤进行：

1）调用“样式管理”或“层设置”功能。

2）在要改变颜色的图层的层状态处，单击“颜色”按钮，系统弹出“颜色选取”对话框，如图 1–45 所示。

3）用户可根据需要选择颜色，选择完成后，单击“确定”按钮，返回“层设置”对话框。

此时对应图层的颜色已改为选定的颜色。

（7）图层线型

系统为已有图层设置了不同的线型，所有线型都可以使用下列操作重新设置：

1）调用“样式管理”或“层设置”功能。

2）在要改变线型的图层的层状态处，单击“线型”按钮，系统弹出“线型”对话框，如图 1–46 所示。

3）用户可根据需要选择线型，单击“确定”按钮后返回“层设置”对话框。

此时对应图层的线型已改为选定的线型。

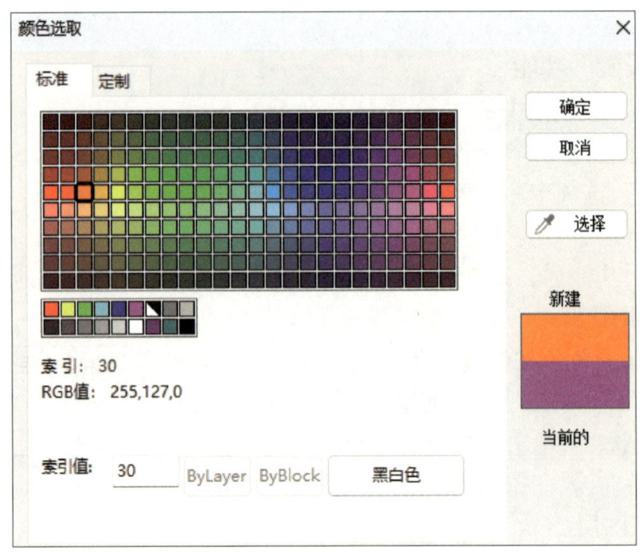

图 1-45 “颜色选取”对话框

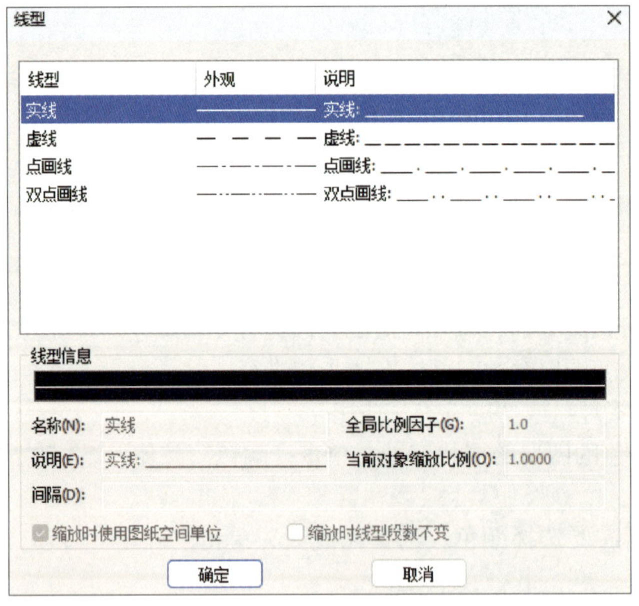

图 1-46 “线型”对话框

（8）图层线宽

系统为已有图层设置了不同的线宽，所有线宽都可以采用下列操作重新设置：

1）调用“样式管理”或“层设置”功能。

2）在要改变线宽的图层的层状态处，单击“线宽”按钮，系统弹出“线宽设置”对话框，如图 1-47 所示。

3）用户可根据需要选择线宽，单击“确定”按钮后返回“层设置”对话框。

此时对应图层的线宽已改为选定的线宽。

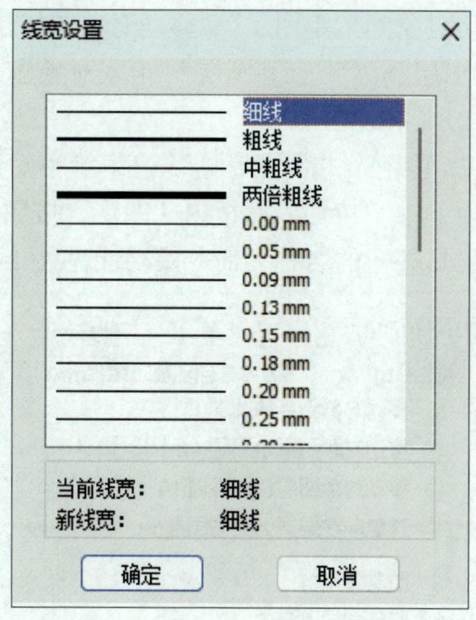

图 1–47 “线宽设置”对话框

（9）图层编辑右键菜单

在“样式管理”或“层设置”功能界面右侧的图层信息列表控件内，单击鼠标右键，弹出图层编辑右键菜单，如图 1–48 所示。右键菜单可以设置当前图层、新建图层、重命名图层、删除图层和修改图层描述，此外，还可以实现对图层的全选和反选操作。

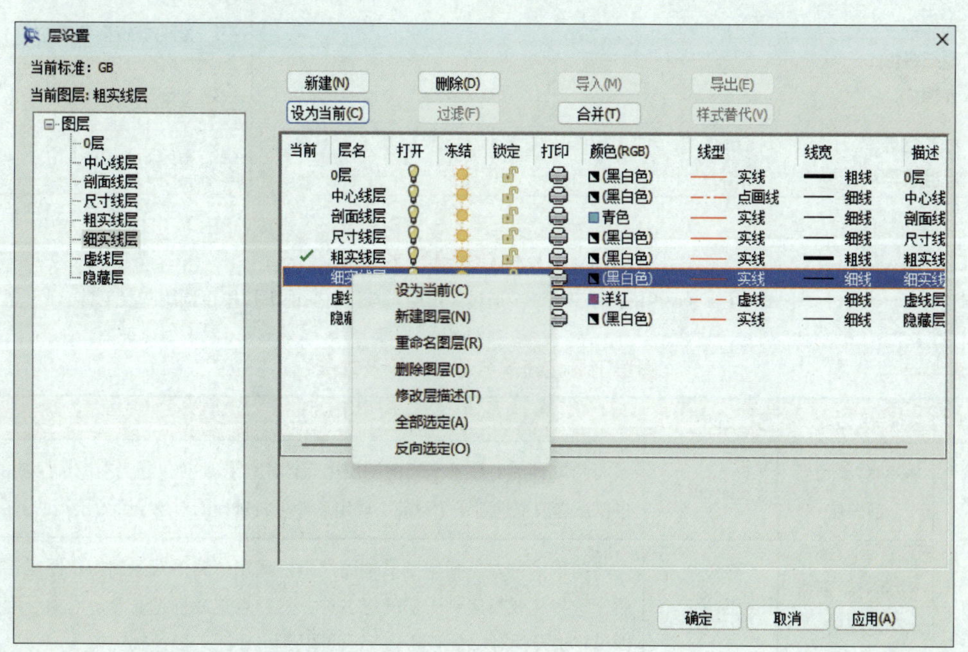

图 1–48 图层编辑右键菜单

4. 图层工具

为了方便绘图时的图层操作，CAXA 电子图板提供了多个图层工具。图层工具主要包括

“移动对象到当前图层”“移动对象到指定图层”“移动对象图层快捷设置”“对象所在层置为当前图层”“图层隔离”“取消图层隔离”“合并图层”“拾取对象删除图层”“图层全开”和“局部改层”。

图层工具可通过“格式”主菜单“图层工具”子菜单中的选项来调用，如图 1–49a 所示。也可以单击“常用”选项卡中“特性”面板内“图层”按钮右侧的下拉按钮调用图层工具，如图 1–49b 所示。图层工具按钮的名称、命令及功能见表 1–2。

a）

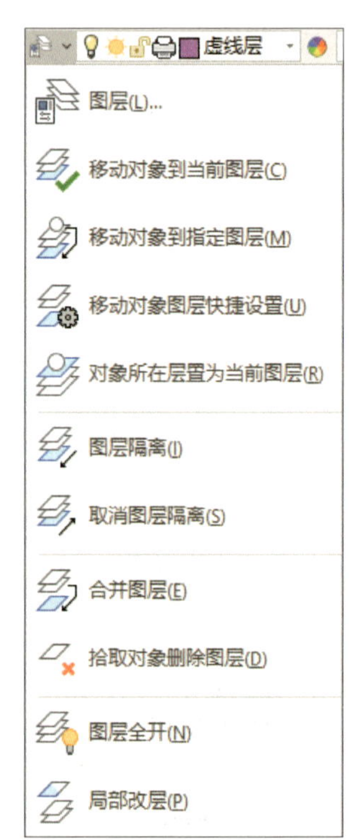

b）

图 1–49 “图层工具”子菜单

a）通过“格式”主菜单调用图层工具 b）通过“图层”按钮右侧的下拉按钮调用图层工具

表 1–2 图层工具按钮的名称、命令及功能

按钮	名称	命令	功能
	移动对象到当前图层	laycur	将拾取到的对象置于当前图层上。调用“移动对象到当前图层”功能后，可以点选或框选若干个对象。确定后即可将选择的对象全部置于当前图层上
	移动对象到指定图层	laycur	将拾取到的对象指定到其他图层上。调用“移动对象到指定图层”功能后，选择将要指定到图层的层名称，然后点选或框选若干个对象。确定后即可将选择的对象全部置于指定的图层上
	移动对象图层快捷设置	laycur	设定图层的快捷方式。调用“移动对象图层快捷设置”功能后，选择要指定快捷键的目标图层，然后指定快捷键。确定后即可将选择的对象使用快捷键移动到相应的图层上

续表

按钮	名称	命令	功能
	对象所在层置为当前图层	laymcur	将拾取对象所在的图层设置为当前图层。调用“对象所在层置为当前图层”功能后，可点选一个对象。点选后，该对象所在的图层将直接被置为当前图层
	图层隔离	layiso	将选定对象所在图层以外的全部图层关闭。调用“图层隔离”功能后，可以点选或框选若干个对象。确定后，各个对象所在的图层将保持打开状态，其余图层将全部被关闭
	取消图层隔离	layuniso	取消图层隔离对图层的关闭。调用“取消图层隔离”功能后，图层隔离前开启的图层将直接处于打开状态，而图层隔离前关闭的图层将保持关闭
	合并图层	laymrg	将被合并图层的全部对象移动合并到一个图层中，并将被合并图层删除。注意：该功能牵涉到删除图层，因此选择被合并图层上的对象时，应保证其所在的图层符合可删除条件
	拾取对象删除图层	laydel	将拾取对象所在的图层及该图层上的全部对象删除。注意：该功能牵涉到删除图层，因此选择被删除图层上的对象时，应保证其所在的图层符合可删除条件
	图层全开	layon	将全部图层置于打开状态。调用“图层全开”功能后，全部图层都将处于打开状态
	局部改层	laypar 或 ppg	拾取两点将基本曲线截断，并修改两点间所夹部分的图层属性

二、颜色

CAXA 电子图板提供完整的 24 位 RGB 色域颜色，以便对图纸中不同属性的对象加以区别。颜色是 CAXA 电子图板对象的基本属性之一。

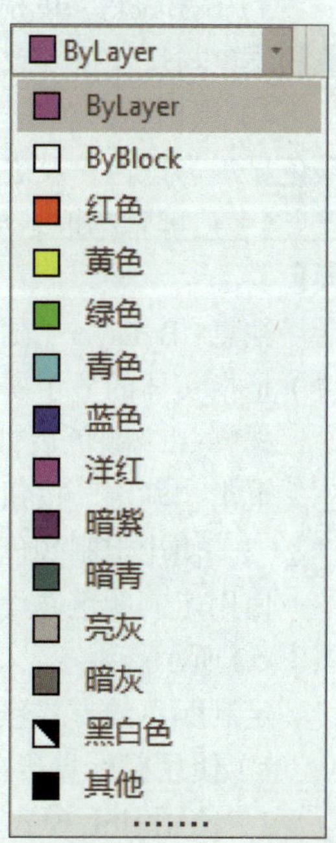

图 1-50 “颜色”下拉列表

1. 颜色操作

单击“常用”选项卡中“特性”面板内的“颜色”下拉按钮，可弹出“颜色”下拉列表，如图 1-50 所示。在列表中单击所需的颜色即可完成当前颜色的设置操作。如果在该列表中选择“其他”选项，则会弹出“颜色选取”对话框。

2. 颜色设置

CAXA 电子图板系统中颜色的管理和设置主要是通过“颜色选取”功能进行的，可以进行使用标准颜色、使用定制颜色操作。

（1）调用“颜色选取”功能

1）单击“格式”主菜单中的“颜色”命令。

2）单击“颜色图层”工具条上的“颜色”按钮。

3）单击“常用”选项卡中“特性”面板内的“颜色”按钮。

4）命令行：color。

调用“颜色选取”功能后，弹出“颜色选取”对话框，如图 1–51 所示。

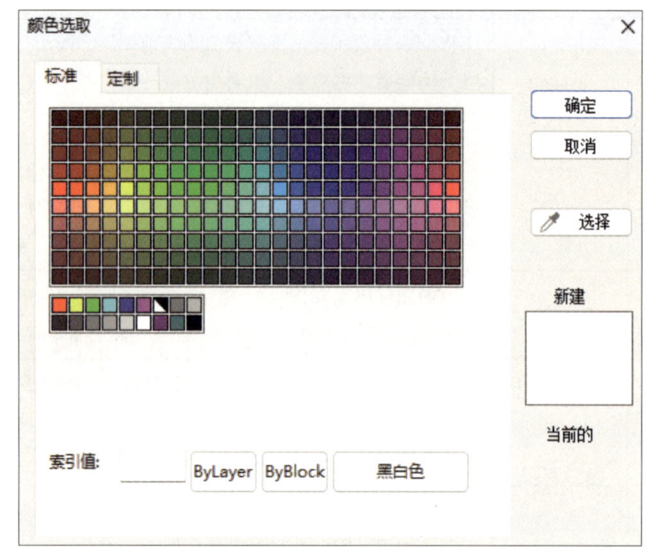

图 1–51 “颜色选取”对话框

（2）使用标准颜色

使用标准颜色并设置为当前颜色。在图 1–51 所示对话框内选择一个颜色，可以选择的颜色包括：

1）索引颜色。单击颜色的单元格可使用索引选项卡上的颜色。

2）ByLayer。单击“ByLayer”按钮可使用指定给当前图层的颜色。

3）ByBlock。单击“ByBlock”按钮可使用 ByBlock 的颜色，生成对象并创建为块时，对象的颜色与块保持一致。

4）黑白色。单击“黑白色”按钮可使用黑白色，当系统背景颜色为白色时，绘制对象颜色显示为黑色；反之，当系统背景颜色为黑色时，绘制对象颜色显示为白色。

5）从屏幕拾取。单击按钮 [选择]，光标变为 后，单击屏幕上一点，即可拾取一个颜色。

注意：ByLayer（随层）是指实体的显示属性与其所在图层的默认属性相同；ByBlock（随块）是指实体的显示属性与其所在块的当前属性相同。

选择一个颜色后，对话框显示索引名称代码，并在右下方预览选择的颜色和当前的颜色。单击“确定”按钮后，系统当前的颜色被设置为选择的颜色。

（3）使用定制颜色

使用定制颜色并设置为当前颜色。在“颜色选取”对话框中，单击“定制”选项卡，如图 1–52 所示。

定制颜色的方式包括以下几种：

1）使用鼠标直接在“颜色”下方点取。

2）使用 HSL 模式，即在色调、饱和度、亮度框中指定数值。

3）使用 RGB 模式，即在红色、绿色、蓝色框中指定数值。

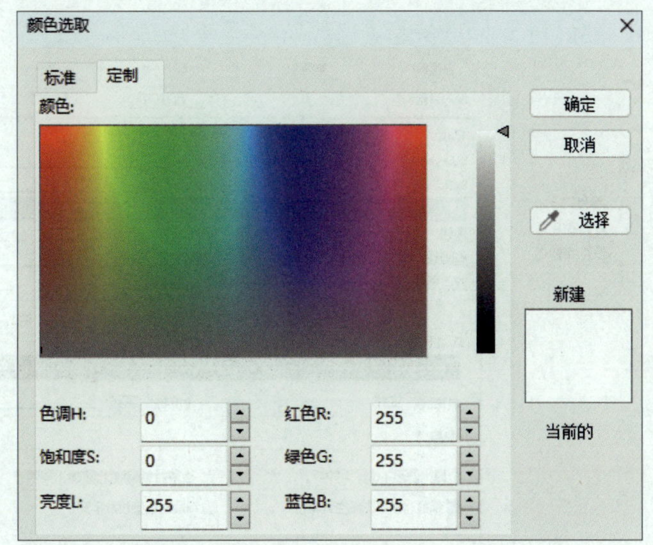

图 1–52 “定制”选项卡

4）单击按钮（选择），光标变为吸管后，单击屏幕上一点拾取一个颜色即可。

定制颜色时，可以拖动右侧的 ◀ 按钮配合颜色的定制。

选择一个颜色后，对话框显示色调、饱和度、亮度以及 RGB 值，并在右下方预览选择的颜色和当前的颜色。单击“确定”按钮后，系统当前的颜色被设置为选择的颜色。

三、线型

在绘制工程图的过程中，经常会遇到利用不同的线型来表示不同的外部轮廓和实体状体等设计元素差异的情况。为此，CAXA 电子图板提供了线型定制和管理机制。

1. 线型操作

（1）设置当前线型

将某个线型设置为当前线型，随后绘制的图形元素均使用此线型。

1）可选的线型

① ByLayer。绘制的图形元素使用当前图层的线型。

② ByBlock。绘制的图形元素被定义为块后，使用块所应用的线型。

③ ByLayer 和 ByBlock 以外的线型。绘制的图形元素使用所选择的线型。

2）设置当前线型的方法

①单击“颜色图层”工具条或“常用”选项卡中“特性”面板内的“线型”下拉按钮，可弹出“线型”下拉列表，如图 1–53 所示。在列表中单击所需的线型即可完成当前线型的设置操作。

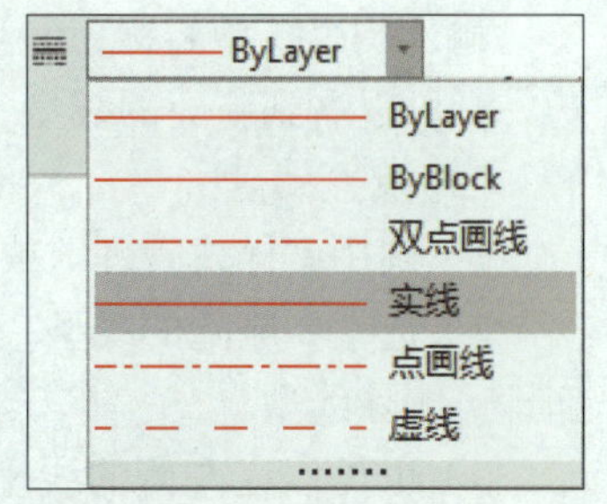

图 1–53 “线型”下拉列表

②在“样式管理”或“线型设置”对话框中，选择要设置的线型后，单击“设为当前”按钮即可。

③在“样式管理”或“线型设置”对话框中，选项左侧线型列表中的线型后，单击鼠标右键，在弹出的菜单中选择“设为当前”，如图 1–54 所示。

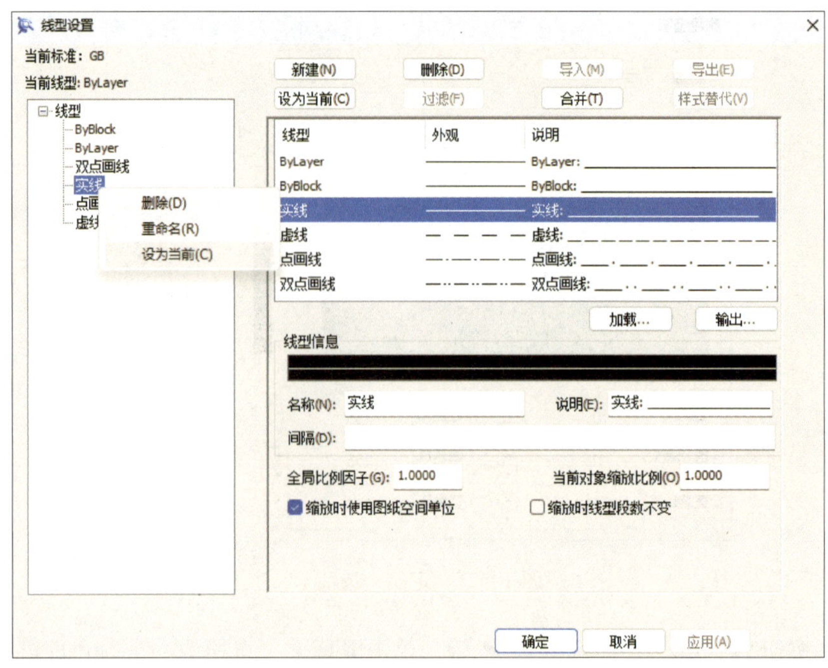

图 1–54　线型右键菜单中的“设为当前”

（2）新建线型

1）调用“样式管理”或“线型设置”功能。

2）单击“新建”按钮，系统弹出询问框（见图 1–55），单击“是”按钮，弹出“新建风格”对话框，如图 1–56 所示。

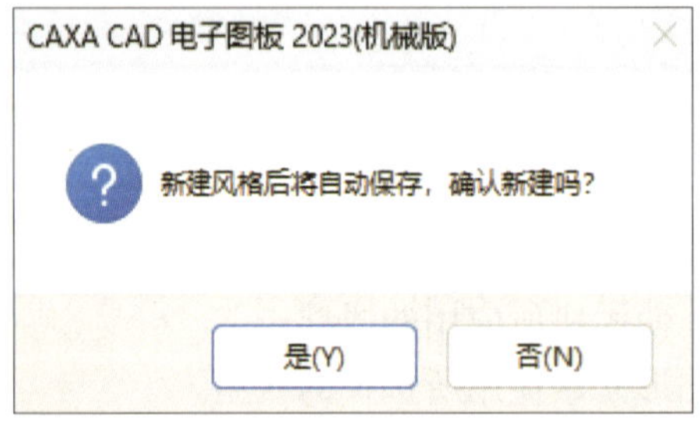

图 1–55　询问框

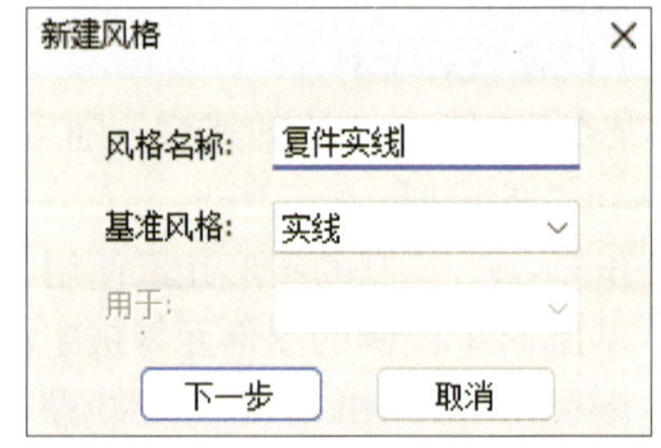

图 1–56　“新建风格”对话框

输入一个线型名称，并选择一个基准线型，单击“下一步”按钮后，在线型列表的最下边一行可以看到新建的线型，新建线型的设置默认使用所选的基准线型的设置。

（3）删除线型

1）调用“样式管理”或“线型设置”功能。

2）选中要删除的线型，单击“删除”按钮，弹出如图 1–57 所示询问框，单击“是”按钮即可删除线型。

3）也可以在左侧的线型列表中选择要删除的线型，单击鼠标右键，在弹出的菜单中选择“删除”命令并确认。

注意：只能删除用户创建的线型，不能删除系统的原始线型。线型被设置为当前线型时，不能被删除。

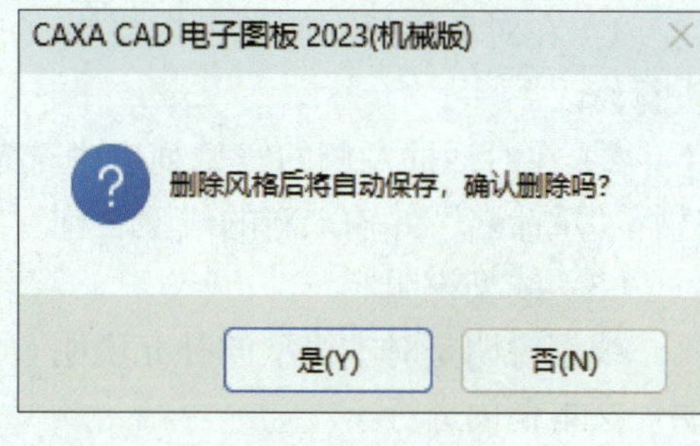

图 1–57　询问框

2. 线型设置

CAXA 电子图板系统中线型的管理和设置主要是通过“线型设置”功能进行的，除基本的设置当前线型、新建、删除外，还可以进行更改线型名称、更改线型说明、更改全局比例因子、更改当前线型缩放比例、线型的自由定制以及线型的导入和导出等操作。“线型设置”对话框中的 ByLayer 和 ByBlock 不能修改。

（1）调用“线型设置”功能

1）单击“格式”主菜单中的“线型”命令。

2）单击“颜色图层”工具条上的“线型”按钮。

3）单击“常用”选项卡中“特性”面板内的“线型”按钮。

4）命令行：ltype。

执行“线型”命令后，系统弹出“线型设置”对话框，如图 1–58 所示。

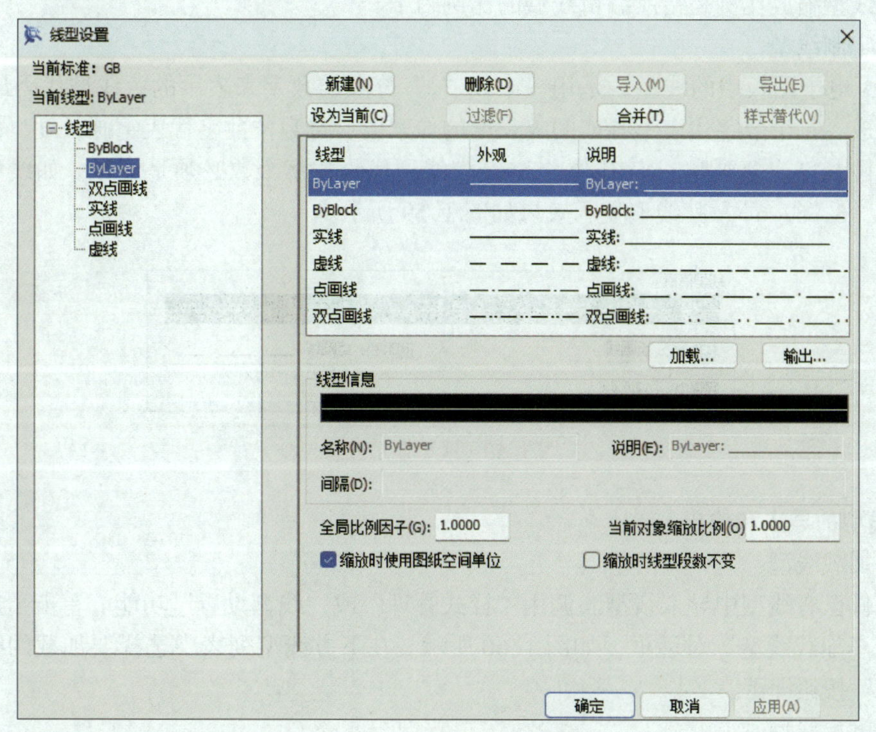

图 1–58　“线型设置”对话框

（2）线型名称

线型名称是线型的标志性代号，是线型与线型之间相互区别的唯一标志。修改线型名称有两种方法：

1）在对话框的右侧选中需要修改的线型，直接在“线型信息”中的“名称”文本框内进行修改。

2）在对话框左侧的线型列表中选定需要修改的线型，单击鼠标右键，在弹出的菜单中选择“重命名”并输入新的线型名称。

（3）线型说明

线型说明是对本线型的补充说明。修改线型说明可以在选定被修改线型后，直接在“说明”文本框内进行。

（4）全局比例因子

全局比例因子是更改图形中所有线型比例因子的参数。出于可辨识及图纸美观等需要，有时会将 CAXA 电子图板内定制线型中的线段和间隔的显示长度同时进行一个特定比例的缩放。这个缩放的比例就是全局比例因子。

全局比例因子不存在对象个体差异。其与线型无关，也与选择的对象无关，是一个控制整个图纸文件的宏观参数。改变全局比例因子后，整个图纸的线型比例都将随之缩放。

对象线型比例因子 = 全局比例因子 × 对象线型缩放比例 × 当前对象线型比例。

（5）当前线型缩放比例

当前线型缩放比例是指所编辑线型的比例因子。

（6）定制线型

CAXA 电子图板中的线型，是用一串以“,”分隔的数字来表示的。线型代码最多由 16 个数字组成，每个数字代表笔画或间隔长度的像素值。奇数位数字代表笔画长度，偶数位数字代表间隔长度，笔画和间隔用“,”分开，线型代码数字个数必须是偶数。如线型间隔数字为“12，6，6，6”，其线型显示效果如图 1–59 所示。

图 1–59　线型显示效果

3. 线型的导入和输出

（1）加载线型

从文件已有线型中导入线型。调用“样式管理”或“线型设置”功能。单击“加载”按钮，弹出“加载线型”对话框，如图 1–60 所示。在下方线型列表中选择要加载的线型，单击“确定”按钮即可。

（2）输出线型

将已有线型输出到一个线型文件中并保存。调用“样式管理”或“线型设置”功能。单击“输出”按钮，弹出“输出线型”对话框，如图 1–61 所示。单击“文件…”按钮选择一个线型文件，然后在下方列表中选择要输出的线型，最后单击“确定”按钮即可。

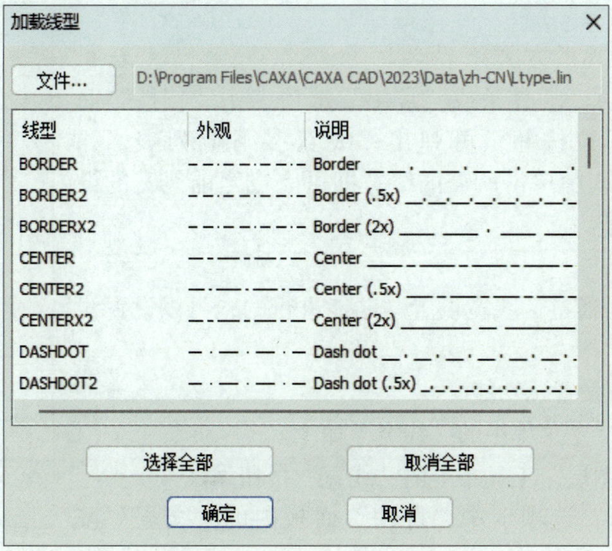

图 1-60 “加载线型”对话框

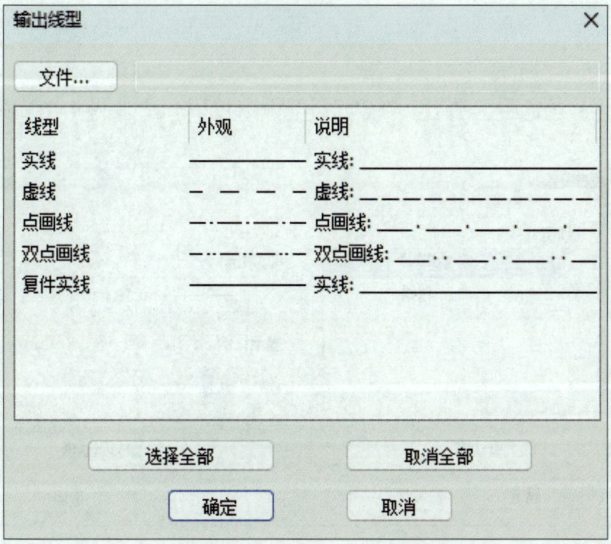

图 1-61 “输出线型”对话框

四、线宽

1. 线宽操作

将某个线宽设置为当前，随后绘制的图形元素均使用此线宽。

（1）可选线宽

1）ByLayer。绘制的图形元素使用当前图层的线宽。

2）ByBlock。绘制的图形元素被定义为块后，使用块所应用的线宽。

3）ByLayer 和 ByBlock 以外的线宽。绘制的图形元素使用所选择的线宽。

注意：细线、粗线、中粗线和两倍粗线为特殊线宽类型，可以单独设置其显示比例和打印参数。

（2）设置当前线宽的方法

单击“颜色图层”工具条或“常用”选项卡中“特性”面板内的“线宽”下拉按钮，可弹出“线宽”下拉列表，如图 1–62 所示。在列表中单击所需的线宽即可完成当前线宽的设置操作。

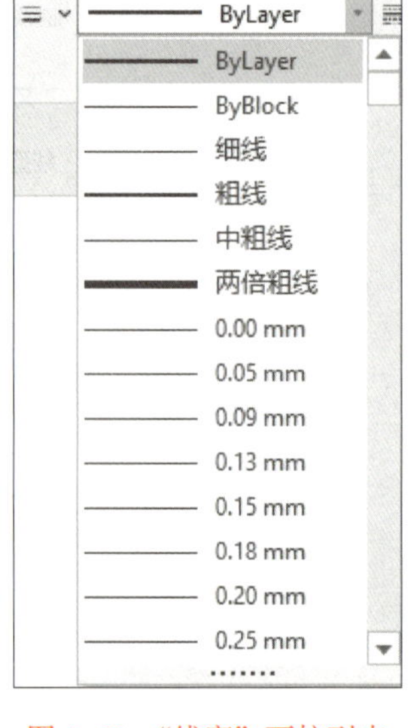

图 1–62 “线宽”下拉列表

2. 线宽设置

线宽设置主要是通过“线宽设置”功能进行的，可以设置线宽的显示比例。

（1）调用“线宽设置”功能

1）单击“格式”主菜单中的“线宽”命令。

2）单击“颜色图层”工具条上的“线宽”按钮 ≡。

3）单击“常用”选项卡中“特性”面板内的“线宽”按钮 ≡。

4）使用鼠标右键单击状态栏的“线宽”按钮，在弹出的右键菜单中单击“设置”命令。

5）命令行：wide。

（2）说明

调用“线宽设置”功能后，弹出“线宽设置”对话框，如图 1–63 所示。

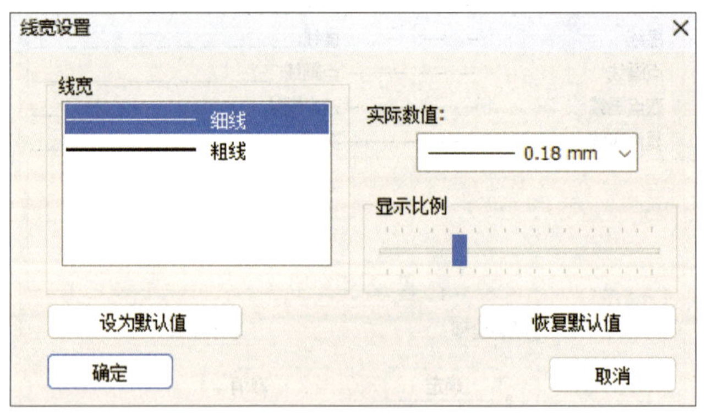

图 1–63 “线宽设置”对话框

“线宽设置”对话框中各项参数的含义和使用方法如下：

1）选择“细线”或“粗线”后，可以在右侧“实际数值”处为系统的“细线”或“粗线”指定线宽。

2）拖动“显示比例”处的图标可以调整系统所有线宽的显示比例，向右拖动图标提高线宽显示比例，向左拖动图标降低线宽显示比例。

3）“恢复默认值”按钮可以将显示比例恢复到默认状态。

第五节　图纸幅面设置

一、图幅参数设置

图幅参数设置是为一张图纸指定图纸尺寸、绘图比例、图纸方向等参数。国家标准规定了 5 种基本图幅，并分别用 A0、A1、A2、A3、A4 表示。CAXA 电子图板除设置了这 5 种基本图幅以及相应的图框、标题栏外，还允许自定义图幅和图框。

1. 调用“图幅设置”功能

（1）单击“幅面”主菜单中的“ 图幅设置”命令。

（2）单击“图幅”工具条上的“图幅设置”按钮 。

（3）单击“图幅”选项卡中“图幅”面板内的“ 图幅设置”按钮。

（4）命令行：setup。

调用“图幅设置”功能后，弹出如图 1-64 所示的“图幅设置”对话框。

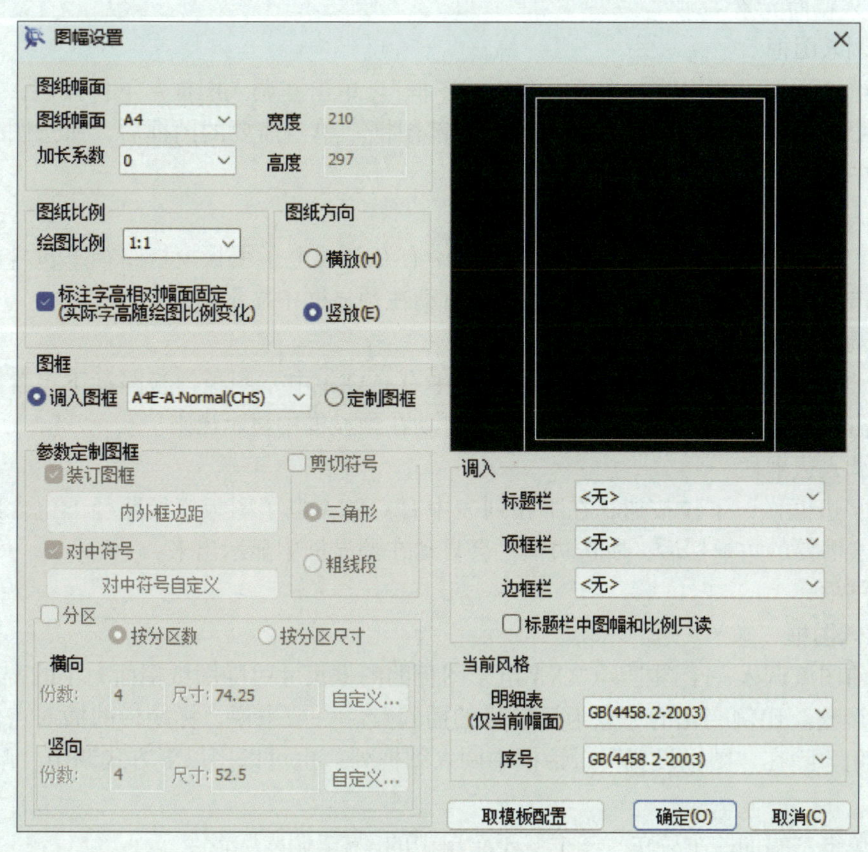

图 1-64　“图幅设置”对话框

2. 幅面参数

（1）图纸幅面设置

单击“图纸幅面”项右边的下拉按钮，弹出一个下拉列表，列表中有 A0、A1、A2、A3、A4 五种标准图纸幅面选项和“用户自定义”选项可供选择。当所选择的幅面为基本幅面时，在“宽度”和“高度”编辑框中显示该图纸幅面的宽度值和高度值，但不能修改。当选择用户自定义时，在“宽度”和“高度”编辑框中可以输入用户所需图纸幅面的宽度值和高度值。

（2）图纸比例设置

系统绘图比例的默认值为 1∶1。这个比例直接显示在绘图比例编辑框中。如果用户希望改变绘图比例，可单击“绘图比例”项右边的下拉按钮，弹出一个下拉列表，列表中的值为国家标准规定的比例系列值。选中某一项后，所选的值在绘图比例编辑框中显示。用户也可以双击激活编辑框，使用键盘直接输入新的比例数值。

（3）图纸方向设置

图纸放置方向由“横放”和“竖放”两个按钮控制，被选中者显示蓝色圆圈。

（4）标注字高设置

如果需要标注字高相对幅面固定，实际字高随绘图比例变化，可选中此复选框。反之，将“对勾”去除。

3. 调入幅面元素

（1）调入图框

首先选中“调入图框”单选框，激活“图框”。单击“调入图框”下拉按钮，在下拉列表中有 CAXA 电子图板模板路径下包含的全部图框。单击需要的图框后，所选图框会自动在预显框中显示出来。

（2）调入标题栏

单击“标题栏”下拉按钮，在下拉列表中有 CAXA 电子图板模板路径下包含的全部标题栏。单击需要的标题栏后，所选标题栏会自动在预显框中显示出来。

（3）调入顶框栏

单击“顶框栏”下拉按钮，在下拉列表中有 CAXA 电子图板模板路径下包含的全部顶框栏。单击需要的顶框栏后，所选顶框栏会自动在预显框中显示出来。

（4）调入边框栏

单击“边框栏”下拉按钮，在下拉列表中有 CAXA 电子图板模板路径下包含的全部边框栏。单击需要的边框栏后，所选边框栏会自动在预显框中显示出来。

二、图框

1. 调入图框

为当前图纸调入一个图框。CAXA 电子图板的图框尺寸可随图纸幅面大小的变化而做相应的比例调整。比例变化的原点为标题栏的插入点。一般来说，标题栏的插入点位于标题栏的右下角。除在“图幅设置”对话框中调入图框外，也可以用以下方式调用“调入图框”功能：

（1）单击“幅面”主菜单“图框”子菜单中的“ 调入”命令。

（2）单击“图框”工具条上的“调入图框”按钮 。

（3）单击“图幅”选项卡中“图框”面板内的“ 调入图框”按钮。

（4）命令行：frmload。

调用“调入图框”功能后，弹出如图 1–65 所示的“读入图框文件”对话框。对话框中列出了在当前设置的模板路径下符合当前图纸幅面的标准图框或非标准图框的文件名。用户可根据当前绘图需要从中选取。选中图框文件，单击“导入”按钮，即可调入所选取的图框文件。

图 1–65 “读入图框文件”对话框

2. 定义图框

拾取图形对象并定义为图框以备调用。通常有很多属性信息如描图、底图总号、签字、日期等需要附加到图框中，定义图框后可以填写这些属性信息。这些属性信息都可以通过属性定义的方式加入图框中。用以下方式可以调用“定义图框”功能：

（1）单击“幅面”主菜单“图框”子菜单中的“ 定义”命令。

（2）单击“图框”工具条上的“定义图框”按钮 。

（3）单击“图幅”选项卡中“图框”面板内的“ 定义图框”按钮。

（4）命令行：frmdef。

调用“定义图框”功能后，根据提示拾取要定义为图框的图形元素并确认，指定基准点后，系统弹出“另存为”对话框，确定名称后，单击“确定”按钮，即可完成图框的定义。

注意：基准点用来定位标题栏，一般选择图框的右下角。

如果所选图形元素的尺寸大小与当前图纸幅面不匹配，在指定基准点后将弹出如图 1–66 所示的“选择图框文件的幅面”对话框。

如果选择“取系统值”，则图框文件的幅面大小与当前系统缺省的幅面大小一致；如果选择“取定义值”，则图框文件的幅面大小即为用户所拾取图形元素的最大边界大小。

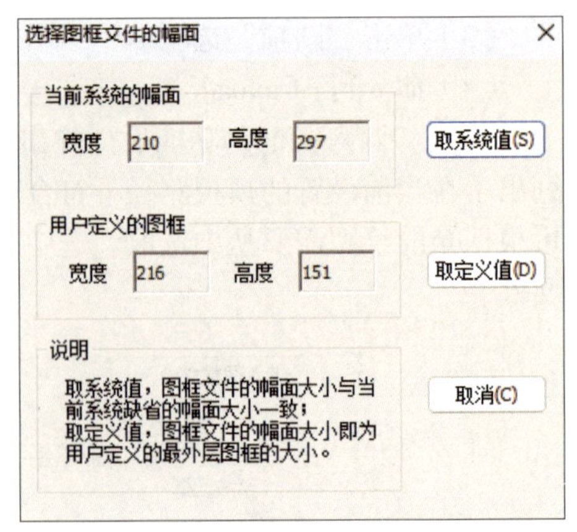

图 1–66 “选择图框文件的幅面”对话框

三、标题栏

1. 调入标题栏

为当前图纸调入一个标题栏。如果图纸上已有一个标题栏，则新标题栏将替代原标题栏，标题栏调入时的定位点为其右下角点。除在“图幅设置”对话框中调入标题栏外，也可以用以下方式调用“调入标题栏”功能：

（1）单击“幅面”主菜单“标题栏”子菜单中的“调入”命令。

（2）单击“标题栏”工具条或“图幅”工具条上的“调入标题栏”按钮。

（3）单击“图幅”选项卡中“标题栏”面板内的“调入标题栏”按钮。

（4）命令行：headload。

调用“调入标题栏”功能后，系统弹出如图 1–67 所示对话框。对话框中列出了已有标题栏的文件名，选取其中之一，然后单击“导入”按钮。此时，一个由所选文件确定的标题栏显示在图框的标题栏定位点处。

图 1–67 “读入标题栏文件”对话框

2. 填写标题栏

填写当前图形中标题栏的属性信息。用以下方式可以调用“填写标题栏”功能：

（1）单击“幅面”主菜单“标题栏”子菜单中的“填写”命令。

（2）单击“标题栏”工具条上的“填写标题栏”按钮 。

（3）单击“图幅”选项卡中“标题栏”面板内的“ 填写”按钮。

（4）命令行：headfill。

调用“填写标题栏”功能后，拾取可以填写的标题栏，将弹出如图 1–68 所示对话框。在属性名称后面的属性值单元格处直接进行填写即可。

如果勾选“自动填写图框上的对应属性”复选框，可以自动填写图框中与标题栏相同字段的属性信息。

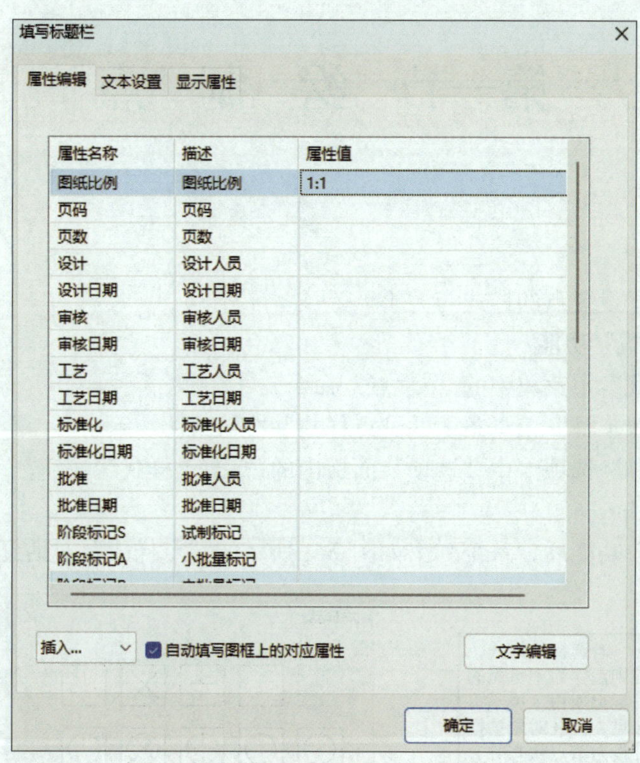

图 1–68 “填写标题栏”对话框

第二章 绘制基本图形

第一节 绘 制 点

一、点样式设置

点样式设置用于设置点的样式与大小。

1. 调用“点样式”功能

（1）单击“格式”主菜单中的“ 点”命令。

（2）单击“设置工具”工具条上的“点样式”按钮 。

（3）单击“工具”选项卡中“选项”面板内的“ 点样式”按钮。

（4）命令行：ddptype。

调用“点样式”功能后，系统弹出如图 2-1 所示的“点样式”对话框。

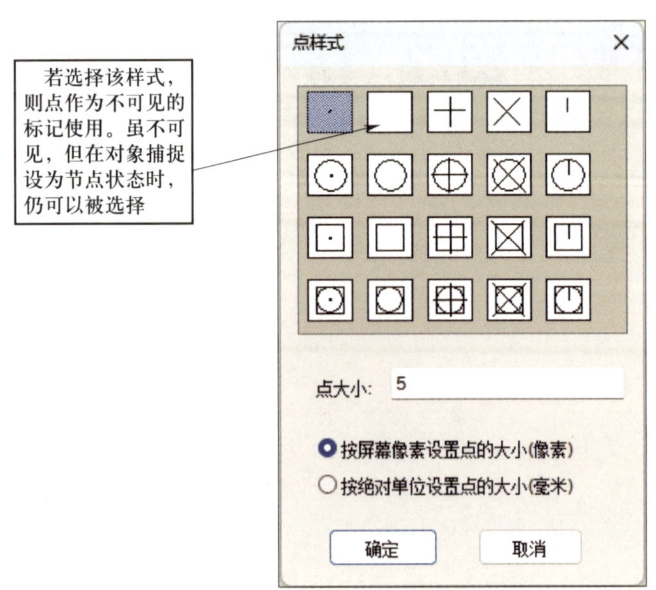

图 2-1 “点样式”对话框

2. 说明

点样式设置包括“点样式”与“点大小”两部分。

（1）点样式

系统提供了 20 种不同的点样式，以适应用户的需求。

（2）点大小

点的大小分为“像素大小”与“绝对大小”两种。像素大小即为点的像素值相对于屏幕的大小，绝对大小即为实际点的大小，其单位为 mm。

二、点的绘制

在绘图区绘制点，可以是孤立点，也可以是曲线上的等分点。

1. 调用“点”功能

（1）单击“绘图”主菜单中的“· 点”命令。

（2）单击“绘图工具”工具条上的“点”按钮 ·。

（3）单击“常用”选项卡中“绘图”面板内的“点”按钮 ·。

（4）命令行：point。

调用“点”功能，弹出如图 2–2 所示点的立即菜单。

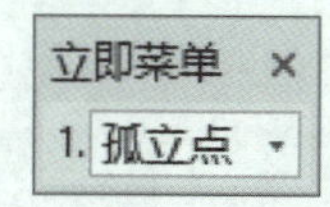

图 2–2　点的立即菜单 1

2. 说明

单击立即菜单中的第一项“孤立点”，可切换为“等分点”或“等距点”。

（1）若选“孤立点”，则可用鼠标拾取或用键盘直接输入点，利用工具点菜单，可绘制出端点、中点、圆心等特征点。

（2）若选“等分点”，输入等分数，然后拾取要等分的曲线，即可绘制出曲线的等分点。

注意：这里只是作出等分点，而不会将曲线打断，若想对某段曲线进行几等分，则除本操作外，还可应用“打断”命令中的“一点打断”功能。

（3）若选“等距点”，则将圆弧按指定的弧长划分，其立即菜单变为如图 2–3 所示的内容。

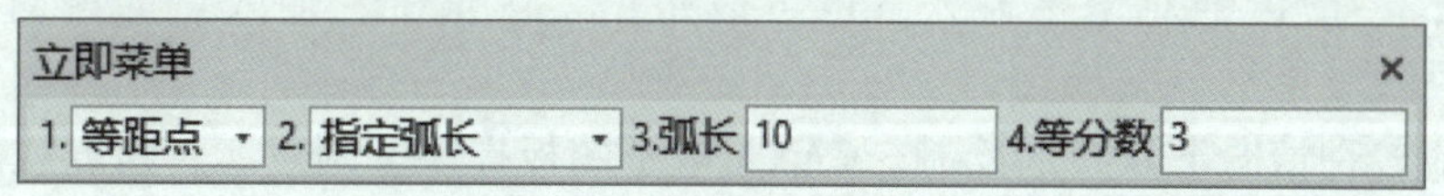

图 2–3　点的立即菜单 2

如果立即菜单中的第二项为“指定弧长”方式，则在“3. 弧长”中指定每段弧的长度，在“4. 等分数”中输入等分数，然后拾取要等分的曲线，拾取起始点，选取等分的方向，则可绘制出曲线的等弧长点。如果立即菜单中的第二项切换为“两点确定弧长”方式，则在“4. 等分数”中输入等分数，然后拾取要等分的曲线，拾取起始点，在圆弧上选取等弧长点（弧长），则可绘制出所选取曲线的等弧长点。

3. 示例

将如图 2–4a 所示线段三等分。

（1）设置点样式

打开“点样式”对话框，选择“⊡”点样式。

（2）线段三等分

调用“点”功能，在立即菜单中，选用“等分点”，输入等分数 3，然后拾取图 2–4a 所示线段，则可绘制出该线段的三等分点，如图 2-4b 所示。

（3）打断

调用“打断”功能，然后按提示拾取线段，再拾取点 1，则线段在点 1 处被打断。这时如果再拾取线段，则可以看到原来的线段已成为两条线段，如图 2-4c 所示。

用同样的方法可以将剩余的线段在点 2 处打断，此时，原来的线段已被等分为三条互不相关的线段。用同样的方法，也可以将其他曲线（如圆、圆弧）等分。

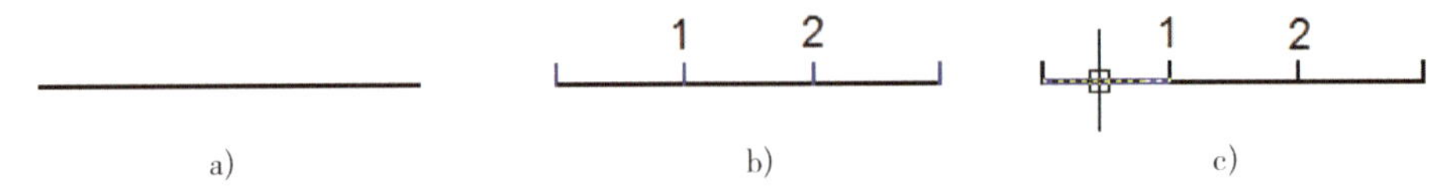

图 2-4 绘制三等分线段示例

a）要等分的线段 b）三等分 c）打断后

第二节 绘制直线和平行线

一、绘制直线

直线是构成图形的基本要素，正确、快捷地绘制直线的关键在于点的选择。在 CAXA 电子图板中拾取点时，可充分利用工具点菜单、智能点、导航点、栅格点等工具。输入点的坐标时，一般以绝对坐标输入。也可以根据实际情况，输入点的相对坐标和极坐标。

为了适应各种情况下直线的绘制，CAXA 电子图板提供了两点线、角度线、角等分线、切线 / 法线、等分线、射线和构造线七种方式，通过立即菜单选择直线生成方式及设置参数即可。另外，每种直线生成方式都可以单独执行，以便提高绘图效率。

1. 两点线

顾名思义，绘制两点线指的是按给定两点绘制一条直线段，或按给定的连续条件绘制连续的直线段。

（1）调用“两点线”功能

1）单击“绘图”主菜单“直线”子菜单中的“⁄ 两点线”命令。

2）单击“常用”选项卡中“绘图”面板内“直线”功能按钮下拉菜单中的“⁄ 两点线”命令。

3）调用“直线”功能并在立即菜单选择“两点线”。

4）命令行：lpp。

调用“两点线”功能，系统弹出如图 2-5 所示的“两点线”立即菜单。

图 2-5 “两点线”立即菜单

（2）说明

1）单击立即菜单中的“连续”，则该项内容由“连续”切换为“单根”，其中“连续”表示每个直线段相互连接，前一个直线段的终点为下一个直线段的起点，而“单根”是指每次绘制的直线段相互独立，互不相关。

2）按照立即菜单的条件和提示要求，用光标输入两点，则一条直线被绘制出来。为了准确地绘制出直线，可以使用键盘输入两个点的坐标或距离，也可以通过“动态输入”及时输入坐标和角度。此命令可以重复进行，单击鼠标右键或者按 Esc 键即可退出此命令。

3）在非正交情况下，第一点和第二点均可为三种类型的点：切点、垂足点、其他点（工具点菜单上列出的点）。根据拾取点的类型可生成切线、垂直线、公垂线、垂直切线以及任意的两点线。在正交情况下，生成的直线平行于当前坐标系的坐标轴。

注意：使用 F8 键可以切换为正交模式，亦可单击界面右下角状态栏中的正交按钮进行切换。

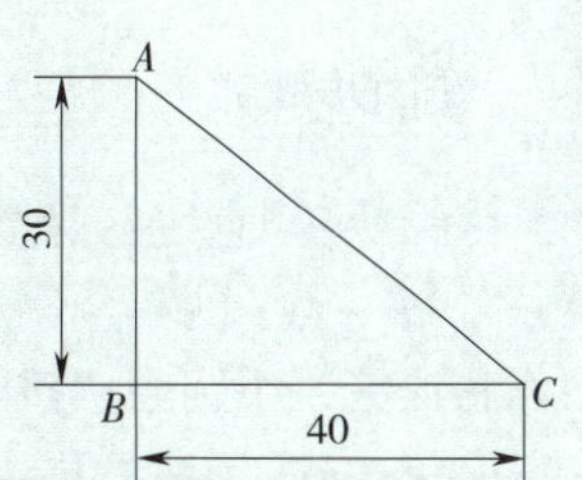

图 2-6　绘制直角三角形示例

（3）示例

例 1　绘制如图 2-6 所示的直角三角形。

绘图步骤如下：

命令：“直线：两点线”

第一点：（在绘图区中单击鼠标左键确定点 *A*）

第二点：30↙（按 F8 键打开“正交”模式，竖直向下移动光标，如图 2-7a 所示，输入距离 30，并按 Enter 键确认，绘制出三角形长为 30 mm 的直角边 *AB*）

第二点：40↙（水平向右移动光标，如图 2-7b 所示，输入距离 40，并按 Enter 键确认，绘制出三角形的另一条长为 40 mm 的直角边 *BC*）

第二点：（按 F8 键关闭“正交”模式，用鼠标左键拾取点 *A*，如图 2-7c 所示，绘制出三角形的斜边 *AC*）

单击鼠标右键或按 Enter 键或 Esc 键退出“两点线”功能。

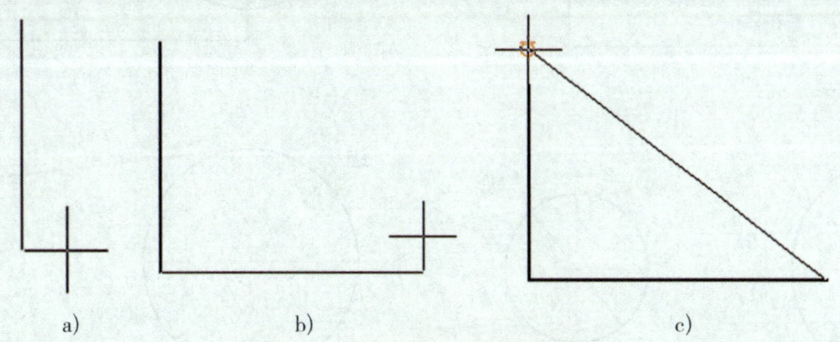

图 2-7　直角三角形的绘制过程

a）竖直向下移动光标　b）水平向右移动光标　c）捕捉点 *A*

例 2　绘制如图 2-8 所示两圆的外公切线。

绘制两点线时，充分利用工具点菜单，可以绘制出多种特殊的直线，这里利用工具点中的“切点”绘制出两圆的外公切线。

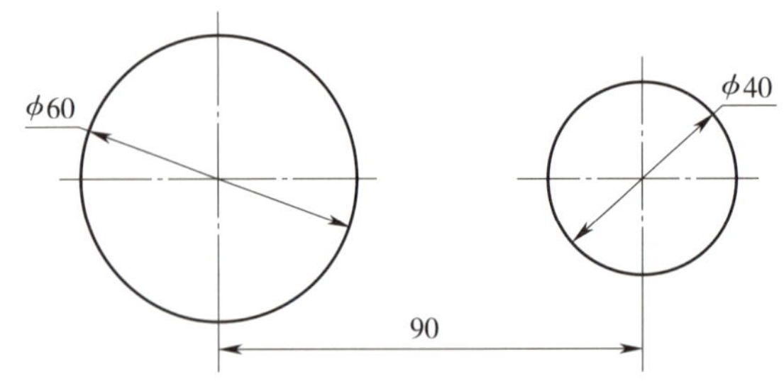

图 2–8　绘制两圆的外公切线示例

绘图步骤如下：

命令：“直线：两点线”

第一点：(按空格键弹出工具点菜单，单击“切点”项，如图 2–9a 所示，然后按提示拾取第一个圆中“1”所指的位置，如图 2–9b 所示)

第二点：(按空格键弹出工具点菜单，单击“切点”项，然后按提示拾取第二个圆中“2”所指的位置，如图 2–9c 所示)

单击鼠标右键或按 Enter 键或 Esc 键退出“两点线”功能，绘图结果如图 2–9d 所示。

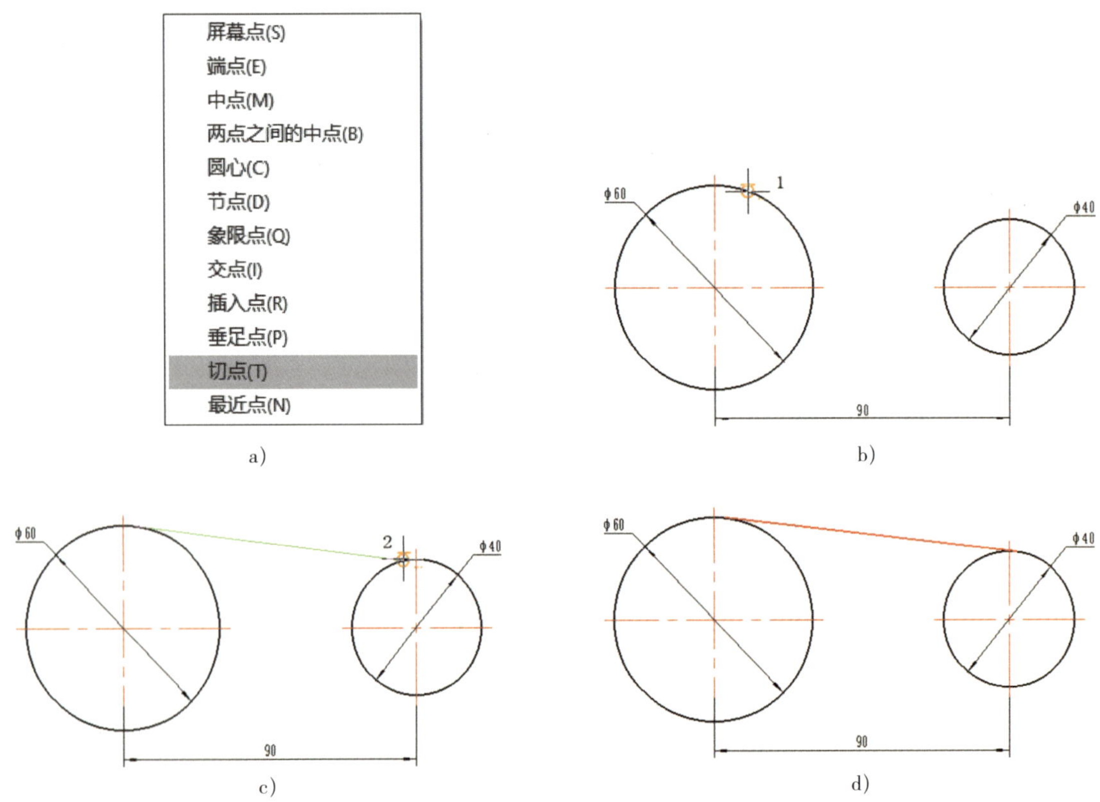

图 2–9　绘制两圆外公切线的步骤

a）工具点菜单　b）拾取“1”处的切点　c）拾取“2”处的切点　d）绘图结果

注意：在拾取点时，拾取位置不同，则切线绘制的位置也不同。如图 2-10 所示，若第二点选在“3”所指位置处，则绘制出两圆的内公切线。

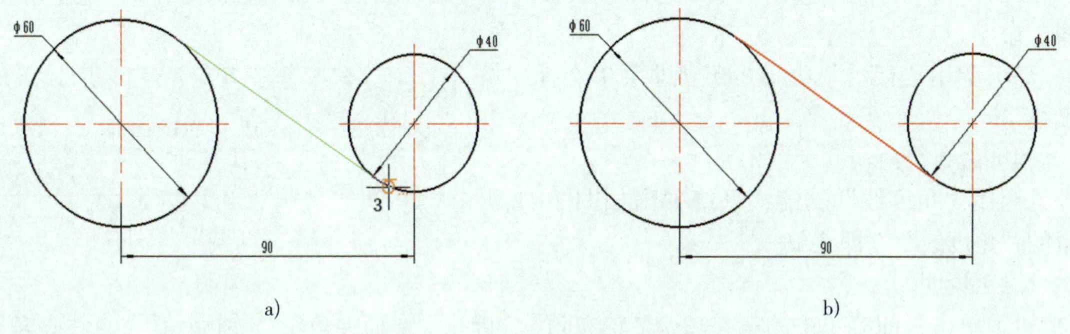

图 2-10　绘制两圆的内公切线

a）拾取“3”处的切点　b）绘制结果

例 3　用相对极坐标绘制如图 2-11a 所示的五角星。

绘图步骤如下：

命令：“直线：两点线”

第一点：确定第一点位置（在绘图区中任意确定第一点）

第二点：@20<0 ↙（点 2 相对于点 1 的极坐标）

第二点：@20<-144 ↙（点 3 相对于点 2 的极坐标，这里极坐标角度的正负是指从 *X* 正半轴开始，逆时针旋转为正，顺时针旋转为负）

第二点：@20<72 ↙（点 4 相对于点 3 的极坐标）

第二点：@20<-72 ↙（点 5 相对于点 4 的极坐标）

第二点：@20<144 ↙（点 1 相对于点 5 的极坐标）

单击鼠标右键或按 Enter 键或按空格键结束画线操作，整个五角星绘制完成，如图 2-11b 所示。

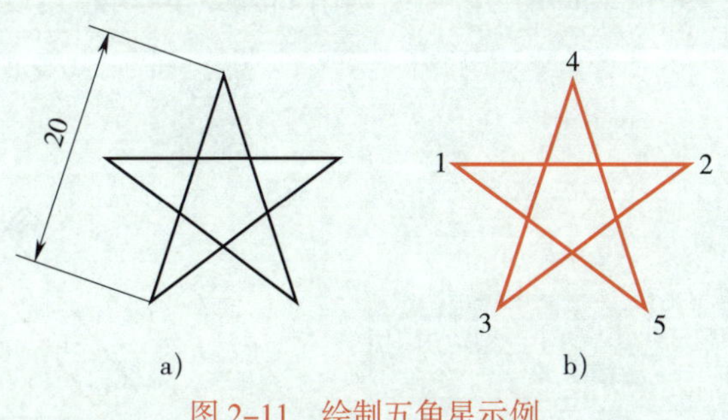

图 2-11　绘制五角星示例

a）五角星图样　b）绘制过程

2. 角度线

绘制角度线是指按给定的角度和长度绘制一条直线段。给定的角度是指目标直线与已知直线、*X* 轴或 *Y* 轴所成的夹角。

（1）调用“角度线”功能

1）单击“绘图”主菜单“直线”子菜单中的“角度线”命令。

2）单击“常用”选项卡中“绘图”面板内“直线”功能按钮下拉菜单中的“角度线”命令。

3）调用“直线”功能并在立即菜单选择“角度线”。

4）命令行：la。

调用“角度线”功能，系统弹出如图 2–12 所示的“角度线”立即菜单。

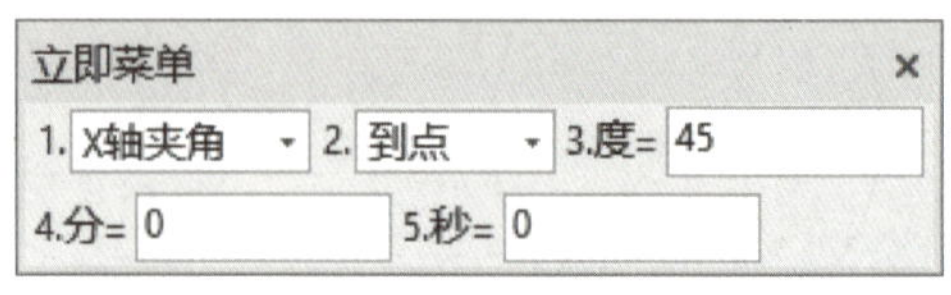

图 2–12 “角度线”立即菜单

（2）说明

1）单击立即菜单中的第一项“*X* 轴夹角”，弹出“*X* 轴夹角”“*Y* 轴夹角”“直线夹角”三个选项，可根据绘图需要选择夹角类型。如果选择“直线夹角”，则表示绘制一条与已知直线段指定夹角的直线段，此时操作提示变为“拾取直线”，待拾取一条已知直线段后，再输入第一点和第二点即可。

2）单击立即菜单中的“到点”选项，则该项内容由“到点”切换为“到线上”，即指定终点位置是在选定直线上。

3）单击立即菜单中的“3. 度 =”“4. 分 =”“5. 秒 =”选项右侧的编辑框，可通过键盘直接输入夹角数值。

4）按提示要求输入第一点，则绘图区上显示该点标记。此时，操作提示变为“第二点或长度”。如果输入一个长度数值并按 Enter 键确认，则一条按用户设定条件确定的角度线被绘制出来。如果通过移动光标确定角度线长度，则一条绿色的角度线随之出现。待光标位置确定后，单击鼠标左键则立即绘制出一条指定长度和角度的角度线。

（3）示例

绘制一条与 *X* 轴夹角为 50°、长度为 50 mm 的角度线。

应用“角度线”命令，系统弹出“角度线”立即菜单，单击“3. 度 =”右侧的编辑框，输入“50”，如图 2–13 所示。按提示要求输入第一点，操作提示变为“第二点或长度”，用键盘输入长度数值“50”并按 Enter 键，则绘制出如图 2–14 所示角度线。

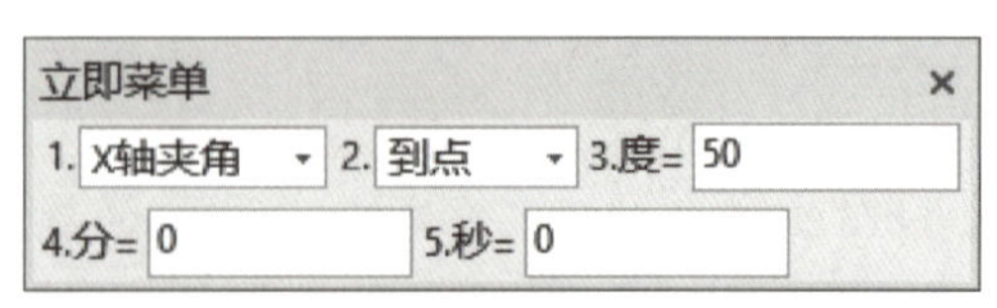

图 2–13 设置角度的数值

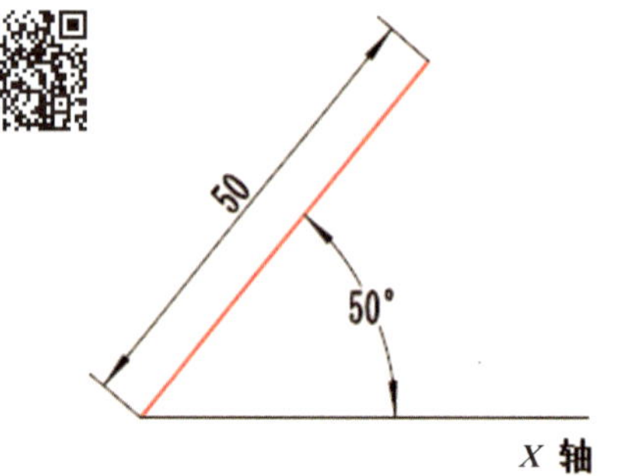

图 2–14 绘制角度线示例

3. 角等分线

绘制角等分线是指按给定等分份数和长度绘制若干条直线段将一个角等分。

（1）调用“角等分线”功能

1）单击“绘图”主菜单“直线”子菜单中的“角等分线”命令。

2）单击“常用”选项卡中“绘图”面板内“直线”功能按钮下拉菜单中的“角等分线”命令。

3）调用“直线”功能并在立即菜单选择“角等分线”。

4）命令行：lia。

调用“角等分线”功能，系统弹出如图 2–15 所示的“角等分线”立即菜单。

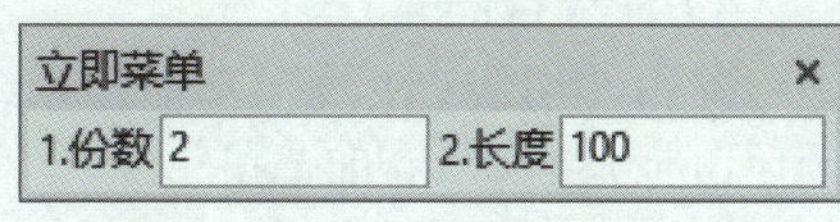

图 2–15 “角等分线”立即菜单

（2）说明

1）单击立即菜单“1. 份数”右侧的编辑框，输入等分份数值。

2）单击立即菜单“2. 长度”右侧的编辑框，输入等分线长度值。

设置完立即菜单中的数值后，命令行提示“拾取第一条直线”，拾取第一条直线后，系统又提示“拾取第二条直线”，拾取第二条直线后，系统自动绘制出已知角的角等分线。

（3）示例

将图 2–16a 所示 45° 角进行三等分，等分线长度为 50 mm。

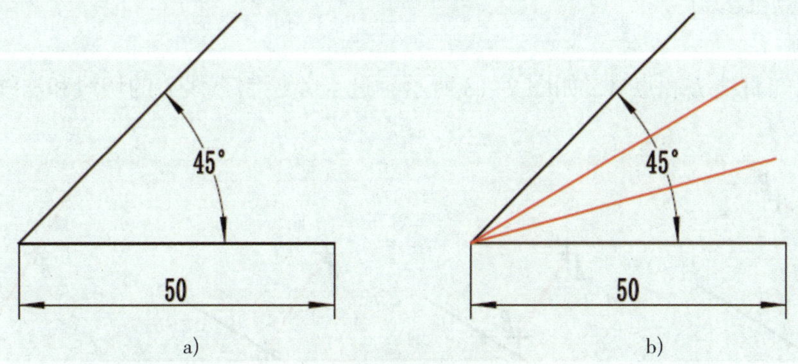

图 2–16 绘制 45° 角的三等分线示例

a）操作前 b）操作后

绘图步骤如下：

命令：“直线：角等分线”（将“角等分线”立即菜单中的份数设置为 3，长度设置为 50）

拾取第一条直线：（拾取图 2–16a 中的第 1 条直线）

拾取第二条直线：（拾取图 2–16a 中的第 2 条直线）

绘图结果如图 2–16b 所示。

4. 切线 / 法线

绘制切线 / 法线是指过给定点作已知曲线的切线或法线。

（1）调用“切线 / 法线”功能

1）单击“绘图”主菜单“直线”子菜单中的“切线 / 法线”命令。

2）单击“常用”选项卡中“绘图”面板内“直线”功能按钮下拉菜单中的“ 切线 / 法线”命令。

3）调用“直线”功能并在立即菜单选择“切线 / 法线”。

4）命令行：ltn。

调用“切线 / 法线”功能，系统弹出如图 2–17 所示的“切线 / 法线”立即菜单。

立即菜单 ×

1. 切线 ▾ 2. 非对称 ▾ 3. 到点 ▾

图 2–17 “切线 / 法线”立即菜单

（2）说明

1）单击立即菜单中的“切线”，则该项内容切换为“法线”。选择“切线”，将绘制出一条与已知直线相平行的直线；选择“法线”，将绘制出一条与已知直线相垂直的直线。

2）单击立即菜单中的“非对称”，则该项内容切换为“对称”。选择“非对称”时，以指定的第一点和第二点绘制一条切线或法线；选择“对称”时，指定的第一点为所要绘制切线或法线的中点，第二点为所要绘制切线或法线的一个端点。

3）单击立即菜单中的“到点”，则该项内容切换为“到线上”。选择“到点”，表示所绘制切线或法线的终点为指定点；选择“到线上”，表示所绘制切线或法线的终点在一条已知线段上或其延长线上。

（3）示例

例 1 已知直线 L 和点 A，如图 2–18 所示，过点 A 绘制直线 L 的切线和法线。

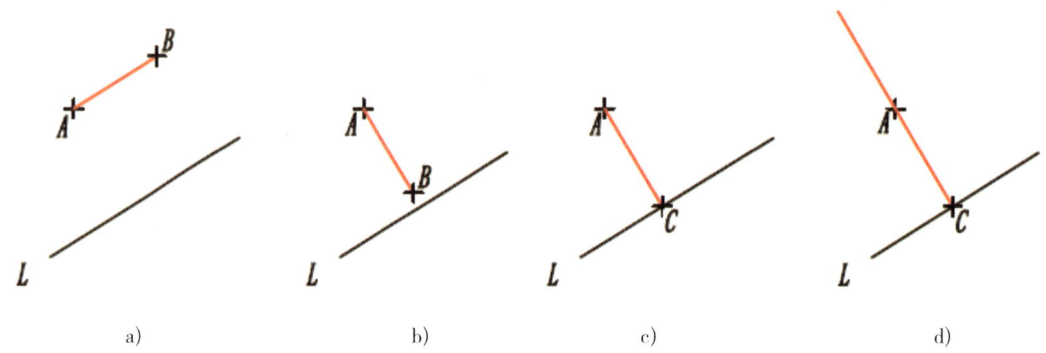

图 2–18 绘制直线的切线和法线示例

a）绘制直线 L 的切线 b）应用“非对称”“到点”绘制直线 L 的法线

c）应用“非对称”“到线上”绘制直线 L 的法线 d）应用“对称”“到线上”绘制直线 L 的法线

绘图步骤如下：

命令：“直线：切线 / 法线”（在立即菜单中，选择“切线”）
拾取曲线：（拾取直线 L）
输入点：（捕捉点 A，系统产生一条平行于直线 L 的绿色直线）
第二点或长度：（沿绿色直线移动光标，确定点 B，也可以输入所绘制切线的长度值）

绘图结果如图 2–18a 所示。

命令："直线：切线 / 法线"（在立即菜单中，选择"法线"）
拾取曲线：（拾取直线 L）
输入点：（捕捉点 A，系统产生一条垂直于直线 L 的绿色直线）
第二点或长度：（沿绿色直线移动光标，捕捉点 B）

绘图结果如图 2–18b 所示。如果在绘制法线时，将立即菜单中的"到点"切换为"到线上"，结果如图 2–18c 所示。如果在绘制法线时，将立即菜单中的"非对称"切换为"对称"，结果如图 2–18d 所示，点 A 为所绘制法线的中点。

例 2 已知圆弧和点 A，如图 2–19 所示，过点 A 绘制圆弧的切线和法线。

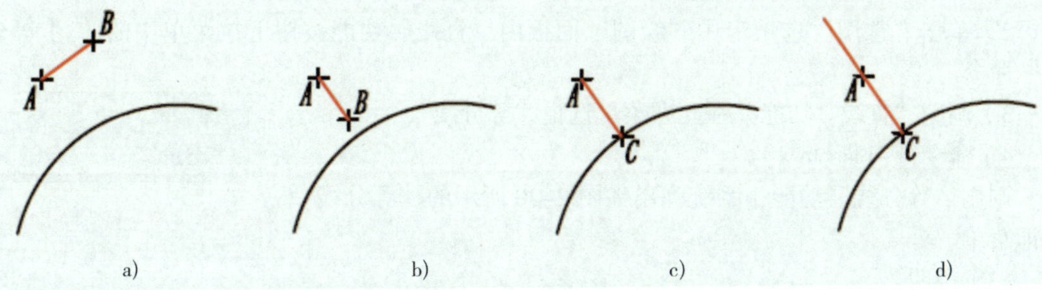

图 2–19 绘制圆弧的切线和法线示例

a）绘制圆弧的切线 b）应用"非对称""到点"绘制圆弧的法线
c）应用"非对称""到线上"绘制圆弧的法线 d）应用"对称""到线上"绘制圆弧的法线

绘图步骤如下：

命令："直线：切线 / 法线"（在立即菜单中，选择"切线"）
拾取曲线：（拾取圆弧）
输入点：（捕捉点 A，系统产生一条平行于圆弧切线的绿色直线）
第二点或长度：（沿绿色直线移动光标，确定点 B，也可以输入所绘制切线的长度值）

绘图结果如图 2–19a 所示。

命令："直线：切线 / 法线"（在立即菜单中，选择"法线"）
拾取曲线：（拾取圆弧）
输入点：（捕捉点 A，系统产生一条过圆弧圆心的绿色直线）
第二点或长度：（沿绿色直线移动光标，捕捉垂足点 B）

绘图结果如图 2–19b 所示。如果在绘制法线时，将立即菜单中的"到点"切换为"到线上"，结果如图 2–19c 所示。如果在绘制法线时，将立即菜单中的"非对称"切换为"对称"，结果如图 2–19d 所示，点 A 为所绘制法线的中点。

5. 等分线

绘制等分线是指按两条线段之间的距离 n 等分绘制直线。

（1）生成等分线要求所选两条直线段的条件

生成等分线要求所选两条直线段符合以下条件之一：

1）两条直线段平行。

2）两条直线段不平行、不相交，并且其中任意一条直线段的任意方向的延长线不与另一条直线段本身相交，可等分。

3）一条直线段的某个端点与另一条直线段的端点重合，并且两直线段夹角不等于180°，也可等分。

注意：等分线和角等分线在对具有夹角的直线段进行等分时的概念是不同的，角等分线是按角度等分，而等分线是按照端点连线的距离等分。

（2）调用“等分线”功能

1）单击“绘图”主菜单“直线”子菜单中的“等分线”命令。

2）单击“常用”选项卡中“绘图”面板内“直线”功能按钮下拉菜单中的“等分线”命令。

3）调用“直线”功能并在立即菜单选择“等分线”。

4）命令行：bisector。

调用“等分线”功能，系统弹出如图2–20所示的“等分线”立即菜单。

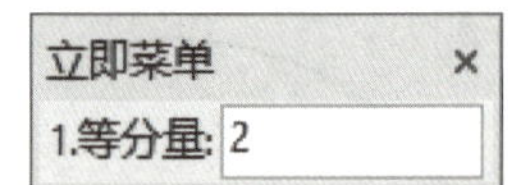

图2–20　“等分线”立即菜单

（3）说明

应用“等分线”命令后，拾取符合条件的两条直线段，即可在两条直线段间生成一系列的线，这些线将两条直线段之间的部分等分成 n 份。

（4）示例

绘制如图2–21a所示两条平行线的五等分线。

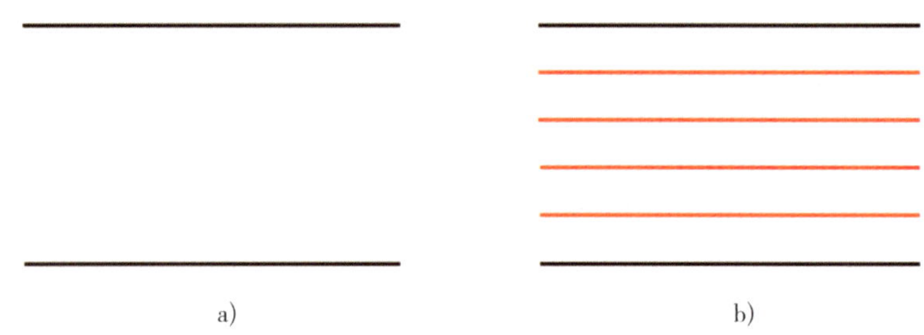

图2–21　绘制两平行线的五等分线示例

a）绘制前　b）绘制后

命令：“直线：等分线”（在立即菜单中，选择“等分线”，并将等分量设为5）
拾取第一条直线：（拾取第一条直线）
拾取第二条直线：（拾取第二条直线）

绘图结果如图2–21b所示。

6. 射线

绘制射线是指生成一条由特征点向一端无限延伸的射线。用以下方式可以调用“射线”

功能：

（1）单击“绘图”主菜单“直线”子菜单中的“／射线”命令。

（2）单击“常用”选项卡中“绘图”面板内“直线”功能按钮下拉菜单中的“／射线”命令。

（3）调用“直线”功能并在立即菜单选择“射线”。

（4）命令行：ray。

调用“射线”功能，单击鼠标左键指定射线的起点和通过点后，即可生成射线。

7. 构造线

绘制构造线是指生成一条过特征点向两端无限延伸的构造线。用以下方式可以调用“构造线”功能：

（1）单击“绘图”主菜单“直线”子菜单中的“／构造线”命令。

（2）单击“常用”选项卡中“绘图”面板内“直线”功能按钮下拉菜单中的“／构造线”命令。

（3）调用“直线”功能并在立即菜单选择“构造线”。

（4）命令行：xline。

调用“构造线”功能，单击鼠标左键指定构造线的指定点和通过点后，即可生成构造线。

二、绘制平行线

绘制平行线是指按照给定的距离，绘制单条或多条与已知线段平行的线段。

1. 调用“平行线”功能

（1）单击“绘图”主菜单中的“∥平行线”命令。

（2）单击“绘图工具”工具条上的“平行线”按钮∥。

（3）单击“常用”选项卡中“绘图”面板内的“平行线”按钮∥。

（4）命令行：LL。

调用“平行线”功能，系统弹出如图 2–22 所示的“平行线”立即菜单。

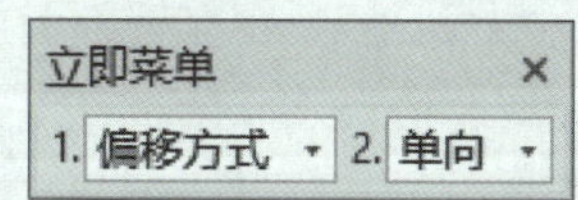

图 2–22　“平行线”立即菜单

2. 说明

（1）单击立即菜单中的“偏移方式”，可以切换为“两点方式”。

（2）选择“偏移方式”，单击“单向”，可切换为“双向”，在双向模式下可以绘制出与已知线段平行、长度相等的双向平行线段。当在单向模式下，用键盘输入距离时，系统会首先根据十字光标在所选线段的哪一侧来判断绘制线段的位置。

（3）选择“两点方式”，单击“点方式”，可切换为“距离方式”，根据系统提示即可绘制相应的线段。

（4）此命令可以重复进行，单击鼠标右键或按 Enter 键或按 Esc 键可退出此命令。

3. 示例

在图 2–23a 所示直线 L 的左侧，绘制一条与其相距 30 mm 且等长的平行线。

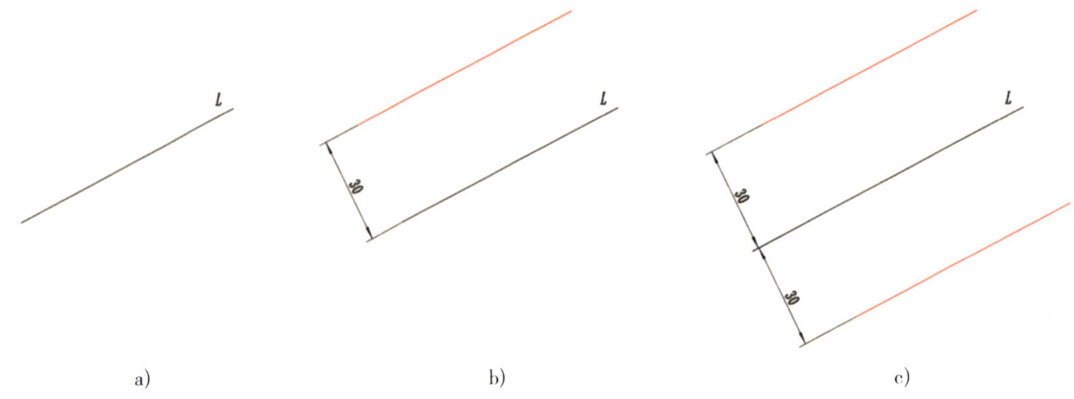

图 2-23　绘制已知直线的平行线示例

a）绘制前　b）单向　c）双向

绘图步骤如下：

命令："平行线"（将平行线立即菜单设置为"偏移方式"和"单向"）
拾取直线：（拾取直线 *L*）
输入距离或点（切点）：30↙（输入所绘制直线与直线 *L* 的距离）

绘图结果如图 2-23b 所示。若将"单向"切换为"双向"，则绘图结果如图 2-23c 所示。

三、综合示例

绘制如图 2-24 所示平面图形。绘图步骤参见表 2-1。

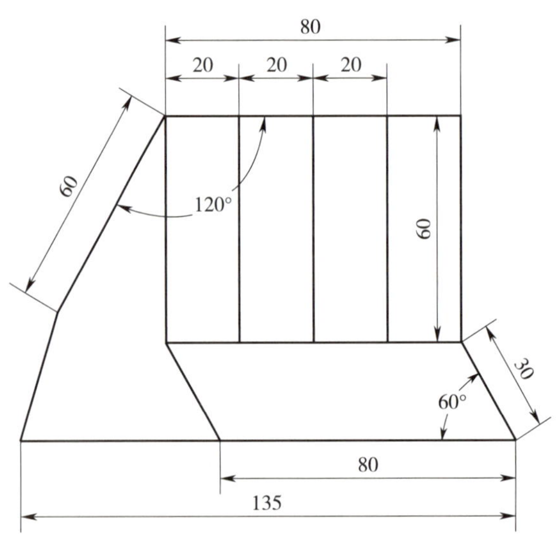

图 2-24　绘制直线和平行线综合示例

表 2-1　　绘制直线和平行线综合示例绘图步骤

绘图步骤	图示
（1）绘制 135 mm 水平线 命令：“直线”（在立即菜单中，选择“两点线”） 第一点：（任意确定直线段的起点） 第二点：135↙（在“正交”状态下，沿水平方向向左移动光标，输入直线段的长度值）	
（2）绘制 30 mm 角度线 将“两点线”切换为“角度线”，并将其立即菜单的第四项设置为 120°。 第一点：（拾取 135 mm 水平线的右端点） 第二点或长度：30↙（输入角度线的长度值）	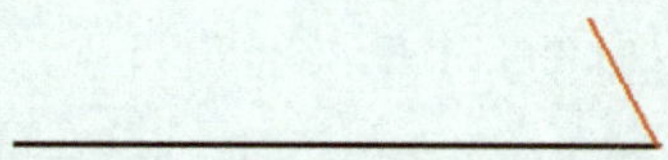
（3）绘制 60 mm 竖直线、80 mm 水平线 命令：“直线：两点线” 第一点：（选择 30 mm 角度线的上端点） 第二点：60↙（在“正交”状态下，沿竖直方向向上移动光标，输入竖直线的长度值） 第二点：80↙（在“正交”状态下，沿水平方向向左移动光标，输入水平线的长度值）	
（4）绘制 60 mm 角度线 将“两点线”切换为“角度线”，并将其立即菜单第二项设置为“直线夹角”，第四项的度数设置为 60°。 拾取直线：（拾取 80 mm 水平线） 第一点：（拾取 80 mm 水平线的左端点） 第二点或长度：60↙（输入角度线的长度值）	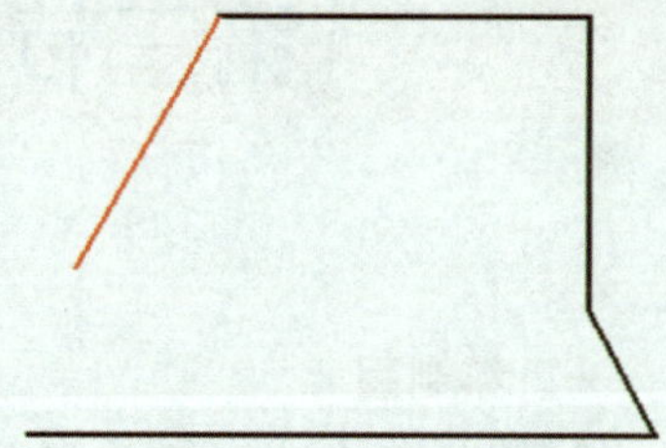
（5）绘制闭合直线 命令：“直线：两点线” 第一点：（拾取 60 mm 角度线的下端点） 第二点：（拾取 135 mm 水平线的左端点）	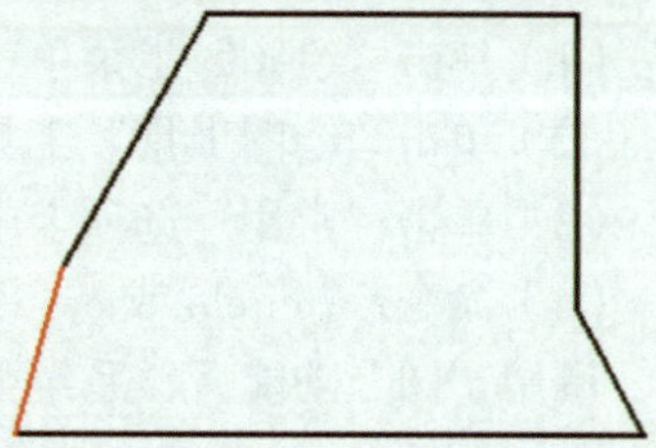
（6）绘制 60 mm 竖直线、80 mm 水平线 命令：“直线：两点线” 第一点：（拾取 80 mm 水平线的左端点） 第二点：60↙（在“正交”状态下，沿竖直方向向下移动光标，输入竖直线的长度值） 第二点：80↙（在“正交”状态下，沿水平方向向右移动光标，输入水平线的长度值）	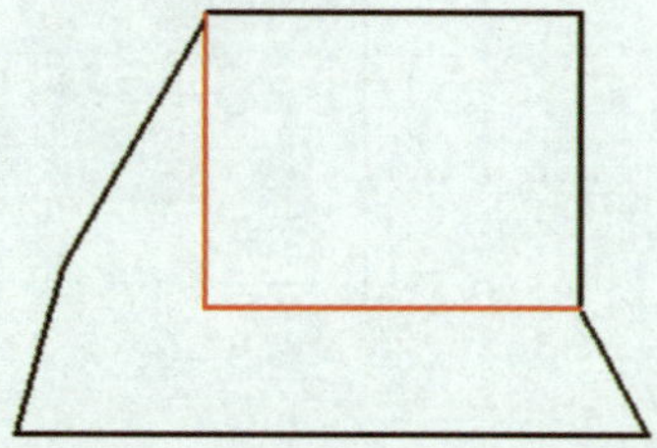

绘图步骤	图示
（7）绘制等分线 命令：“直线：等分线”（等分量设置为 4） 拾取第一条直线：（拾取左侧 60 mm 的竖直线） 拾取第二条直线：（拾取右侧 60 mm 的竖直线）	
（8）绘制平行线 命令：“平行线”（将其立即菜单中的第一项设为“两点方式”，第二项设为“点方式”，第三项设为“到线上”） 拾取直线：（拾取 30 mm 的角度线） 指定平行线起点：（拾取中间 80 mm 水平线的左端点） 拾取平行线延伸到的曲线：（拾取 135 mm 水平线）	

第三节　绘制圆、圆弧和椭圆

一、绘制圆

绘制圆是指按照各种给定参数绘制圆形图案。可以采用以下方式调用“圆”功能：

（1）单击“绘图”主菜单中的“圆”命令。

（2）单击“绘图工具”工具条上的“圆”按钮。

（3）单击“常用”选项卡中“绘图”面板内的“圆”按钮。

（4）命令行：circle 或 c。

调用“圆”功能后，系统弹出如图 2-25 所示的“圆”立即菜单。

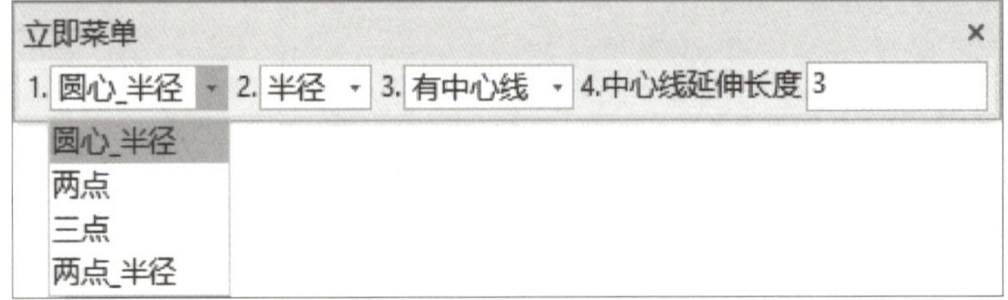

图 2-25 “圆”立即菜单

为了适应各种情况下圆的绘制，CAXA 电子图板提供了“圆心 _ 半径”“两点”“三点”和“两点 _ 半径”四种绘制方式，通过立即菜单选择圆生成方式及设置参数即可。另外，每种圆的绘制方式都可以单独执行，以便提高绘图效率。

根据不同的绘图要求，还可在绘图过程中通过立即菜单选取圆上是否带有中心线，系统默认为无中心线。

1.“圆心 _ 半径”圆

根据给定的圆心和半径来绘制圆，这是最常用的绘制圆的方式。

（1）调用方式

1）单击“绘图”主菜单“圆”子菜单中的“圆心 _ 半径”命令。

2）单击“常用”选项卡中“绘图”面板内“圆”功能按钮下拉菜单中的“圆心 _ 半径”命令。

3）调用“圆”功能并在立即菜单选择“圆心 _ 半径”。

4）命令行：cir。

“圆心 _ 半径”圆立即菜单如图 2-26 所示。

立即菜单 ×
1. 半径 ▾ 2. 无中心线 ▾

图 2-26 “圆心 _ 半径”圆立即菜单

（2）说明

1）应用“圆心 _ 半径”命令，系统会提示“圆心点”，指定圆心位置后，提示变为“输入半径或圆上一点”。此时，可以直接用键盘输入所需半径数值，并按 Enter 键确定，也可以移动光标，单击鼠标左键确定圆上的一点。

2）单击立即菜单中的“半径”，则内容切换为“直径”，输入圆心后，系统提示变为“输入直径或圆上一点”，此时，用户用键盘输入的数值为圆的直径。

3）单击立即菜单中的“无中心线”，则内容切换为“有中心线”，同时立即菜单弹出“3. 中心线延伸长度”选项，在其右侧编辑框中可以输入中心线的延伸长度，如图 2-27 所示。

图 2-27 “圆心 _ 半径”圆立即菜单中的中心线选项

“圆心 _ 半径”圆命令可以重复进行，单击鼠标右键或按 Enter 键或按 Esc 键可以退出此命令。

（3）示例

在边长为 40 mm 正方形的中心绘制半径为 10 mm 的圆，如图 2-28 所示。

绘图步骤如下：

命令：“圆：圆心 _ 半径”
圆心点：（捕捉边长为 40 mm 正方形的中心）
输入半径或圆上一点：10↙（输入圆的半径值）

单击鼠标右键或按 Esc 键即可退出此命令，绘图结果如图 2-28b 所示。

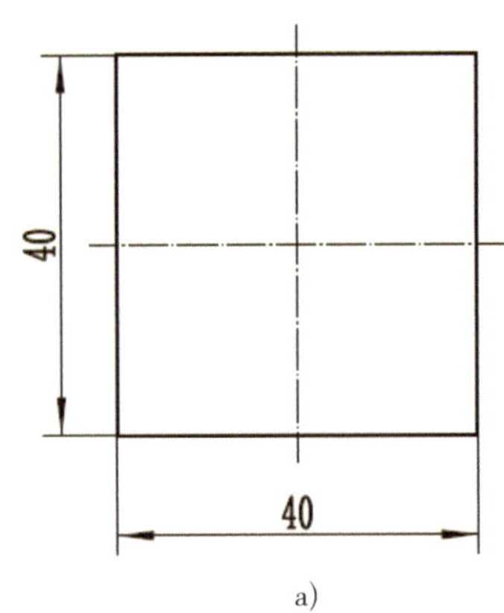

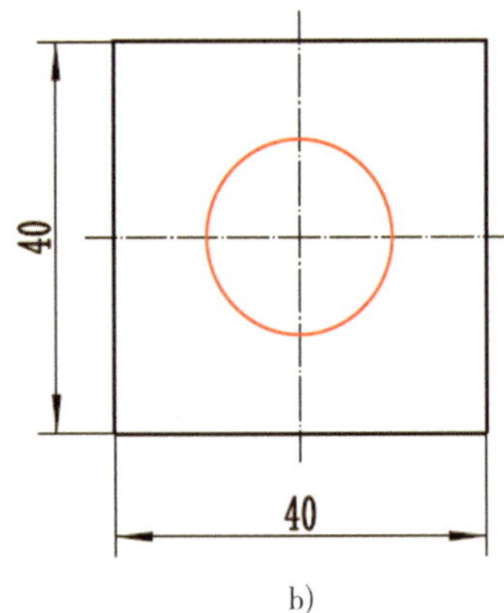

图 2–28　绘制“圆心 _ 半径”圆示例

a）绘制前　b）绘制后

2.“两点”圆

绘制“两点”圆是指通过两个已知点绘制圆，这两个已知点之间的距离就是直径。

（1）调用方式

1）单击“绘图”主菜单“圆”子菜单中的“◯ 两点”命令。

2）单击“常用”选项卡中“绘图”面板内“圆”功能按钮下拉菜单中的“◯ 两点”命令。

3）调用“圆”功能并在立即菜单选择“两点”。

4）命令行：cppl。

“两点”圆立即菜单如图 2–29 所示。根据提示输入第一点、第二点，一个完整的圆被绘制出来。

图 2–29　“两点”圆立即菜单

（2）示例

绘制以图 2–30 所示矩形两长边中点为切点的内切圆。

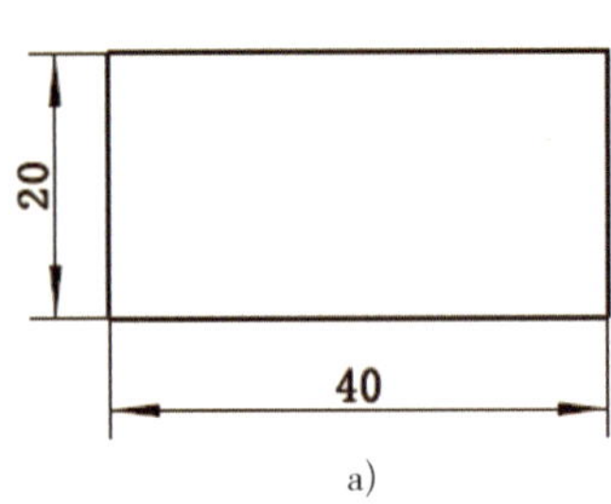

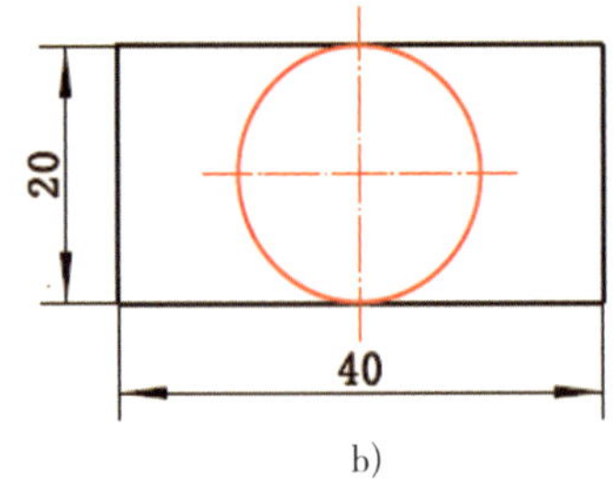

图 2–30　绘制“两点”圆示例

a）绘制前　b）绘制后

绘图步骤如下：

命令：“圆：两点”（将立即菜单中的“无中心线”切换为“有中心线”）
第一点：（捕捉矩形一长边的中点）
第二点：（捕捉矩形另一长边的中点）

绘图结果如图 2–30b 所示。

3.“三点”圆

绘制“三点”圆是指通过不在一条直线上的三个点绘制圆。

（1）调用方式

1）单击“绘图”主菜单“圆”子菜单中的“ 三点”命令。

2）单击“常用”选项卡中“绘图”面板内“圆”功能按钮下拉菜单中的“ 三点”命令。

3）调用“圆”功能并在立即菜单选择“三点”。

4）命令行：cppp。

“三点”圆立即菜单如图 2–31 所示。按命令行提示输入第一点、第二点和第三点后，一个完整的圆被绘制出来。在输入点时可充分利用智能点、栅格点、导航点和工具点菜单。

（2）示例

利用“三点”圆命令和工具点菜单可以很容易地绘制出三角形的外接圆和内切圆，如图 2–32 所示。

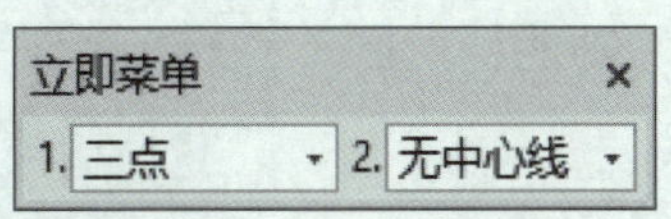

图 2–31 “三点”圆立即菜单

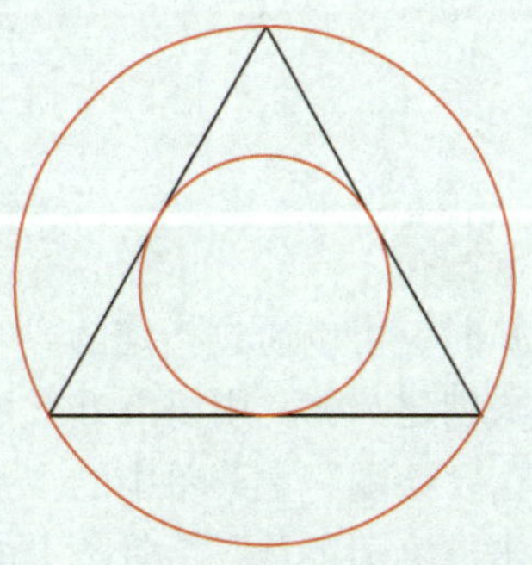

图 2–32 绘制“三点”圆示例

4.“两点_半径”圆

在 CAXA 电子图板中，可以过圆周上的两个已知点和给定的半径绘制圆。

（1）调用方式

1）单击“绘图”主菜单“圆”子菜单中的“ 两点_半径”命令。

2）单击“常用”选项卡中“绘图”面板内“圆”功能按钮下拉菜单中的“ 两点_半径”命令。

3）调用“圆”功能并在立即菜单选择“两点_半径”。

4）命令行：cppr。

“两点_半径”圆立即菜单如图 2–33 所示。按提示要求输入第一点、第二点后，在合适位置输入第三点或用键盘输入一个半径值，一个完整的圆被绘制出来。

（2）示例

已知两圆直径为 20 mm，相距 40 mm，如图 2–34a 所示。现绘制与两圆相切的直径为 30 mm 的外切圆。

绘制步骤如下：

图 2–33 “两点_半径”圆立即菜单

命令：“圆：两点 _ 半径”
第一点：（按空格键弹出工具点菜单，单击“切点”项，捕捉左侧圆的切点）
第二点：（按空格键弹出工具点菜单，单击“切点”项，捕捉右侧圆的切点）
第三点（半径）：15↙（输入外切圆的半径值）

绘图结果如图 2-34b 所示。

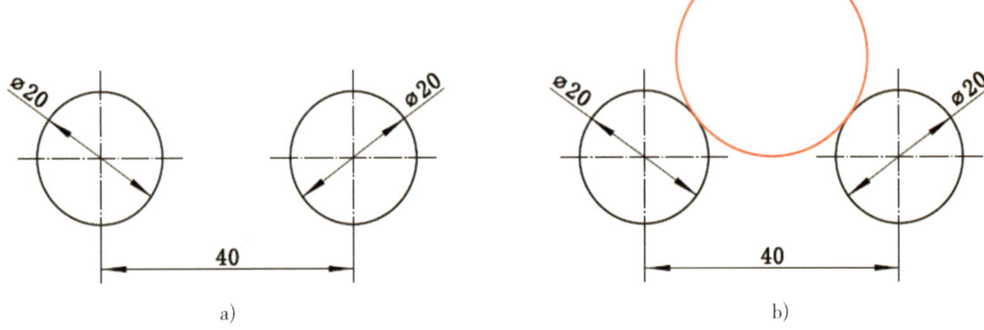

图 2-34　绘制“两点 _ 半径”圆示例

a）绘制前　b）绘制后

二、绘制圆弧

绘制圆弧时，可以通过指定圆心、端点、起点、半径、角度等各种组合形式创建圆弧。用以下方式可以调用“圆弧”功能：

（1）单击“绘图”主菜单中的“◜ 圆弧”命令。

（2）单击“绘图工具”工具条上的“圆弧”按钮◜。

（3）单击“常用”选项卡中“绘图”面板内的“◜ 圆弧”按钮。

（4）命令行：arc 或 a。

调用“圆弧”功能后，系统弹出如图 2-35 所示的“圆弧”立即菜单。

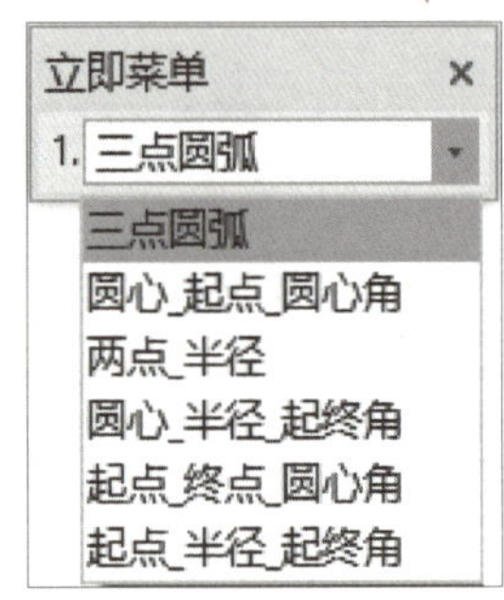

图 2-35　“圆弧”立即菜单

为了适应各种情况下圆弧的绘制，CAXA 电子图板提供了“三点圆弧”“圆心 _ 起点 _ 圆心角”“两点 _ 半径”“圆心 _ 半径 _ 起终角”“起点 _ 终点 _ 圆心角”“起点 _ 半径 _ 起终角”六种绘制方式，通过立即菜单选择圆弧绘制方式及设置参数即可。另外，每种圆弧绘制方式都可以单独执行，以便提高绘图效率。

1.“三点圆弧”

绘制三点圆弧是指通过已知三点绘制圆弧。过已知三点绘制圆弧，其中第一点为起点，第三点为终点，第二点决定圆弧的位置和方向。

（1）调用方式

1）单击“绘图”主菜单“圆弧”子菜单中的“◜ 三点”命令。

2）单击“常用”选项卡中“绘图”面板内“圆弧”功能按钮下拉菜单中的“◜ 三点”命令。

3）调用“圆弧”功能并在立即菜单选择“三点圆弧”。

4）命令行：appp。

（2）说明

按提示要求指定“第一点”和“第二点”，此时，一条过上述两点及过光标所在位置的三点圆弧已经显示在绘图区，移动光标，正确选择“第三点”位置，并单击鼠标左键，则一条圆弧线被绘制出来。在选择这三个点时，可灵活运用工具点、智能点、导航点、栅格点等工具，也可以直接用键盘输入点坐标。

（3）示例

绘制如图 2-36a 所示的三角形，执行“三点圆弧”命令，根据系统提示依次选择 *A*、*C*、*B* 三点，绘图结果如图 2-36b 所示。

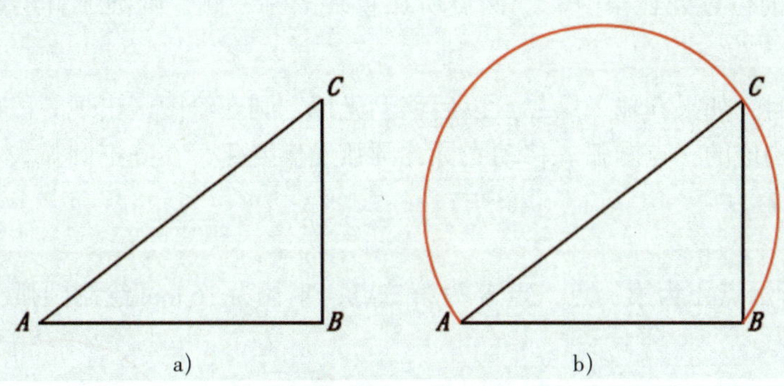

图 2-36 绘制“三点圆弧”示例

a）绘制前 b）绘制后

2.“圆心 _ 起点 _ 圆心角”圆弧

在 CAXA 电子图板中，可以利用已知的圆心、起点、圆心角（或终点）绘制圆弧。

（1）调用方式

1）单击“绘图”主菜单“圆弧”子菜单中的“ 圆心起点圆心角”命令。

2）单击“常用”选项卡中“绘图”面板内“圆弧”功能按钮下拉菜单中的“ 圆心起点圆心角”命令。

3）调用“圆弧”功能并在立即菜单选择“圆心 _ 起点 _ 圆心角”。

4）命令行：acsa。

（2）说明

按提示要求输入“圆心点”“起点”和“圆心角或终点”，则一个圆弧被绘制出来。

（3）示例

以图 2-37 中点 *B* 为圆心，点 *C* 为起点，圆心角为 60° 时，绘制出如图 2-37a 所示圆弧，圆心角为 -60° 时，绘制出如图 2-37b 所示圆弧。

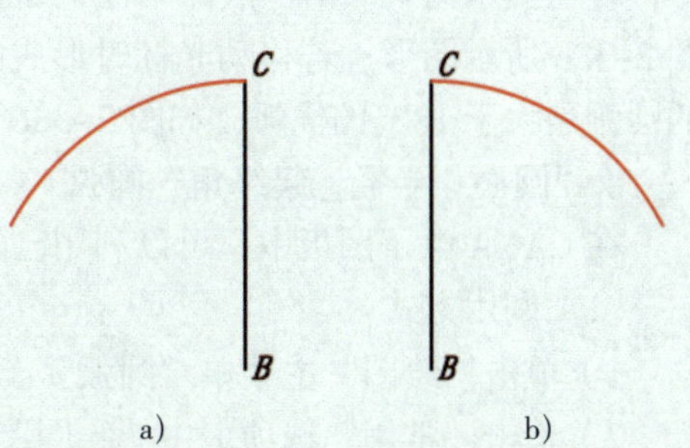

图 2-37 绘制“圆心 _ 起点 _ 圆心角”圆弧示例

a）圆心角为 60° b）圆心角为 -60°

3.“两点 _ 半径”圆弧

在 CAXA 电子图板中，可以利用已知两点及圆弧半径来绘制圆弧。

（1）调用方式

1）单击“绘图”主菜单“圆弧”子菜单中的“⌒两点半径”命令。

2）单击“常用”选项卡中“绘图”面板内“圆弧”功能按钮下拉菜单中的“⌒两点半径”命令。

3）调用“圆弧”功能并在立即菜单选择“两点 _ 半径”。

4）命令行：appr。

（2）说明

按提示要求输入“第一点”和“第二点”后，系统提示变为“第三点（半径）”。此时如果输入一个半径值，则系统首先根据十字光标当前的位置判断绘制圆弧的方向，判定规则是：十字光标当前位置处在第一、二两点所在直线的哪一侧，则圆弧就绘制在哪一侧，如图 2–38 所示。

应用该命令时，如果在输入第二点以后移动光标，则在绘图区出现一段由输入的两点及光标所在位置点构成的三点圆弧。移动光标，圆弧发生变化，在确定圆弧大小后，单击鼠标左键，结束本操作。

（3）示例

以图 2–38 所示点 *A* 为第一点，点 *B* 为第二点，半径为 16 mm 绘制圆弧。

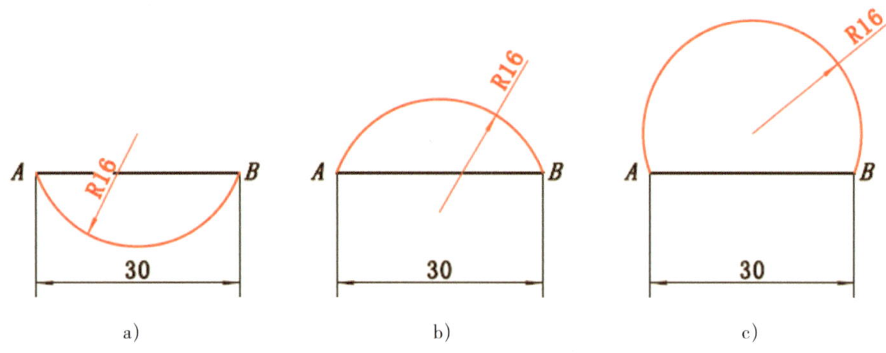

图 2–38　绘制“两点 _ 半径”圆弧示例

a）光标在 *AB* 两点的下面　b）光标在 *AB* 两点的上面　c）优弧

应用“两点 _ 半径”命令时，按提示要求拾取第一点 *A* 和第二点 *B* 后，系统提示变为“第三点（半径）”，向下移动光标，输入半径值 16 并确定，则绘制出图 2–38a 所示图形；若在提示输入“第三点（半径）”时，向上移动光标，输入半径值 16 并确定，则绘制出图 2–38b 所示图形；若移动光标时形成的圆弧大于 180°，再输入半径值 16 并确定，则绘制的圆弧是大于 180° 的优弧，如图 2–38c 所示。

4.“圆心 _ 半径 _ 起终角”圆弧

在 CAXA 电子图板中，可以利用已知的圆心、半径和起终角绘制圆弧。

（1）调用方式

1）单击“绘图”主菜单“圆弧”子菜单中的“圆心半径起终角”命令。

2）单击“常用”选项卡中“绘图”面板内“圆弧”功能按钮下拉菜单中的“圆心半径起终角”命令。

3）调用“圆弧”功能并在立即菜单选择“圆心 _ 半径 _ 起终角”。

4）命令行：acra。

应用“圆心 _ 半径 _ 起终角”圆弧命令，系统弹出如图 2–39 所示立即菜单。

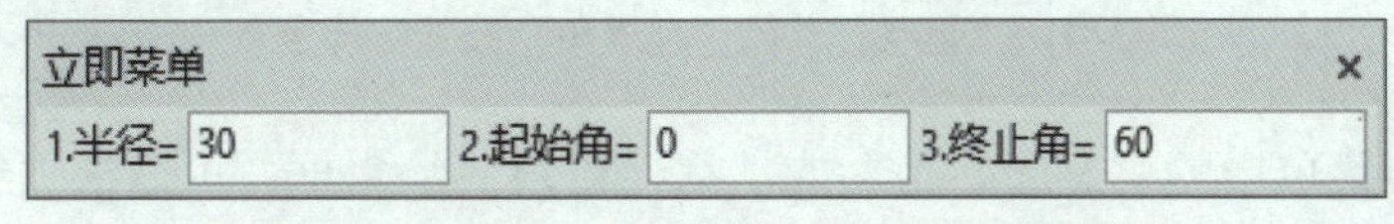

图 2–39 “圆心 _ 半径 _ 起终角”圆弧立即菜单

（2）说明

1）“1. 半径”编辑框内数值为默认值，可按要求重新输入半径值。

2）单击“2. 起始角”或“3. 终止角”可在编辑框输入起始角或终止角的数值。“起始角”和“终止角”数值范围均为（0，360）。

注意：起始角和终止角均是从 X 正半轴开始，逆时针旋转为正，顺时针旋转为负。

立即菜单表明了待绘制圆弧的条件。按提示要求输入“圆心点”，此时，一段圆弧随光标的移动而移动。圆弧的半径、起始角、终止角均为用户设定的值，单击鼠标左键，则该圆弧被绘制在绘图区上。

5.“起点 _ 终点 _ 圆心角”圆弧

在 CAXA 电子图板中，可以利用已知的起点、终点和圆心角绘制圆弧。

（1）调用方式

1）单击“绘图”主菜单“圆弧”子菜单中的“ 起点终点圆心角”命令。

2）单击“常用”选项卡中“绘图”面板内“圆弧”功能按钮下拉菜单中的“ 起点终点圆心角”命令。

3）调用“圆弧”功能并在立即菜单选择“起点 _ 终点 _ 圆心角”。

4）命令行：asea。

执行“起点 _ 终点 _ 圆心角”圆弧命令，系统弹出如图 2–40 所示立即菜单。

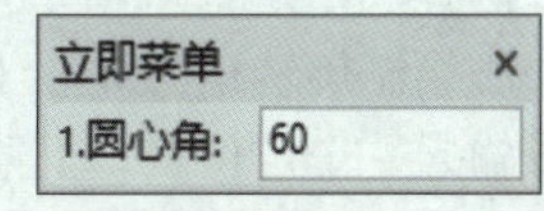

图 2–40 “起点 _ 终点 _ 圆心角”圆弧立即菜单

（2）说明

1）圆心角的数值范围是（0，360）。

2）按系统提示输入“起点”和“终点”，则一条从起点到终点的逆时针圆弧显示在绘图区上。

6.“起点 _ 半径 _ 起终角”圆弧

在 CAXA 电子图板中，可以利用已知起点、半径、起终角绘制圆弧。

（1）调用方式

1）单击“绘图”主菜单“圆弧”子菜单中的“ 起点半径起终角”命令。

2）单击“常用”选项卡中“绘图”面板内“圆弧”功能按钮下拉菜单中的“ 起点半径起终角”命令。

3）调用“圆弧”功能并在立即菜单选择“起点 _ 半径 _ 起终角”。

4）命令行：asra。

应用“起点 _ 半径 _ 起终角”圆弧命令，系统弹出如图 2–41 所示立即菜单。

（2）说明

1）单击立即菜单中的“1. 半径”编辑框，可按要求输入半径值。

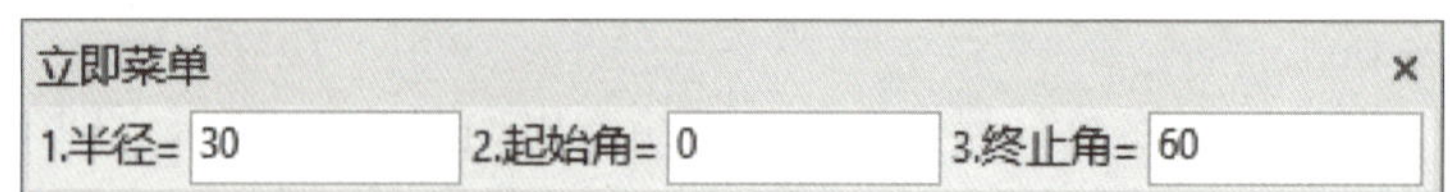

图 2–41 “起点 _ 半径 _ 起终角”圆弧立即菜单

2）单击立即菜单中的“2. 起始角”或“3. 终止角”编辑框，可以根据绘图的需要分别输入起始角或终止角的数值。起始角与终止角的数值范围均为（0，360）。

立即菜单表明了待绘制圆弧的条件。按提示要求输入一起点，则按照设定要求的圆弧被绘制出来。起点可用鼠标或键盘输入。

三、绘制椭圆和椭圆弧

在 CAXA 电子图板中，应用“椭圆”命令可绘制椭圆和椭圆弧。

1. 调用“椭圆”功能

（1）单击“绘图”主菜单“椭圆”子菜单中的“ 椭圆”命令。

（2）单击“绘图工具”工具条上的“椭圆”按钮 。

（3）单击“常用”选项卡中“绘图”面板内的“椭圆”按钮 。

（4）命令行：ellipse 或 el。

调用“椭圆”功能，系统弹出如图 2–42 所示立即菜单。立即菜单中有“给定长短轴”“轴上两点”和“中心点 _ 起点”三个选项，分别对应绘制椭圆的三种方法。

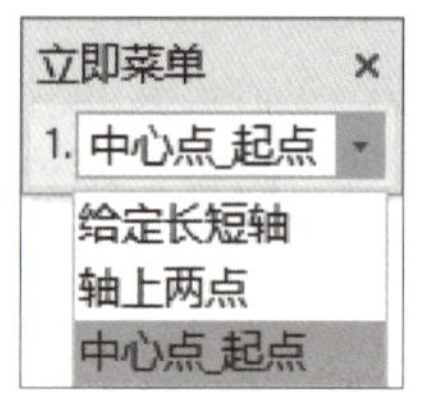

图 2–42 “椭圆”立即菜单

2. 说明

（1）用“给定长短轴”方式绘制椭圆

选择“给定长短轴”方式，弹出图 2–43 所示立即菜单。该立即菜单的含义：以定位点为中心绘制旋转角为 0°、长半轴为 100 mm、短半轴为 50 mm 的整个椭圆。此时，用鼠标或键盘输入一个定位点，上述定义的椭圆即被绘制出来。用户会发现，在移动光标确定定位点时，一个长半轴为 100 mm、短半轴为 50 mm 的椭圆随光标的移动而移动。

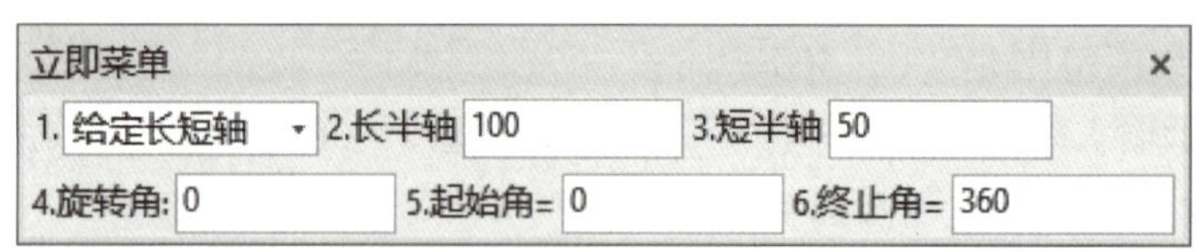

图 2–43 “给定长短轴”立即菜单

1）单击“2. 长半轴”或“3. 短半轴”编辑框，可重新定义待绘制椭圆的长半轴和短半轴参数。

2）单击“4. 旋转角”编辑框，可输入椭圆旋转角度，以确定椭圆的方向。

3）单击“5. 起始角”或“6. 终止角”编辑框，可输入椭圆的起始角或终止角。当起始角为 0°，终止角为 360° 时，所绘制的为整个椭圆。当改变起始角、终止角时，所绘制的为一段从起始角开始到终止角结束的椭圆弧。

（2）用“轴上两点”方式绘制椭圆

选择“轴上两点”方式，则系统提示输入一个轴的两端点，然后输入另一个半轴的长度，即可绘制一个椭圆。

（3）用“中心点 _ 起点”方式绘制椭圆

选择“中心点 _ 起点”方式，则应输入椭圆的中心点和一个轴的端点（即起点），然后输入另一个半轴的长度，即可绘制一个椭圆。

3. 示例

图 2–44 所示为绘制椭圆和椭圆弧示例。图 2–44a 所示是旋转角为 60°、长半轴为 50 mm、短半轴为 25 mm 的整个椭圆。图 2–44b 所示是起始角为 60°、终止角为 220°、长半轴为 50 mm、短半轴为 25 mm 的一段椭圆弧。

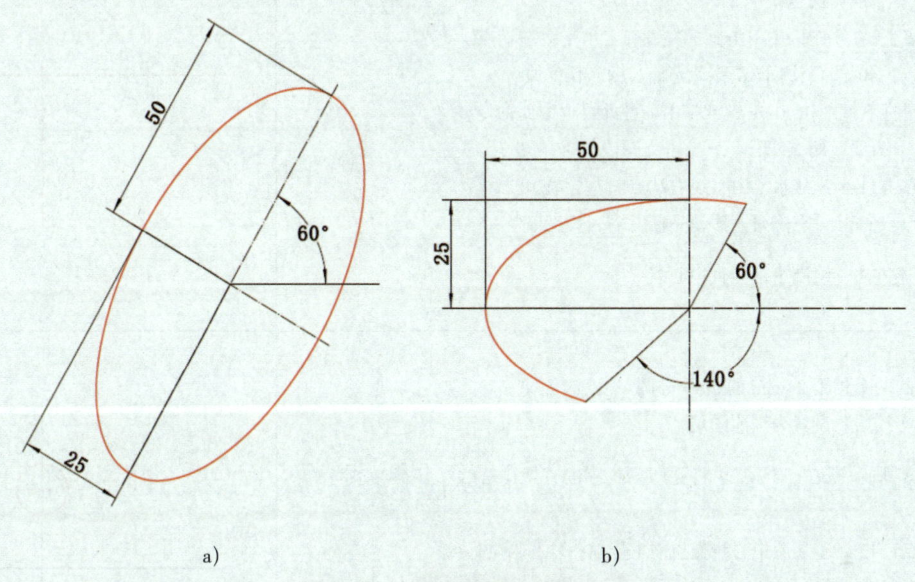

图 2–44　绘制椭圆和椭圆弧示例

a）椭圆　b）椭圆弧

四、综合示例

示例 1　绘制如图 2–45 所示图形。

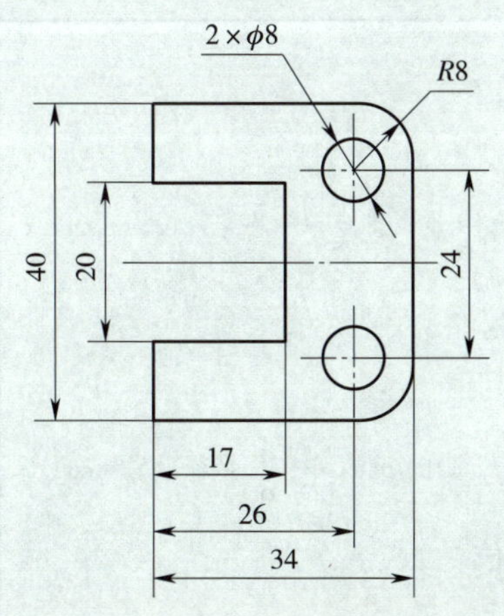

图 2–45　绘制圆弧、圆和椭圆综合示例 1

示例 1 绘图步骤参见表 2–2。

表 2–2　　绘制圆弧、圆和椭圆综合示例 1 绘图步骤

绘图步骤	图示
（1）绘制水平和竖直中心线 将“中心线层”设置为当前图层，应用“两点线”命令绘制水平和竖直中心线 命令：“直线：两点线” 第一点：（在绘图区中单击鼠标左键确定水平线左端点） 第二点：40↙（水平向左移动光标，输入长度值） 单击鼠标右键或按 Enter 键或按 Esc 键即可退出此命令 命令：“直线：两点线” 第一点：11↙（从水平中心线右端点向左导航） 第二点：23↙（竖直向上移动光标，输入长度值） 按照上述方法，绘制下部竖直中心线	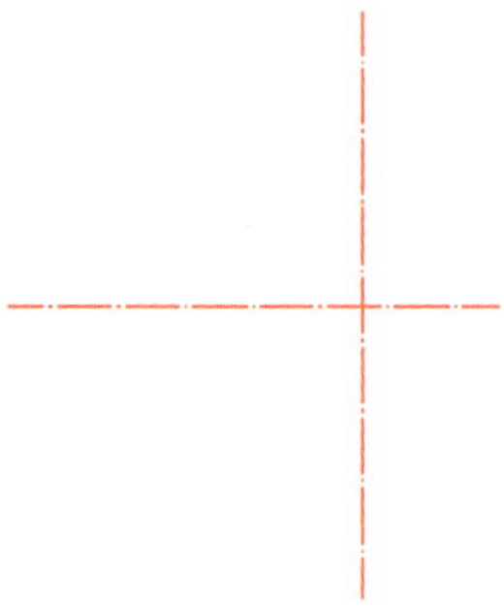
（2）绘制两个相距 24 mm 的 ϕ8 mm 圆 将“粗实线层”设置为当前图层 命令：“圆：圆心＿半径”（将立即菜单中的“无中心线”切换为“有中心线”） 圆心点：12↙（从两中心线交点向上导航，输入圆心距离） 输入半径或圆上一点：4↙（输入圆的半径值） 单击鼠标右键或按 Enter 键或按 Esc 键即可退出此命令 命令：“圆：圆心＿半径” 圆心点：12↙（从两中心线交点向下导航，输入圆心距离） 输入半径或圆上一点：4↙（输入圆的半径值）	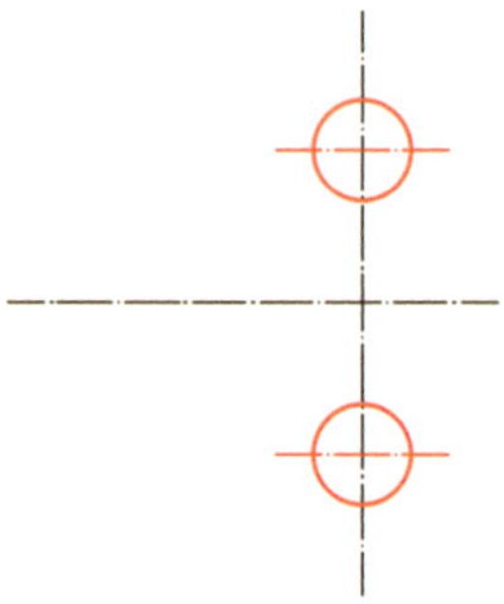
（3）绘制两段 R8 mm 圆弧 绘制上面的 R8 mm 圆弧 命令：“圆弧：圆心＿半径＿起终角”（在立即菜单中将半径设为 8 mm，起始角设为 0°，终止角设为 90°） 圆心点：（捕捉上面 ϕ8 mm 圆的圆心） 绘制下面的 R8 mm 圆弧 命令：“圆弧：圆心＿半径＿起终角”（在立即菜单中将半径设为 8 mm，起始角设为 270°，终止角设为 360°） 圆心点：（捕捉下面 ϕ8 mm 圆的圆心）	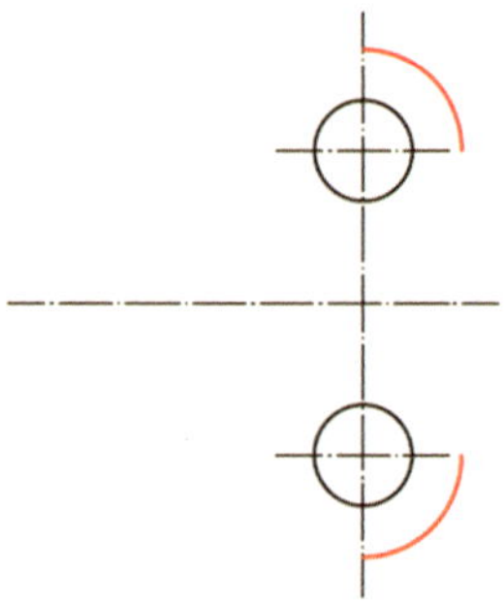

续表

绘图步骤	图示
（4）绘制右端两圆弧连接直线 命令："直线：两点线" 第一点：（捕捉上面 $R8$ mm 圆弧的下端点） 第二点：（捕捉下面 $R8$ mm 圆弧的上端点）	
（5）绘制其他直线轮廓线 命令："直线：两点线" 第一点：（捕捉下面 $R8$ mm 圆弧的下端点） 第二点：26↙（水平向左移动光标，输入长度值） 第二点：10↙（竖直向上移动光标，输入长度值） 第二点：17↙（水平向右移动光标，输入长度值） 第二点：20↙（竖直向上移动光标，输入长度值） 第二点：17↙（水平向左移动光标，输入长度值） 第二点：10↙（竖直向上移动光标，输入长度值） 第二点：（捕捉上面 $R8$ mm 圆弧的上端点）	

示例 2　绘制如图 2-46 所示图形。

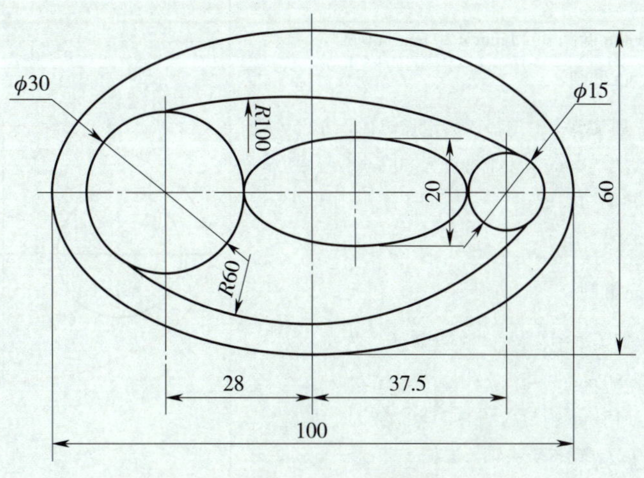

图 2-46　绘制圆弧、圆和椭圆综合示例 2

示例 2 绘图步骤参见表 2–3。

表 2–3　　绘制圆弧、圆和椭圆综合示例 2 绘图步骤

绘图步骤	图示
（1）绘制水平和竖直中心线 将“中心线层”设置为当前图层，应用“两点线”命令绘制水平和竖直中心线	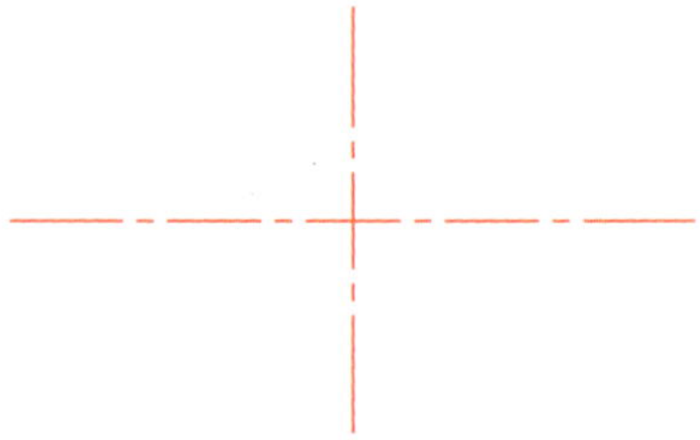
（2）绘制 ϕ30 mm 圆和 ϕ15 mm 圆 将“粗实线层”设置为当前图层 1）绘制 ϕ30 mm 圆 命令：“圆：圆心 _ 半径”（将立即菜单中的“无中心线”切换为“有中心线”） 圆心点：28↙（从两中心线交点向左导航，输入圆心距离） 输入半径或圆上一点：15↙（输入圆的半径值） 2）绘制 ϕ15 mm 圆 命令：“圆：圆心 _ 半径” 圆心点：37.5↙（从两中心线交点向右导航，输入圆心距离） 输入半径或圆上一点：7.5↙（输入圆的半径值）	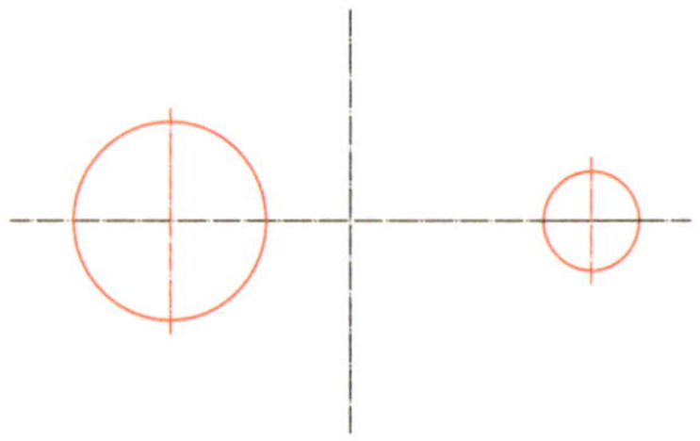
（3）绘制 100 mm × 60 mm 椭圆和 43 mm × 20 mm 椭圆 1）绘制 100 mm × 60 mm 椭圆 命令：“椭圆”（在立即菜单中，选择“给定长短轴”方式，旋转角设为 0°，长半轴设为 50 mm，短半轴设为 30 mm，起始角设为 0°，终止角设为 360°） 基准点：（捕捉两中心线交点） 2）绘制 43 mm × 20 mm 椭圆 命令：“椭圆”（在立即菜单中，选择“轴上两点”方式） 轴上第一点：（捕捉 ϕ30 mm 圆与水平中心线的右交点） 轴上第二点：（捕捉 ϕ15 mm 圆与水平中心线的左交点） 另一半轴的长度：10↙（输入短半轴长度值）	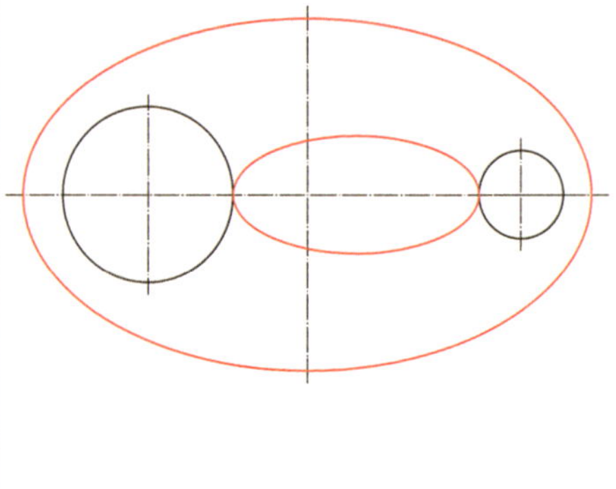

续表

<table>
<tr><th>绘图步骤</th><th>图示</th></tr>
<tr><td>（4）绘制 R100 mm 圆弧和 R60 mm 圆弧
1）绘制 R100 mm 圆弧
命令：“圆弧：两点 _ 半径”
第一点：（按空格键弹出工具点菜单，单击“切点”项，捕捉 ϕ30 mm 圆上的切点）
第二点：（按空格键弹出工具点菜单，单击“切点”项，捕捉 ϕ15 mm 圆上的切点）
第三点（半径）：100↙（竖直向上移动光标，输入圆弧半径值）
2）绘制 R60 mm 圆弧
命令：“圆弧：两点 _ 半径”
第一点：（按空格键弹出工具点菜单，单击“切点”项，捕捉 ϕ30 mm 圆上的切点）
第二点：（按空格键弹出工具点菜单，单击“切点”项，捕捉 ϕ15 mm 圆上的切点）
第三点（半径）：60↙（竖直向下移动光标，输入圆弧半径值）</td><td>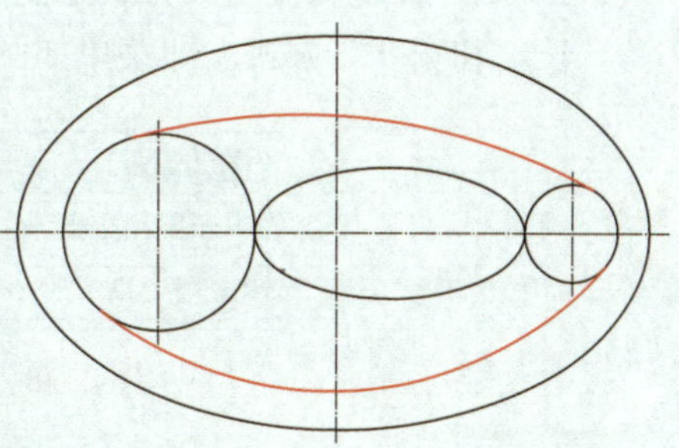</td></tr>
</table>

第四节　绘制矩形和正多边形

一、绘制矩形

在 CAXA 电子图板中，应用“矩形”命令可以绘制矩形形状的闭合多段线。可以按照“两角点”“长度和宽度”两种方式绘制矩形。

1. 调用“矩形”功能

（1）单击“绘图”主菜单中的“□ 矩形”命令。

（2）单击“绘图工具”工具条上的“矩形”按钮 □。

（3）单击“常用”选项卡中“绘图”面板内的“矩形”按钮 □。

（4）命令行：rect 或 rec。

2. 说明

（1）用“两角点”方式绘制矩形

“矩形”功能使用立即菜单进行交互操作，“两角点”方式立即菜单如图 2–47 所示。

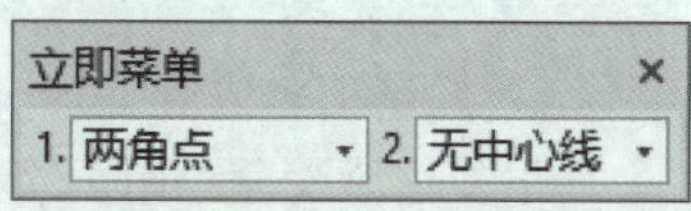

图 2–47 “两角点”方式立即菜单

在立即菜单选择“两角点”选项。按提示要求用鼠标指定“第一角点”，在指定“另一角点”的过程中，出现一个跟随光标移动的矩形，待选定好“另一角点”位置，单击鼠标左键，这时矩形被绘制出来。也可直接用键盘输入“两角点”的绝对坐标或相对坐标。比如“第一角点”坐标为（20，15），矩形的长为36，宽为18，则“第二角点”绝对坐标为（56，33），相对坐标为“@36，18”。不难看出，在已知矩形的长和宽，且使用“两角点”方式时，用相对坐标要简单一些。

（2）用“长度和宽度”方式绘制矩形

“长度和宽度”方式立即菜单如图2-48所示。

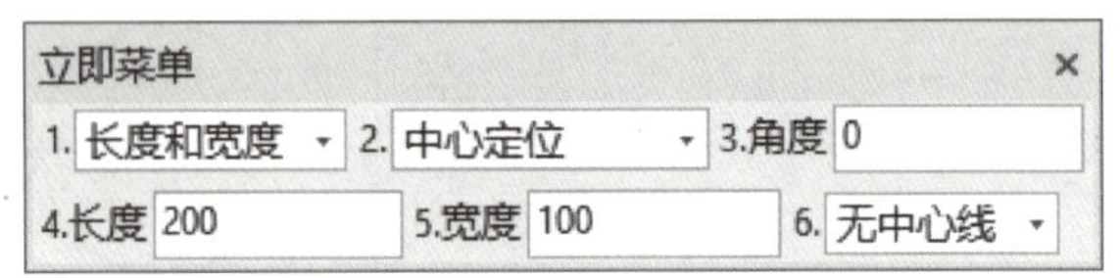

图2-48 “长度和宽度”方式立即菜单

1）单击立即菜单中的“中心定位”，在弹出的下拉列表中可以选择“中心定位”“顶边中点”或“左上角点定位”。“中心定位”是以矩形的中心作为定位点绘制矩形，“顶边中点”定位是以矩形顶边的中点作为定位点绘制矩形，“左上角点定位”是以矩形左上角点作为定位点绘制矩形。

2）单击“3. 角度”“4. 长度”和“5. 宽度”编辑框，按顺序分别输入倾斜角度、长度和宽度的参数值，以确定待绘制新矩形的条件，还可绘制出带有中心线的矩形。

图2-48所示立即菜单表明用“长度和宽度”方式，绘制一个以中心定位、倾斜角度为0°、长度为200 mm、宽度为100 mm、不带有中心线的矩形。按提示要求指定一个矩形中心定位点，绘图区显示矩形跟随光标的移动而移动，一旦定位点指定，则以该点为中心，绘制出长度为200 mm、宽度为100 mm的矩形。

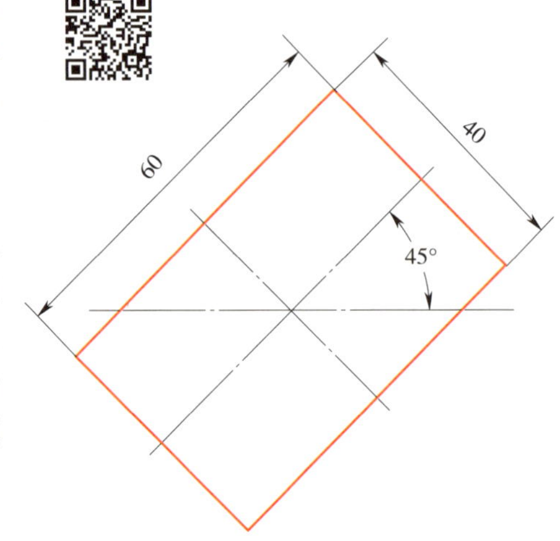

图2-49 绘制矩形示例

3. 示例

应用“矩形”命令绘制如图2-49所示矩形。

绘图步骤如下：

命令：“矩形”（选择“长度和宽度”方式，中心定位，倾斜角度设为45°，长度设为60 mm，宽度设为40 mm，选择“有中心线”，中心线延伸长度设为3 mm）

定位点：（单击鼠标左键确定矩形中心位置）

二、绘制正多边形

“正多边形”命令用于绘制等边闭合的多边形。可以在给定点处绘制一个给定半径、给定边数的正多边形，多边形生成后的属性为多段线。通过设置各种参数可以快速绘制多边形，包括设置半径、边数等。

1. 调用“正多边形”功能

（1）单击“绘图”主菜单中的“⊙ 正多边形”命令。

（2）单击“绘图工具”工具条上的“正多边形”按钮⊙。

（3）单击“常用”选项卡中“绘图”面板内的“正多边形”按钮⊙。

（4）命令行：polygon 或 pol。

调用“正多边形”功能，系统弹出如图 2–50 所示的“正多边形”立即菜单。

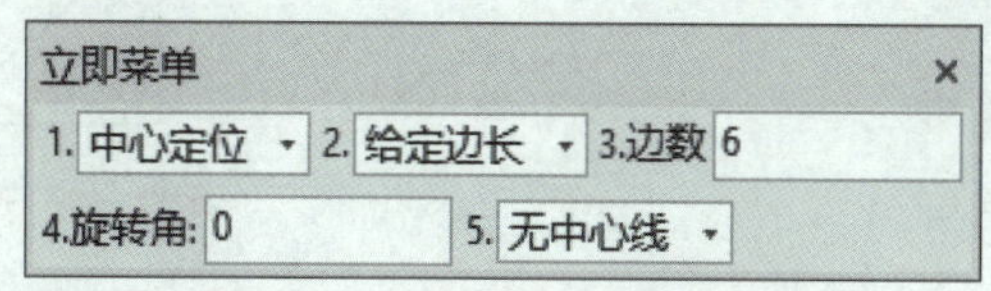

图 2–50 “正多边形”立即菜单 1

2. 说明

（1）用“中心定位”方式绘制正多边形

1）单击“给定边长”选项，可切换为“给定半径”方式。若选“给定半径”方式，则可根据提示输入正多边形内切（或外接）圆的半径绘制正多边形；若选“给定边长”方式，则可根据提示输入边的长度绘制正多边形。

2）当选择“给定边长”方式时，单击“3. 边数”编辑框，则可输入待绘制正多边形的边数。

3）单击“4. 旋转角”编辑框，可以输入一个新的角度值，以决定正多边形的旋转角度。

4）当选择“给定半径”方式时，立即菜单切换至如图 2–51 所示界面，单击“外切于圆”，可切换至“内接于圆”方式。选择“外切于圆”或“内接于圆”，表示所绘制的正多边形为某个圆的外切或内接正多边形。

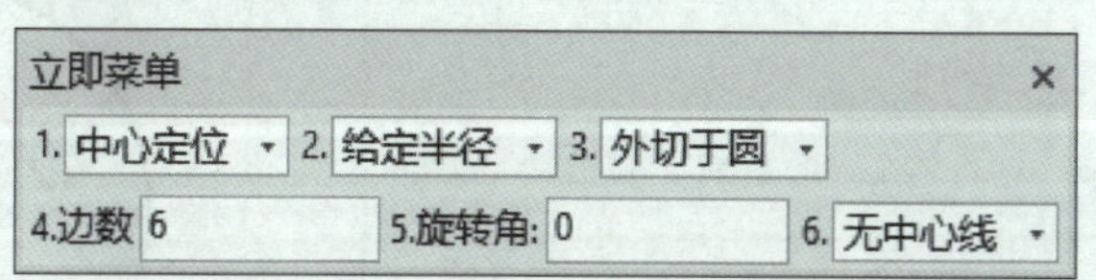

图 2–51 “正多边形”立即菜单 2

5）立即菜单中的内容全部设定完以后，用户可按提示要求输入一个中心点，则提示变为“圆上点或内切圆半径”或“圆上点或外接圆半径”。如果输入一个半径值或输入圆上的一个点，则由立即菜单设置的内接或外切正多边形被绘制出来。点与半径的输入既可用鼠标完成也可用键盘完成。

（2）用“底边定位”方式绘制正多边形

单击立即菜单中的“中心定位”选项，立即菜单切换为如图 2–52 所示的内容。

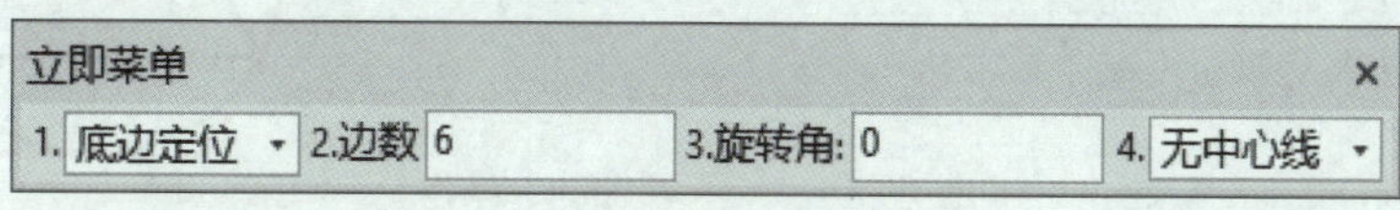

图 2–52 “正多边形”立即菜单 3

此菜单的含义为绘制一个以底边为定位基准的正多边形，其边数和旋转角可通过立即菜单进行设置。按提示要求输入“第一点”后，则提示会要求输入“第二点或边长”。如果根据这个提示输入了第二点或边长，就等于决定了正多边形的大小。当输入完第二点或边长后，就会立即绘制出一个相应边长的正多边形，且旋转角为用户设定的角度。

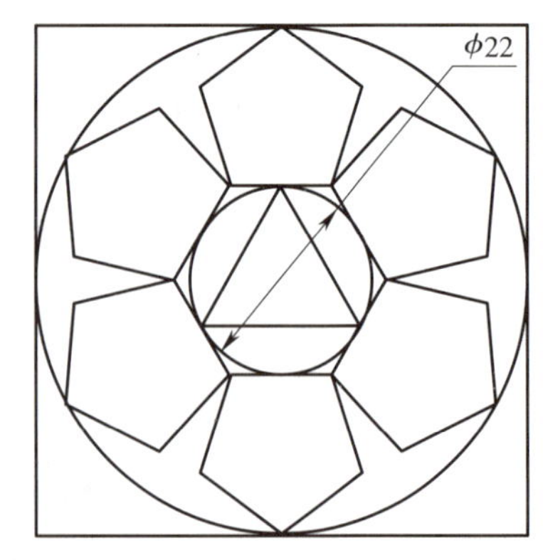

图 2–53　绘制矩形和正多边形综合示例

三、综合示例

绘制如图 2–53 所示图形。

绘图步骤参见表 2–4。

表 2–4　**绘制矩形和正多边形综合示例绘图步骤**

绘图步骤	图示
（1）绘制 $\phi22$ mm 圆 命令：“圆：圆心 _ 半径” 圆心点：（单击鼠标左键在绘图区确定圆心位置） 输入半径或圆上一点：11↙（输入圆的半径值）	
（2）绘制 $\phi22$ mm 圆的内接正三角形 命令：“正多边形”（按图 2–54a 所示立即菜单进行设置） 中心点：（捕捉 $\phi22$ mm 圆的圆心） 圆上点或外接圆半径：11↙（输入外接圆半径值）	
（3）绘制 $\phi22$ mm 圆的外切正六边形 命令：“正多边形”（按图 2–54b 所示立即菜单进行设置） 中心点：（捕捉 $\phi22$ mm 圆的圆心） 圆上点或内切圆半径：11↙（输入内切圆半径值）	

续表

<table>
<tr><th>绘图步骤</th><th>图示</th></tr>
<tr><td>（4）绘制六个正五边形

命令："正多边形"（按图 2-54c 所示立即菜单进行设置）
第一点：（捕捉正六边形上边长的左端点）
第二点或边长：（捕捉正六边形上边长的右端点）

执行上述操作，则绘制出正上方的正五边形。再次应用"正多边形"命令，并将旋转角设为 60°，捕捉正六边形左上边长的左下点为第一点，右上点为第二点，则绘制出左上方正五边形。按照此方法，依次绘制出其余四个正五边形，绘制时，旋转角依次设为 120°、180°、240°、300°</td><td>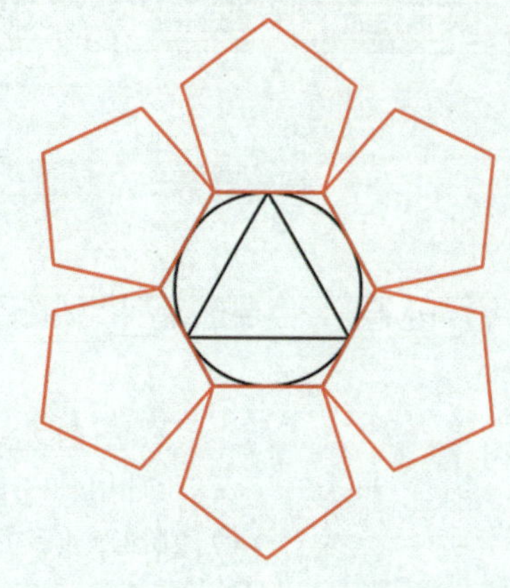</td></tr>
<tr><td>（5）绘制过正五边形顶点的大圆

命令："圆：三点"
第一点：（捕捉第一个正五边形的最外面的顶点）
第二点：（捕捉第二个正五边形的最外面的顶点）
第三点：（捕捉第三个正五边形的最外面的顶点）</td><td>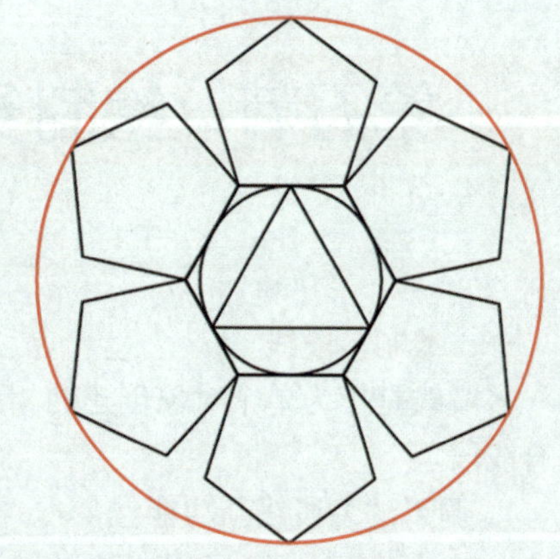</td></tr>
<tr><td>（6）绘制大圆的外切正四边形

命令："正多边形"（按图 2-54d 所示立即菜单进行设置）
中心点：（捕捉 ϕ22 mm 圆的圆心）
圆上点或内切圆半径：（捕捉正上方正五边形的顶点）</td><td>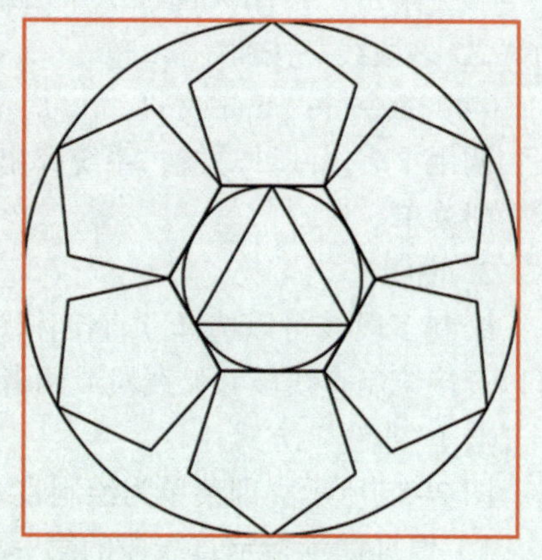</td></tr>
</table>

1.中心定位 2.给定半径 3.内接于圆 4.边数 3 5.旋转角 0 6.无中心线

a）

1.中心定位 2.给定半径 3.外切于圆 4.边数 6 5.旋转角 0 6.无中心线

b）

1.底边定位 2.边数 5 3.旋转角 0 4.无中心线

c）

1.中心定位 2.给定半径 3.外切于圆 4.边数 4 5.旋转角 0 6.无中心线

d）

图 2-54　绘制综合示例所用立即菜单

a）绘制内接正三角形立即菜单　b）绘制外切正六边形立即菜单

c）绘制正五边形立即菜单　d）绘制大圆的外切正四边形立即菜单

第五节　绘制多段线、中心线和等距线

一、绘制多段线

多段线是作为单个对象创建的相互连接的线段序列，可以创建直线段、弧线段或两者的组合线段。

1. 调用“多段线”功能

（1）单击“绘图”主菜单中的“ 多段线”命令。

（2）单击“绘图工具”工具条上的“多段线”按钮 。

（3）单击“常用”选项卡中“绘图”面板内的“ 多段线”按钮。

（4）命令行：pline 或 pl。

调用“多段线”功能，系统弹出如图 2-55 所示立即菜单。

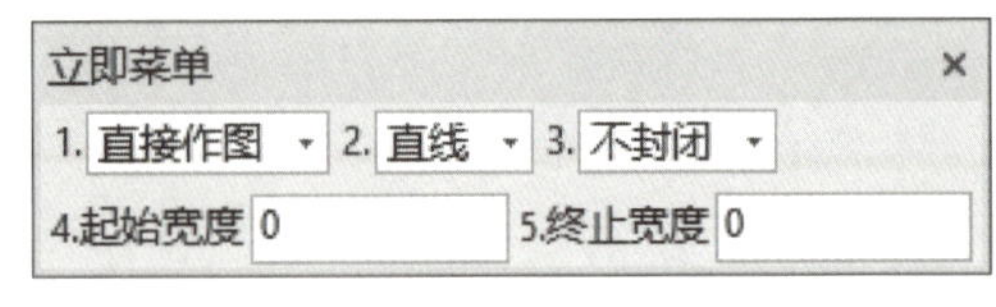

图 2-55　“多段线”立即菜单 1

2. 说明

绘制多段线可以选择“直接作图”或“读入数据”方式。当选择“直接作图”方式时，可以直接绘制直线段、弧线段或两者的组合线段。

（1）“直线”方式

图 2-55 所示立即菜单为绘制直线段状态。

1）根据提示指定直线段的第一点和第二点，即可生成一段直线段，交互方式与“两点线”命令相同；可以连续指定下一点绘制连续的组合线段。

2）单击立即菜单中的第三项可以设置多段线是否封闭。

3）单击立即菜单中的第四项和第五项可以指定多段线的起始宽度和终止宽度。这两个参数用于设置多段线的宽度，一般设置为“0”。

（2）“圆弧”方式

单击立即菜单中的第二项，切换到“圆弧”方式，立即菜单如图 2–56 所示。

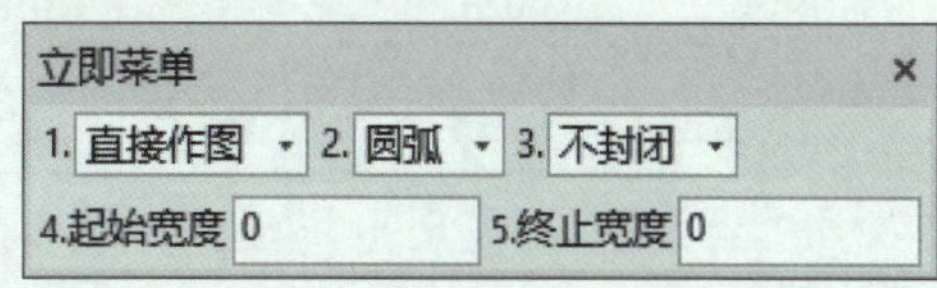

图 2–56 “多段线”立即菜单 2

此时按提示指定第一点和第二点即可生成一段圆弧，连续指定下一点时即绘制连续的组合弧线段。

直线段和弧线段可以连续组合生成，通过立即菜单进行切换即可。在绘制直线和圆弧时可以使用动态输入以及智能点工具进行精确输入，从而使绘图准确，提高绘制效率。

3. 示例

应用“多段线”命令绘制如图 2–57 所示图形。

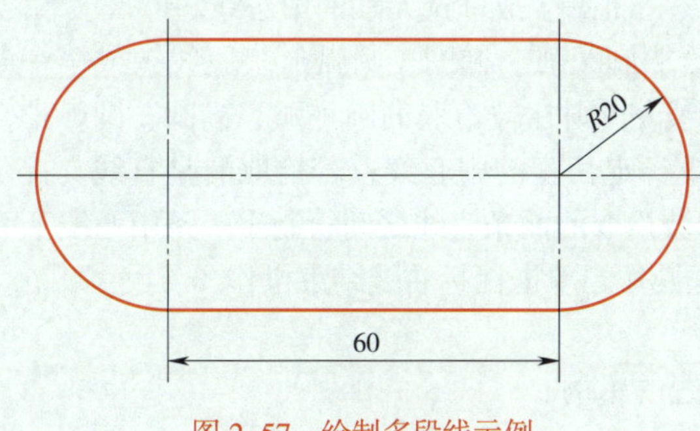

图 2–57 绘制多段线示例

绘图步骤如下：

命令：“多段线”
第一点：（单击鼠标左键在绘图区确定第一点位置）
下一点：@60<0↙（设置为“直线”方式，输入相对第一点的相对极坐标）
下一点：@40<90↙（设置为“圆弧”方式，输入相对前一点的相对极坐标）
下一点：@60<180↙（设置为“直线”方式，输入相对前一点的相对极坐标）
下一点：@40<270↙（设置为“圆弧”方式，输入相对前一点的相对极坐标）

单击鼠标右键或按 Enter 键或按 Esc 键即可退出“多段线”命令。

二、绘制中心线

CAXA 电子图板提供了绘制中心线的功能，可以根据已有图形方便地绘制出图形的中心线。应用“中心线”命令后，如果拾取一个圆、圆弧或椭圆，则直接生成一对相互正交的中心线。如果拾取两条平行线或非平行线，则生成这两条直线的中心线。

1. 调用“中心线”功能

（1）单击“绘图”主菜单中的“中心线”命令。

（2）单击“绘图工具”工具条上的“中心线”按钮。

（3）单击“常用”选项卡中“绘图”面板内的“中心线”按钮 。

（4）命令行：centerl。

调用“中心线”功能，系统弹出如图 2-58 所示的“中心线”立即菜单。

图 2-58 “中心线”立即菜单

2. 说明

（1）单击立即菜单中的“指定延长线长度”可切换到“自由”。“指定延长线长度”是指超过轮廓线的长度按照“4. 延伸长度”编辑框中数字表示的长度显示，数值可通过键盘重新输入；“自由”是指手动移动鼠标指定超过轮廓线的长度。

（2）单击立即菜单中的“快速生成”可切换到“批量生成”。“快速生成”指生成一个元素的中心线；“批量生成”指批量生成框选元素的中心线。

（3）按命令行提示拾取圆（弧、椭圆、圆弧形多段线）或第一条直线，若拾取的是圆（弧、椭圆、圆弧形多段线），则在被拾取的圆（弧、椭圆、圆弧形多段线）上绘制出一对相互垂直且超出其轮廓线一定长度的中心线；若拾取的是直线，提示变为“拾取另一条直线”，当拾取完以后，在被拾取的两条直线之间绘制出一条中心线。

（4）此命令可以重复操作，单击鼠标右键结束操作。

3. 示例

图 2-59 为绘制中心线的示例。

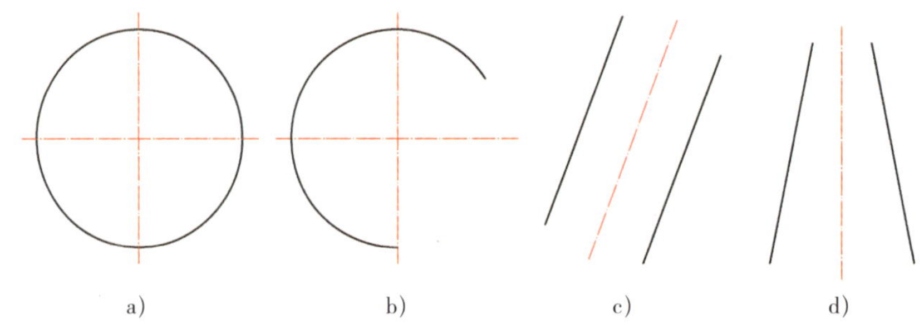

图 2-59 绘制中心线示例

a）圆 b）圆弧 c）平行直线 d）对称直线

三、绘制等距线

CAXA 电子图板可以按“等距”方式生成一条或同时生成多条给定曲线的等距线。可以生成等距线的对象有直线、圆弧、圆、椭圆、多段线、样条曲线。绘制等距线功能具有链拾取功能，它能把首尾相连的图形元素作为一个整体进行“等距”，从而提高操作效率。

1. 调用“等距线”功能

（1）单击“绘图”主菜单中的“ 等距线”命令。

（2）单击“绘图工具”工具条上的“等距线”按钮 。

（3）单击“常用”选项卡中“修改”面板内的“等距线”按钮 。

（4）命令行：offset 或 O。

调用“等距线”功能，系统弹出如图 2-60 所示“等距线”立即菜单。

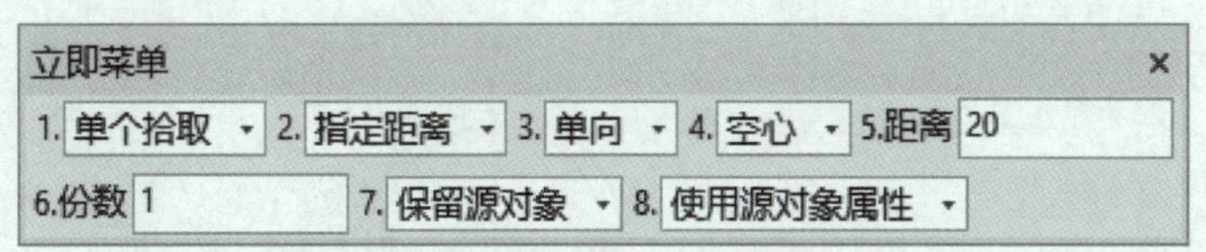

图 2-60 “等距线”立即菜单

2. 说明

（1）在立即菜单第一项中可选择“单个拾取”或“链拾取”。若选择“单个拾取”，则只拾取一个元素；若选择“链拾取”，则拾取首尾相连的元素。

（2）在立即菜单第二项中可选择“指定距离”或“过点方式”。“指定距离”是指选择箭头方向确定等距方向，按给定距离的数值来确定等距线的位置，如图 2-61 所示。“过点方式”是指过已知点绘制等距线，如图 2-62 所示。

（3）在立即菜单第三项中可选取“单向”或“双向”。“单向”是指只在一侧绘制等距线，而“双向”是指在直线两侧均绘制等距线。

（4）在立即菜单第四项中可选择“空心”或“实心”。“实心”是指在原曲线与等距线之间进行填充，而“空心”方式只绘制等距线，不进行填充。

（5）单击立即菜单“5. 距离”编辑框，可输入等距线与原直线的距离，编辑框中的数值为系统默认值。

（6）单击立即菜单“6. 份数”编辑框，可输入所需等距线的份数。

3. 示例

例 1　绘制如图 2-61a 所示三条直线的等距线，距离为 5 mm。

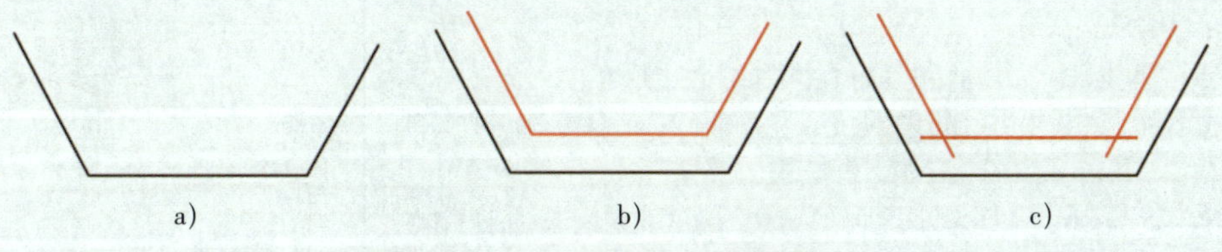

图 2-61 “指定距离”绘制等距线

a）绘制前 b）链拾取 c）单个拾取

例 2　如图 2-62a 所示，过点 A 绘制直线等距线。

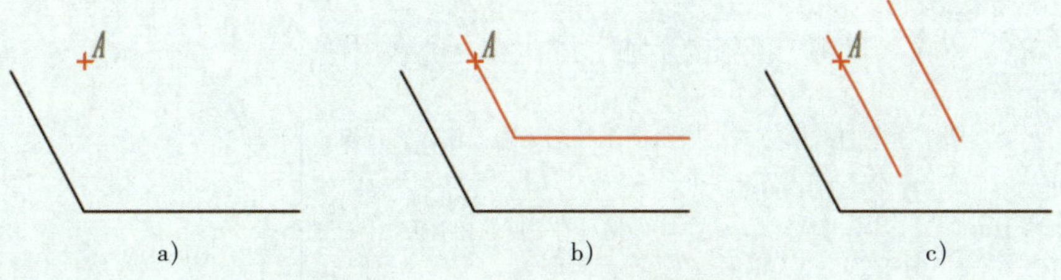

图 2-62 “过点方式”绘制等距线

a）绘制前 b）链拾取 c）单个拾取（份数为 2）

四、综合示例

绘制如图 2–63 所示图形。

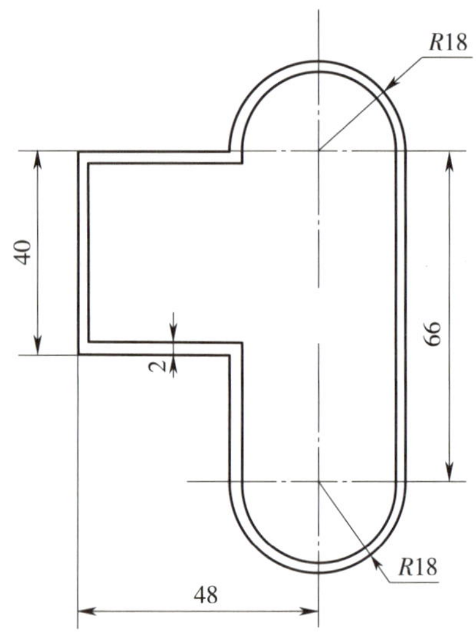

图 2–63　绘制多段线、中心线和等距线综合示例

绘图步骤参见表 2–5。

表 2–5　　绘制多段线、中心线和等距线综合示例绘图步骤

绘图步骤	图示
（1）应用“多段线”命令绘制外轮廓 命令：“多段线” 第一点：（单击鼠标左键确定 66 mm 直线段的下端点位置） 下一点：66↙（设置为“直线”方式，竖直向上移动光标，输入直线段的长度值） 下一点：@36<180↙（设置为“圆弧”方式，输入相对前一点的相对极坐标） 下一点：30↙（设置为“直线”方式，水平向左移动光标，输入直线段的长度值） 下一点：40↙（设置为“直线”方式，竖直向下移动光标，输入直线段的长度值） 下一点：30↙（设置为“直线”方式，水平向右移动光标，输入直线段的长度值） 下一点：26↙（设置为“直线”方式，竖直向下移动光标，输入直线段的长度值） 下一点：@36<0↙（设置为“圆弧”方式，输入相对前一点的相对极坐标） 单击鼠标右键或者按 Esc 键，退出“多段线”命令	

续表

绘图步骤	图示
（2）应用“等距线”命令绘制内轮廓 命令：“等距线”（按图 2-64 所示立即菜单进行设置） 拾取曲线：［拾取步骤（1）绘制的外轮廓曲线］ 请拾取所需的方向：（拾取向里的方向）	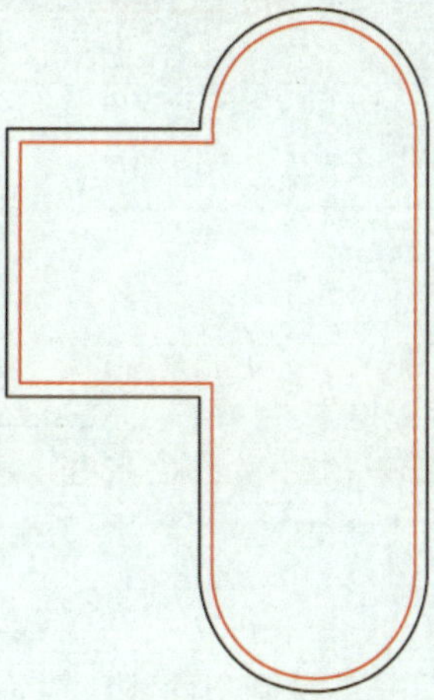
（3）绘制中心线 命令：“中心线” 拾取圆（弧、椭圆、圆弧形多段线）或第一条直线：（拾取上、下 R18 mm 圆弧） 单击鼠标右键或者按 Esc 键，退出“中心线”命令	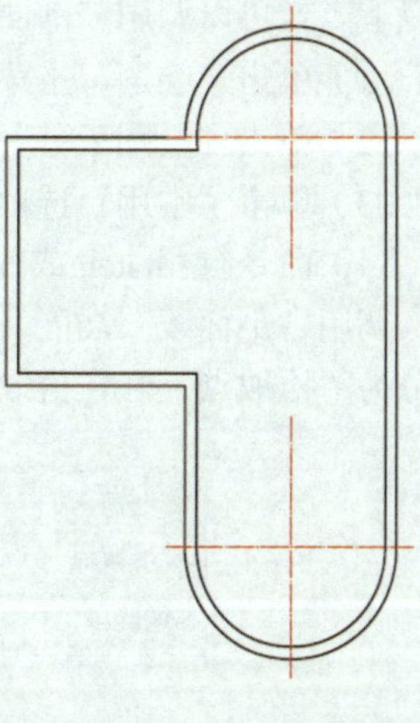

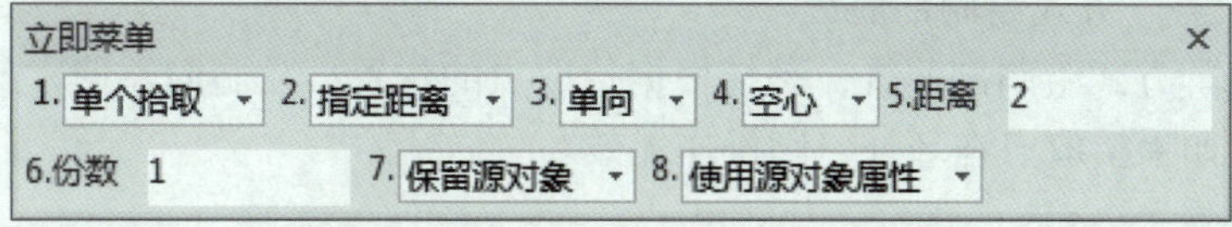

图 2-64　设置“等距线”立即菜单

第三章

绘制复杂图形

第一节　绘制剖面线和填充

一、绘制剖面线

在 CAXA 电子图板中，可使用填充图案对封闭区域或选定对象进行填充，生成剖面线。用以下方式可以调用“剖面线”功能：

（1）单击“绘图”主菜单中的“剖面线”命令。

（2）单击“绘图工具”工具条上的“剖面线”按钮。

（3）单击“常用”选项卡中“绘图”面板内的“剖面线”按钮。

（4）命令行：hatch 或 h。

调用“剖面线”功能，系统弹出如图 3-1 所示的“剖面线”立即菜单。生成剖面线的方式分为“拾取点”和“拾取边界”两种方式。

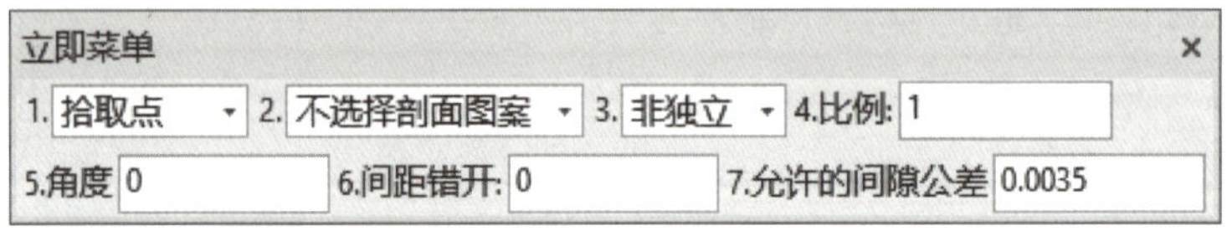

图 3-1　“剖面线”立即菜单

1. 用“拾取点”方式绘制剖面线

用“拾取点”方式绘制剖面线，是指根据拾取点的位置，从右向左搜索最小内环，根据环生成剖面线。如果拾取点在环外，则操作无效。

（1）操作步骤

1）应用“剖面线”命令，在如图 3-1 所示的立即菜单第一项中选择“拾取点”方式。

2）单击立即菜单中的第二项，可以选择是否选择剖面图案。如果不选择剖面图案，将按默认图案生成。如果选择剖面图案，进行拾取点操作并确认后，将弹出如图 3-2 所示的“剖面图案”对话框。在此对话框中可以设置剖面线的比例、旋转角、间距错开等参数。

3）单击“确定”按钮后，一组按立即菜单上定义的剖面线立刻在环内绘制出。此方法操作简单、方便、迅速，适合应用于各式各样的封闭区域。

注意：当用户拾取完点后，系统首先从拾取点开始，从右向左搜索最小封闭环。

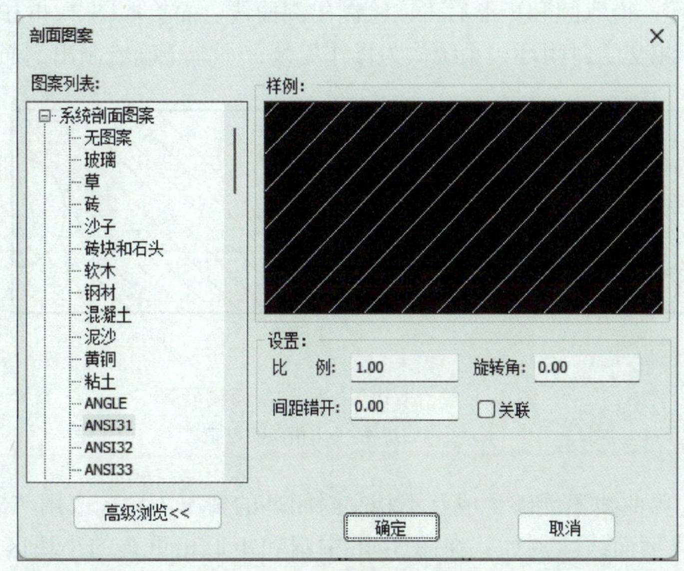

图 3–2 “剖面图案”对话框

（2）示例

如图 3–3 所示，矩形为一个封闭环，而其内部又有一个圆，圆也是一个封闭环。若拾取点在圆外，则系统搜索到的封闭环是矩形，矩形和圆都被绘制出剖面线，如图 3–3a 所示。若拾取点在圆内，系统搜索到的封闭环为圆，则圆被绘制出剖面线，如图 3–3b 所示。

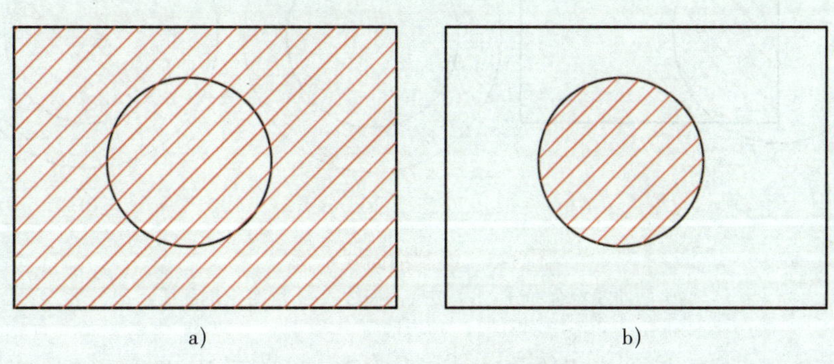

a)　　b)

图 3–3 “拾取点”绘制剖面线示例

a）拾取点在圆外　b）拾取点在圆内

2. 用“拾取边界”方式绘制剖面线

用“拾取边界”的方式绘制剖面线，是指根据拾取到的曲线搜索封闭环，生成剖面线。操作步骤如下：

（1）应用“剖面线”命令，单击如图 3–1 所示立即菜单中的第一项切换至“拾取边界”方式。

（2）确定剖面图案和参数。

（3）移动鼠标拾取构成封闭环的若干条曲线，如果所拾取的曲线能够生成互不相交（重合）的封闭环，单击鼠标右键确认后，一组剖面线立即被绘制出来，否则操作无效。如

图 3-4a 所示封闭环，拾取圆和矩形后可以绘制出剖面线。而拾取图 3-4b 中的矩形和圆，则由于不能生成互不相交的封闭环，系统认为操作无效，不能正确绘制出剖面线。

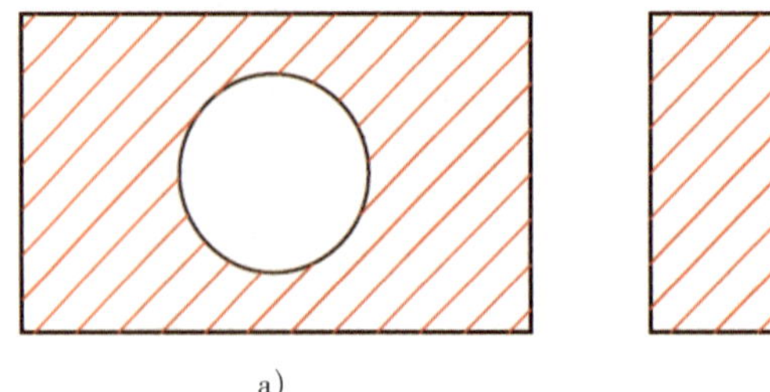

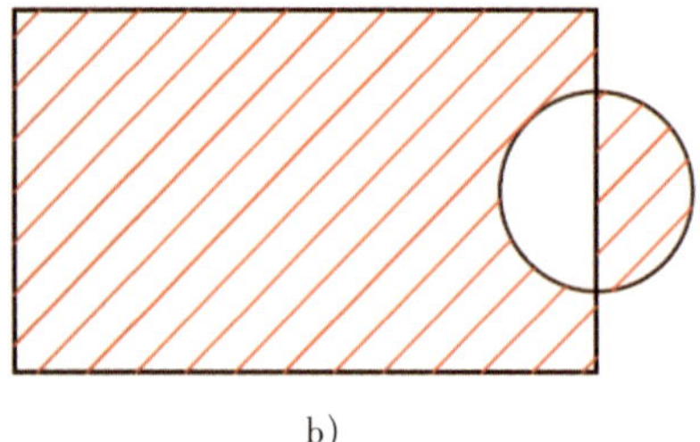

图 3-4 “拾取边界”绘制剖面线示例

a）正确的边界 b）错误的边界

（4）在拾取边界曲线不能够生成互不相交封闭环的情况下，应改用“拾取点”的方式，在指定区域内生成剖面线。例如，在图 3-4b 中圆和矩形相重叠的小块区域内，不能使用“拾取边界”的方式来绘制剖面线，而使用“拾取点”方式可以很容易地绘制出剖面线。

3. 示例

绘制如图 3-5 所示图形的剖面线。

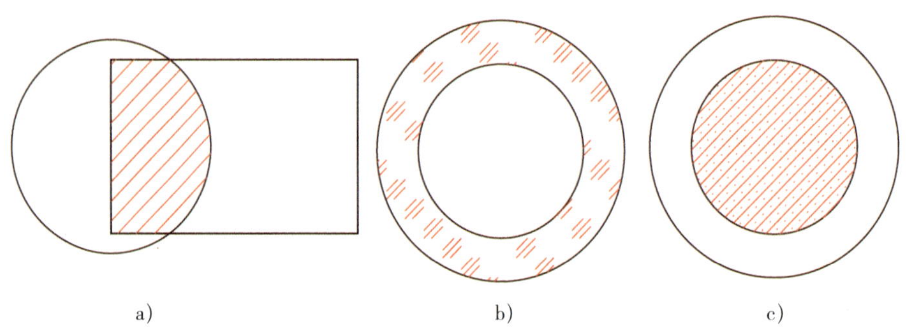

图 3-5 绘制剖面线示例

a）两曲线重合部分 b）玻璃剖面线 c）混凝土剖面线

绘制如图 3-5a 所示两曲线重合部分的剖面线，只能采用“拾取点”方式。绘制如图 3-5b 所示玻璃的剖面线，只能采取“拾取边界”方式，同时拾取两个圆，单击鼠标右键确认，在弹出的“剖面图案”对话框中，选择玻璃作为剖面图案，单击对话框中的“确定”按钮，就可绘制出两圆之间的剖面线。绘制如图 3-5c 所示混凝土材料的剖面线，可采取“拾取点”方式，也可采取“拾取边界”方式，注意采用的填充图案为混凝土。

二、填充

应用“填充”命令，可对封闭区域的内部进行实心填充。填充实际是一种图形类型，它可对封闭区域的内部进行填充，对于某些制件剖面需要涂黑时可用此功能。

1. 调用“填充”功能

（1）单击“绘图”主菜单中的“ 填充”命令。

（2）单击“绘图工具”工具条上的“填充”按钮 。

（3）单击“常用”选项卡中“绘图”面板内的“填充”按钮。

（4）命令行：solid。

调用“填充”功能后，系统弹出如图 3–6 所示“填充”立即菜单。在立即菜单第一项中可选择“独立”或“非独立”方式。“独立”表示填充的多个区域是相互独立对象，“非独立”表示填充的多个区域是一个对象。

图 3–6 “填充”立即菜单

执行“填充”命令后，命令行中提示“拾取环内一点”，单击拾取要填充的封闭区域内任意一点，即可完成填充操作。

2. 示例

将如图 3–7a 所示圆的第一象限和第三象限进行填充。

调用“填充”功能，拾取圆的第一象限中任意一点，拾取圆的第三象限中任意一点。单击鼠标右键确认，即可绘制出如图 3–7b 所示图形。

三、综合示例

绘制如图 3–8 所示图形。

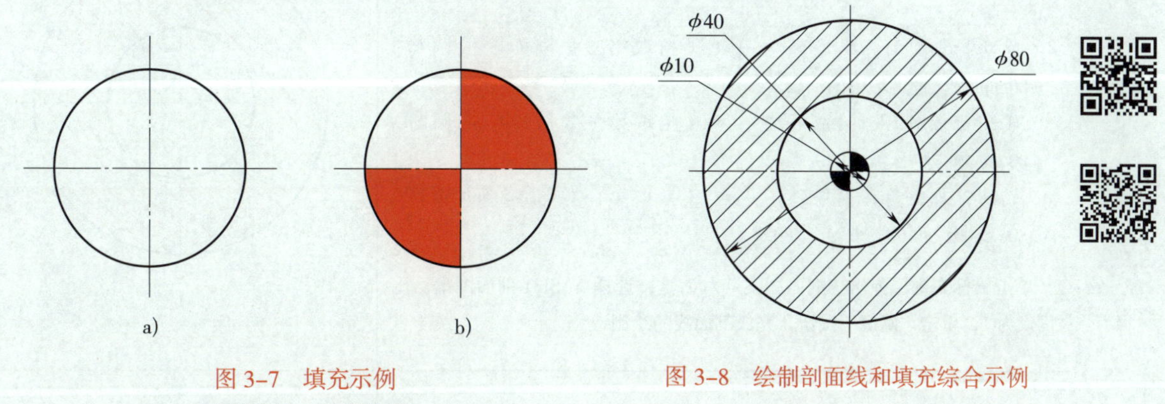

图 3–7 填充示例

a）操作前 b）操作后

图 3–8 绘制剖面线和填充综合示例

绘图步骤参见表 3–1。

表 3–1 绘制剖面线和填充综合示例绘图步骤

绘图步骤	图示
（1）绘制 ϕ10 mm 圆、ϕ40 mm 圆、ϕ80 mm 圆 命令：“圆：圆心 _ 半径” 圆心点：（单击鼠标左键确定圆心位置） 输入半径或圆上一点：5↙（输入 ϕ10 mm 圆半径值） 输入半径或圆上一点：20↙（输入 ϕ40 mm 圆半径值） 输入半径或圆上一点：40↙（输入 ϕ80 mm 圆半径值） 单击鼠标右键或者按 Esc 键，退出“圆”命令	

续表

绘图步骤	图示
（2）绘制中心线 命令：“中心线” 拾取圆（弧、椭圆、圆弧形多段线）或第一条直线：（拾取 ϕ80 mm 圆） 单击鼠标右键或者按 Esc 键，退出“中心线”命令	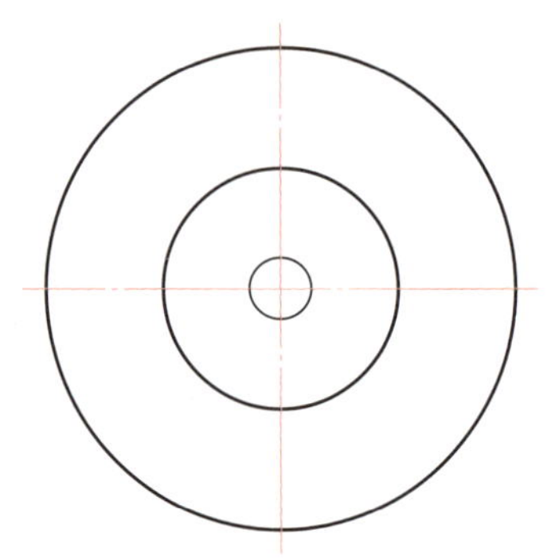
（3）绘制剖面线 命令：“剖面线” 拾取环内一点：（拾取第一象限 ϕ40 mm 圆与 ϕ80 mm 圆之间区域中的一点） 成功拾取到环，拾取环内一点：（拾取第二象限 ϕ40 mm 圆与 ϕ80 mm 圆之间区域中的一点） 成功拾取到环，拾取环内一点：（拾取第三象限 ϕ40 mm 圆与 ϕ80 mm 圆之间区域中的一点） 成功拾取到环，拾取环内一点：（拾取第四象限 ϕ40 mm 圆与 ϕ80 mm 圆之间区域中的一点） 单击鼠标右键，弹出“剖面图案”对话框，选择 ANSI31 剖面图案，比例设为 1，单击“确定”按钮，完成剖面线的绘制	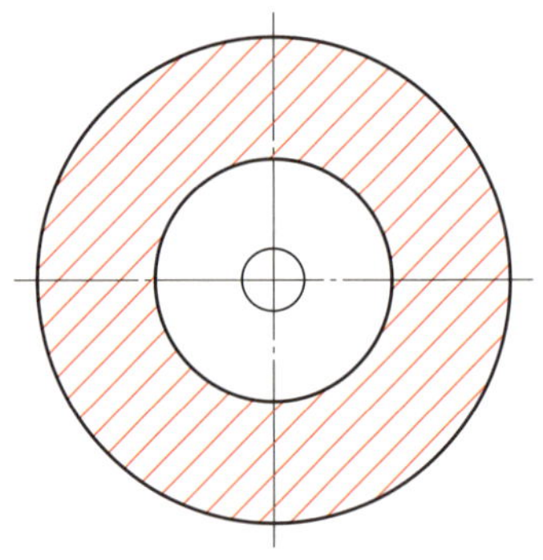
（4）填充 命令：“填充” 拾取环内一点：（拾取 ϕ10 mm 圆第一象限内一点） 成功拾取到环，拾取环内一点：（拾取 ϕ10 mm 圆第三象限内一点） 单击鼠标右键，完成 ϕ10 mm 圆第一象限与第三象限的填充	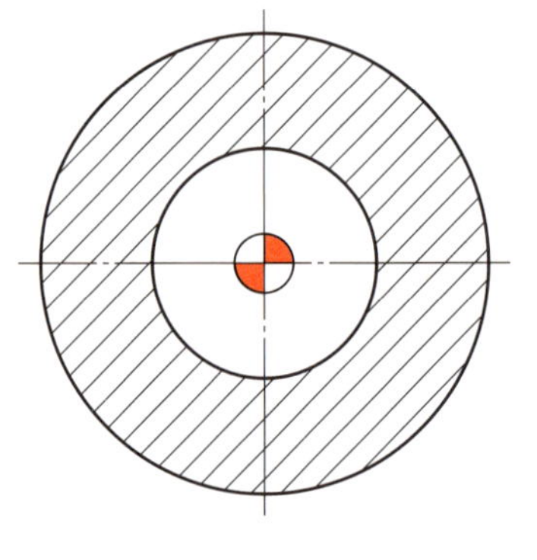

第二节　绘制特殊曲线

一、绘制样条曲线

样条曲线是通过或接近一系列给定点的平滑曲线。绘制样条曲线时，点的输入可以用鼠标输入或用键盘输入，也可以从外部样条数据文件中直接读取样条。

1. 调用“样条”功能

（1）单击“绘图”主菜单中的“样条”命令。

（2）单击“绘图工具”工具条上的“样条”按钮。

（3）单击“常用”选项卡中“绘图”面板内“曲线”功能按钮下拉菜单中的“样条”命令。

（4）命令行：spline。

调用“样条”功能，系统弹出如图 3–9 所示的“样条曲线”立即菜单。

图 3–9　“样条曲线”立即菜单

2. 说明

（1）若在立即菜单第一项中选取“直接作图”方式，则按提示用鼠标或键盘输入一系列控制点，自动绘制出一条光滑的样条曲线。

（2）若在立即菜单第一项中选取“从文件读入”方式，则系统弹出“打开样条数据文件”对话框，从中可选择数据文件，单击“打开”按钮后，系统可根据文件中的数据绘制出样条曲线。

（3）绘制样条曲线时，可通过立即菜单第三项“开曲线”进行“开曲线”和“闭合曲线”间的切换。

3. 示例

调用“样条”功能后，依次输入绝对坐标值（0，0）、（10，20）、（20，0）、（30，–20）、（40，0）、（50，20）、（60，0），则绘制出如图 3–10 所示样条曲线。

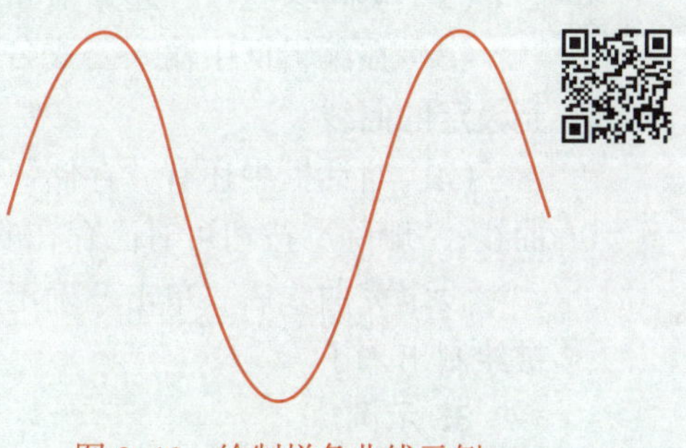

图 3–10　绘制样条曲线示例

二、绘制公式曲线

在 CAXA 电子图板中，应用“公式曲线”命令，可根据数学公式或参数表达式快速绘制出相应的数学曲线。公式的给出既可以是直角坐标形式，也可以是极坐标形式。公式曲线为用户提供一种更方便、更精确的作图手段，以适应某些精确型腔、轨迹线形的作图设计。用户只要交互输入数学公式，给定参数，系统便会自动绘制出该公式描述的曲线。

1. 调用“公式曲线”功能

（1）单击“绘图”主菜单中的“公式曲线”命令。

（2）单击“绘图工具”工具条上的“公式曲线”按钮。

（3）单击“常用”选项卡中“绘图”面板内的“公式曲线”按钮。

（4）命令行：fomul。

2. 说明

（1）调用“公式曲线”功能，系统弹出如图 3–11 所示“公式曲线”对话框。可以在对话框中选择是在“直角坐标系”下还是在“极坐标系”下输入公式。

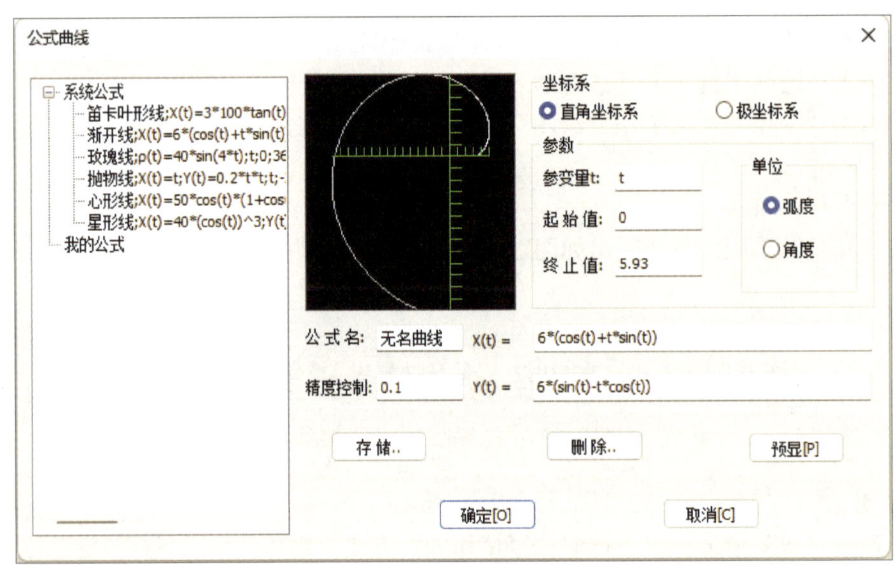

图 3–11 “公式曲线”对话框

（2）填写参变量、起始值和终止值，并选择变量的单位。

（3）在编辑框中输入公式名、公式及精度控制。单击“预显”按钮，在预览框中可以看到设定的曲线。

（4）对话框中还有“存储”“删除”按钮，“存储”按钮是针对当前曲线而言，保存当前曲线；“删除”按钮可对已存在的曲线进行删除操作，系统默认公式不能被删除。

设定完曲线后，单击“确定”按钮，按照系统提示输入“定位点”后，一条公式曲线就被绘制出来了。

3. 示例

例 1 已知双曲线：$\frac{x^2}{20^2}-\frac{y^2}{10^2}=1$，其极坐标参数方程是：$\rho=\frac{p}{1-e\cos\theta}$。

其中，$p=\frac{10^2}{20}=5$，$e=\sqrt{10^2+20^2}/20=\sqrt{5}/2$。

则输入的参数方程为：

```
X(t)=0
ρ(t)=5/(1-sqrt(5)*(cos(t)/2))
```

t 的取值范围为 50°～310°。

最后预显结果如图 3-12 所示。

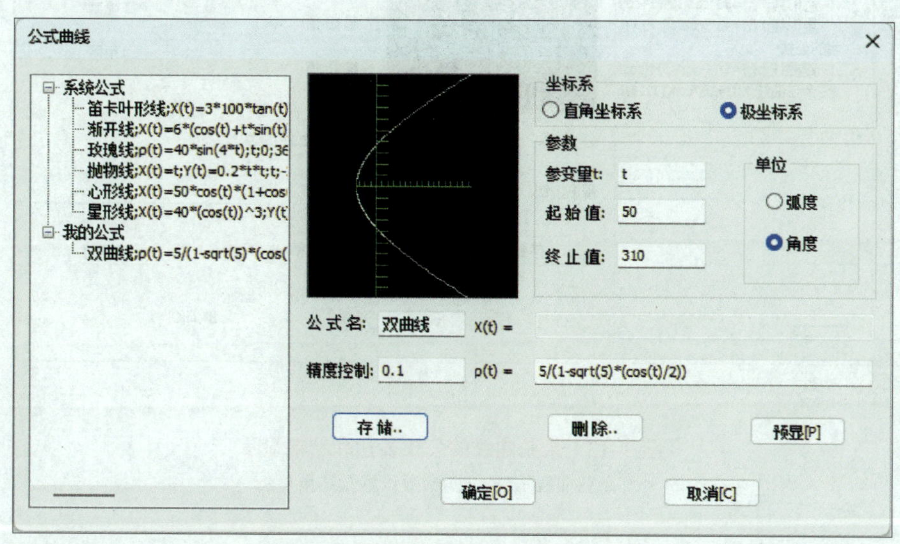

图 3-12 双曲线的公式表达和预显结果

例 2 如图 3-13a 所示轴类零件，图样右端为余弦曲线 $Z=10\cos[(\pi/21)X]$。注意：在软件中输入“X(t)=10*cos((3.1416/21)*t)”。

由于 CAXA 电子图板采用的坐标系为 XY 直角坐标系，数控车床采用 XZ 直角坐标系，绘制该余弦曲线时，要注意两种坐标的转换。图 3-13a 中的余弦曲线应用“公式曲线”命令绘制，其参数设置如图 3-13b 所示。

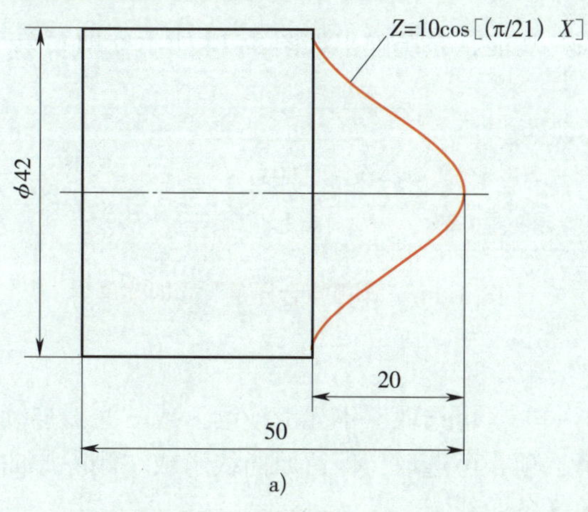

a)

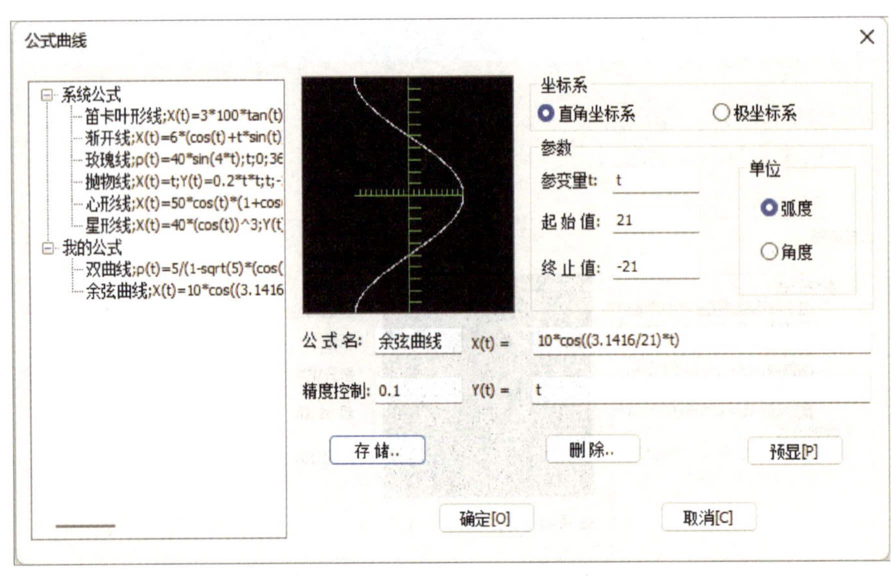

b)

图 3-13　余弦曲线的公式表达和结果显示

a）余弦曲线示例　b）参数设置及结果显示

三、圆弧拟合样条

圆弧拟合样条是指用多段圆弧按指定拟合的精度拟合已有样条曲线。配合查询功能使用，可以查询各拟合圆弧的元素属性。

1. 调用“圆弧拟合样条”功能

（1）单击“绘图”主菜单中的“圆弧拟合样条”命令。

（2）单击“绘图工具Ⅱ”工具条上的“圆弧拟合样条”按钮。

（3）单击“常用”选项卡中“绘图”面板内“曲线”功能按钮下拉菜单中的“圆弧拟合样条”命令。

（4）命令行：nhs。

调用“圆弧拟合样条”功能，系统弹出如图 3-14 所示立即菜单。

图 3-14　“圆弧拟合样条”立即菜单

2. 说明

（1）单击立即菜单第一项，可选取“不光滑连续”或“光滑连续”。

（2）单击立即菜单第二项，可选取“保留原曲线”或“删除原曲线”。

（3）拾取需要拟合的样条曲线。

（4）通过查询工具中的“元素属性”命令，可以查询各拟合圆弧属性，如图 3-15 所示。

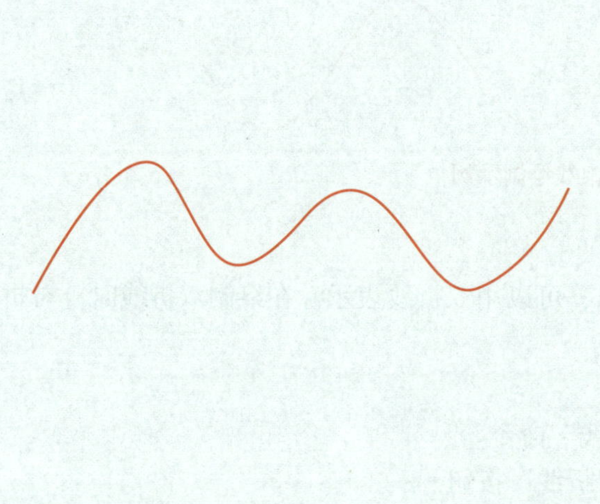

a）

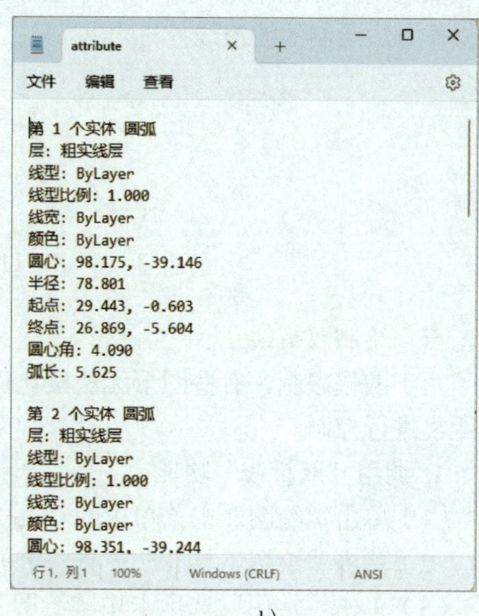

b）

图 3-15　查询拟合圆弧属性

a）圆弧拟合样条　b）查询各拟合圆弧属性

四、绘制波浪线

在绘制图形时，有时需要用到波浪线，波浪线与直线和圆弧不同，形状不易控制。如果用手工绘制，很难保证其形状平滑。在 CAXA 电子图板中，可按给定方式生成波浪线。在绘制过程中，用户可改变波峰高度和波浪线中各曲线段的曲率和方向。

1. 调用“波浪线”功能

（1）单击“绘图”主菜单中的“ 波浪线”命令。

（2）单击“绘图工具Ⅱ”工具条上的“波浪线”按钮 。

（3）单击“常用”选项卡中“绘图”面板内“曲线”功能按钮下拉菜单中的“ 波浪线”命令。

（4）命令行：wavel。

调用“波浪线”功能，系统弹出如图 3-16 所示“波浪线”立即菜单。

图 3-16　“波浪线”立即菜单

2. 说明

单击立即菜单“1. 波峰”编辑框，可以输入波峰的数值，以确定波峰的高度。单击“2. 波浪线段数”编辑框，可以输入波浪线一次性生成的段数。

3. 示例

按命令行提示要求，用鼠标在绘图区上连续指定几个点，一条波浪线随即显示出来，在每两点之间绘制出一个波峰和一个波谷，单击鼠标右键即可结束绘制。图 3–17 所示为用上述操作方法绘制的波浪线。

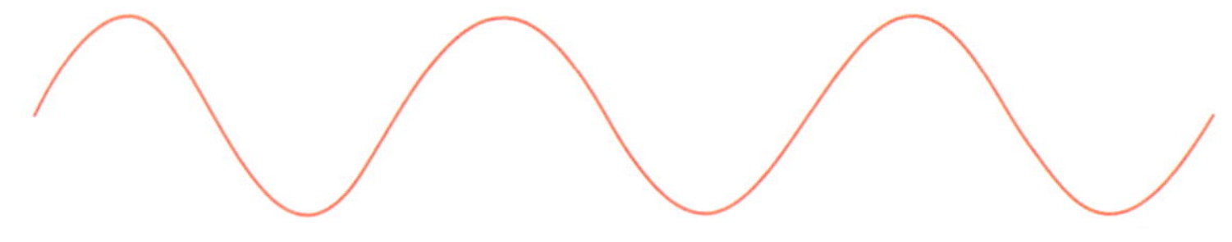

图 3–17　波浪线绘制示例

五、绘制双折线

由于图幅限制，有些图形无法按比例画出，可以用双折线表示。在绘制双折线时，对折点距离进行控制。

1. 调用“双折线”功能

（1）单击“绘图”主菜单中的“双折线”命令。

（2）单击“绘图工具Ⅱ”工具条上的“双折线”按钮。

（3）单击“常用”选项卡中“绘图”面板内“曲线”功能按钮下拉菜单中的“双折线”命令。

（4）命令行：condup。

调用“双折线”功能，系统弹出如图 3–18 所示“双折线”立即菜单。

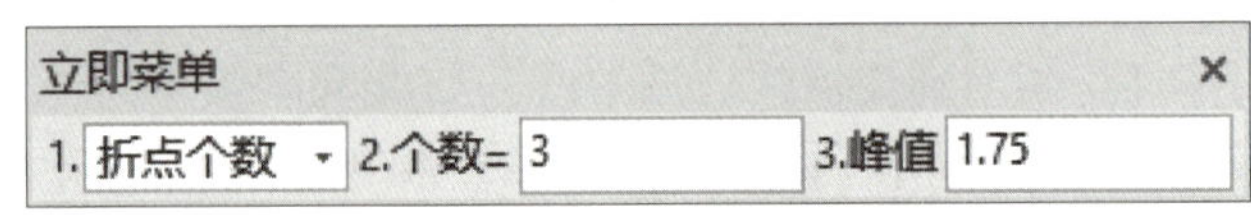

图 3–18　“双折线”立即菜单

2. 说明

（1）如果在立即菜单第一项中选择“折点个数”，在立即菜单“2. 个数 =”编辑框中输入折点的个数，在“3. 峰值”编辑框中输入双折线高度值，拾取直线或第一点，则生成给定折点个数的双折线。

（2）如果“折点个数”切换为“折点距离”，在“2. 长度”编辑框中输入距离值，在“3. 峰值”编辑框中输入双折线高度值，按命令行提示“拾取直线或第一点”，则生成给定折点距离的双折线。

3. 示例

图 3–19 所示图形，就是应用“双折线”命令绘制的双折线。

图 3–19　绘制双折线示例

六、绘制云线

云线是由连续圆弧组成的多段线，用来构成云线形状的对象。应用“云线”功能，可以随意在图纸内添加批注、警示框等。

1. 调用“云线”功能

（1）单击“绘图”主菜单中的“云线”命令。

（2）单击“绘图工具Ⅱ”工具条上的“云线”按钮。

（3）单击“常用”选项卡中“绘图”面板内“曲线”功能按钮下拉菜单中的“云线”命令。

（4）命令行：cloudline。

调用“云线”功能，系统弹出如图 3–20 所示“云线”立即菜单。

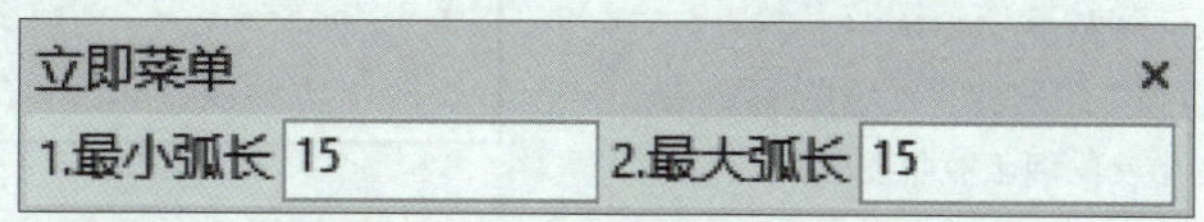

图 3–20 “云线”立即菜单

2. 说明

（1）通过立即菜单“1. 最小弧长”可以设置最小弧长半径值，通过立即菜单“2. 最大弧长”可以设置最大弧长半径值。

（2）应用“云线”命令后，系统提示“指定起点”，输入起点，系统提示“沿云线路径引导光标”，沿需要绘制的云线路径移动光标，就绘制出一条云线。移动光标过程中，不需要单击鼠标左键确定云线圆弧段的位置。

3. 示例

图 3–21 所示图形，就是应用“云线”命令绘制的云线。

图 3–21 绘制云线示例

七、综合示例

绘制如图 3–22 所示图形。

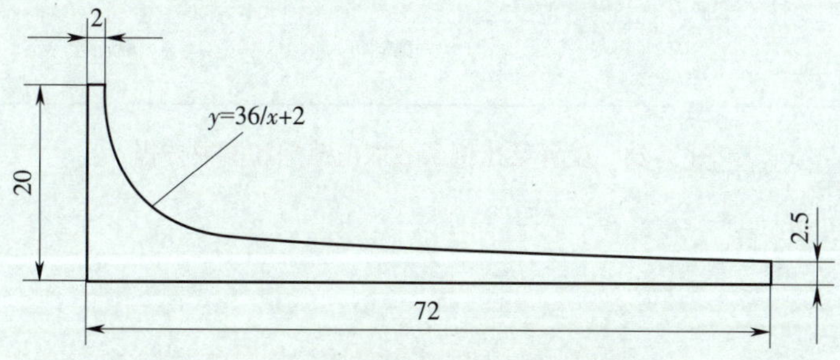

图 3–22 绘制公式曲线综合示例

绘图步骤参见表 3–2。

表 3–2 绘制公式曲线综合示例绘图步骤

绘图步骤	图示
（1）绘制直线 应用“直线”命令，按图 3–22 所示尺寸，绘制四条直线段	

续表

绘图步骤	图示
（2）绘制反比例函数曲线 应用“公式曲线”命令，按照图 3-23 所示“公式曲线”对话框，设置公式曲线参数取值范围及参数方程。单击对话框中的“确定”按钮，拾取曲线定位点（72 mm 直线段的左端点），则绘制出反比例函数曲线	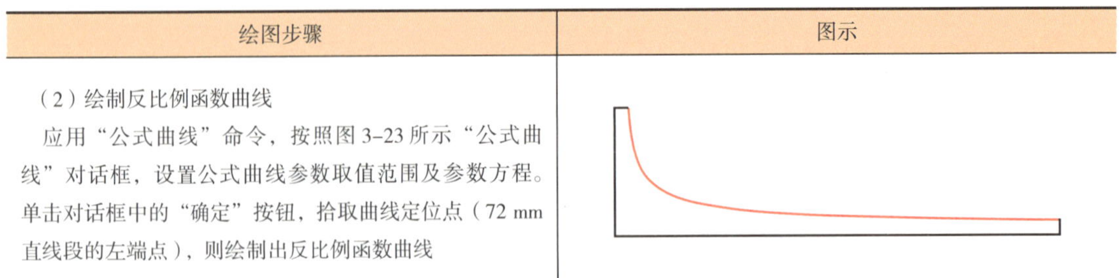

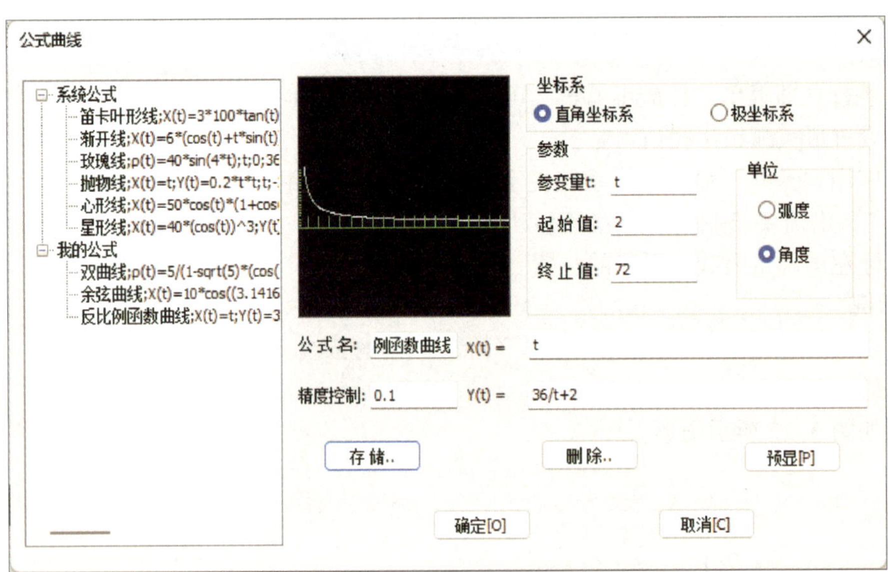

图 3-23　设置反比例函数取值范围和参数方程

第三节　绘制孔 / 轴和局部放大图

一、绘制孔 / 轴

孔和轴是机械制图中常见的两类图形，在 AutoCAD 等绘图软件中，需要很多步骤才能绘制出来。CAXA 电子图板提供了“孔 / 轴”功能，可以在给定位置绘制出带有中心线的孔和轴，或绘制出带有中心线的圆锥孔和圆锥轴，从而减少了绘图步骤，提高了工作效率。

1. 调用“孔 / 轴”功能

（1）单击“绘图”主菜单中的“孔 / 轴”命令。

（2）单击“绘图工具Ⅱ”工具条上的“孔 / 轴”按钮。

（3）单击“常用”选项卡中“绘图”面板内的“孔 / 轴”按钮 。

（4）命令行：hoax 或 ha。

调用“孔 / 轴”功能，系统弹出如图 3–24 所示“孔 / 轴”立即菜单。

图 3–24 “孔 / 轴”立即菜单 1

2. 说明

（1）单击立即菜单第一项，则可进行“轴”和“孔”的切换，不论是绘制轴还是绘制孔，操作方法完全相同。两者的区别只是在于在绘制孔时省略两端的端面线。

（2）立即菜单中的第二项选择“直接给出角度”，可以按提示在“3. 中心线角度”编辑框中输入一个角度值，以确定待绘制轴或孔的倾斜角度，角度值的范围是（–360，360）。

（3）按提示要求，移动鼠标或用键盘输入一个插入点，这时在立即菜单处出现一个新的轴或孔的立即菜单，如图 3–25 所示。

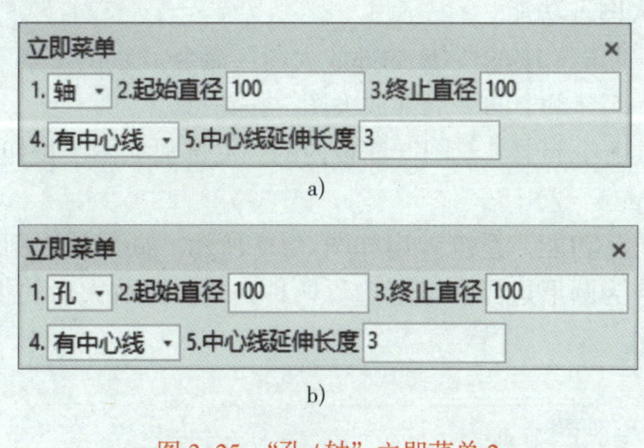

图 3–25 “孔 / 轴”立即菜单 2

a）轴的立即菜单 b）孔的立即菜单

（4）立即菜单列出了待绘制轴或孔的已知条件，命令行提示下面要进行的操作。此时，如果移动鼠标会发现，一个直径为 100 mm 的轴或孔显示出来，该轴或孔以插入点为起点，其长度由用户给出。

（5）如果单击立即菜单中的“2. 起始直径”或“3. 终止直径”编辑框，用户可以输入新值以重新确定轴或孔的直径，如果起始直径与终止直径不同，则绘制出的是圆锥孔或圆锥轴。

（6）立即菜单中的第四项“有中心线”表示在轴或孔绘制完后，会自动添加上中心线，如果选择“无中心线”方式则不会添加上中心线。

（7）当立即菜单中的所有内容设定完后，单击鼠标左键确定轴或孔上一点，或用键盘输入轴或孔的长度值。一旦输入结束，一个按照立即菜单设定的轴或孔被绘制出来。

3. 示例

图 3–26a、b 分别为用上述操作绘制的孔和轴，但在实际绘图过程中孔应绘制在实体中。图 3–26c 为台阶轴和孔的综合示例。

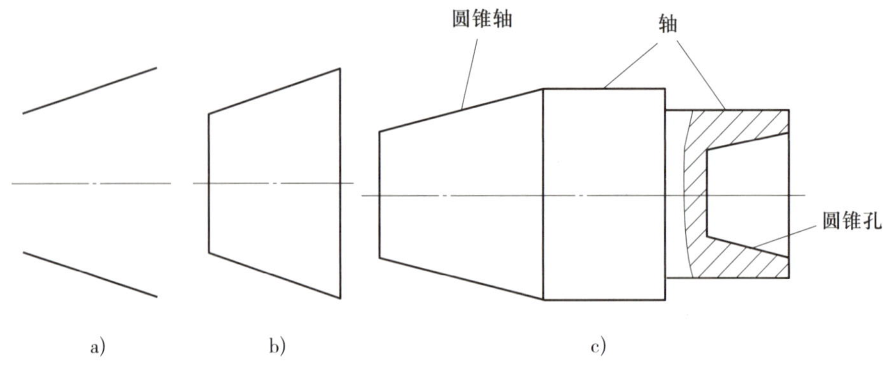

图 3–26 绘制孔 / 轴示例

a）孔 b）轴 c）台阶轴和孔

二、绘制局部放大图

在绘图时，有时需要观察图形的局部特征。CAXA 电子图板提供了局部放大功能，方便用户对图形局部进行放大。绘制局部放大图是指按照给定参数生成对局部图形进行放大的视图。

1. 调用“局部放大图”功能

（1）单击“绘图”主菜单中的“局部放大图”命令。

（2）单击“标注”工具条上的“局部放大图”按钮。

（3）单击“常用”选项卡中“绘图”面板内的“局部放大图”按钮。

（4）命令行：enlarge。

调用“局部放大图”功能，系统弹出如图 3–27 所示“局部放大图”立即菜单。局部放大根据边界设置不同分为圆形边界和矩形边界两种方式。对放大后的视图进行标注尺寸时，数值与原图形保持一致。

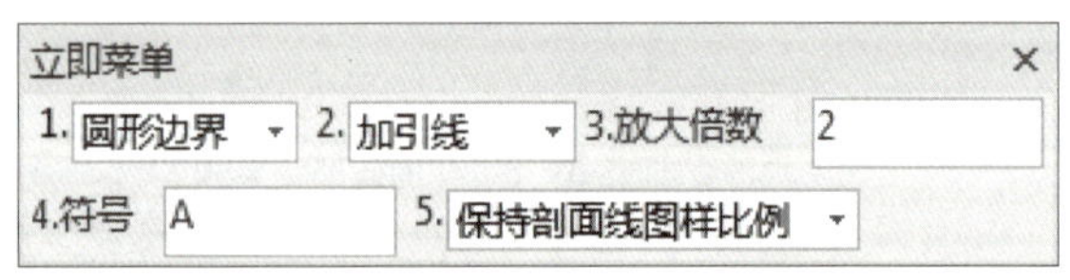

图 3–27 “局部放大图”立即菜单 1

2. 说明

（1）“圆形边界”局部放大

1）在如图 3–27 所示立即菜单的第一项中选择“圆形边界”。

2）单击立即菜单中的第二项可选择是否添加引线，单击“3. 放大倍数”和“4. 符号”编辑框可输入放大倍数和该局部视图的名称，单击第五项“保持剖面线图样比例”下拉按钮可选择局部放大图是否使用原图剖面线比例。

3）按命令行提示输入局部放大图形中心点，然后输入半径或圆上一点确定局部放大边界。

4）此时提示为“符号插入点”，如果不需要标注符号文字，则单击鼠标右键。否则，移动光标在绘图区选择好合适的符号文字插入位置后，单击鼠标左键插入符号文字。

5）此时提示为“实体插入点”，已放大的局部放大图形虚像随着光标的移动动态显示。

在绘图区指定合适的位置输入实体插入点后，生成局部放大图形。

6）如果在第四步输入了符号插入点，此时提示“符号插入点”，移动光标在绘图区合适的位置输入符号文字插入点，生成符号文字。

（2）“矩形边界”局部放大

1）在如图 3–27 所示立即菜单的第一项中选择“矩形边界”，立即菜单如图 3–28 所示。

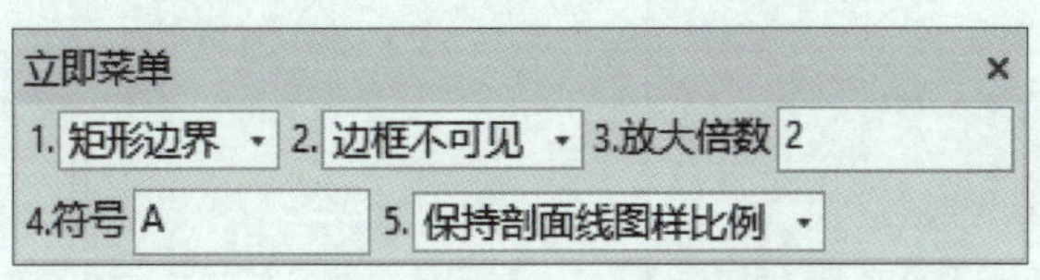

图 3–28 “局部放大图”立即菜单 2

2）单击立即菜单中的第二项可选择矩形边框可见或不可见，单击“3. 放大倍数”和“4. 符号”编辑框可输入放大倍数和该局部视图的名称，单击第五项“保持剖面线图样比例”下拉按钮可选择局部放大图是否使用原图剖面线比例。

3）按系统提示输入局部放大图形矩形两角点。如果上面步骤中选择边框可见，生成矩形边框；否则不生成。

4）这时系统弹出新的立即菜单，可选择是否加引线。

5）此时提示为“符号插入点”，如果不需要标注符号文字，则单击鼠标右键。否则，移动光标在绘图区选择好合适的符号文字插入位置后，单击鼠标左键插入符号文字。

6）此时提示为“实体插入点”，已放大的局部放大图形虚像随着光标的移动动态显示。在绘图区指定合适的位置输入实体插入点后，生成局部放大图形。

7）如果在第五步输入了符号插入点，此时提示“符号插入点”，移动光标在绘图区合适的位置输入符号文字插入点，生成符号文字。

3. 示例

图 3–29b 就是应用“局部放大图”命令绘制图 3–29a 中细实线圆内结构的 2 倍放大图。

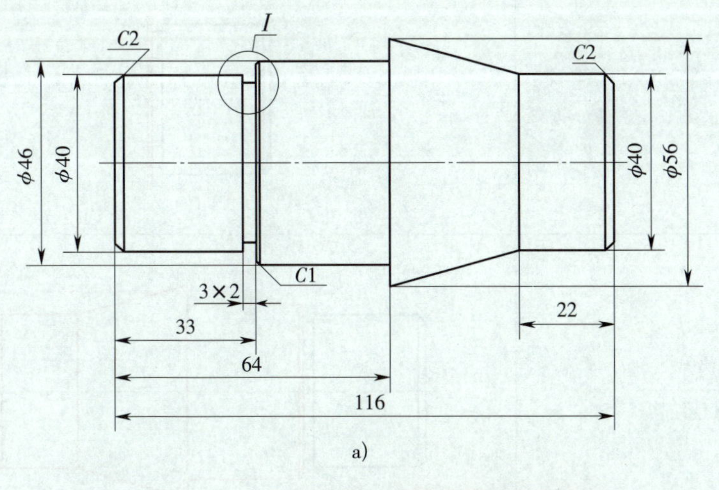

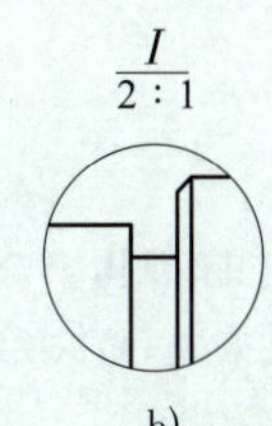

图 3–29 绘制局部放大图示例

a）轴类零件 b）局部放大图

三、综合示例

应用“孔 / 轴”和“局部放大图”命令绘制如图 3–29 所示图形。绘图步骤参见表 3–3。

表 3–3　“孔 / 轴”和“局部放大图”综合示例绘图步骤

绘图步骤	图示
（1）绘制 $C2$ mm 倒角 命令：“孔 / 轴” 插入点：（单击鼠标左键确定起点） 轴上一点或轴的长度：2↙（将立即菜单中的起始直径设为 36 mm，终止直径设为 40 mm，并在命令行中输入长度值）	
（2）绘制 ϕ40 mm × 28 mm 外圆 轴上一点或轴的长度：28↙（将立即菜单中的起始直径设为 40 mm，终止直径设为 40 mm，并在命令行中输入长度值）	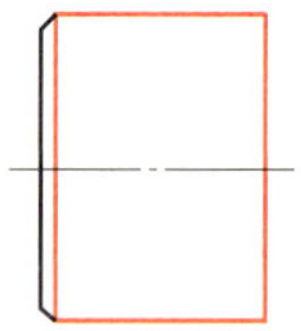
（3）绘制 3 mm × 2 mm 槽 轴上一点或轴的长度：3↙（将立即菜单中的起始直径设为 36 mm，终止直径设为 36 mm，并在命令行中输入长度值）	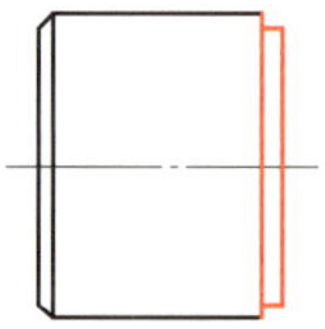
（4）绘制 $C1$ mm 倒角 轴上一点或轴的长度：1↙（将立即菜单中的起始直径设为 44 mm，终止直径设为 46 mm，并在命令行中输入长度值）	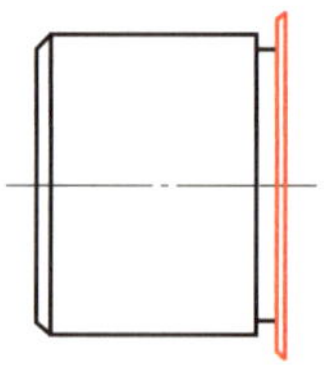
（5）绘制其他结构 按照上述方法，依次绘制其他结构	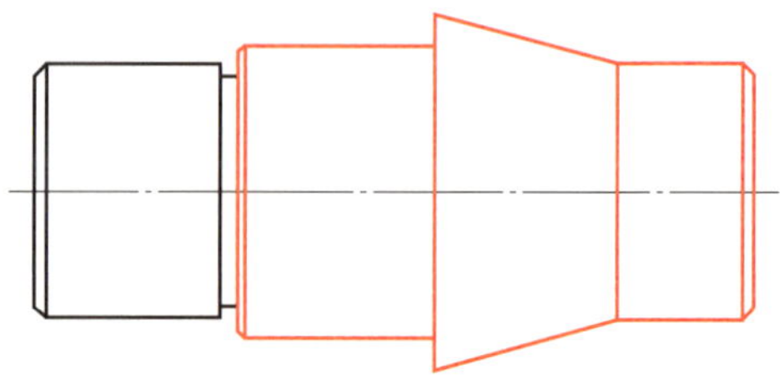

续表

绘图步骤	图示
（6）绘制局部放大图 命令："局部放大图" 中心：（确定槽中心为中心点） 输入半径或圆上一点：7↙（输入半径值） 符号插入点：（单击鼠标左键确定符号的插入点位置） 实体插入点：（单击鼠标左键确定实体的插入点位置） 输入角度或由屏幕上确定：<-360，360>0（输入局部放大图的放置角度） 符号插入点：（确定符号的插入点位置）	

第四节　绘制箭头和齿轮齿形

一、绘制箭头

箭头是机械制图中经常用到的一类图形符号。CAXA 电子图板提供了箭头绘制命令。应用"箭头"命令，可在直线、圆弧、样条或某一点处，按指定的正方向或反方向绘制一个实心箭头。

1. 调用"箭头"功能

（1）单击"绘图"主菜单中的"箭头"命令。

（2）单击"绘图工具Ⅱ"工具条上的"箭头"按钮。

（3）单击"常用"选项卡中"绘图"面板内的"箭头"按钮。

（4）命令行：arrow。

调用"箭头"功能，系统弹出如图 3–30 所示"箭头"立即菜单。

图 3–30 "箭头"立即菜单

2. 说明

（1）单击立即菜单第一项，可进行"正向"和"反向"的切换，在"2. 箭头大小"编辑框中可设置箭头的大小。

（2）允许用户在直线、圆弧或某一点处画一个正向或反向的箭头。系统对箭头的方向是这样定义的：

1）直线。当箭头指向与 X 正半轴的夹角大于等于 0° 且小于 180° 时为正向，大于等于 180° 且小于 360° 时为反向。

2）圆弧。逆时针方向为箭头的正方向，顺时针方向为箭头的反方向。

3）样条。逆时针方向为箭头的正方向，顺时针方向为箭头的反方向。

4）指定点。指定点的箭头无正、反方向之分，它总是指向该点的。

直线、圆弧、样条、指定点上的箭头画法如图 3–31 至图 3–34 所示。

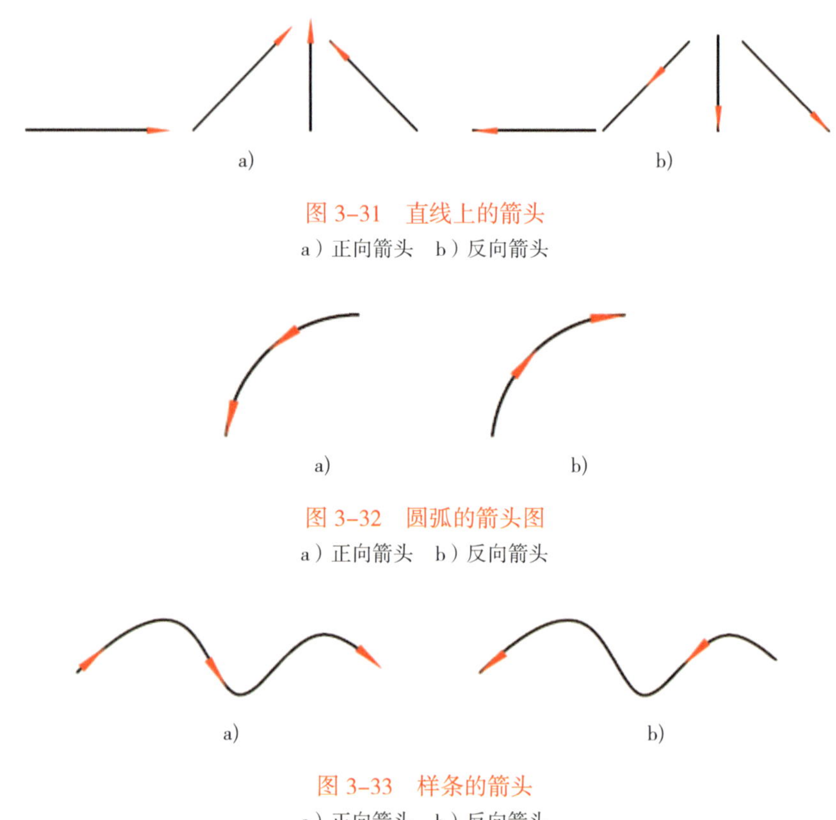

图 3–31　直线上的箭头

a）正向箭头　b）反向箭头

图 3–32　圆弧的箭头图

a）正向箭头　b）反向箭头

图 3–33　样条的箭头

a）正向箭头　b）反向箭头

图 3–34　指定点处的箭头

（3）按操作提示要求，用鼠标拾取直线、圆弧或样条，拾取后会看到在移动鼠标时，一个绿色的箭头已经显示出来，且随光标的移动在直线、圆弧或样条上滑动，待选好位置，单击鼠标左键，则箭头被绘制出。

（4）在指定点绘制箭头时，箭头的方向可在 0° ~ 360° 范围内选择，拖动鼠标可看到引线的长度和方向随鼠标的移动而变化，当认为合适时，单击鼠标左键即可绘制出箭头及引线，若不需加引线，则选定“箭头位置”后，不必拖动鼠标，直接单击鼠标左键即可。

（5）还可以像绘制两点线一样绘制带箭头的直线，若选“正向”，则箭头由第一点指向第二点，若选“反向”，则箭头由第二点指向第一点，结果如图 3-35 所示。在绘制过程中，当系统提示“拾取直线、圆弧或第一点”时，单击鼠标左键在绘图区内任意指定一点，拖动鼠标，可以看到一条动态的带箭头直线随鼠标的移动而变化，当移动到合适位置时，再单击鼠标左键输入第二点，则带箭头的直线绘制完成。

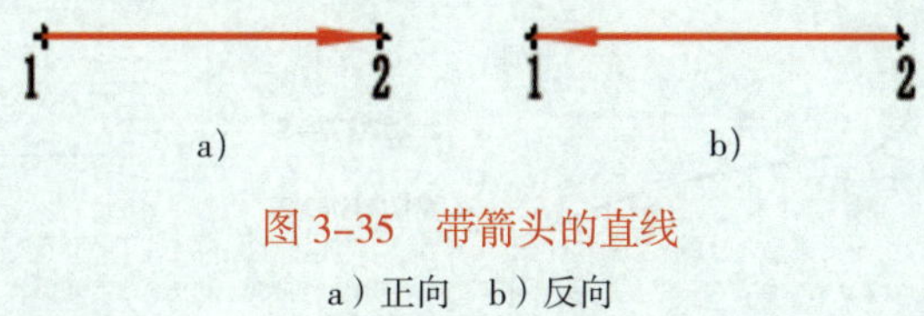

图 3-35　带箭头的直线

a）正向　b）反向

二、绘制齿轮齿形

控制齿轮形状的参数很多，因此，在一般的 CAD 绘图软件中，绘制齿轮的步骤十分复杂。CAXA 电子图板提供了绘制齿轮齿形的命令，使得齿轮的绘制变得十分简单，大幅提高了绘制效率。

在 CAXA 电子图板中，可以按给定参数生成整个齿轮，也可以生成给定个数的齿形。

1. 调用“齿形”功能

（1）单击“绘图”主菜单中的“齿形”命令。

（2）单击“绘图工具Ⅱ”工具条上的“齿形”按钮。

（3）单击“常用”选项卡中“绘图”面板内的“齿形”按钮。

（4）命令行：gear。

调用“齿形”功能，系统弹出如图 3-36 所示“渐开线齿轮齿形参数”对话框。

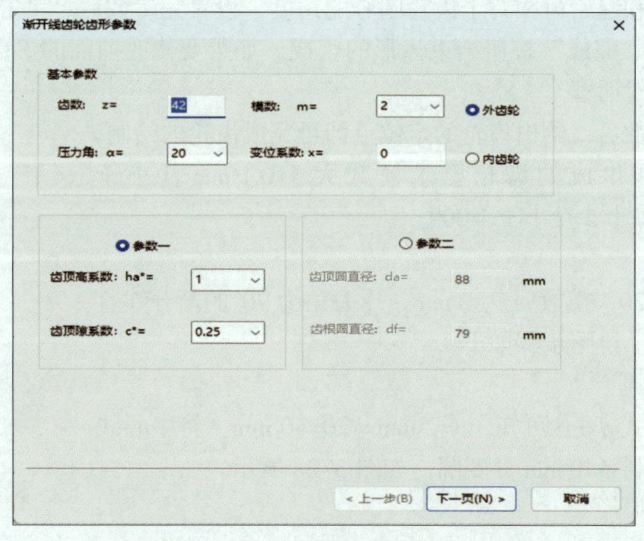

图 3-36　“渐开线齿轮齿形参数”对话框

2. 说明

在“渐开线齿轮齿形参数”对话框中可设置齿轮的齿数、模数、压力角、变位系数等，用户还可通过改变齿轮的齿顶高系数和齿顶隙系数来改变齿轮的齿顶圆半径和齿根圆半径，也可直接指定齿轮的齿顶圆直径和齿根圆直径。

确定完齿轮的参数后，单击“下一页”按钮，系统弹出“渐开线齿轮齿形预显”对话框，如图 3–37 所示。

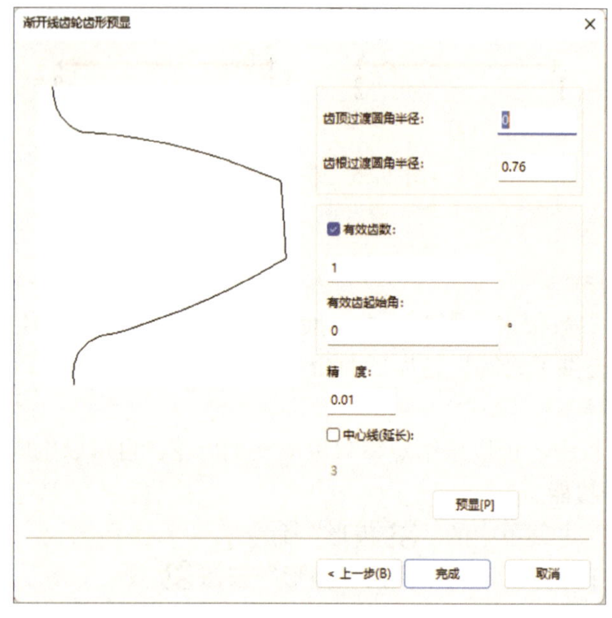

图 3–37 “渐开线齿轮齿形预显”对话框

在此对话框中，用户可设置齿形的齿顶过渡圆角半径和齿根过渡圆角半径及精度，并可确定要生成的齿数和起始齿相对于齿轮圆心的角度，设置完参数后可单击“预显”按钮观察生成的齿形。单击“完成”按钮结束齿形的生成，如果要修改前面的参数，单击“上一步”按钮可回到前一个对话框。

确定齿形的参数后，给出齿轮的定位点即可完成齿轮的绘制。

注意：该功能生成的齿轮要求模数大于 0.1 mm 且小于 50 mm，齿数大于等于 5 且小于 1 000。

3. 示例

绘制齿数 z 为 20，模数 m 为 2 mm，压力角为 20°的渐开线直齿圆柱齿轮齿形图。绘图步骤如下：

（1）绘制分度圆

根据分度圆公式 $d=mz$ 可知，d=2 mm × 20=40 mm。将中心线层设为当前层，绘制 ϕ40 mm 分度圆，如图 3–38 所示。

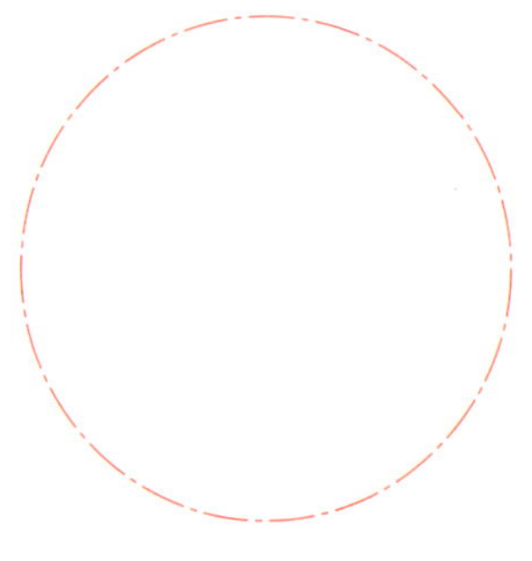

图 3–38 绘制分度圆

（2）绘制齿轮齿形

命令：“齿形”（在“渐开线齿轮齿形参数”对话框中设置齿数为 20，模数为 2 mm，压力角为 20°。单击“下一页”按钮，在“渐开线齿轮齿形预显”对话框中设置有效齿数为 20，单击“完成”按钮）

齿轮定位点：（拾取分度圆的圆心）

绘制出如图 3-39 所示图形。

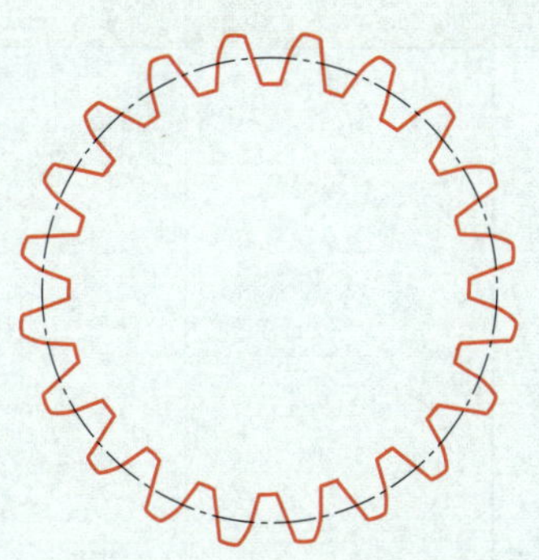

图 3-39　绘制齿轮齿形示例

三、综合示例

绘制两个直齿渐开线齿轮的啮合图，两齿轮的齿数皆为 20，模数为 2 mm，压力角为 20°，如图 3-40 所示。

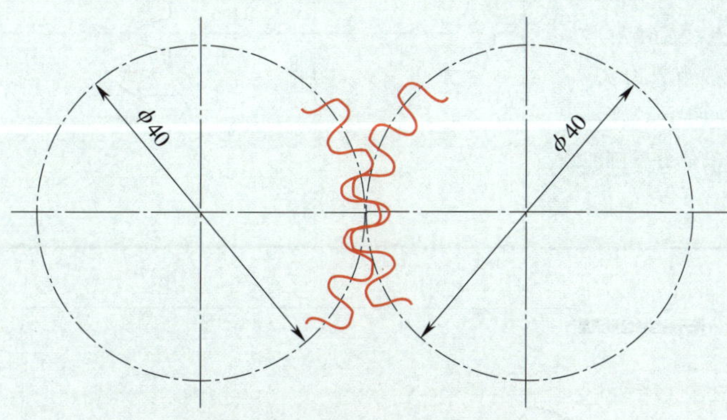

图 3-40　两齿轮轮齿的啮合图

绘图步骤参见表 3-4。

表 3-4　两齿轮轮齿的啮合图绘图步骤

绘图步骤	图示
（1）绘制两分度圆及其中心线 将中心线层置为当前层，应用“圆”和“中心线”命令绘制两分度圆及其中心线	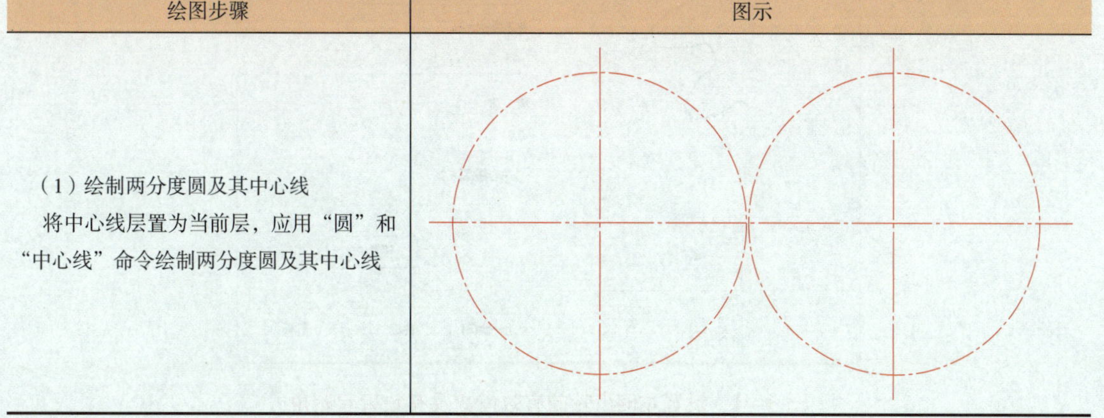

续表

绘图步骤	图示
（2）绘制左边齿轮的五个齿 命令：“齿形”（在“渐开线齿轮齿形参数”对话框中设置齿数为 20，模数为 2 mm，压力角为 20°。单击“下一页”按钮，在“渐开线齿轮齿形预显”对话框中设置有效齿数为 5，有效齿起始角为 –45°，如图 3–41 所示） 齿轮定位点：（拾取左侧分度圆的圆心）	
（3）绘制右边齿轮的五个齿 命令：“齿形”（在“渐开线齿轮齿形参数”对话框中设置齿数为 20，模数为 2 mm，压力角为 20°。单击“下一页”按钮，在“渐开线齿轮齿形预显”对话框中设置有效齿数为 5，有效齿起始角为 126°，如图 3–42 所示） 齿轮定位点：（拾取右侧分度圆的圆心）	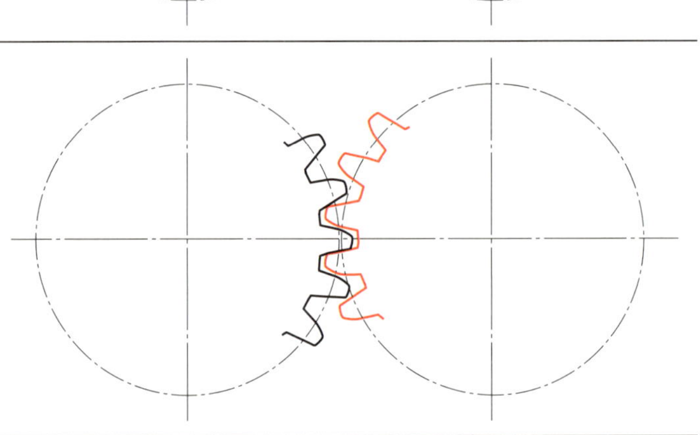

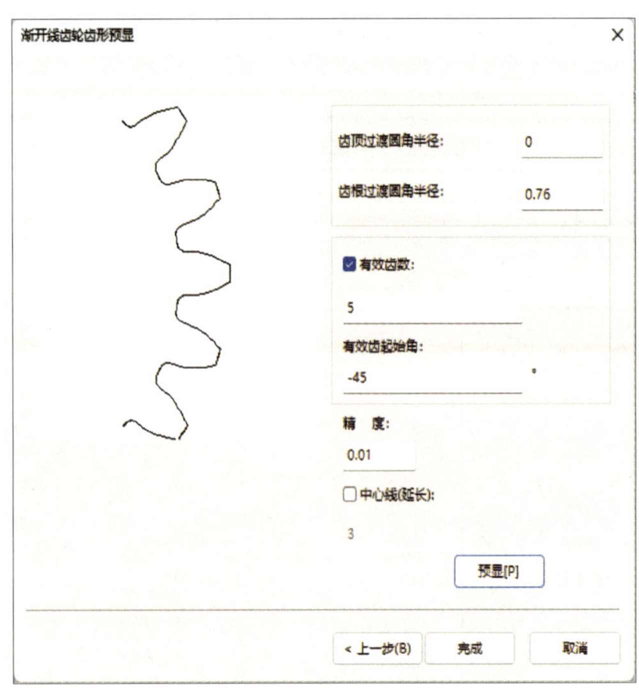

图 3–41　设置左侧齿轮的有效齿数及有效齿起始角

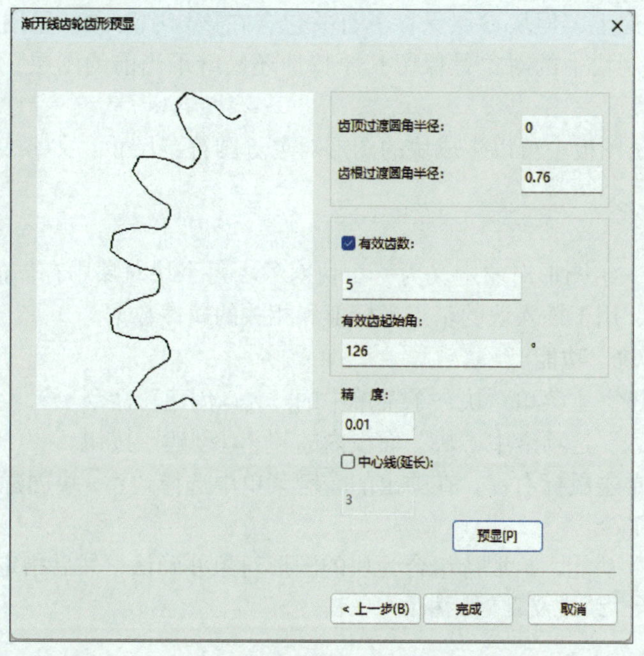

图 3-42 设置右侧齿轮的有效齿数及有效齿起始角

第五节 块 操 作

图块是 CAD 绘图中经常遇到的一个术语。什么是图块？图块有哪些作用？如何在 CAXA 电子图板中进行图块的相关操作？本节将介绍图块的相关概念，以及在 CAXA 电子图板中进行图块操作的详细步骤。

一、块的定义和特点

CAXA 电子图板提供了把不同类型的图形对象组合成块的功能，块是复合型的图形实体，是一种应用广泛的图形元素，它有如下特点：

（1）块是复合型图形实体，被定义生成以后，原来若干相互独立的实体形成统一的整体，对它可以进行类似于其他实体的移动、复制、删除等各种编辑操作。

（2）块可以被打散，即构成块的图形元素又成为可独立操作的元素。

（3）利用块可以方便实现一组图形对象的显示顺序区分。

（4）利用块可以方便实现一组图形对象的关联引用。

（5）利用块可以存储与该块相联系的非图形信息，如块的名称、材料等，这些信息也称为块的属性。

（6）块中的图形可能是在不同图层上，具有不同的颜色、线型和线宽属性。尽管块生成时总是在当前图层上，但块参照保存了有关包含在该块中对象的原图层、颜色和线型特性的信息。可以控制块中的对象是保留其原特性还是继承当前的图层、颜色、线型和线宽设置。

（7）CAXA 电子图板中可以生成块的图形对象：图符、尺寸、文字、图框、标题栏、明细栏等。

二、创建块

创建块是指将一组图形对象定义为一个块对象。每个块对象中存储的信息包含块名称、一个或者多个对象、用于插入块的基点坐标值和相关的属性数据。

1. 调用“创建块”功能

（1）单击“绘图”主菜单“块”子菜单中的“创建”命令。

（2）单击“插入”选项卡中“块”面板内的“创建”按钮。

（3）在绘图区单击鼠标右键，在弹出的右键菜单中选择“块创建”命令。

（4）命令行：block。

调用“创建块”功能，拾取待组合为块的图形对象并确认，然后指定块的基准点，系统弹出如图 3-43 所示“块定义”对话框。

2. 说明

在对话框中的“名称”编辑框中输入块的名称，名称最多可以包含 255 个字符，包括字母、数字、空格，以及操作系统或程序未作他用的任何特殊字符。单击“确定”按钮，块名称及块定义保存在当前图形中。

三、同名块

如果当前图形内已经定义了块，创建块时输入名称与当前图形内已有块名称相同，则会弹出如图 3-44 所示询问框。

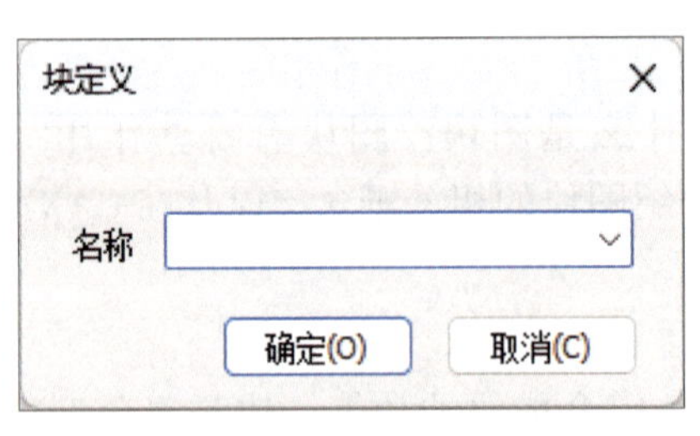

图 3-43 “块定义”对话框

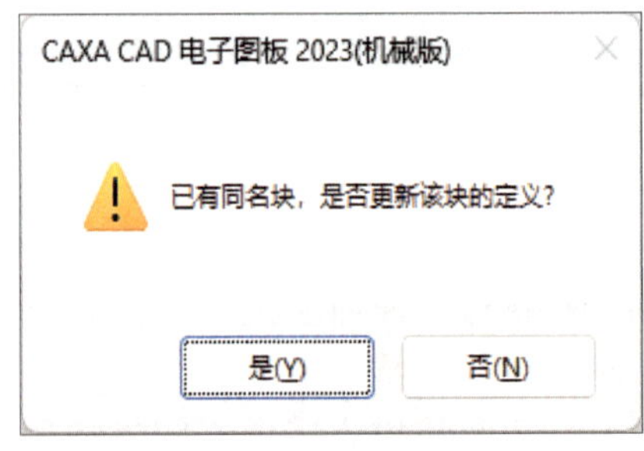

图 3-44 询问框

单击“是”按钮将覆盖已有的块，当前图形中引用的块均会进行更新；单击“否”按钮重新回到“块定义”对话框。

四、块打散

块打散是指将已经存在的块打散成为单个的实体，块打散是块生成的逆过程。操作步骤如下：

1. 调用“分解”功能

（1）单击“修改”主菜单中的“分解”命令。

（2）单击“编辑工具”工具条上的“分解”按钮 。
（3）单击“常用”选项卡中“修改”面板内的“分解”按钮 。
（4）命令行：explode 或 x。

2. 说明

应用“分解”命令后，拾取待打散的一个或多个块，单击鼠标右键确认，拾取的块即被打散。

CAXA 电子图板提供的图符、标题栏、图框、明细栏、剖面线等实体，都是以块的形式存在的，都可以应用“分解”命令将其打散。块被打散后，各组成实体又成为彼此独立的图形实体，并归属于各实体原来的图层，恢复其原有属性。

五、块消隐

块消隐是指让块能遮挡住层叠顺序在其后方的对象。CAXA 电子图板提供了二维自动消隐功能，给作图带来方便。特别是在绘制装配图过程中，当零件的位置发生重叠时，此功能的优势更加突出。

1. 调用“块消隐”功能

（1）单击“绘图”主菜单“块”子菜单中的“ 消隐”命令。
（2）单击“块工具”工具条上的“消隐”按钮 。
（3）单击“插入”选项卡中“块”面板内的“ 消隐”按钮。
（4）命令行：hide。

2. 说明

利用具有封闭外轮廓的块图形作为前景图形区，自动遮挡该区内其他图形，实现二维消隐，对已消隐的区域也可以取消消隐，取消消隐后，被自动擦除的图形又被恢复，显示在绘图区上。

块生成以后，可以通过“特性”工具选项板修改块是否消隐。

3. 示例

图 3–45 所示为块消隐的示例。

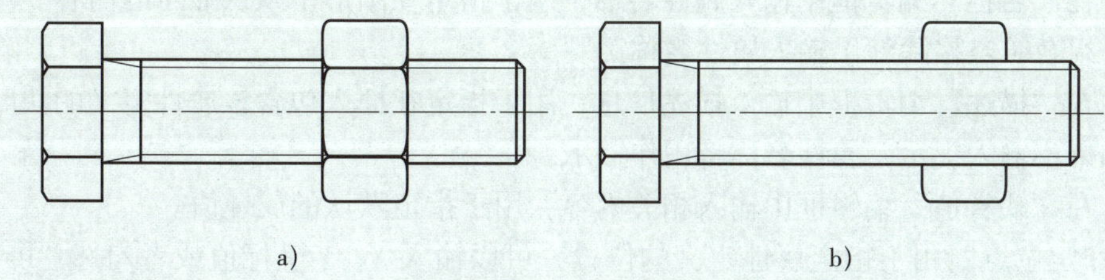

图 3–45　块消隐示例

a）用螺母消隐螺栓　b）用螺栓消隐螺母

图 3–45 中螺栓和螺母分别被定义成两个块，当它们配合到一起时必然会产生块消隐的问题。图 3–45a 中选取螺母为前景实体，螺栓中与其重叠的部分被消隐。当选取螺栓为前景实体时，螺母的相应部分被消隐，如图 3–45b 所示。

六、块属性定义

块属性定义是指创建一组用于在块中存储非图形数据的属性定义。属性定义可能包含的数据有零件编号、名称、材料等信息。创建块属性定义后，可以在创建块定义时将其选为对象。如果已将属性定义合并到块中，则插入块时将会用指定的文字串提示输入属性。该块的每个后续参照可以使用为该属性定义指定的不同的值。

1. 调用“属性定义”功能

（1）单击“绘图”主菜单“块”子菜单中的“属性定义”按钮。

（2）单击“插入”选项卡中“块”面板内的“定义”按钮。

（3）命令行：attrib。

调用“属性定义”功能，系统弹出如图 3-46 所示“属性定义”对话框。

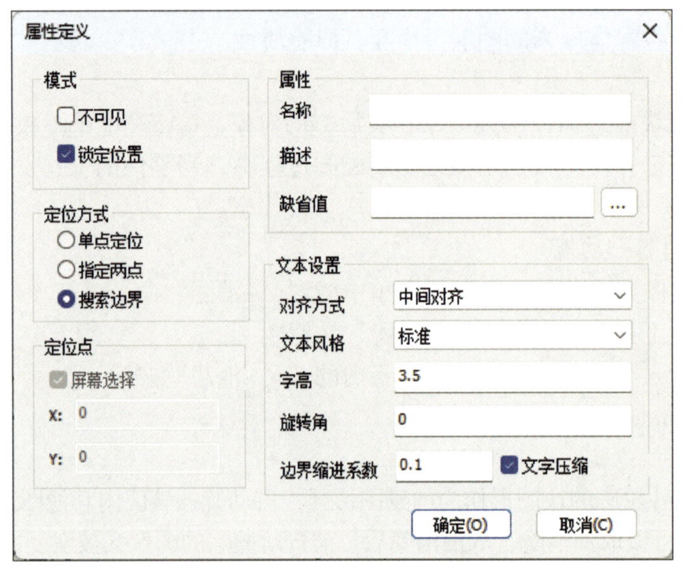

图 3-46 “属性定义”对话框

2. 说明

（1）在“名称”编辑框中输入属性名称，用于指定在图形中默认显示的内容。可以使用任何字符组合（空格除外）输入属性名称。

（2）在“描述”编辑框中输入描述信息，用于指定在插入包含该属性定义的块时显示的提示。如果不输入提示，属性名称将用作提示。

（3）在“缺省值”编辑框中输入相关内容，用于指定默认的属性值。

（4）“定位点”用于指定属性定义的位置，可以输入 *X*、*Y* 坐标值或者勾选“屏幕选择”复选框。

（5）“文本设置”用于指定属性定义文字的对齐方式、文本风格、字高和旋转角。

单击“确定”按钮完成属性定义，单击“取消”按钮取消本次属性定义操作。

七、插入块

插入块是指选择一个块并插入当前图形中。

1. 调用“块插入”功能

（1）单击“绘图”主菜单“块”子菜单中的“插入”命令。

（2）单击“块工具”工具条上的“插入”按钮。

（3）单击“插入”选项卡中“块”面板内的“插入”按钮。

（4）命令行：bins 或 insert 或 i 或 insertblock。

调用“块插入”功能，系统弹出如图 3–47 所示“块插入”对话框。

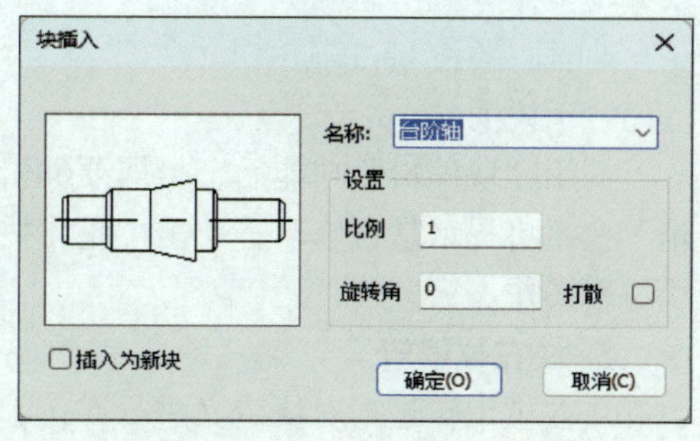

图 3–47 “块插入”对话框

2. 说明

（1）在“名称”下拉列表框输入块名称或单击下拉按钮选择要插入的块。

（2）在“比例”编辑框中指定要插入块的缩放比例值。

（3）“旋转角”编辑框用于输入要插入的块在当前图形中的旋转角度。

（4）如果单击“确定”按钮，系统提示“插入点”，确定插入点后，单击鼠标左键完成块插入。如果单击“取消”按钮，将结束块插入操作。

（5）如果插入的块中包含了属性，在插入块时会弹出如图 3–48 所示“属性编辑”对话框。双击“属性值”下方单元格即可编辑属性。插入块后，也可以双击块弹出“属性编辑”对话框进行块属性编辑。

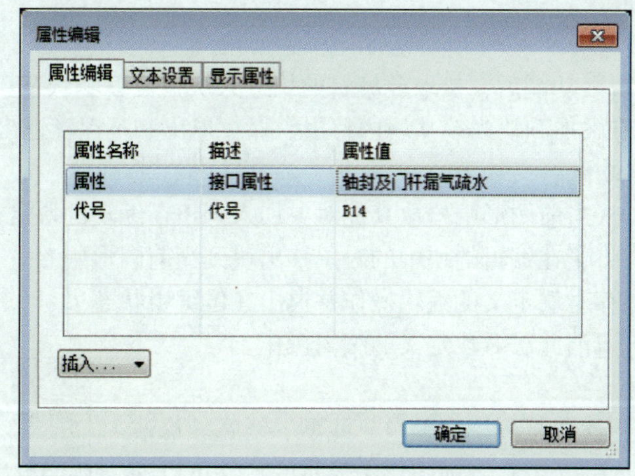

图 3–48 “属性编辑”对话框

八、块编辑

对于插入当前图形的块可以编辑其各种特性，包括块中对象、颜色和线型、块属性数据和定义等。当图形插入了多个同名的块时，除属性定义外，针对此块进行的所有编辑修改操作均会影响当前图形内引用的同名块。

1. 块编辑

块编辑是指对块定义进行编辑。

（1）调用“块编辑”功能

1）单击“绘图”主菜单“块”子菜单中的“ 块编辑”命令。

2）单击“插入”选项卡中“块”面板内的“ 块编辑”按钮。

3）拾取块后，在绘图区单击鼠标右键，在弹出的右键菜单“编辑”子菜单中选择“

块编辑”命令。

4）命令行：bedit。

（2）说明

调用“块编辑”功能后，拾取要编辑的块进入块编辑状态。修改完毕后单击“退出块编辑”按钮将提示是否修改，单击“是”按钮保存对块的编辑修改，单击“否”按钮取消本次块编辑操作。

2. 块在位编辑

块在位编辑是指对块定义进行在位编辑。与块编辑的区别是，在位编辑时各种操作如标注、测量等可以参照当前图形中的其他对象，而块编辑只显示块内的对象。

（1）调用“块在位编辑”功能

1）单击“绘图”主菜单“块”子菜单中的“块在位编辑”命令。

2）单击“插入”选项卡中“块”面板内“块编辑”按钮下拉菜单中的“块在位编辑”命令。

3）拾取块后，在绘图区单击鼠标右键，在弹出的右键菜单“编辑”子菜单中选择“块在位编辑”命令。

4）命令行：refedit。

（2）说明

调用“块在位编辑”功能后，拾取要编辑的块进入块在位编辑状态。除可进行编辑操作外，块在位编辑状态有添加到块内、从块内移出、保存退出和不保存退出几个特殊功能。

“块在位编辑”各功能含义如下：

1）添加到块内。从当前图形中拾取其他对象加入到正在编辑的块定义中。

2）从块内移出。将正在编辑的块中的对象移出块到当前图形中。

3）保存退出。保存对块定义的编辑操作并退出在位编辑状态。

4）不保存退出。取消此次对块定义的编辑操作。

3. 块属性编辑

图形对象的基本特性包括图层、颜色、线型、线宽。修改块的基本特性时，块内的对象在当前图形中显示的特性可以随块一起变化，也可以保留其原始特性，具体为：

（1）块中的对象不从当前设置中继承颜色、线型和线宽特性。不管当前设置如何，块中对象的特性都不会改变。对于此选择，在创建要包含在块定义中的对象之前，需要分别为块定义中的每个对象设置颜色、线型和线宽特性，而不要在创建这些对象时使用“ByBlock”或“ByLayer”作为颜色、线型和线宽的设置。

（2）块中的对象显示特性继承指定给块的特性。当块的图层、颜色、线型、线宽等特性被修改时，块中对象的特性一起变化。对于此选择，在创建要包含在块定义中的对象之前，将当前颜色或线型设置为“ByBlock”。

可以通过“特性”工具选项板对块对象的特性进行修改，如图3-49所示。

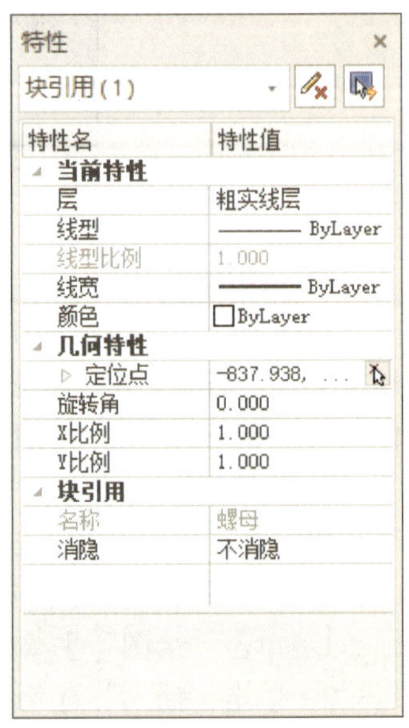

图3-49 “特性”工具选项板

4. 属性定义编辑

块属性定义编辑的方法：使用块编辑器或者对块进行在位编辑，进入块的编辑状态，然后单击“属性定义”按钮或者通过“特性”工具选项板修改块属性定义，修改完毕保存块定义即可。块属性定义的修改对已插入的块并不生效，但重新插入同名块时，块属性定义将使用新修改的内容。

5. 块扩展属性编辑、定义

“块扩展属性”可以将事先定义的代号、名称、质量、材料等扩展属性添加到块上。当块作为一个零件或部件生成序号时，选中带扩展属性的块上的实体，块上的扩展属性可以自动写到明细栏中，方便了明细栏的填写。

九、综合练习

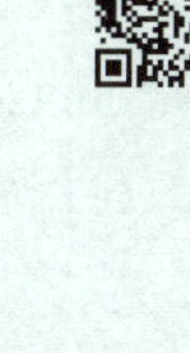

绘制如图 3-50 所示台阶轴零件图，并将其创建为块。

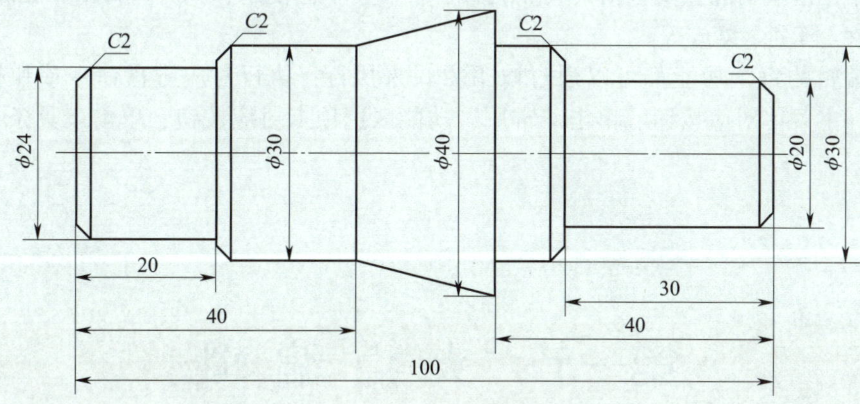

图 3-50　台阶轴零件图

1. 绘制台阶轴零件图

应用“孔 / 轴”命令，绘制如图 3-50 所示台阶轴零件图，不标注尺寸。

2. 创建台阶轴块

单击“插入”选项卡中“块”面板内的“创建”按钮，根据系统提示拾取轴类零件并确认，再按系统提示确定基准点，系统弹出如图 3-43 所示“块定义”对话框，在名称处输入“台阶轴”，单击“确定”按钮，即可创建台阶轴块。

第四章 图形编辑

图形的编辑修改功能对提高绘图速度及质量起着至关重要的作用。CAXA 电子图板提供了功能齐备、操作灵活、简便易学的图形编辑修改功能。

CAXA 电子图板的图形编辑主要是对生成的图形对象，例如曲线、块、文字、标注等进行编辑操作，这些功能主要包括：夹点编辑、平移、平移复制、裁剪、打断、删除、过渡、拉伸、镜像、阵列、缩放等。

图形编辑的每个功能都可以通过以下方式来执行：执行对应键盘命令或快捷键、单击“编辑”主菜单对应按钮、单击“常用”功能区选项卡对应按钮、单击工具条上对应按钮。

第一节 夹点编辑

夹点编辑是指拖动夹点对图形对象进行平移、拉伸、旋转、缩放等编辑操作。不同图形对象的不同夹点具有不同的含义。

一、夹点的概念

在没有执行任何命令的情况下，选择对象时，在对象上将显示出若干个蓝色小方框或三角形，这些蓝色小方框或三角形称为对象的特征点，如图 4–1 所示，这些特征点称为夹点。实际上，夹点就是对象上的控制点。

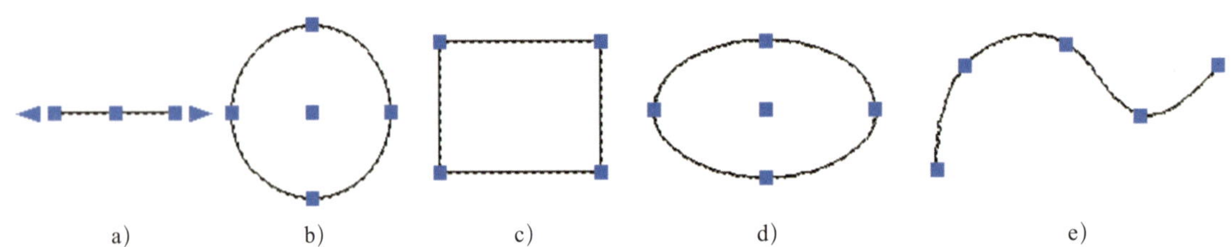

图 4–1 对象夹点示例

a）直线的夹点 b）圆的夹点 c）矩形的夹点 d）椭圆的夹点 e）样条曲线的夹点

单击“工具”主菜单中的“☑ 选项”命令，系统弹出“选项”对话框，选择“交互”选项，可打开如图 4-2 所示的“交互”选项卡，通过该选项卡可以设置夹点的大小、颜色等。

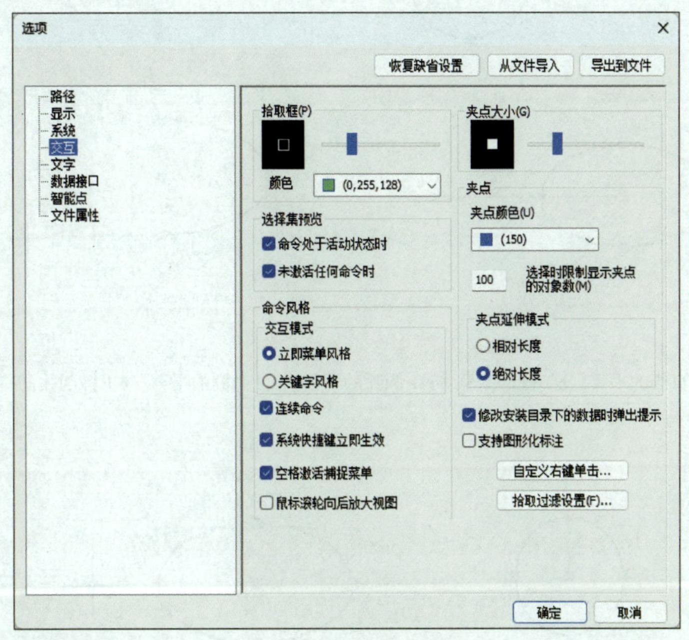

图 4-2 “交互”选项卡

二、方形夹点

方形夹点可用于移动对象和拉伸封闭曲线的特征尺寸。选中对象后，对象被加亮显示，同时当前对象可使用的夹点也会显示出来。

1. 平移对象

选中直线、圆、圆弧、椭圆、椭圆弧后，它们的夹点显示出来。单击直线的中点夹点、圆的圆心夹点、圆弧的圆心夹点、椭圆的圆心夹点、椭圆弧的任一夹点，被选中的夹点会变为红色，移动鼠标，即可实现上述对象的平移，如图 4-3 所示。单击鼠标左键或输入距离或输入相对坐标确定位置后，选中的对象置于新位置上。

2. 拉伸对象

通过圆的象限夹点、椭圆的象限夹点，可改变圆的半径和椭圆的轴长，实现对象的拉伸，如图 4-4a、b 所示。通过矩形上的夹点、圆弧上的方形夹点、样条曲线上的夹点，可以改变这些对象的形状，如图 4-4c、d、e 所示。

此外，方形夹点还被用于编辑文字、图片等对象的显示范围。

三、三角形夹点

三角形夹点可用于沿现有对象轨迹延伸非封闭的曲线。三角形夹点同样是在对象被选中后显示出来。

选中直线或圆弧的三角形夹点后，拖动鼠标，直线将沿直线方向延伸，圆弧将随当前的圆心和半径加长圆弧的长度，如图 4-5 所示。

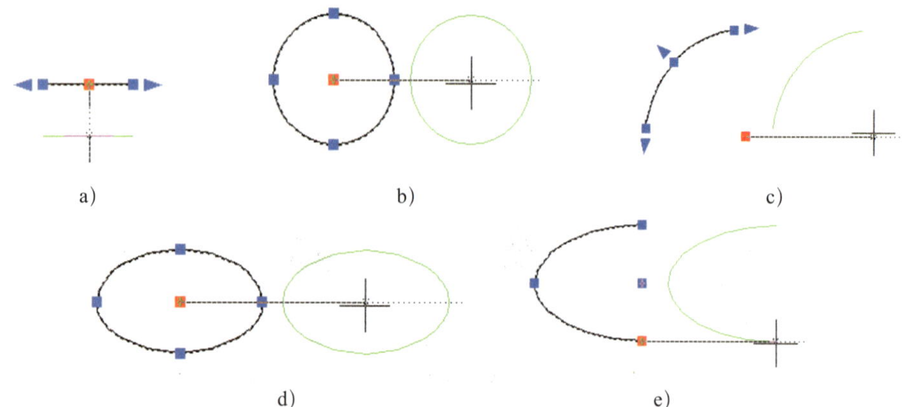

图 4-3　平移对象

a）直线的平移　b）圆的平移　c）圆弧的平移　d）椭圆的平移　e）椭圆弧的平移

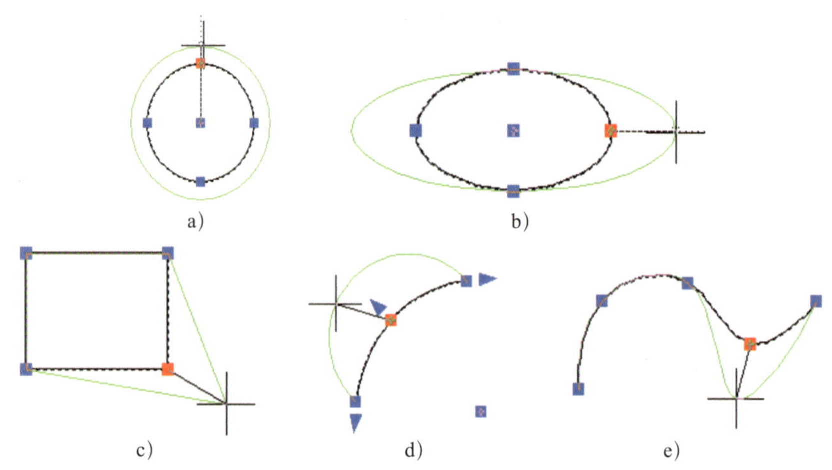

图 4-4　拉伸对象

a）拉伸圆　b）拉伸椭圆　c）拉伸矩形　d）拉伸圆弧　e）拉伸样条曲线

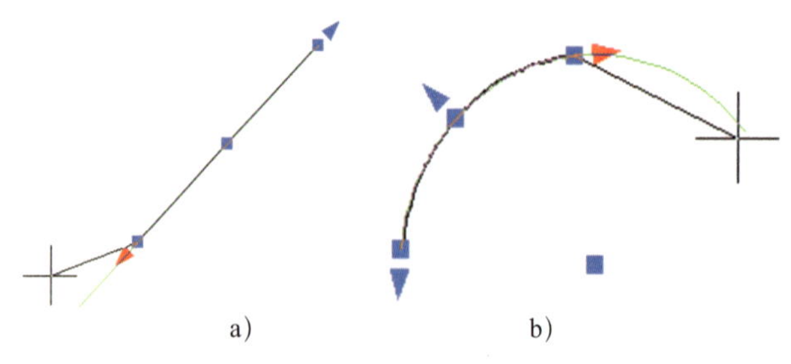

图 4-5　延伸对象

a）延伸直线　b）延伸圆弧

四、示例

将图 4–6 中的 ϕ20 mm 圆平移至 ϕ35 mm 圆的圆心处，并将 ϕ35 mm 圆拉伸放大至与 ϕ40 mm 圆相切。

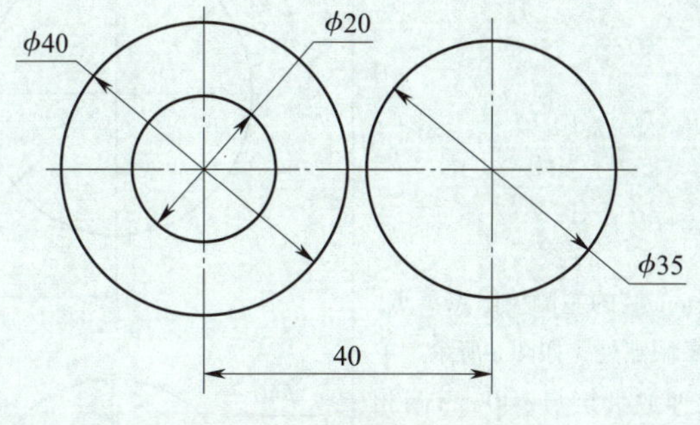

图 4–6　夹点编辑示例

夹点编辑示例绘图步骤参见表 4–1。

表 4–1　　　　**夹点编辑示例绘图步骤**

绘图步骤	图示
（1）将 ϕ20 mm 圆平移至 ϕ35 mm 圆的圆心处 拾取 ϕ20 mm 圆后，单击圆心夹点，夹点变为红色，移动光标至 ϕ35 mm 圆的圆心处，如图 a 所示，单击鼠标左键确定 ϕ20 mm 圆的位置。按 Esc 键退出夹点状态，如图 b 所示	ϕ40　ϕ20　ϕ35　40 a) ϕ40　ϕ20　ϕ35　40 b)

续表

绘图步骤	图示
（2）拉伸 ϕ35 mm 圆 拾取 ϕ35 mm 圆，单击 ϕ35 mm 圆的左侧象限点夹点，向左拉伸至 ϕ40 mm 圆的右侧象限点处，如图 a 所示。单击鼠标左键，ϕ35 mm 圆被拉伸放大至与 ϕ40 mm 圆相切，如图 b 所示	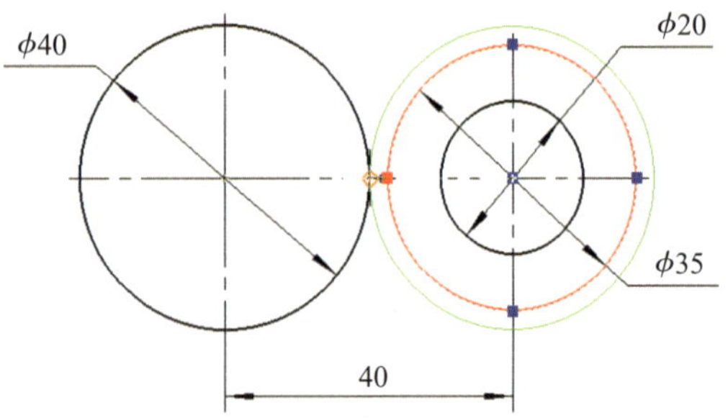 a) 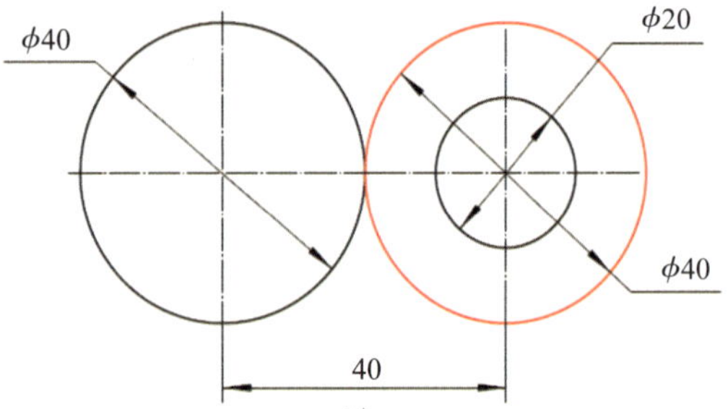 b)
（3）拉伸中心线 拉伸 ϕ35 mm 圆使其直径变为 40 mm 后，其中心线不发生改变，不符合制图要求。需要拉伸中心线，使其符合机械制图标准。也可删除原中心线，应用“中心线”命令重新绘制	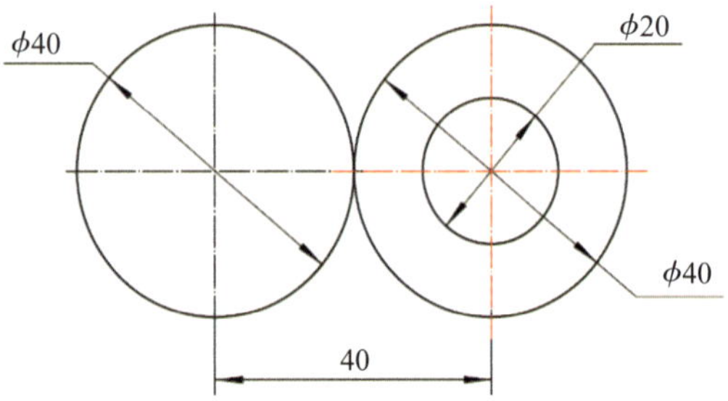

第二节　平移、平移复制和旋转图形

一、平移图形

平移图形是指以指定的角度和方向移动拾取的图形对象。

1. 调用“平移”功能

（1）单击“修改”主菜单中的“平移”命令。

（2）单击“编辑工具”工具条上的“平移”按钮。

（3）单击“常用”选项卡中“修改”面板内的“平移”按钮 。

（4）命令行：move 或 m。

调用“平移”功能，系统弹出如图 4–7 所示的“平移”立即菜单。

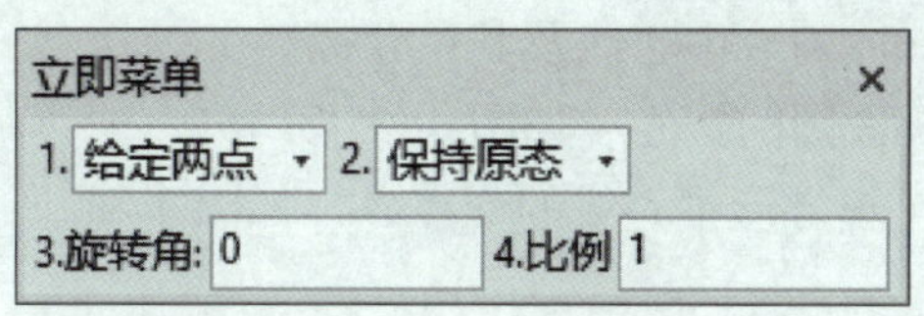

图 4–7 “平移”立即菜单

2. 说明

（1）偏移方式

单击立即菜单第一项，可设定“给定两点”或“给定偏移”方式平移对象。

1）给定两点方式。拾取图形后，通过键盘输入或单击鼠标左键确定第一点和第二点位置，完成平移操作。

2）给定偏移方式。拾取图形后，系统自动给出一个基准点（一般来说，直线的基准点定在中点处，圆、圆弧、矩形的基准点定在中心处，样条曲线的基准点也定在中心处），系统提示“*X* 和 *Y* 方向偏移量”，通过键盘输入或单击鼠标左键确定平移量，即可完成平移操作。

（2）图形状态

单击立即菜单第二项，可根据需要设置图形移动后的状态（“保持原态”或“平移为块”）。

（3）旋转角

图形在进行平移时，允许指定图形的旋转角度。

（4）比例

进行平移操作前，允许用户指定被平移图形的缩放系数。

使用坐标、栅格捕捉、对象捕捉、动态输入等工具可以精确移动对象，并且可以切换为正交、极轴等操作状态。“平移”功能支持先拾取后操作，即先拾取对象再执行此命令。

3. 示例

将图 4–8 中的 ϕ20 mm 圆、中心线及其尺寸标注，平移到图中正方形中心处。

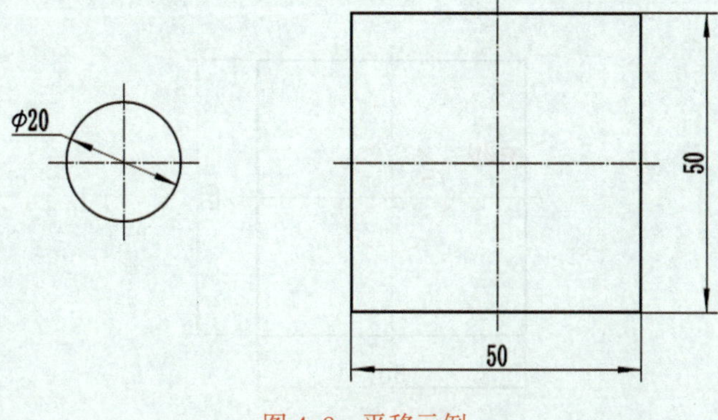

图 4–8 平移示例

绘图步骤如下：

命令：“平移”
拾取添加
对角点：（框选 ϕ20 mm 圆、中心线及其尺寸标注）
第一点：（拾取 ϕ20 mm 圆的圆心，如图 4-9a 所示）
第二点：（光标平移至正方形中心线的交点处，如图 4-9b 所示，单击鼠标左键确认）

平移结果如图 4-10 所示。

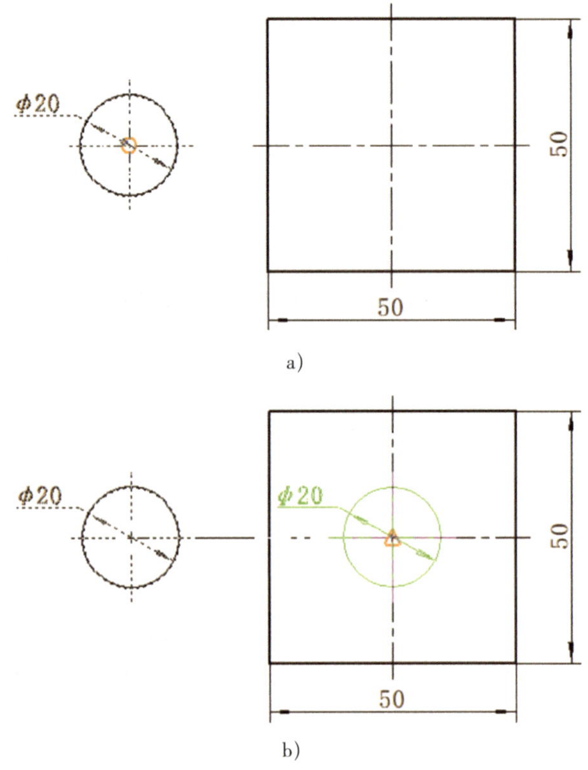

图 4-9　平移操作步骤

a）确定第一点　b）平移至第二点

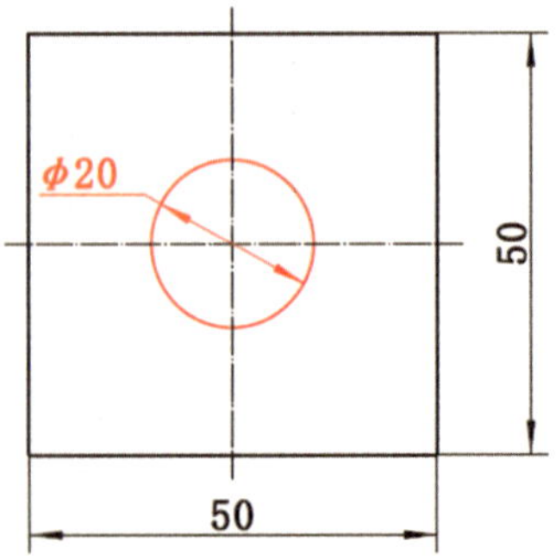

图 4-10　平移结果

二、平移复制图形

平移复制图形是指以指定的角度和方向创建拾取图形对象的副本。平移复制功能与基本编辑的复制功能的区别为：平移复制功能是在同一个 CAXA 电子图板文件内对图形对象创建副本，所拾取对象并不存入 Windows 剪贴板；基本编辑中的复制功能与粘贴功能配合使用，可将所选图形存储到 Windows 剪贴板上，除可以在不同的 CAXA 电子图板文件中进行复制粘贴外，还可以粘贴到其他支持 OLE（对象连接与嵌入）的软件（如 Word、AutoCAD、PowerPoint 等）中。

1. 调用“平移复制”命令

（1）单击“修改”主菜单中的“平移复制”命令。

（2）单击“编辑工具”工具条上的“平移复制”按钮。

（3）单击“常用”选项卡中“修改”面板内的“平移复制”按钮。

（4）命令行：copy。

调用“平移复制”功能，系统弹出如图 4-11 所示“平移复制”立即菜单。

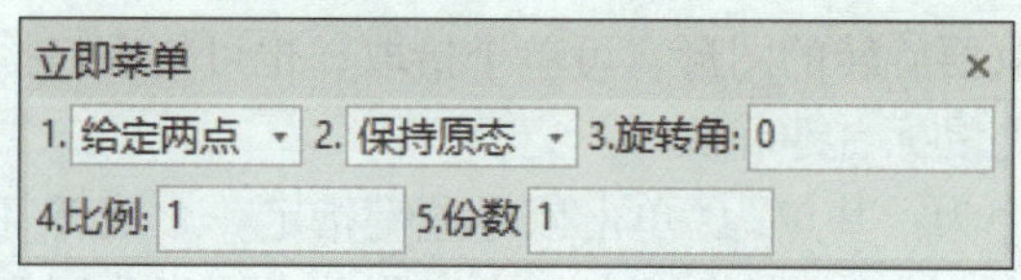

图 4-11 “平移复制”立即菜单

2. 说明

调用“平移复制”功能后，拾取要平移复制的图形对象，设置立即菜单的参数并进行确认即可完成对图形对象的平移复制。

（1）立即菜单中的偏移方式、图形状态、旋转角、比例的含义与“平移”立即菜单中的含义相同。

（2）所谓份数即要复制的图形数量。系统根据用户指定的两点距离和份数，计算每份的间距，再进行复制。

注意：如果立即菜单中的份数大于 1，则系统要根据给出的基准点与用户指定的目标点以及份数，计算各复制图形间的间距。具体地说，就是按基准点和目标点之间所确定的偏移量和方向，朝着目标点方向安排若干个被复制的图形。

3. 示例

将图 4-12a 中的 ϕ20 mm 圆、中心线及其标注进行平移复制，份数为 3，平移距离为 30 mm，结果如图 4-12b 所示。

三、旋转图形

旋转图形是指对拾取到的图形进行旋转或旋转复制。

1. 调用“旋转”功能

（1）单击“修改”主菜单中的“旋转”命令。

（2）单击“编辑工具”工具条上的“旋转”按钮。

（3）单击“常用”选项卡中“修改”面板内的“旋转”按钮。

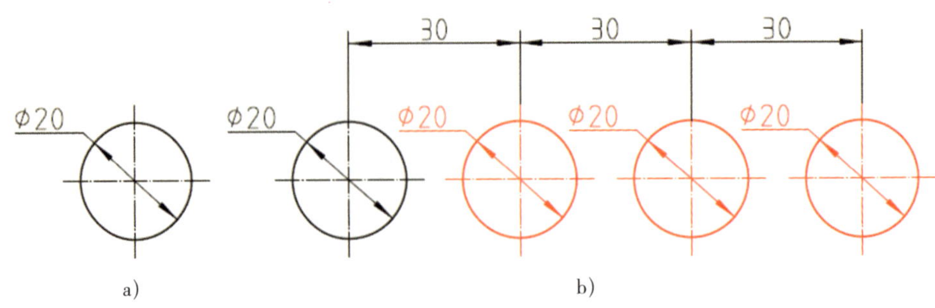

图 4–12　平移复制示例

a）操作前　b）操作后

（4）命令行：rotate 或 ro。

调用“旋转”功能，系统弹出如图 4–13 所示的“旋转”立即菜单。

图 4–13　“旋转”立即菜单

2. 说明

（1）按系统提示拾取要旋转的图形，可单个拾取，也可用窗口拾取，拾取到的图形呈虚线显示，拾取完成后单击鼠标右键确认。

（2）这时操作提示变为“基点”，单击鼠标左键指定一个旋转基点。操作提示变为“旋转角”，此时，可以用键盘输入旋转角度，也可以移动光标来确定旋转角。移动光标确定旋转角时，拾取的图形随光标的移动而旋转。当确定旋转位置后，单击鼠标左键，旋转操作结束。还可以通过动态输入确定旋转角度。

（3）单击立即菜单第一项，切换“给定角度”为“起始终止点”，首先按立即菜单提示选择旋转基点，然后通过移动光标来确定起始点和终止点，完成图形的旋转操作。

（4）单击立即菜单中的“旋转”，则该项内容变为“拷贝”，用户按这个菜单内容能够进行旋转复制操作。旋转复制的操作方法和过程与旋转操作完全相同，只是旋转复制后原图不消失。

3. 示例

例 1　图 4–14 所示是一个只旋转不复制的示例，它要求将有键槽的轴的断面图旋转 90°放置。

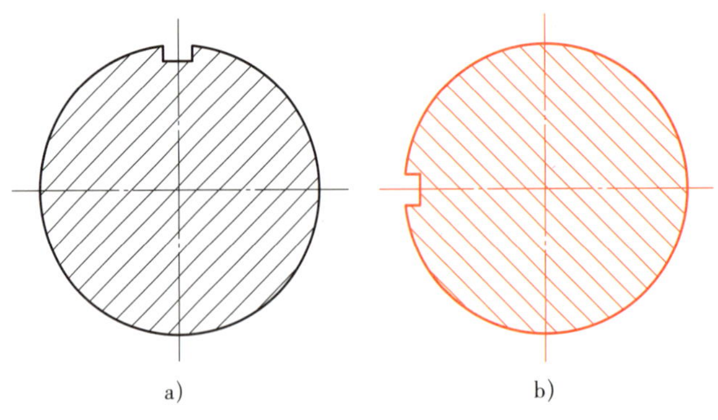

图 4–14　旋转示例

a）操作前　b）旋转 90°

例 2 图 4–15 所示为旋转复制示例。

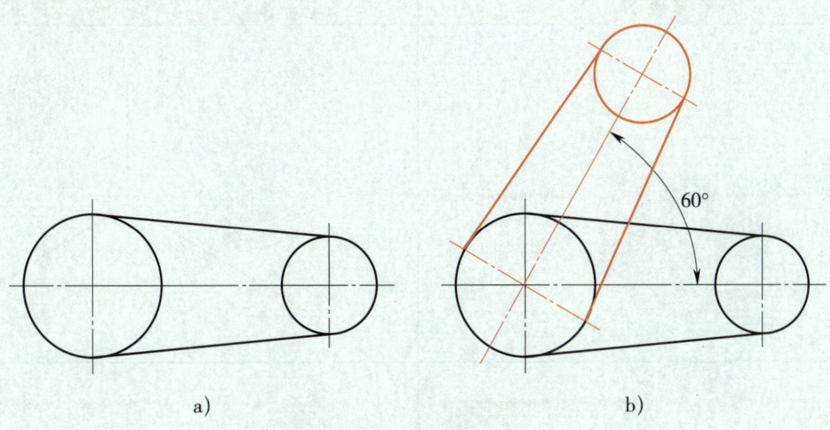

图 4–15 旋转复制示例

a）操作前 b）旋转 60°

四、综合示例

绘制如图 4–16 所示的长方体正等轴测图。

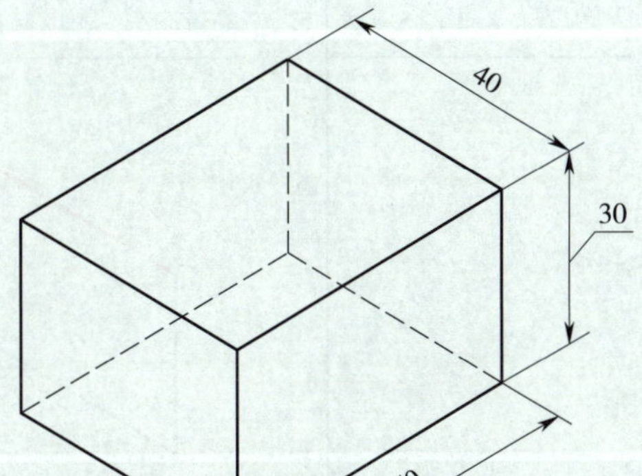

图 4–16 长方体正等轴测图

长方体正等轴测图绘图步骤参见表 4–2。

表 4–2 长方体正等轴测图绘图步骤

绘图步骤	图示
（1）绘制三条长分别为 30 mm、40 mm、50 mm 的直线	

绘图步骤	图示
（2）旋转直线 以三条直线的交点为旋转定位点，将 40 mm 直线旋转 −30°，将 50 mm 直线旋转 30°	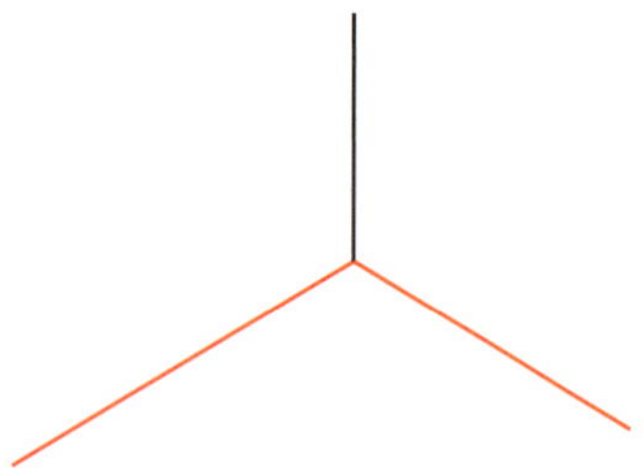
（3）平移复制 30 mm 直线 以 30 mm 直线的下端点为基准点，将其平移复制到另两条直线的另一端点上	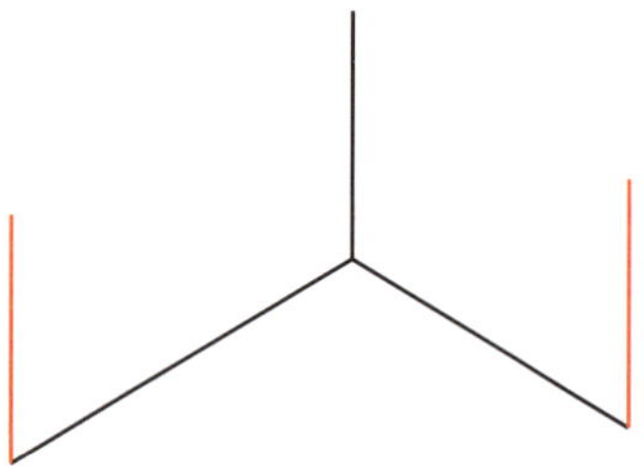
（4）平移复制 50 mm 直线	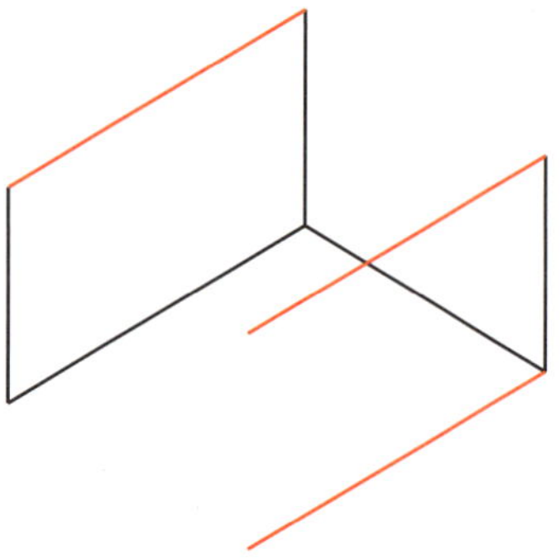
（5）平移复制 40 mm 直线	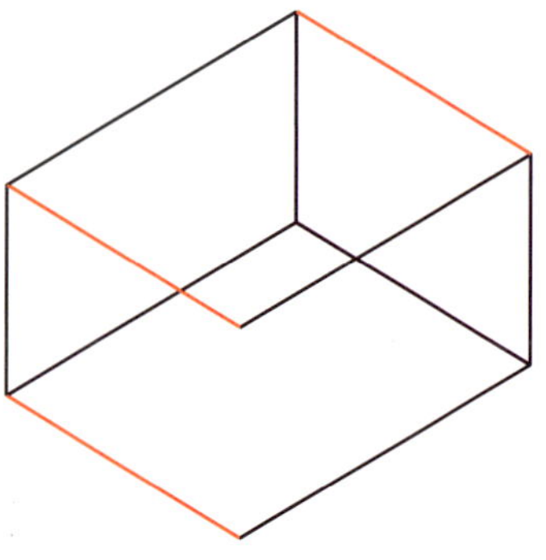

续表

绘图步骤	图示
（6）平移复制 30 mm 直线	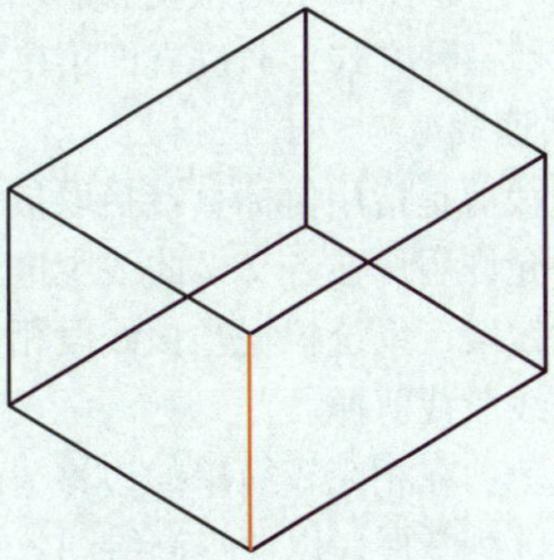
（7）将看不见的直线的线型改为细虚线	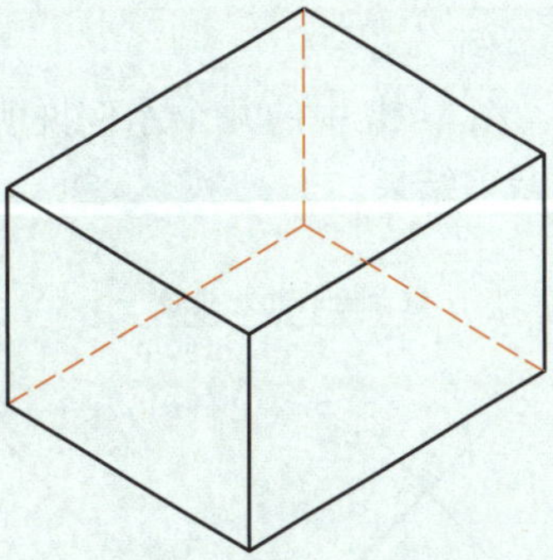

第三节　裁剪、打断和删除

一、裁剪

裁剪是指对给定曲线（称为被裁剪线）进行修剪，裁剪掉不需要的部分，得到新曲线的一种编辑方法。用以下方式可以调用“裁剪”功能：

（1）单击“修改”主菜单中的“裁剪”命令。

（2）单击“编辑工具”工具条上的“裁剪”按钮。

（3）单击“常用”选项卡中“修改”面板内的“裁剪”按钮。

（4）命令行：trim。

调用“裁剪”功能，系统弹出如图 4–17 所示“裁剪”立即菜单。

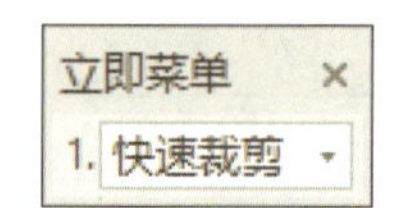

图 4–17 “裁剪”立即菜单

CAXA 电子图板中的裁剪操作分为快速裁剪、拾取边界裁剪和批量裁剪三种方式，通过立即菜单的选项可以进行选择。

1. 快速裁剪

快速裁剪是指用鼠标直接拾取被裁剪的曲线，系统自动判断边界并做出裁剪响应。快速裁剪时，允许用户在各交叉曲线中进行任意裁剪的操作。其操作方法是直接用光标拾取要被裁剪掉的线段，系统根据与该线段相交的曲线自动确定出裁剪边界，待单击鼠标左键后，将被拾取的线段裁剪掉。

快速裁剪在相交较简单的边界情况下可发挥巨大的优势，它具有很强的灵活性，应通过实践过程熟练掌握，以便提高绘图效率。

（1）操作步骤

应用“裁剪”命令，并通过立即菜单选择“快速裁剪”，然后直接单击要裁剪的对象即可，按 Esc 键可退出“裁剪”命令，也可以单击立即菜单选择其他裁剪方式。

（2）示例

例 1　图 4–18 中的几个示例说明，在快速裁剪操作中，拾取同一曲线的不同位置将产生不同的裁剪结果。

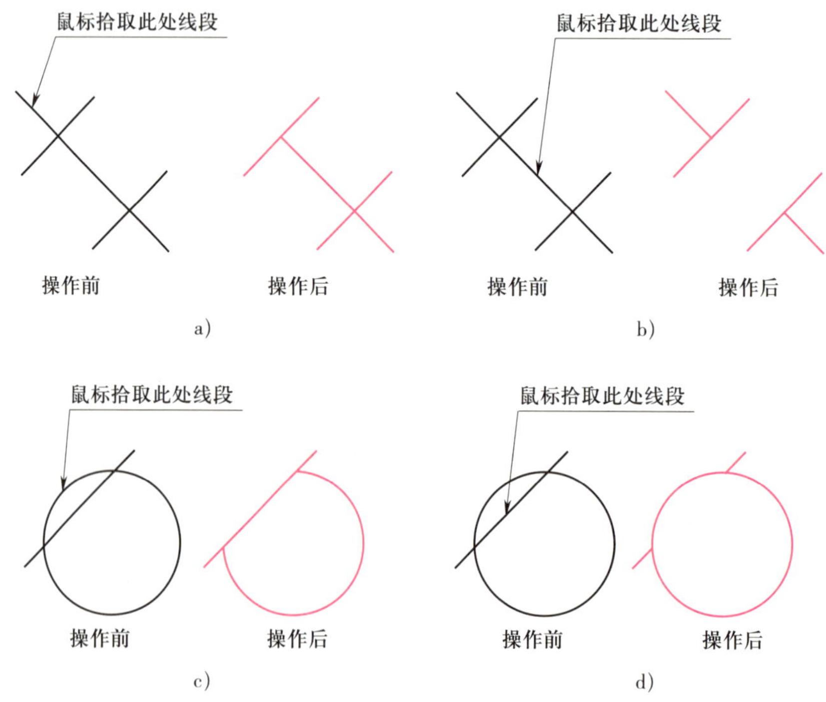

图 4–18　快速裁剪拾取位置示例

a）拾取直线左端　b）拾取直线中间部分　c）拾取左侧圆弧　d）拾取直线中间部分

例 2　图 4-19 所示为快速裁剪直线示例。

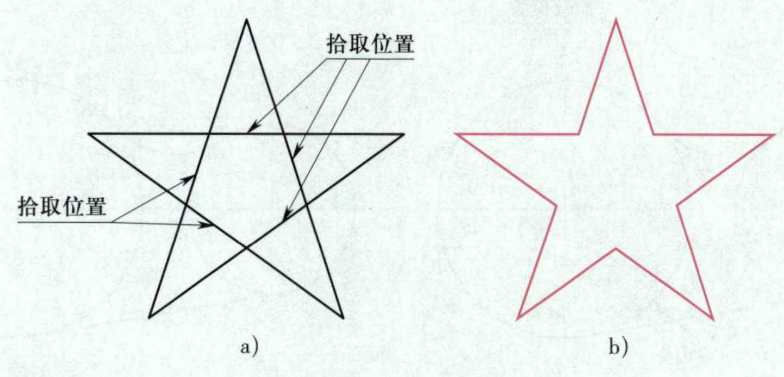

图 4-19　快速裁剪直线示例

a）快速裁剪拾取位置　b）裁剪结果

例 3　图 4-20 所示为快速裁剪圆弧示例。

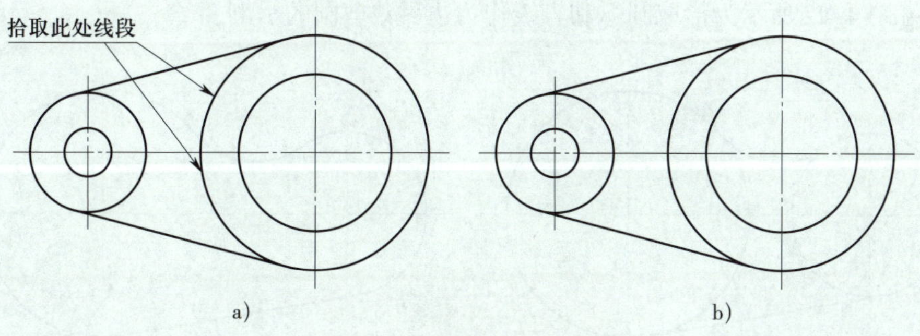

图 4-20　快速裁剪圆弧示例

a）快速裁剪拾取位置　b）裁剪结果

2. 拾取边界裁剪

拾取边界裁剪是指拾取一条或多条曲线作为剪刀线，构成裁剪边界，对一系列被裁剪的曲线进行裁剪。系统将裁剪掉所拾取到的曲线段，保留在剪刀线另一侧的曲线段。

（1）操作步骤

应用“裁剪”命令，并通过立即菜单选择“拾取边界”，系统提示“拾取剪刀线”，单击鼠标左键拾取一条或多条曲线作为剪刀线，然后单击鼠标右键确认。此时，操作提示变为“拾取要裁剪的曲线”，单击鼠标左键拾取要裁剪的曲线，系统将根据用户选定的边界作出响应，并裁剪掉拾取的曲线段至边界部分，保留边界另一侧的部分。

拾取边界裁剪方式可以在选定边界的情况下对一系列的曲线进行精确的裁剪。此外，拾取边界裁剪与快速裁剪相比，省去了计算边界的时间，因此执行速度比较快，这一点在边界复杂的情况下更加明显。

（2）示例

例 1　图 4-21 所示为拾取圆作为边界裁剪圆的示例。

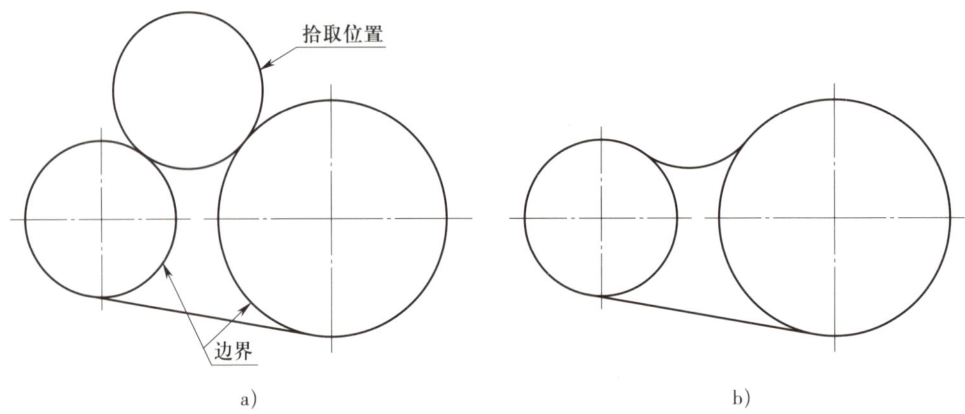

图 4-21　拾取边界裁剪示例 1

a）拾取圆作为边界裁剪圆　b）裁剪结果

例 2　图 4-22 所示为拾取圆弧和直线作为边界裁剪圆的示例。

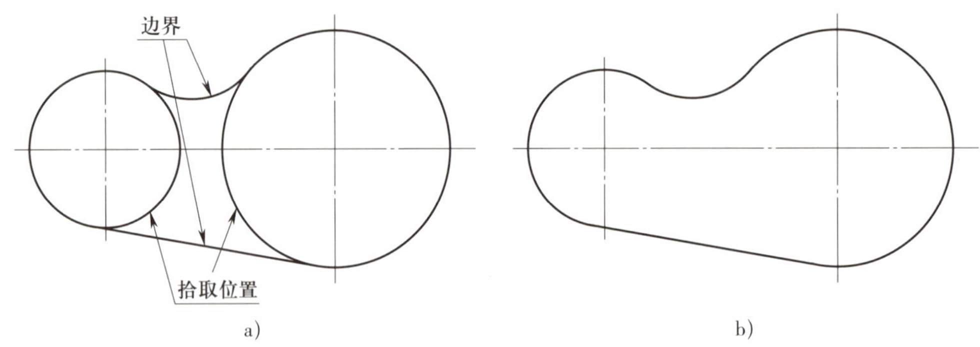

图 4-22　拾取边界裁剪示例 2

a）拾取直线和圆弧作为边界裁剪圆　b）裁剪结果

3. 批量裁剪

如果需要进行裁剪的曲线较多，可对曲线或曲线组执行批量裁剪操作。

（1）操作步骤

应用“裁剪”命令，并通过立即菜单选择“批量裁剪”，系统提示“拾取剪刀链”，按提示拾取剪刀链后，系统提示“拾取要裁剪的曲线”，用窗口拾取或单个拾取的方式拾取要裁剪的曲线，单击鼠标右键确认，系统弹出裁剪方向，选择要裁剪的方向，裁剪完成。剪刀链可以是一条曲线，也可以是首尾相连的多条曲线。

（2）示例

图 4-23 所示为批量裁剪示例。

应用“批量裁剪”命令，拾取圆作为剪刀链，拾取三条直线作为被裁剪对象，单击鼠标右键确认，系统弹出裁剪方向，如图 4-23a 所示。若选择向圆外裁剪，裁剪结果如图 4-23b 所示；若选择向圆内裁剪，裁剪结果如图 4-23c 所示。

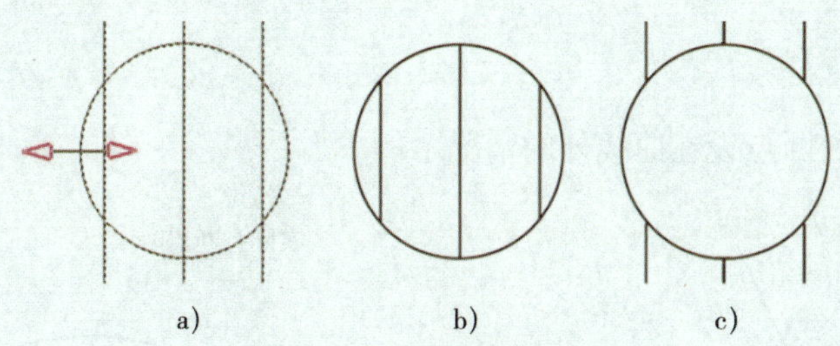

图 4-23　批量裁剪示例

a）弹出裁剪方向　b）向圆外裁剪结果　c）向圆内裁剪结果

二、打断

打断是指将一条指定曲线在指定点处打断成两条曲线，以便于其他操作。用以下方式可以调用“打断”功能：

（1）单击“修改”主菜单中的“打断”命令。

（2）单击“编辑工具”工具条上的“打断”按钮。

（3）单击“常用”选项卡中“修改”面板内的“打断”按钮。

（4）命令行：break 或 br。

调用“打断”功能，系统弹出如图 4-24 所示的“打断”立即菜单。打断有“一点打断”和“两点打断”两种模式。

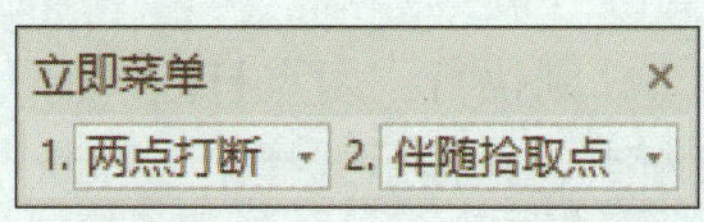

图 4-24　“打断”立即菜单

1. 一点打断

（1）操作步骤

应用“打断”命令后，单击立即菜单中的“两点打断”，切换为“一点打断”，即使用一点打断模式。此时，系统提示“拾取曲线”，用鼠标拾取一条待打断的曲线。拾取后，该曲线呈虚线显示。这时，命令行提示变为“拾取打断点”。根据当前作图需要，移动光标在曲线上选取打断点，选中后单击鼠标左键，曲线即被打断。打断点也可由键盘输入。曲线被打断后，在绘图区上所显示的与打断前相同。但实际上，原来的一条曲线已经变成了两条互不相干的独立曲线。

注意：打断点最好选在需打断的曲线上，为使作图准确，可充分利用智能点、栅格点、导航点以及工具点菜单。

（2）说明

为了方便用户更灵活地使用此功能，CAXA 电子图板也允许用户把打断点设在曲线外，使用规则是：

1）若待打断的线为直线，则系统自动从用户选定点向直线作垂线，设定垂足为打断点。

2）若待打断的线为圆弧或圆，则从圆心向用户设定点作直线，该直线与圆弧或圆的交点被设定为打断点。

（3）示例

图 4–25 所示为打断点设在曲线外的情况示例。

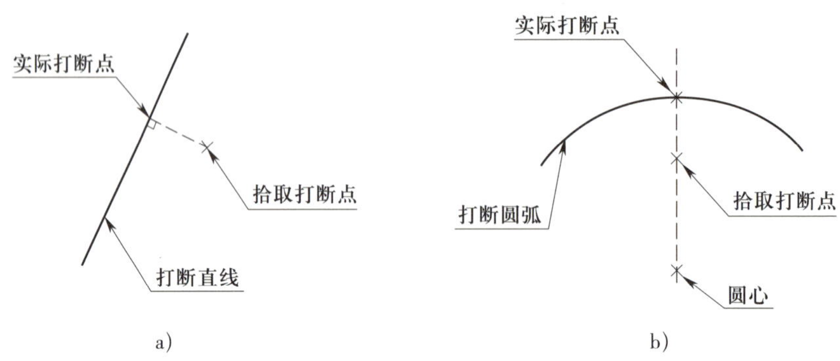

图 4–25　打断点设在曲线外的情况示例

a）打断直线　b）打断圆弧

2. 两点打断

应用“打断”命令后，单击立即菜单中的“一点打断”，切换为“两点打断”，即使用两点打断模式。“两点打断”有“伴随拾取点”和“单独拾取点”两种打断点拾取模式。

（1）如果选择“伴随拾取点”，则执行“两点打断”时，首先拾取待打断的曲线，拾取完毕，直接将拾取点作为第一打断点，并提示选择第二打断点。

（2）如果选择“单独拾取点”，则执行“两点打断”时，同样首先拾取待打断的曲线，拾取完毕，命令行会提示分别拾取两个打断点。

无论使用哪种打断点拾取模式，拾取两个打断点后，被打断曲线会从两个打断点处被打断，同时两点间的曲线会被删除。

注意：如果被打断的曲线是封闭曲线，则被删除的曲线部分是从第一点以逆时针方向指向第二点的那部分。

三、删除

删除是指从图形中删除图形对象。

1. 调用“删除”功能

（1）单击“修改”主菜单中的“ 删除”命令。

（2）单击“编辑工具”工具条上的“删除”按钮 。

（3）单击“常用”选项卡中“修改”面板内的“删除”按钮 。

（4）命令行：erase。

2. 说明

应用“删除”命令后，拾取要删除的图形对象并确认，所拾取的对象就被删除。如果想中断本命令，则在确认前按 Esc 键退出即可。“删除”命令支持先拾取后操作，即先拾取对象再调用此功能。

CAXA 电子图板还设置了“删除所有”和“删除重线”两个命令。“删除所有”命令是将所有已打开图层上的符合拾取过滤条件的实体全部删除。执行该命令后，系统弹出如图 4–26 所示询问框。单击“确定”按钮，所有实体被删除；单击“取消”按钮，取消这次操作。“删除重线”命令是从图形中删除重合对象。一条曲线上全部点是另外一条曲线上点的子集时，“删除重线”功能会将前者作为重线删除。

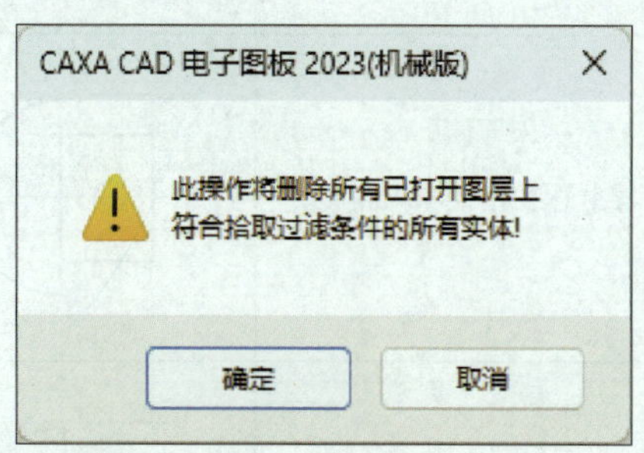

图 4–26　询问框

四、综合示例

绘制如图 4–27 所示手柄平面图。

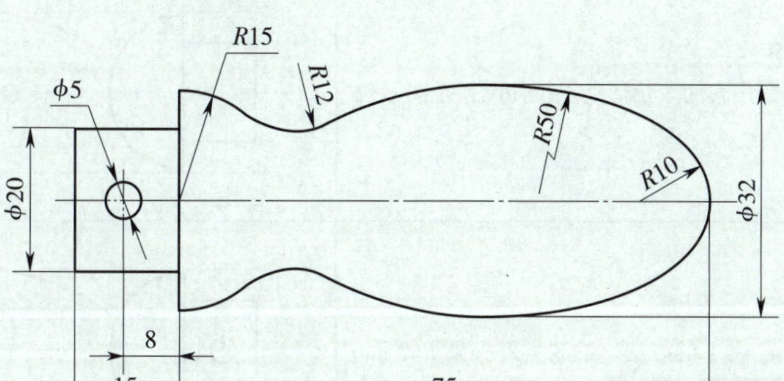

图 4–27　手柄平面图

手柄平面图绘图步骤参见表 4–3。

表 4–3　　手柄平面图绘图步骤

绘图步骤	图示
（1）绘制中心线及直线轮廓 将中心线层置为当前层，应用“两点线”命令绘制中心线。将粗实线层置为当前层，根据尺寸 ϕ20 mm、15 mm、R15 mm，应用“两点线”命令绘制已知直线段	

绘图步骤	图示
（2）绘制 ϕ5 mm 圆、*R*10 mm 圆、*R*15 mm 圆弧 根据长度尺寸 8 mm，确定 ϕ5 mm 圆的圆心，应用“圆心 _ 半径”圆命令绘制 ϕ5 mm 圆；根据长度尺寸 75 mm，确定 *R*10 mm 圆的圆心，应用“圆心 _ 半径”圆命令绘制 *R*10 mm 圆；应用“两点 _ 半径”圆弧命令，绘制 *R*15 mm 圆弧	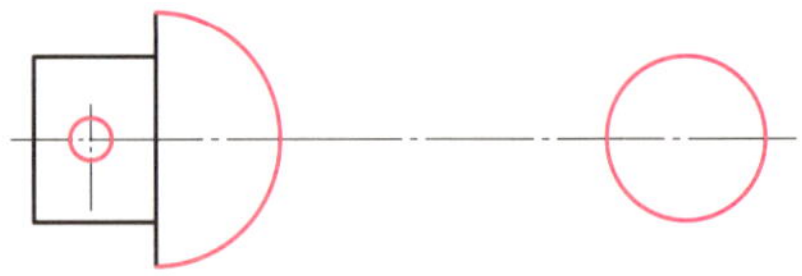
（3）绘制等距线 应用“等距线”命令，绘制两条与中心线相距 16 mm 的等距线	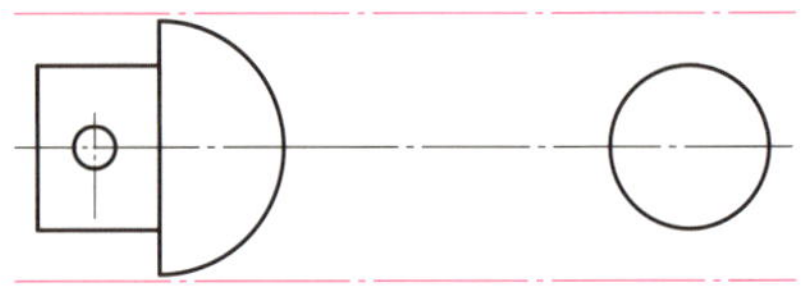
（4）绘制 *R*50 mm 圆弧 应用“两点 _ 半径”圆弧命令，绘制 *R*50 mm 圆弧。捕捉两点时，按空格键，在弹出的工具点菜单中，选择切点，捕捉 *R*10 mm 圆和上面直线的切点	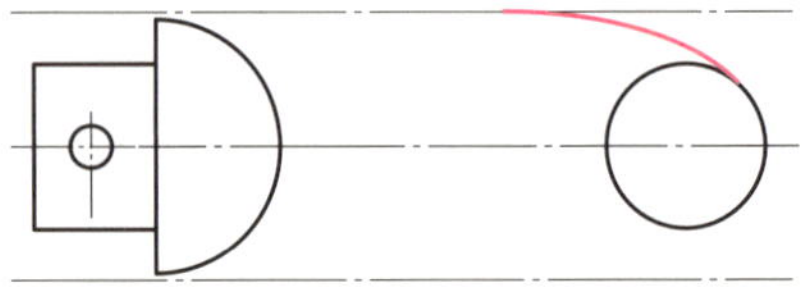
（5）拉伸 *R*50 mm 圆弧 选中 *R*50 mm 圆弧，利用它的三角形夹点拉伸圆弧至图示位置	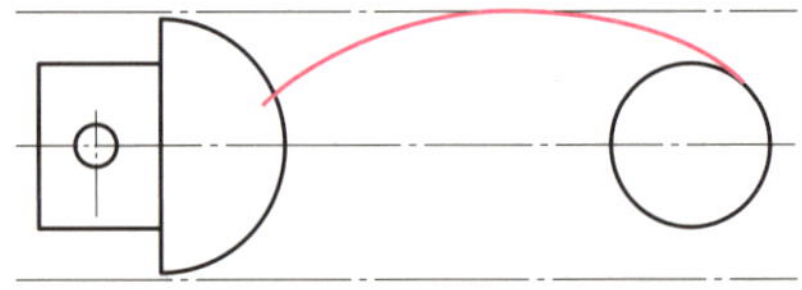
（6）绘制另外一条 *R*50 mm 圆弧 应用步骤（4）和步骤（5）的方法，绘制另外一条 *R*50 mm 圆弧	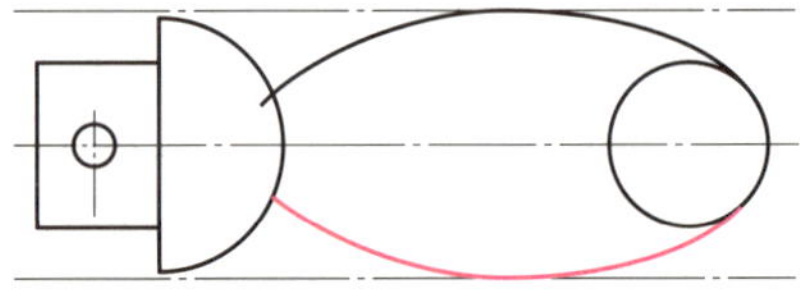
（7）绘制两条 *R*12 mm 圆弧 应用“两点 _ 半径”圆弧命令，绘制与 *R*15 mm 和 *R*50 mm 圆弧相切的 *R*12 mm 圆弧	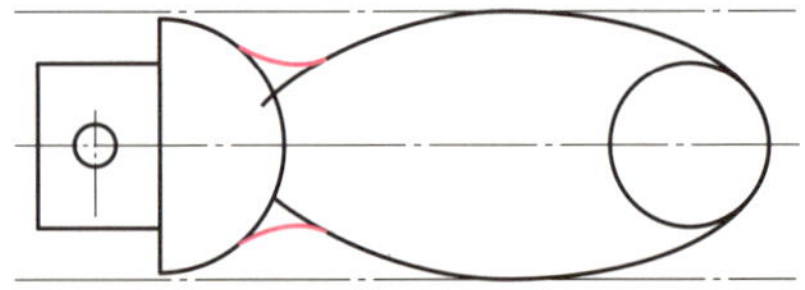
（8）整理图形 应用“删除”命令删除两条等距线。应用“裁剪”命令，裁剪多余的线条	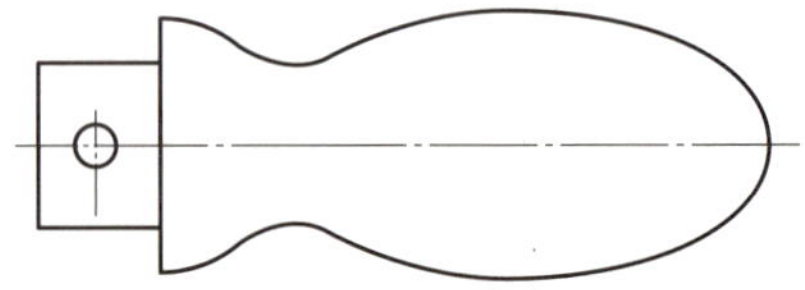

第四节　过　渡

在 CAXA 电子图板中，“过渡”命令用来修改对象，使其以圆角、倒角等方式连接。过渡包括圆角、多圆角、倒角、多倒角、内倒角、外倒角和尖角等多种方式。用以下方式可以调用“过渡”功能：

（1）单击“修改”主菜单中的“过渡”命令。

（2）单击“编辑工具”工具条上的“过渡”按钮。

（3）单击“常用”选项卡中“修改”面板内的“过渡”按钮。

（4）命令行：corner。

调用“过渡”功能，系统弹出如图 4–28 所示“过渡”立即菜单。

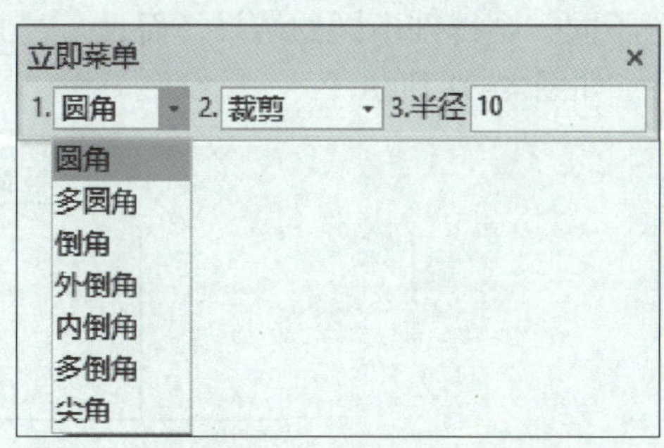

图 4–28　“过渡”立即菜单

一、“圆角”过渡

“圆角”过渡用于对两曲线（包括直线、圆弧或圆）之间用圆角进行光滑过渡。

1. 调用“圆角”功能

（1）单击“修改”主菜单“过渡”子菜单中的“圆角”命令。

（2）单击“过渡”工具条上的“圆角”按钮。

（3）单击“常用”选项卡中“修改”面板内“过渡”功能按钮下拉菜单中的“圆角”命令。

（4）命令行：fillet 或 f。

调用“圆角”功能，系统弹出如图 4–29 所示“圆角”立即菜单。

2. 说明

（1）单击立即菜单中第一项的下拉按钮，弹出“裁剪”“裁剪始边”“不裁剪”三种裁剪方式，可单击进行切换。“裁剪”表示“圆角”过渡时裁剪掉过渡后所有边的多余部分；“裁剪始边”表示“圆角”过渡时

图 4–29　“圆角”立即菜单

只裁剪掉起始边的多余部分，起始边也就是拾取的第一条曲线；“不裁剪”表示执行“圆角”过渡操作后，原线段保留原样，不被裁剪。图 4–30 所示为“圆角”过渡中的三种裁剪方式。

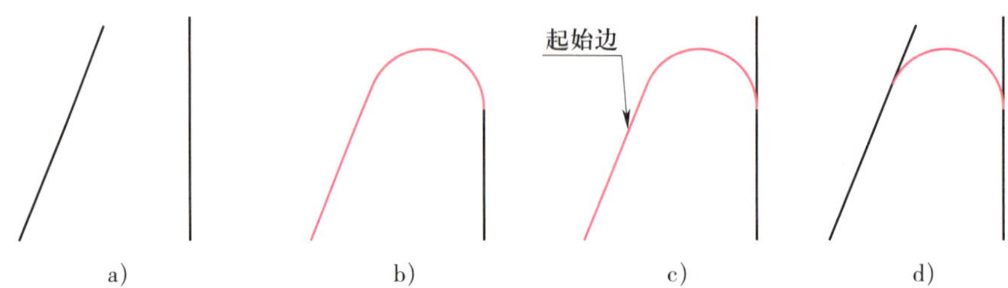

图 4–30 圆角过渡中的三种裁剪方式

a）圆角过渡前 b）裁剪 c）裁剪始边 d）不裁剪

（2）单击立即菜单中的“2. 半径”编辑框，可输入过渡圆弧的半径值。

（3）设置好裁剪方式和过渡圆弧半径值后，单击鼠标左键拾取待过渡的第一条曲线，被拾取到的曲线呈虚线显示，而操作提示变为“拾取第二条曲线”。单击鼠标左键拾取第二条曲线后，则可在两条曲线之间用一个圆弧光滑过渡。

注意：拾取的曲线位置不同，会得到不同的结果，而且，过渡圆弧半径的大小应合适，否则也将得不到正确的结果，如图 4–31 所示。

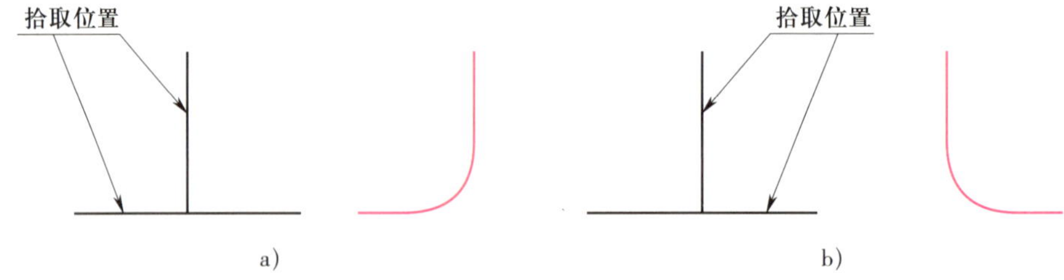

图 4–31 圆角过渡拾取位置不同的结果

a）左侧圆角过渡 b）右侧圆角过渡

3. 示例

绘制如图 4–32 所示平面图形。

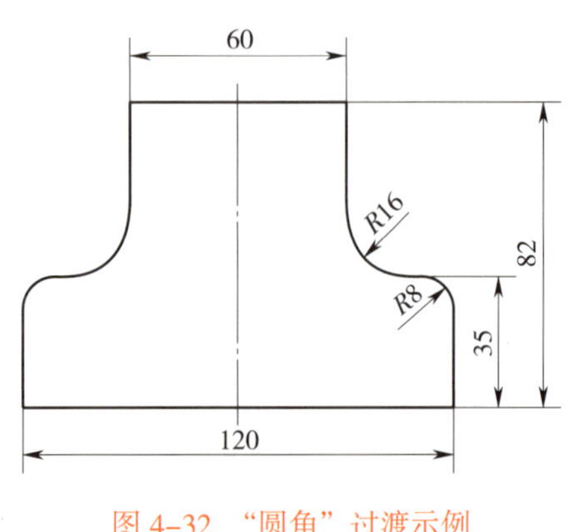

图 4–32 “圆角”过渡示例

绘图步骤参见表 4–4。

表 4–4　　“圆角”过渡示例绘图步骤

绘图步骤	图示
（1）绘制中心线与轮廓线 将中心线层置为当前层，应用“直线”命令绘制竖直中心线；将粗实线层置为当前层，应用“直线”命令绘制零件轮廓线	
（2）绘制 *R*8 mm 圆角 应用“圆角”命令，将立即菜单中的第一项设为“裁剪”，“2. 半径”设为 8 mm。拾取待圆角过渡的左侧两直线，则绘制出左侧 *R*8 mm 圆角；拾取右侧两直线，则绘制出右侧 *R*8 mm 圆角	
（3）绘制 *R*16 mm 圆角 按步骤（2）的操作方法，绘制两侧 *R*16 mm 圆角	

二、“多圆角”过渡

“多圆角”过渡主要用于对多条首尾相连的直线进行圆角过渡。

1. 调用“多圆角”功能

（1）单击“修改”主菜单“过渡”子菜单中的“多圆角”命令。

（2）单击“过渡”工具条上的“多圆角”按钮。

（3）单击“常用”选项卡中“修改”面板内“过渡”功能按钮下拉菜单中的“多圆角”命令。

（4）命令行：fillets。

调用“多圆角”功能，系统弹出如图 4–33 所示“多圆角”立即菜单。

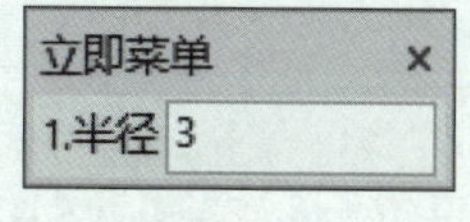

图 4–33　“多圆角”立即菜单

2. 说明

（1）单击立即菜单中的“1. 半径”编辑框，可设定过渡圆弧的半径值。

（2）系统提示“拾取首尾相连的直线”，单击鼠标左键拾取待过渡的一系列首尾相连的直线中的一条，即可完成多圆角过渡。这一系列首尾相连的直线可以是封闭的，也可以是不封闭的，如图 4–34 所示。

3. 示例

绘制如图 4–35 所示的图形。绘图步骤参见表 4–5。

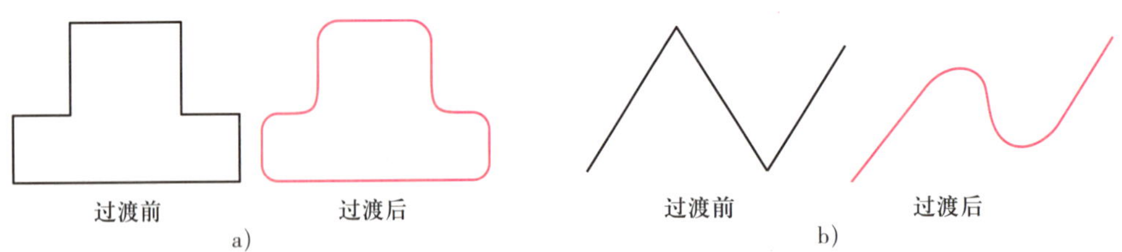

图 4-34　多圆角过渡

a）封闭　b）不封闭

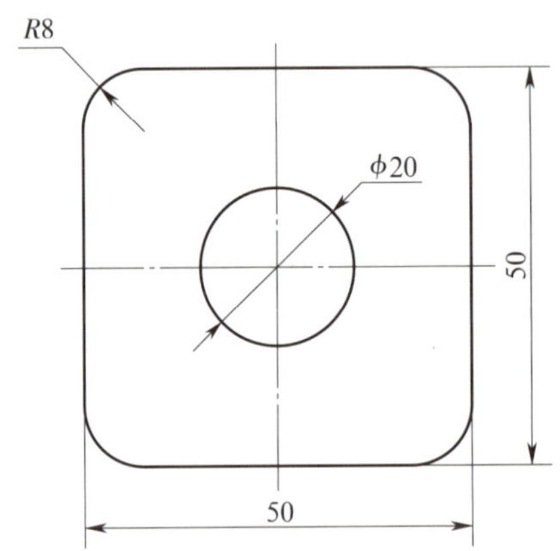

图 4-35　“多圆角”过渡示例

表 4-5　“多圆角”过渡示例绘图步骤

绘图步骤	图示
（1）绘制中心线与边长为 50 mm 的正方形 应用“正多边形”命令，绘制一个边长为 50 mm 且带中心线的正方形	
（2）绘制 ϕ20 mm 圆 应用“圆心 _ 半径”命令，绘制 ϕ20 mm 圆	
（3）多圆角过渡 应用“多圆角”命令，单击立即菜单中的“1. 半径”编辑框，设定过渡圆弧的半径为 8 mm，拾取正方形的任意一条边，完成多圆角过渡	

三、“倒角”过渡

“倒角”过渡用于对两直线进行直线倒角过渡。直线可被裁剪或向角的方向延伸。

1. 调用“倒角”功能

（1）单击“修改”主菜单“过渡”子菜单中的“倒角”命令。

（2）单击“过渡”工具条上的“倒角”按钮。

（3）单击“常用”选项卡中“修改”面板内“过渡”功能按钮下拉菜单中的“倒角”命令。

（4）命令行：chamfer 或 cha。

调用“倒角”功能，系统弹出如图 4–36 所示“倒角”立即菜单。

图 4–36 “倒角”立即菜单

2. 说明

（1）单击立即菜单中的“长度和角度方式”，可切换为“长度和宽度方式”。“长度”表示倒角的轴向长度，“宽度”表示倒角的径向长度，“角度”是指倒角线与所拾取第一条直线的夹角，其范围是 0°～180°，如图 4–37 所示。“长度和角度方式”就是给出倒角的轴向长度和倒角角度进行倒角；“长度和宽度方式”就是给出倒角的轴向长度和径向长度进行倒角。

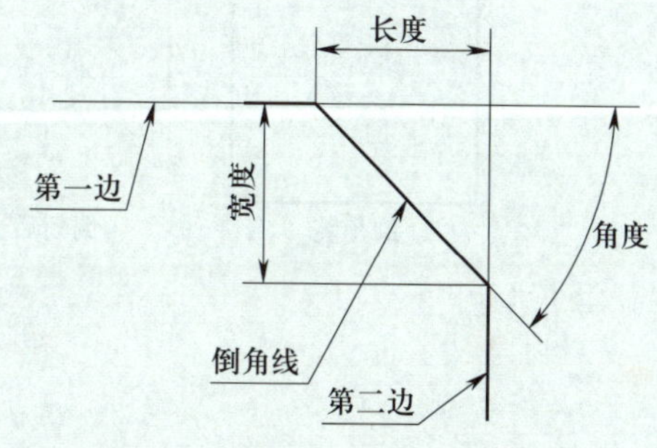

图 4–37 长度、宽度与角度的定义

（2）单击立即菜单中的“裁剪”，可选择裁剪的方式，操作方法及各选项的含义与“圆角”过渡中相同。

（3）如果待倒角的两条直线已相交（已有交点），则拾取两条直线后，立即绘制出一个由给定长度、给定角度确定的倒角，如图 4–38a 所示。如果待进行倒角过渡的两条直线没有相交（尚不存在交点），则拾取两条直线后，系统会自动计算出交点的位置，并将直线延伸，而后绘制出倒角，如图 4–38b 所示。

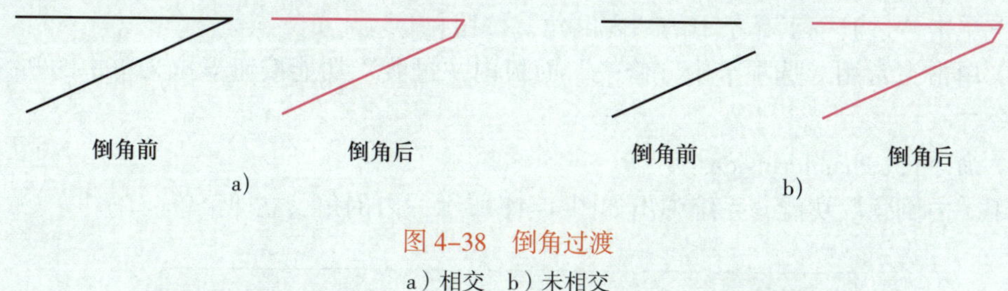

图 4–38 倒角过渡

a）相交 b）未相交

3. 示例

从图 4–39 中可以看出，轴向长度均为 3 mm，角度均为 60° 的倒角，由于拾取直线的顺序不同，倒角的结果也不同。

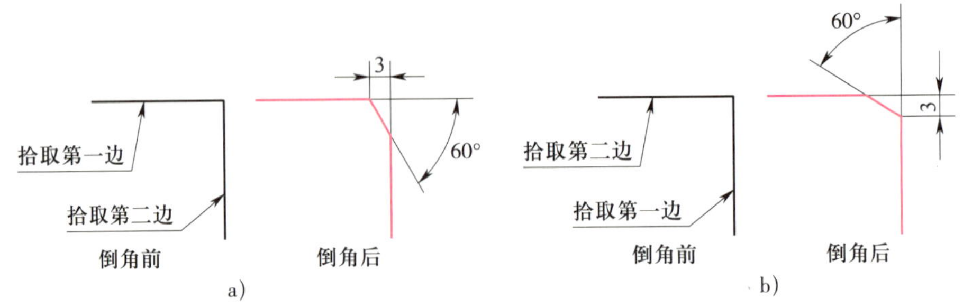

图 4-39　直线拾取的顺序与倒角的关系

a）先拾取水平线，再拾取竖直线　b）先拾取竖直线，再拾取水平线

四、“多倒角”过渡

“多倒角”过渡用于对多条首尾相连的直线进行倒角过渡。具体操作方法与“多圆角”过渡的操作方法相似，图 4–40 所示为“多倒角”过渡示例。

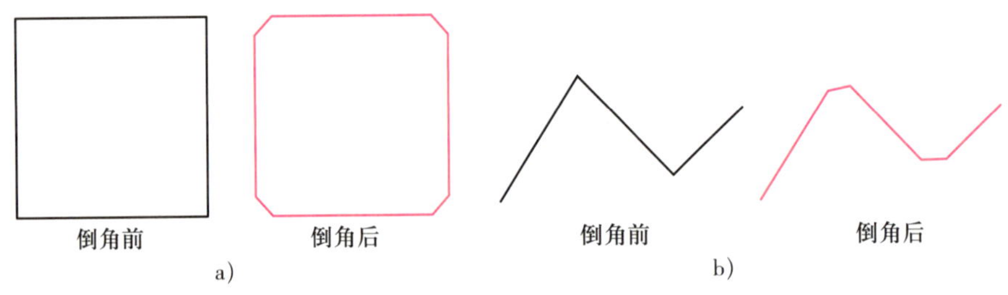

图 4–40　“多倒角”过渡示例

a）封闭　b）不封闭

五、“内倒角”过渡

“内倒角”过渡是指拾取一对平行线及其垂线分别作为两条母线和端面线生成内倒角的过渡。

1. 调用“内倒角”功能

（1）单击“修改”主菜单“过渡”子菜单中的“内倒角”命令。

（2）单击“过渡”工具条上的“内倒角”按钮。

（3）单击“常用”选项卡中“修改”面板内“过渡”功能按钮下拉菜单中的“内倒角”命令。

（4）命令行：chamferinside。

调用“内倒角”功能，系统弹出如图 4–41 所示“内倒角”立即菜单。

图 4–41　“内倒角”立即菜单

2. 说明

（1）内倒角方式有“长度和角度方式”和“长度和宽度方式”两种。长度、宽度和角度的含义与倒角中的含义相同，可根据需要设定长度、角度（或宽度）。

（2）内倒角过渡时，系统提示选择三条相互垂直的直线，这三条相互垂直的直线是指类似于如图 4–42 所示的三条直线，即直线 a、b 都垂直于 c，并且在 c 的同侧。

（3）内倒角的结果与三条直线拾取的顺序无关，只取决于三条直线的相互垂直关系，如图 4–43 所示。

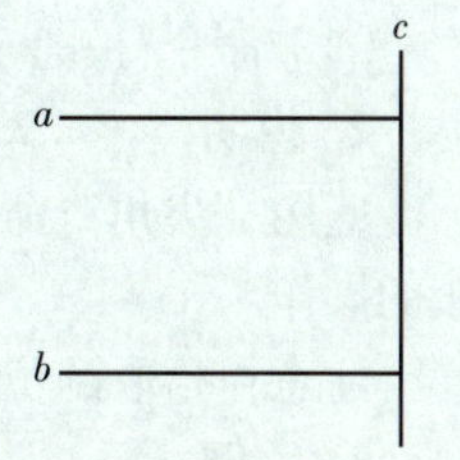

图 4–42　相互垂直的直线

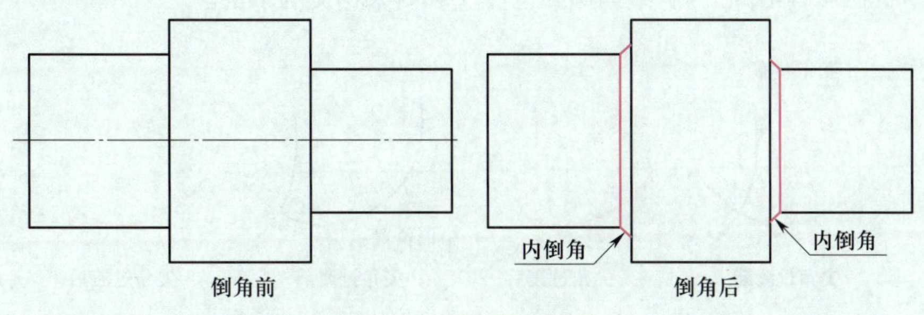

图 4–43　“内倒角”过渡示例

六、“外倒角”过渡

“外倒角”过渡是指拾取一对平行线及其垂线分别作为两条母线和端面线生成外倒角的过渡。“外倒角”功能的使用方法与“内倒角”功能十分类似，图 4–44 所示为“外倒角”过渡示例。

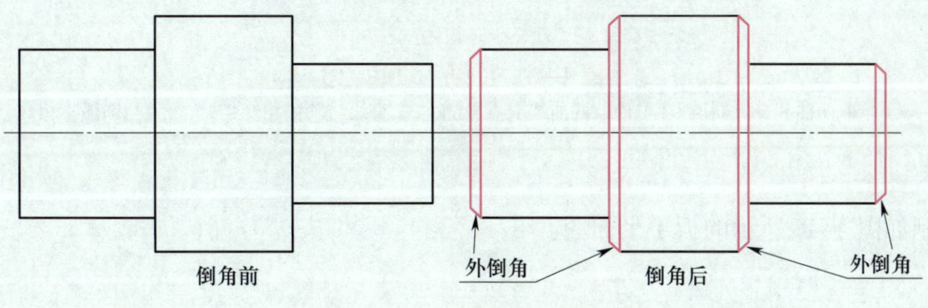

图 4–44　“外倒角”过渡示例

七、“尖角”过渡

“尖角”过渡是指在两条曲线（直线、圆弧、圆等）的交点处，形成尖角的过渡。两曲线若有交点，则以交点为界，多余部分被裁剪掉；两曲线若无交点，则系统首先计算出两曲线的交点，再将两曲线延伸至交点处。

1. 调用“尖角”功能

（1）单击“修改”主菜单“过渡”子菜单中的“ 尖角”命令。

（2）单击“过渡”工具条上的“尖角”按钮 。

（3）单击“常用”选项卡中“修改”面板内“过渡”功能按钮下拉菜单中的“⌐ 尖角”命令。

（4）命令行：sharp。

2. 说明

应用“尖角”命令，按提示要求连续拾取第一条曲线和第二条曲线后，即可完成尖角过渡的操作。

注意：拾取的位置不同，将产生不同的结果。

3. 示例

图 4–45 所示为“尖角”过渡的四个示例，其中图 4–45a、b 为由于拾取位置不同而结果不同的示例，图 4–45c、d 为直线与圆弧已相交和尚未相交的示例。

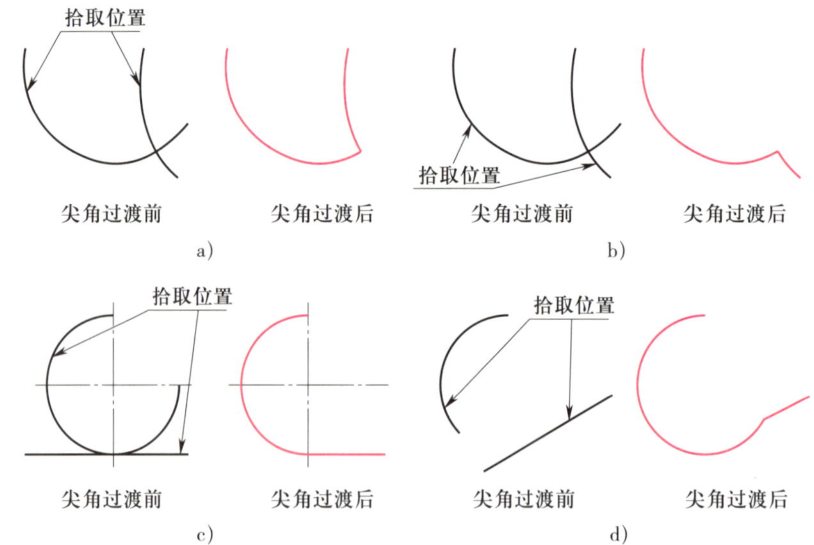

图 4–45 “尖角”过渡示例

a）拾取两曲线交点同侧　b）拾取两曲线交点异侧　c）直线与圆弧相交　d）直线与圆弧不相交

八、综合示例

绘制如图 4–46 所示的扳手平面图。

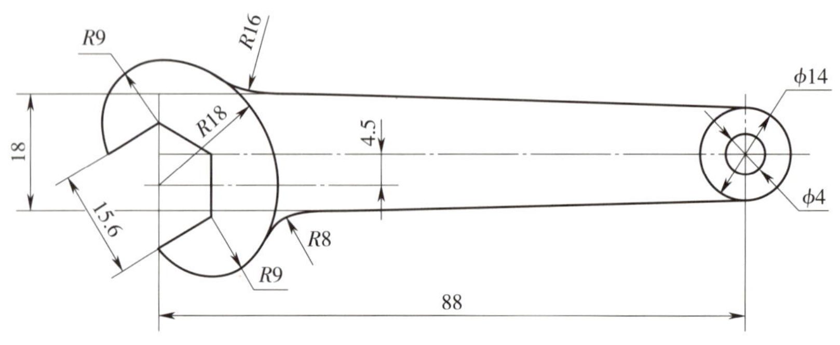

图 4–46　扳手平面图

扳手平面图绘图步骤参见表 4–6。

表 4–6　扳手平面图绘图步骤

绘图步骤	图示
（1）绘制中心线与定位线	
（2）绘制扳手柄部 ϕ4 mm 圆、ϕ14 mm 圆及外轮廓线	
（3）根据尺寸 15.6 mm，绘制扳手头部正六边形，并删除口部两条边。然后绘制 *R*9 mm、*R*18 mm、*R*9 mm 三段圆弧，并裁剪多余的圆弧线	
（4）圆角过渡 应用圆角过渡中的“裁剪始边”方式，绘制 *R*8 mm 圆弧和 *R*16 mm 圆弧	

第五节　镜像和阵列

一、镜像

镜像是指将拾取到的图素以某一条直线为对称轴，进行对称镜像或对称复制。

1. 调用“镜像”功能

（1）单击“修改”主菜单中的“镜像”命令。

（2）单击“编辑工具”工具条上的“镜像”按钮。

（3）单击“常用”选项卡中“修改”面板内的“镜像”按钮。

（4）命令行：mirror 或 mi。

调用“镜像”功能，系统弹出如图 4–47 所示“镜像”立即菜单。

2. 说明

（1）按系统提示“拾取元素”，拾取要镜像的图素（可单个拾取，也可用窗口拾取），拾取到的图素虚线显示，拾取完成后单击鼠标右键确认。

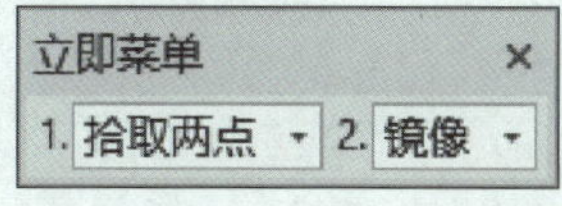

图 4–47　“镜像”立即菜单

（2）这时操作提示变为“选择轴线”，单击鼠标左键拾取一条作为镜像操作的对称轴线，一个以该轴线为对称轴的新图形显示出来，同时原来的实体即刻消失。

（3）如果单击立即菜单中的“选择轴线”，则该项内容切换为“拾取两点”。其含义为允许用户指定两点，两点连线作为镜像的对称轴线，其他操作与前面相同。

（4）如果单击立即菜单中的“镜像”，则该项内容切换为“拷贝”，用户能够进行拷贝操作。拷贝操作的方法和操作过程与镜像操作完全相同，只是拷贝后原图不消失。

3. 示例

例 1　以对称轴线镜像如图 4-48a 所示图形。

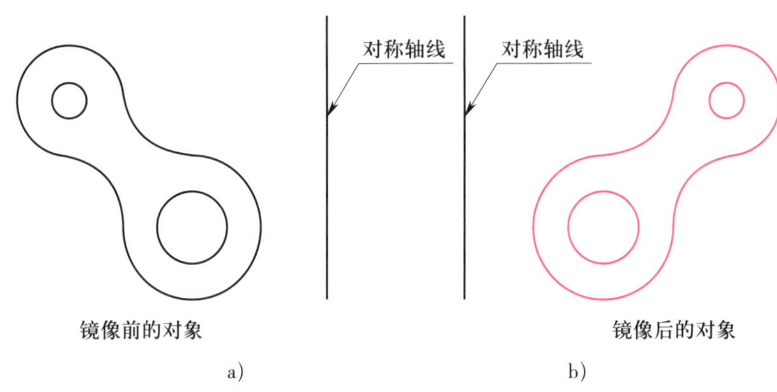

图 4-48　镜像示例

a）镜像前　b）镜像后

操作步骤如下：

命令：“镜像”（在立即菜单中选择“选择轴线”“镜像”）
拾取元素：（拾取待镜像对象，单击鼠标右键确认）
拾取轴线：（拾取对称轴线）

操作结果如图 4-48b 所示。

例 2　以点 1、点 2 镜像拷贝图 4-49a 所示图形。

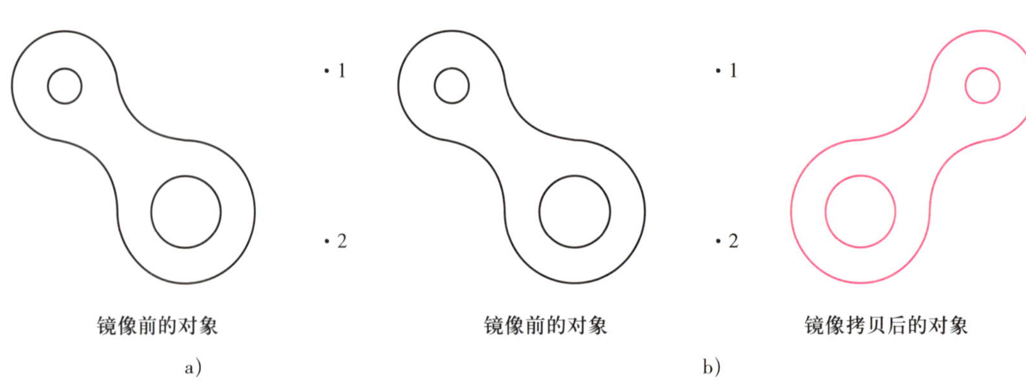

图 4-49　镜像拷贝示例

a）镜像拷贝前　b）镜像拷贝后

操作步骤如下：

命令："镜像"（在立即菜单中选择"拾取两点""拷贝"）
拾取元素：（拾取待镜像对象，单击鼠标右键确认）
第一点：（拾取点 1）
第二点：（拾取点 2）

操作结果如图 4–49b 所示，镜像前的对象保留在原位置。

二、阵列

"阵列"命令可以按照一定的排列规律一次复制多个图形对象，以提高绘图效率。阵列的方式有圆形阵列、矩形阵列和曲线阵列三种。通过以下方式可以调用"阵列"功能。

（1）单击"修改"主菜单中的"阵列"命令。

（2）单击"编辑工具"工具条上的"阵列"按钮。

（3）单击"常用"选项卡中"修改"面板内的"阵列"按钮。

（4）命令行：array 或 ar。

调用"阵列"功能，系统弹出如图 4–50 所示"阵列"立即菜单。单击第一项"圆形阵列"可以选择阵列的方式。

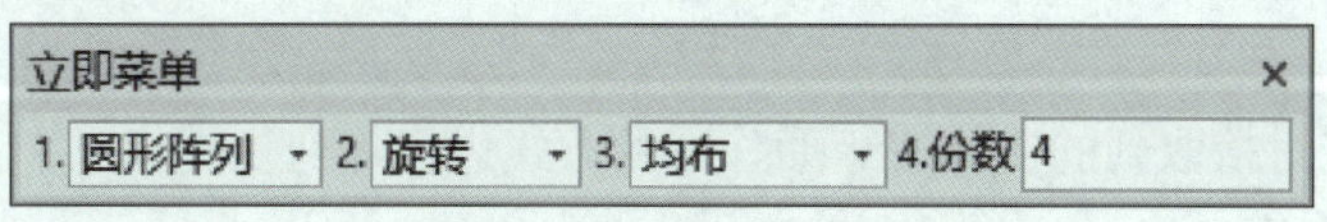

图 4–50 "阵列"立即菜单

1. 圆形阵列

圆形阵列是指对拾取到的图素，以某基点为圆心进行阵列复制。

（1）说明

1）应用"阵列"命令，选择"圆形阵列"，其立即菜单如图 4–50 所示。

2）单击鼠标左键拾取元素，拾取的图形变为虚线显示，拾取完成后单击鼠标右键确认。按照操作提示，单击鼠标左键拾取阵列图形的中心点后，一个阵列复制的结果显示出来。

3）系统根据立即菜单中的第二项"旋转"在阵列时自动对图形进行旋转。

4）系统根据立即菜单中的第三项"均布"和第四项"份数"自动计算各插入点的位置，且各点之间夹角相等。各阵列图形均匀地排列在同一圆周上，其中的份数包含阵列拾取对象。

5）单击立即菜单中的第三项"均布"，立即菜单切换为如图 4–51 所示的内容。

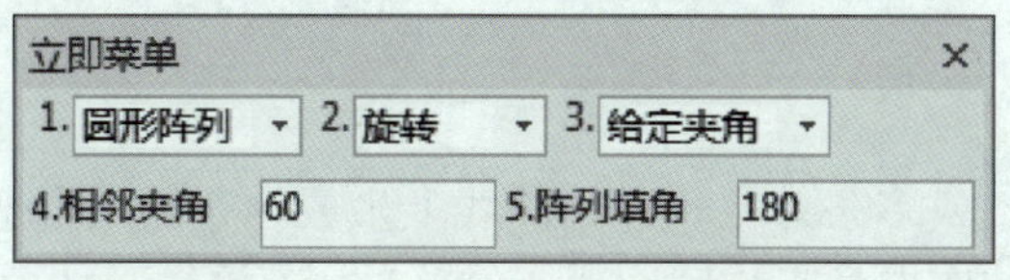

图 4–51 "圆形阵列"立即菜单

此立即菜单的含义是用给定夹角的方式进行圆形阵列，各相邻图形夹角为 60°，阵列的填充角度为 180°。其中，阵列填充角度的含义为从拾取的实体所在位置起，绕中心点逆时针方向转过的夹角。相邻夹角和阵列填充角度都可以由键盘输入确定。

（2）示例

图 4–52 所示是圆形阵列示例。图 4–52b 为均布阵列，份数为 6 份；图 4–52c 为给定夹角阵列，夹角为 60°，阵列填角为 180°。

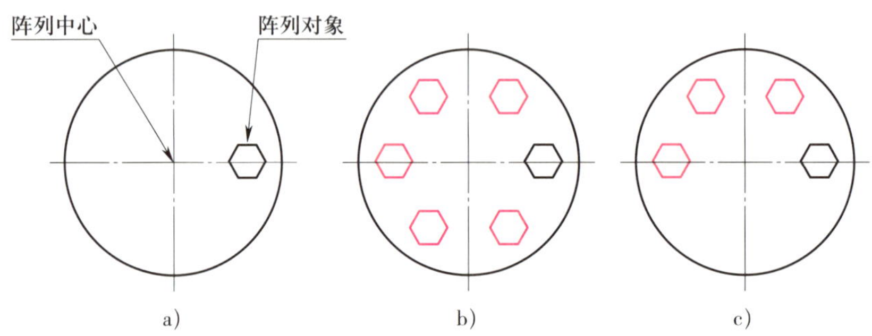

图 4–52 圆形阵列示例

a）阵列前 b）均布阵列 c）给定夹角阵列

2. 矩形阵列

矩形阵列是指对拾取到的实体按矩形阵列的方式进行阵列复制。

（1）说明

1）应用“阵列”命令，选择“矩形阵列”，其立即菜单如图 4–53 所示。当前立即菜单中规定了矩形阵列的行数、行间距、列数、列间距以及旋转角的默认值，这些值均可通过键盘输入进行修改。

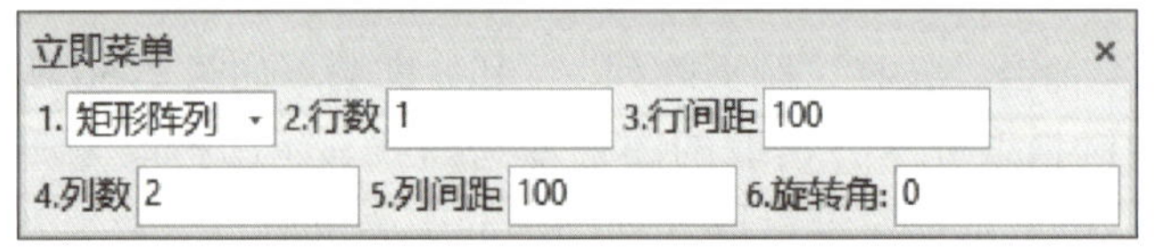

图 4–53 “矩形阵列”立即菜单

2）行、列间距指阵列后各元素基点之间的间距大小，旋转角指同一行基点的连线方向与 X 轴正方向的夹角。

（2）示例

图 4–54 所示是矩形阵列的两个示例。图 4–54a 的行数为 3，行间距为 15，列数为 4，列间距为 20，旋转角为 0°；图 4–54b 的行数为 2，行间距为 15，列数为 3，列间距为 20，旋转角为 30°。

3. 曲线阵列

曲线阵列是指在一条或多条首尾相连的曲线上生成均布的图形选择集。各图形选择集的结构相同，位置不同，其姿态是否相同取决于“旋转 / 不旋转”选项。

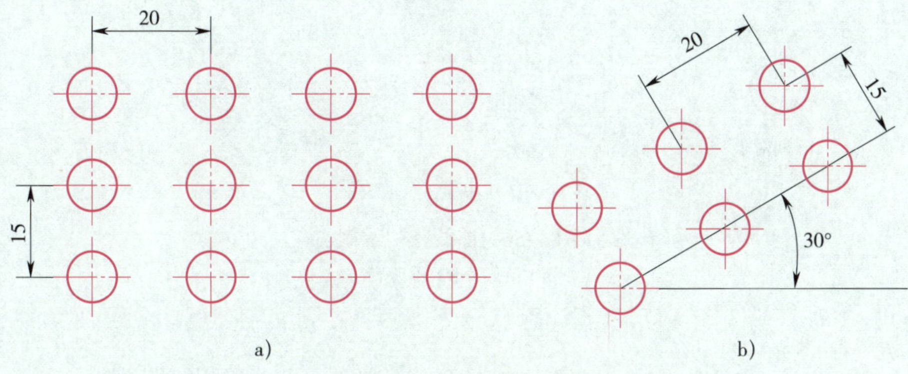

图 4-54 矩形阵列示例

a）不旋转 b）旋转 30°

（1）说明

1）应用“阵列”命令，选择“曲线阵列”，其立即菜单如图 4-55 所示。

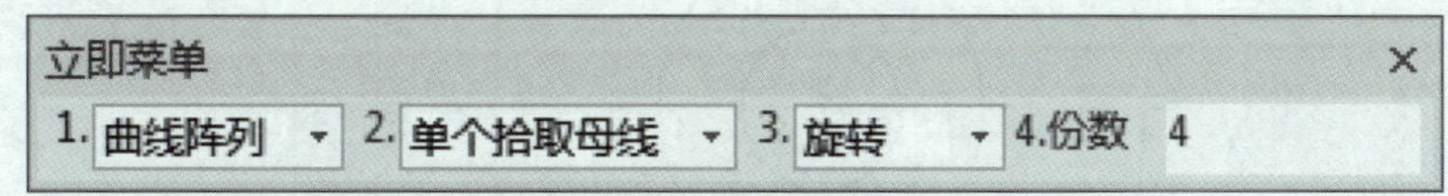

图 4-55 “曲线阵列”立即菜单

2）母线拾取方式。拾取母线可单个拾取或链拾取，也可重新指定母线。单个拾取时仅拾取单根母线；链拾取时可拾取多根首尾相连的母线集，也可只拾取单根母线。单个拾取母线时，阵列从母线的端点开始；链拾取母线时，阵列从鼠标单击到的那根曲线的端点开始。

3）可拾取的母线种类。对于单个拾取母线，可拾取的曲线种类有直线、圆弧、圆、样条曲线、椭圆、多段线；对于链拾取母线，链中只能有直线、圆弧或样条曲线。

4）对于旋转的情况：首先拾取阵列对象，其次确定基点，然后选择母线，最后确定生成方向，于是在母线上生成了均布的与阵列对象结构相同但姿态与位置不同的多个选择集。对于不旋转的情况：首先拾取阵列对象，其次决定基点，然后选择母线，于是在母线上生成了均布的与阵列对象结构和姿态相同但位置不同的多个选择集。

5）阵列份数表示阵列后生成的新选择集的个数。特别提醒，当母线不闭合时，母线的两个端点均生成新选择集，新选择集的总份数不变。

（2）示例

图 4-56 所示是曲线阵列的两个示例。其中图 4-56a 为选择旋转、份数为 6 的阵列结果；图 4-56b 是同种条件下，选择不旋转情况的阵列结果。

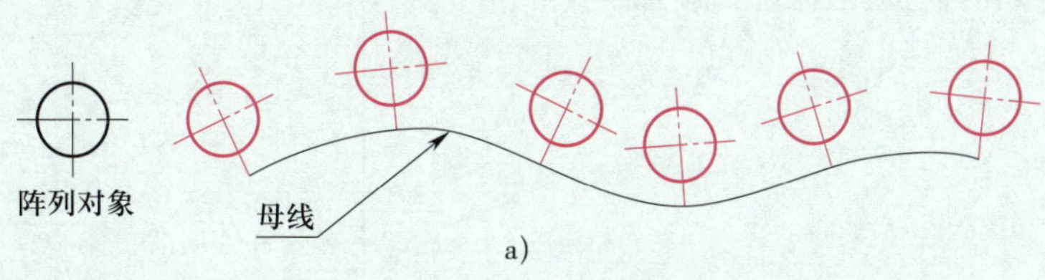

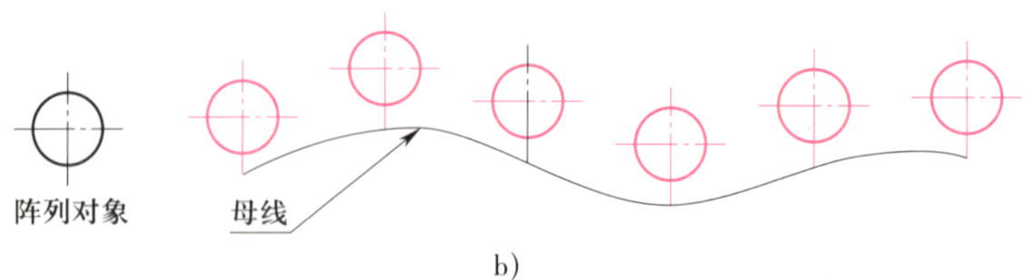

图 4-56　曲线阵列示例

a）旋转　b）不旋转

三、综合示例

绘制如图 4-57 所示的铣刀平面图。

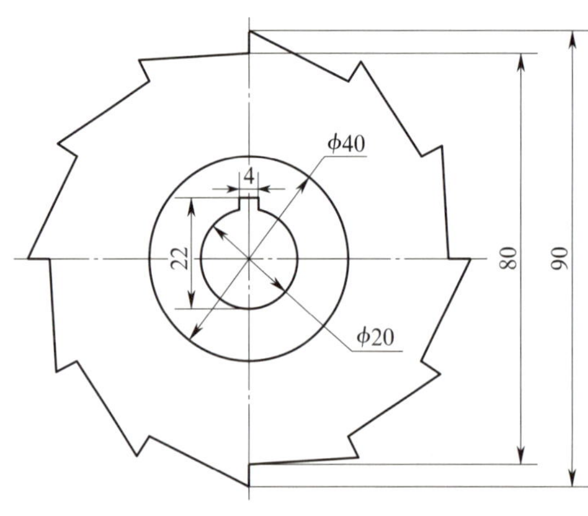

图 4-57　铣刀平面图

铣刀平面图绘图步骤参见表 4-7。

表 4-7　铣刀平面图绘图步骤

绘图步骤	图示
（1）绘制中心线及 ϕ20 mm、ϕ40 mm、ϕ80 mm、ϕ90 mm 四个同心圆 将粗实线层置为当前层，应用“圆心_半径”圆命令，绘制 ϕ20 mm、ϕ40 mm、ϕ80 mm、ϕ90 mm 四个同心圆。应用“中心线”命令绘制中心线	

续表

绘图步骤	图示
（2）绘制水平与竖直辅助线 应用“等距线”命令，在水平中心线上方绘制与其相距 12 mm 的辅助线，在竖直中心线两侧绘制与其相距 2 mm 的辅助线	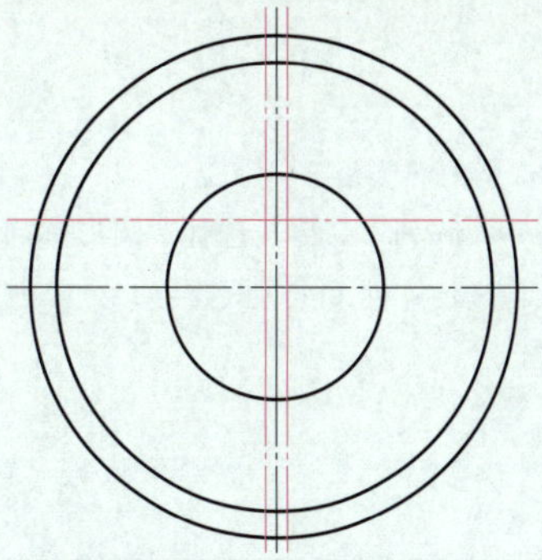
（3）绘制键槽 应用“两点线”命令绘制键槽，并删除水平和竖直辅助线，裁剪圆弧线	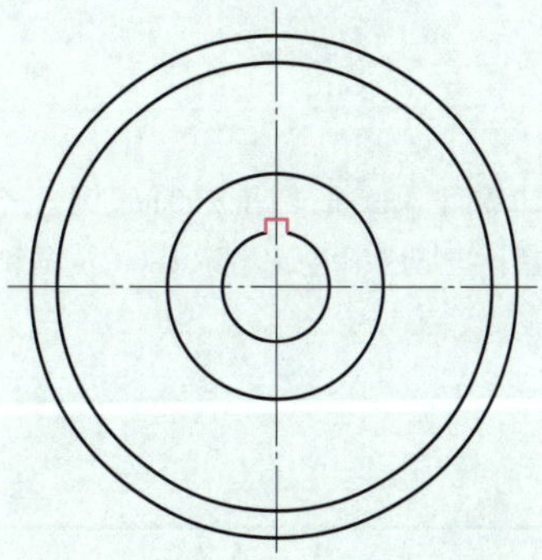
（4）绘制 120°辅助线 应用“角度线”命令，绘制 120°辅助线	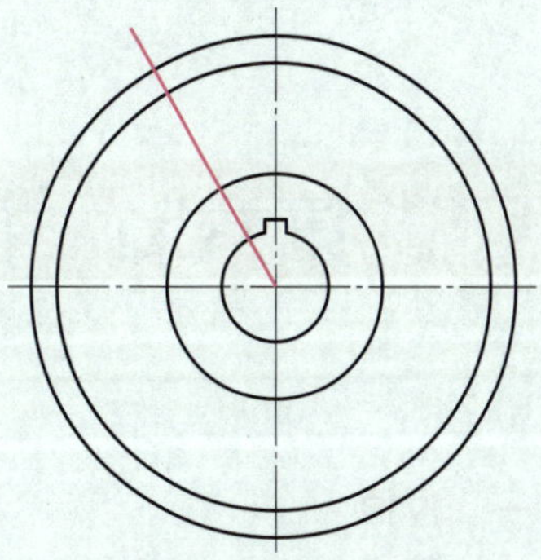
（5）绘制一个铣刀齿 应用“两点线”命令，将竖直中心线与 ϕ80 mm 圆的交点和 120°辅助线与 ϕ90 mm 圆的交点连接起来，并以 ϕ80 mm 圆和 ϕ90 mm 圆作为剪刀线，裁剪 120°辅助线。上述两条直线形成一个铣刀齿	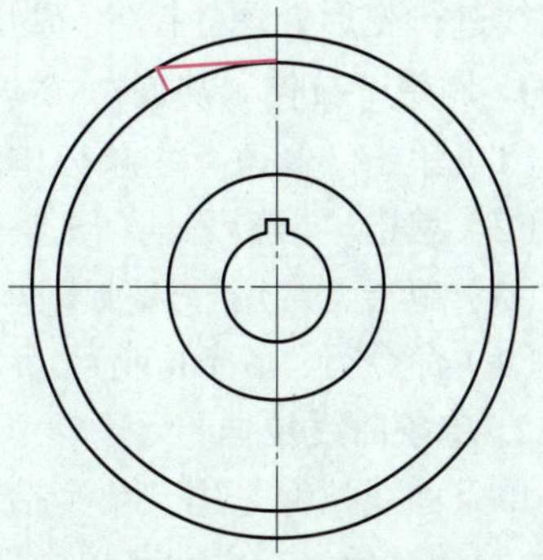

续表

绘图步骤	图示
（6）阵列铣刀齿 应用“阵列”命令，选择“圆形阵列”，将步骤（5）绘制的一个铣刀齿进行阵列，阵列份数为12，阵列中心点为圆心，采用“均布”方式	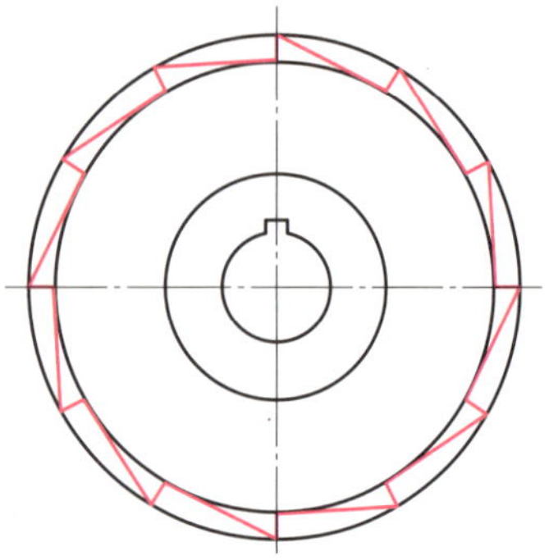
（7）删除 ϕ80 mm 圆和 ϕ90 mm 圆 应用“删除”命令，删除 ϕ80 mm 圆和 ϕ90 mm 圆	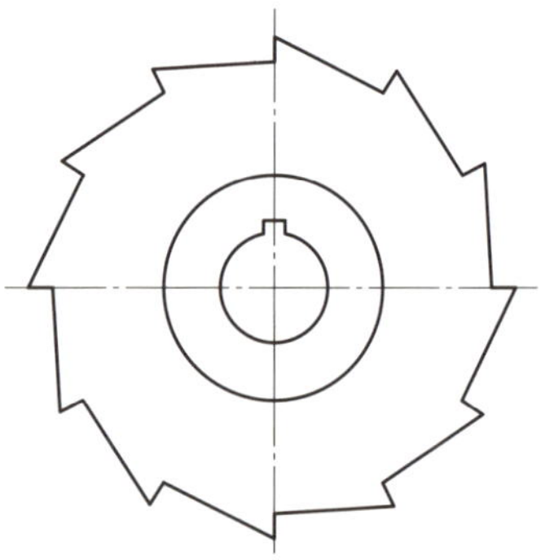

第六节　拉伸、延伸、缩放和分解

一、拉伸

拉伸是指对已存在的单条曲线或曲线组进行拉伸或缩短处理。拉伸的作用在于对已存在的曲线进行变形处理。拉伸分为对单条曲线拉伸和对曲线组拉伸两种。

1. 调用“拉伸”功能

（1）单击“修改”主菜单中的“拉伸”命令。

（2）单击“编辑工具”工具条上的“拉伸”按钮。

（3）单击“常用”选项卡中“修改”面板内的“拉伸”按钮。

（4）命令行：stretch 或 s。

2. 单条曲线拉伸

单条曲线拉伸是用“单个拾取”方式拾取直线、圆、圆弧或者样条曲线进行拉伸。应用“拉伸”命令后，在立即菜单中选择“单个拾取”方式，如图 4-58a 所示。

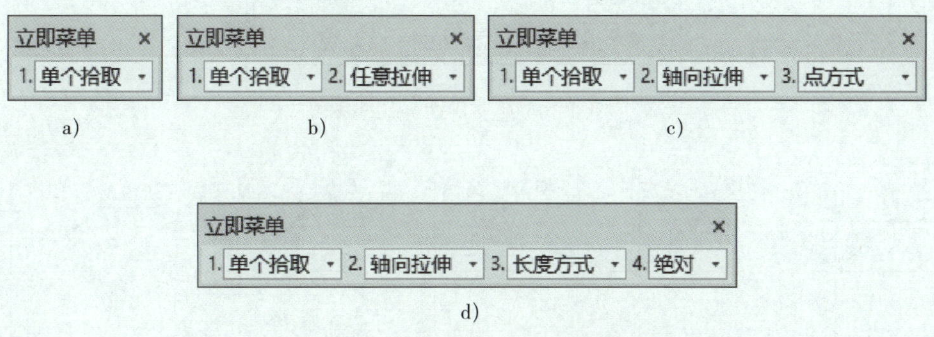

图 4–58 “单个拾取拉伸”立即菜单

a）单个拾取 b）任意拉伸 c）点方式轴向拉伸 d）长度方式轴向拉伸

（1）拉伸直线

按提示要求拾取所要拉伸的直线的一端，其立即菜单变为图 4–58b 所示，此时，可将直线在任意方向上拉伸或缩短。单击立即菜单中的“任意拉伸”，可切换为“轴向拉伸”，如图 4–58c 所示。单击立即菜单中的“点方式”，可切换为“长度方式”。若选择“点方式”，可按确定的点沿直线原方向拉伸或缩短直线。若选择“长度方式”，立即菜单变为图 4–58d 所示，单击立即菜单中的“绝对”可切换为“增量”。“绝对”是指所拉伸直线的整个长度，“增量”是指在原图素基础上增加的长度，如图 4–59 所示。

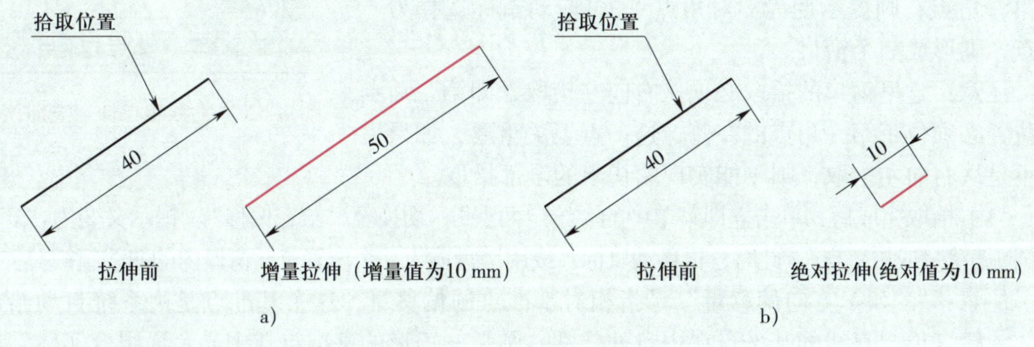

图 4–59 直线拉伸示例

a）“增量”方式拉伸 b）“绝对”方式拉伸

（2）拉伸圆弧

按提示要求拾取所要拉伸的圆弧的一端，其立即菜单变为图 4–60 所示，单击立即菜单中的第二项，可选择“弧长拉伸”“角度拉伸”“半径拉伸”或“自由拉伸”。弧长拉伸和角度拉伸时，圆心和半径不变，圆心角改变，用户可以用键盘输入新的圆心角。半径拉伸时，圆心和圆心角不变，半径改变，用户可以输入新的半径值。自由拉伸时，圆心、半径和圆心角都可以改变。除自由拉伸外，以上所述的拉伸量都可以通过立即菜单中的第三项来选择是“绝对”值还是“增量”值。“绝对”是指所拉伸图素的整个长度或者角度，“增量”是指在原图素基础上增加的长度或者角度。图 4–61 所示为圆弧拉伸示例。

图 4-60 “弧长拉伸”立即菜单

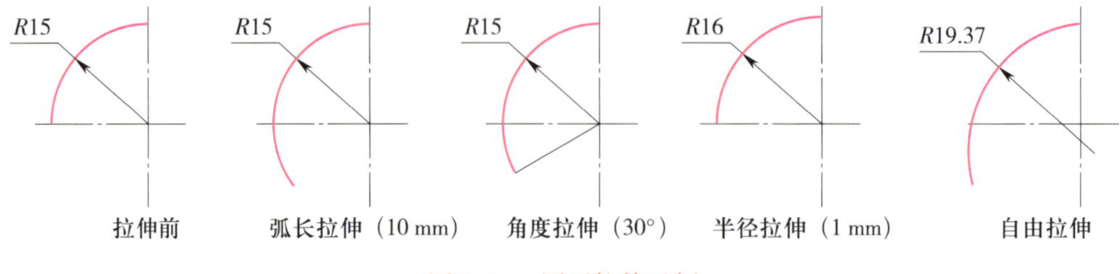

图 4-61 圆弧拉伸示例

本命令可以重复操作，单击鼠标右键可结束操作。

3. 曲线组拉伸

曲线组拉伸是将移动窗口内图形的指定部分（窗口内的图形）一起进行拉伸，操作步骤如下：

（1）应用“拉伸”命令后，单击立即菜单中的“单个拾取”，切换至“窗口拾取”，如图 4-62 所示。

（2）按提示要求单击鼠标左键指定待拉伸曲线组窗口中的第一角点，则提示变为“对角点”。再拖动鼠标选择另一角点，则形成一个窗口。

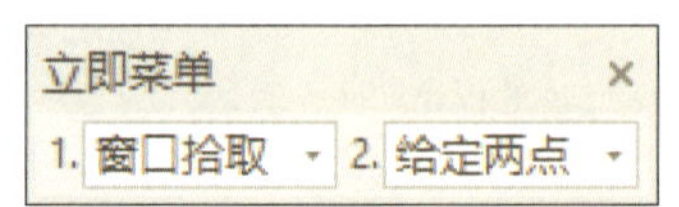

图 4-62 “曲线组拉伸”立即菜单

注意：这里窗口的拾取必须从右向左拾取，即第二角点的位置必须位于第一角点的左侧，这一点至关重要，如果窗口不是从右向左拾取，则不能实现曲线组的全部拾取。

（3）拾取完成后，单击立即菜单中的“给定两点”，切换至“给定偏移”，提示又变为“X 和 Y 方向偏移量或位置点”。此时，再移动鼠标，或用键盘输入一个位置点，窗口内的曲线组被拉伸。

注意：“X 和 Y 方向偏移量”是指相对基准点的偏移量，这个基准点是由系统自动给定的。一般来说，直线的基准点在中点处，圆、圆弧、矩形的基准点在中心，而组合实体、样条曲线的基准点在该实体的包容矩形的中心处。操作过程如图 4-63 所示，其中，图 4-63b、c 中显示出了拾取窗口和基准点。

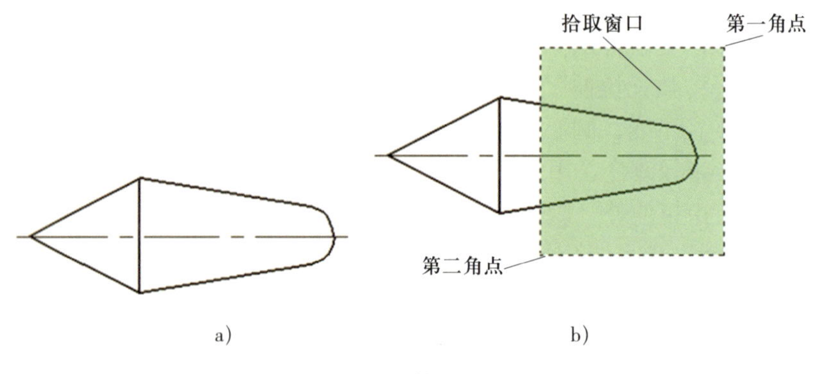

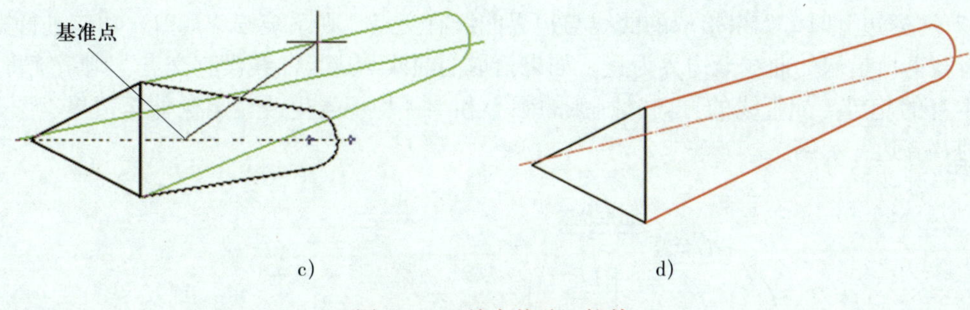

图 4-63 “给定偏移”拉伸

a）拉伸前　b）窗口拾取　c）拉伸过程　d）拉伸结果

（4）单击立即菜单中的“给定偏移”，切换为“给定两点”。操作提示变为“拾取添加”。在这种状态下，用窗口拾取曲线组并单击鼠标右键确定，如图 4-64a 所示。当出现“第一点”时，单击鼠标左键指定一点，提示又变为“第二点”，再移动鼠标时，曲线组被拉伸拖动，当确定第二点以后，曲线组被拉伸，拉伸结果如图 4-64b 所示。拉伸长度和方向由两点连线的长度和方向决定。

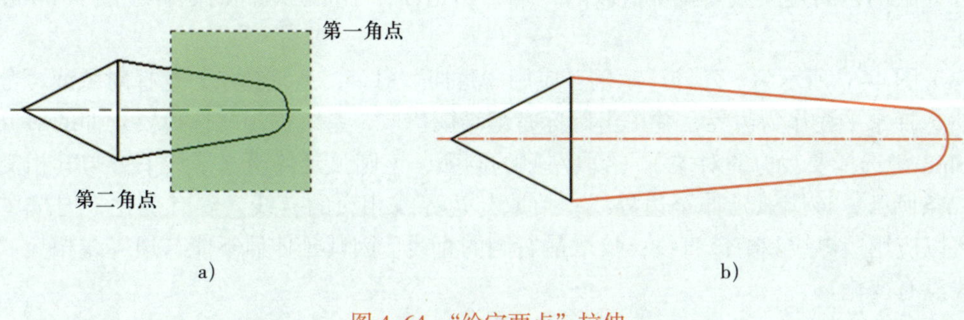

图 4-64 “给定两点”拉伸

a）窗口拾取　b）拉伸结果

二、延伸

延伸是指以一条曲线为边界对一系列曲线进行裁剪或延伸。

1. 调用“延伸”功能

（1）单击“修改”主菜单中的“延伸”命令。

（2）单击“编辑工具”工具条上的“延伸”按钮。

（3）单击“常用”选项卡中“修改”面板内的“延伸”按钮。

（4）命令行：edge 或 extend 或 ex。

调用“延伸”功能，系统弹出如图 4-65 所示“延伸”立即菜单。

2. 说明

（1）单击立即菜单中的“齐边”，可实现“齐边”与“延伸”切换。“齐边”是将拾取的第一条曲线作为剪刀线，对后面拾取的曲线进行裁剪或延伸。“延伸”是将线段、曲线等对象延伸到一个边界对象，使其与边界对象相交，或者按住 Shift 键裁剪与其相交的对象。

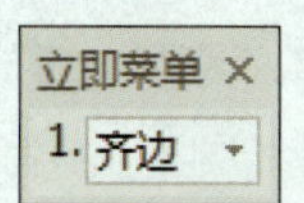

图 4-65 “延伸”立即菜单

（2）“齐边”时，如果拾取的曲线与边界曲线有交点，则系统按“裁剪”功能进行操作，系统将裁剪所拾取的曲线至边界为止。如果拾取的曲线与边界曲线没有交点，则系统将曲线按其本身的趋势（如直线的方向、圆弧的圆心和半径均不发生改变）延伸至边界。图 4–66 所示为“齐边”示例。

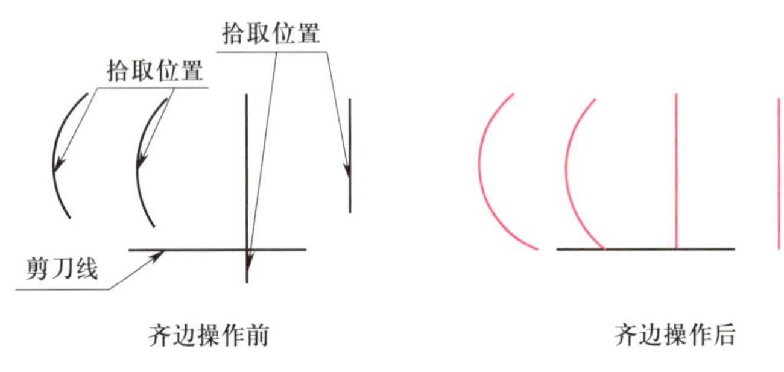

图 4–66 “齐边”示例

注意：圆或圆弧可能会有例外，这是因为它们无法向无穷远处延伸，它们的延伸范围是以半径为限的，而且圆弧只能从拾取的一端开始延伸，不能两端同时延伸（图 4–66 最左侧的圆弧）。

（3）图 4–67 所示为“延伸”示例。应用“延伸”命令，系统提示“选择对象或〈全部选择〉”，选择水平线作为边界，并单击鼠标右键结束拾取，系统提示“选择要延伸的对象，或按住 Shift 键选择要裁剪的对象”。拾取左侧的圆弧，该圆弧延伸至水平线下方与其相交；拾取第二条圆弧，该圆弧延伸至边界线；拾取与边界线相交的直线，没有变化，但按住 Shift 键，可以应用边界线裁剪该直线；拾取最右侧的直线，因其延伸后不能与边界线相交，所以该直线没有变化。

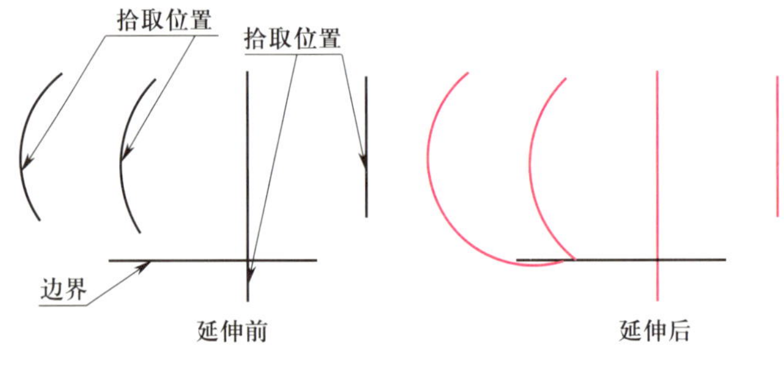

图 4–67 “延伸”示例

三、缩放

缩放是指对拾取到的图素进行比例放大和缩小。

1. 调用“缩放”功能

（1）单击“修改”主菜单中的“ 缩放”命令。

（2）单击“编辑工具”工具条上的“缩放”按钮 。

（3）单击“常用”选项卡中“修改”面板内的“缩放”按钮 。

（4）命令行：scale 或 sc。

调用“缩放”功能，系统弹出如图 4–68a 所示“缩放”立即菜单，系统提示“拾取添加”，拾取图素结束后单击鼠标右键确认，立即菜单变为如图 4–68b 所示。

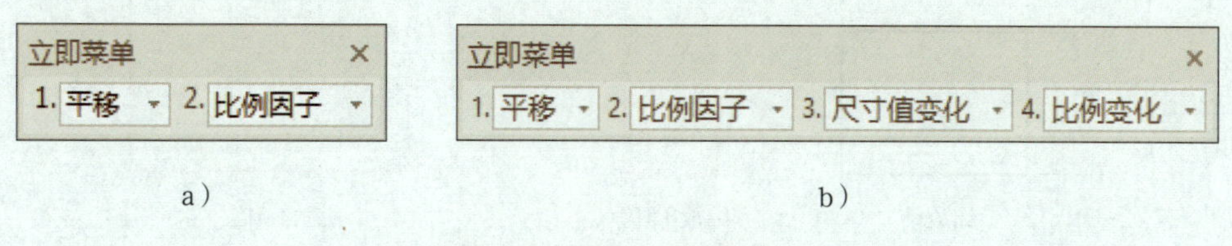

图 4–68 “缩放”立即菜单

a）拾取图素前的立即菜单　b）拾取图素后的立即菜单

2. 说明

（1）单击立即菜单中的第一项，可在“平移”和“拷贝”两项间相互切换。当切换为“平移”时，进行比例缩放操作后，只生成目标图形，原图在屏幕上消失；当切换为“拷贝”时，进行比例缩放操作后，除图素生成缩放比例目标图形外，还会保留原图形。

（2）单击立即菜单中的第二项，可在“比例因子”与“参考方式”两种缩放方式间相互切换。

（3）单击立即菜单中的第三项，可在“尺寸值不变”与“尺寸值变化”两者间相互切换。当切换为“尺寸值变化”时，如果拾取的图素中包含尺寸元素，则尺寸值会根据相应的比例进行放大或缩小；当切换为“尺寸值不变”时，所选择尺寸元素不会随着比例变化而变化。

单击鼠标左键指定一个比例缩放的基点，则系统提示输入比例系数。当移动光标时，会看到图形在绘图区上动态显示，用户认为光标位置合适后，单击鼠标左键，系统会自动根据基点和当前光标的位置来计算比例系数，一个变换后的图形立即显示在绘图区上。用户也可通过键盘直接输入缩放的比例系数。

3. 示例

图 4–69 和图 4–70 所示为缩放示例。图 4–69 选用“尺寸值不变”对 ϕ20 mm 圆进行缩小和放大，缩放图中，尺寸值没有变化，但字体高度和箭头大小都随着比例系数发生了变化。图 4–70 选用“尺寸值变化”对 20 mm × 15 mm 的矩形进行缩放，缩放图中，尺寸数值随着比例系数发生了变化。

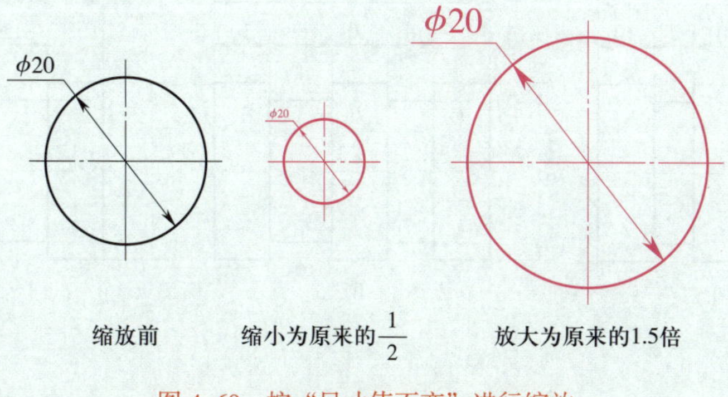

图 4–69　按“尺寸值不变”进行缩放

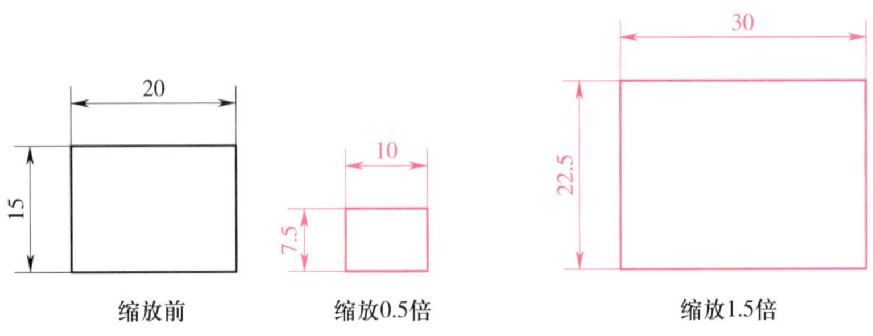

图 4-70　按“尺寸值变化”进行缩放

四、分解

1. 概念

分解可以将多段线、标注、图案填充或块等合成对象转变为单个的元素。例如，分解多段线将其分为简单的线段和圆弧，分解块使其替换为组成块的对象副本。

分解标注或图案填充后，将失去其所有的关联性，标注或填充对象被替换为单个对象（例如直线、文字、点和二维实体）。

分解多段线后，将失去所有关联的宽度信息，所得直线和圆弧将沿原多段线的中心线放置。如果分解包含多段线的块，则需要单独分解多段线。如果分解一个圆环，它的宽度将变为 0。

对于大多数对象，分解的效果并不是看得见的。

2. 调用“分解”功能

（1）单击“修改”主菜单中的“分解”命令。

（2）单击“编辑工具”工具条上的“分解”按钮。

（3）单击“常用”选项卡中“修改”面板内的“分解”按钮。

（4）命令行：explode 或 x。

应用“分解”命令后，选择要分解的对象并确认即可。

五、综合示例

绘制如图 4-71 所示的五幅平面图。

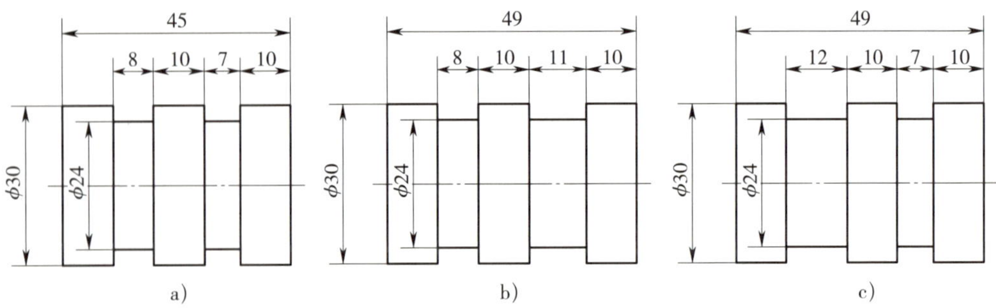

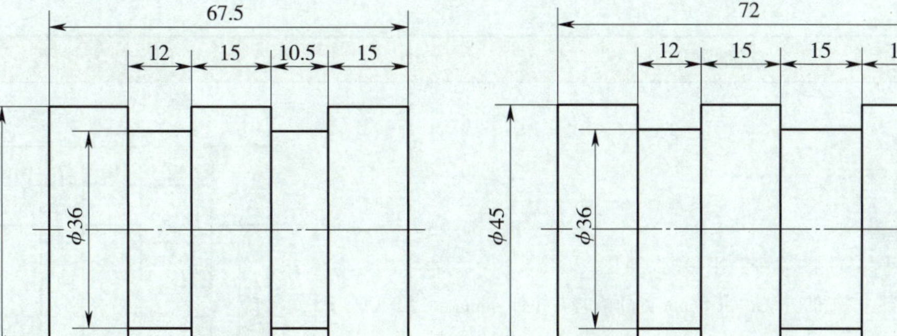

图 4-71　拉伸、延伸、缩放和分解综合示例

绘图步骤参见表 4-8。

表 4-8　拉伸、延伸、缩放和分解综合示例绘图步骤

绘图步骤	图示
（1）绘制 a 图 命令：“孔 / 轴” 插入点：(单击鼠标左键确定轴的起点) 轴上一点或轴的长度：10↙（起始半径与终止半径均设为 30 mm，轴长设为 10 mm） 轴上一点或轴的长度：8↙（起始半径与终止半径均设为 24 mm，轴长设为 8 mm） 轴上一点或轴的长度：10↙（起始半径与终止半径均设为 30 mm，轴长设为 10 mm） 轴上一点或轴的长度：7↙（起始半径与终止半径均设为 24 mm，轴长设为 7 mm） 轴上一点或轴的长度：10↙（起始半径与终止半径均设为 30 mm，轴长设为 10 mm）	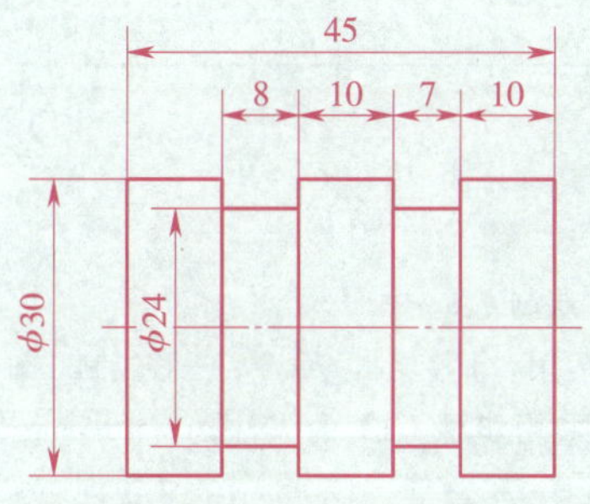
（2）绘制 b 图 1）执行“平移复制”命令，平移复制 a 图 2）执行“拉伸”命令，将立即菜单中的第一项切换为“窗口拾取”，拾取轴右侧 ϕ30 mm 轮廓及 ϕ24 mm 的槽，向右拉伸 4 mm	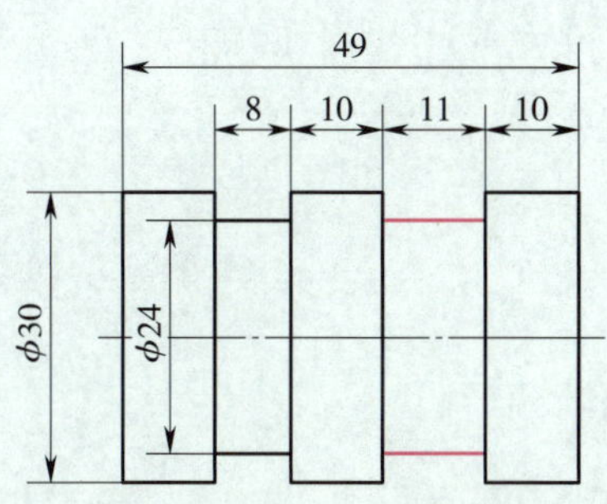

绘图步骤	图示
（3）绘制 c 图 1）执行“平移复制”命令，平移复制 a 图 2）采用步骤（2）的方法，将 8 mm 宽的槽向右拉伸 4 mm	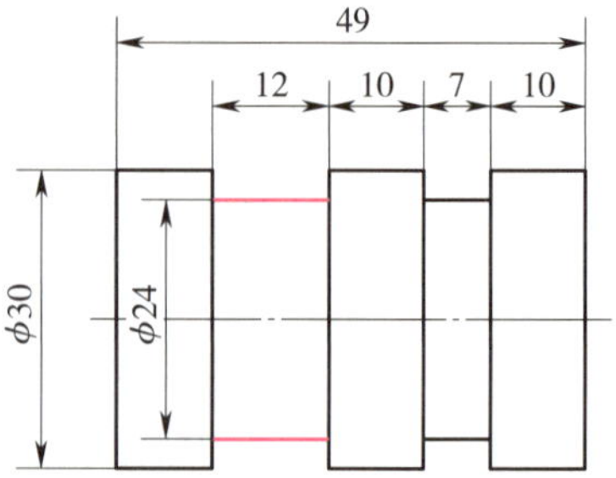 49 12 10 7 10 $\phi30$ $\phi24$
（4）绘制 d 图 1）执行“平移复制”命令，平移复制 a 图 2）应用“缩放”命令，对平移复制图形放大到原来的 1.5 倍，缩放时立即菜单中的第三项切换为“尺寸值变化”，第四项切换为“比例不变”	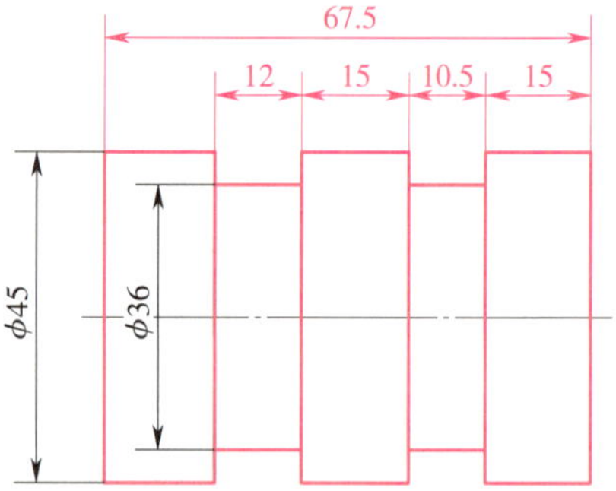 67.5 12 15 10.5 15 $\phi45$ $\phi36$
（5）绘制 e 图 1）应用“平移复制”命令，平移复制 d 图 2）采用步骤（2）的方法，将 10.5 mm 宽的槽向右拉伸 4.5 mm	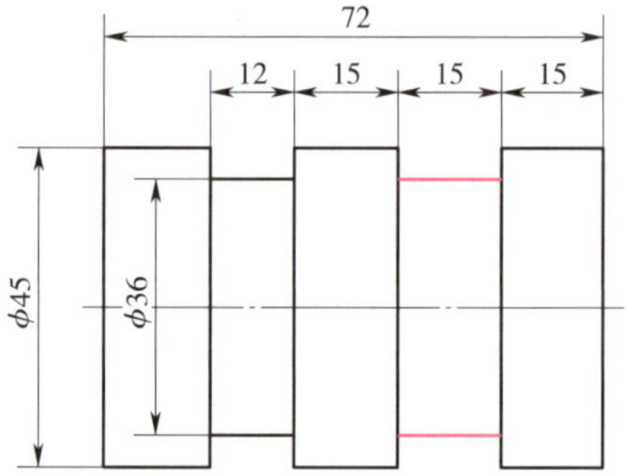 72 12 15 15 15 $\phi45$ $\phi36$

第五章 标　注

标注是图样中必不可少的内容，在机械制图中需要通过标注来表达图形对象的尺寸大小和各种注释信息。CAXA 电子图板依据相关制图标准提供了丰富而智能的标注功能，包括尺寸标注、文字标注、工程标注等，并可以方便地对标注进行编辑。另外，CAXA 电子图板各种类型的标注都可以通过相应样式进行参数设置，满足各种条件下的标注需求。

第一节 尺寸标注

在工程设计中，尺寸标注是绘图设计工作中的一项重要内容，因为图形只能反映对象的形状，而图形中各个对象的真实大小和相互位置只有标注尺寸后才能确定。尺寸标注包括基本标注、基线标注、连续标注、三点角度标注、角度连续标注、半标注、大圆弧标注、射线标注、锥度/斜度标注、曲率半径标注、线性标注、对齐标注、角度标注、弧长标注、半径标注和直径标注。这些标注命令均可以通过调用“尺寸标注”功能并在立即菜单中切换选择，也可以单独执行。执行每个标注命令时，都可以在立即菜单临时切换到其他标注命令。

用以下方式可以调用“尺寸标注”功能。

（1）单击“标注”主菜单“尺寸标注”子菜单中的“尺寸标注”命令。

（2）单击“标注”工具条上的“尺寸标注”按钮。

（3）单击“常用”选项卡中“标注”面板内“尺寸”功能按钮下拉菜单中的“尺寸标注”命令。

（4）单击“标注”选项卡中“尺寸”面板内“智能标注”功能按钮下拉菜单中的“尺寸标注”命令。

（5）命令行：dim。

调用“尺寸标注”功能，系统弹出如图 5-1 所示的“尺寸标注”立即菜单。单击立即菜单第一项，选择标注方式，然后再选择要标注的对象即可。

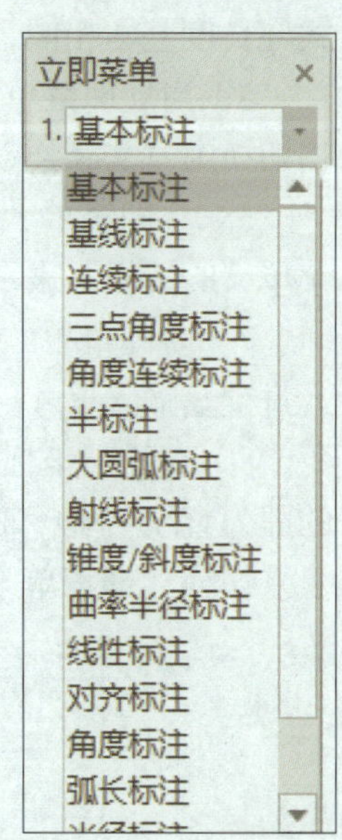

图 5-1 “尺寸标注”立即菜单

一、基本标注

基本标注是指快速生成线性尺寸、直径尺寸、半径尺寸、角度尺寸等基本类型的标注。尺寸标注的类型非常多，CAXA 电子图板的基本标注可以根据所拾取对象自动判别要标注的尺寸类型。调用“基本标注”功能后，根据提示拾取要标注的对象，然后再确认标注的参数和位置即可。拾取单个对象和先后拾取两个对象的概念和操作方法不同。

1. 直线的标注

调用“基本标注”功能拾取直线后，屏幕上出现标注的预显提示，并且系统弹出如图 5-2 所示的立即菜单。

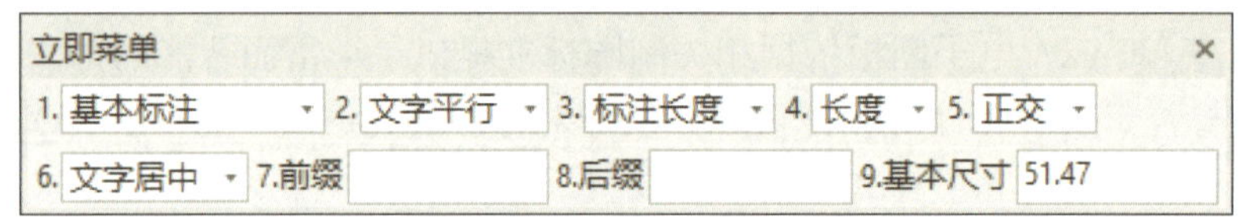

图 5-2 “直线”标注立即菜单

（1）立即菜单参数说明

1）单击立即菜单第一项，可以设置尺寸标注方式。

2）单击立即菜单第二项，可以设置标注文字与尺寸线的位置关系，如文字平行、文字水平或 ISO 标准。

3）直线长度的标注。当在立即菜单第三项中选择“标注长度”，第四项中选择“长度”时，标注的即为直线的长度。当立即菜单第五项选择“正交”时，标注该直线沿水平方向的长度或沿竖直方向的长度；当将立即菜单第五项切换为“平行”时，标注为直线的实际长度。

4）直线直径的标注。当将立即菜单第四项切换为“直径”时，即标注直径。其标注方式与长度基本相同，区别在于在尺寸值前默认加前缀“ϕ”。

5）当立即菜单第六项选择“文字居中”时，表示标注的尺寸文字在尺寸线的中心放置；当切换为“文字拖动”时，则尺寸文字随光标的移动而移动。

6）立即菜单“7. 前缀”表示尺寸文字前面加前缀，如半径“*R*”、直径“ϕ”等；立即菜单“8. 后缀”表示尺寸文字后面加后缀，如公差等级“7h”“8G”等。

7）立即菜单“9. 基本尺寸”表示测量直线的长度值，编辑框中的数字是默认值，还可通过键盘输入尺寸值。

8）直线与坐标轴夹角的标注。当将立即菜单中的第三项切换为“标注角度”时，标注的即为直线与坐标轴的夹角，立即菜单如图 5-3 所示。

切换立即菜单第四项，可标注直线与 *X* 轴的夹角或与 *Y* 轴的夹角，角度尺寸的顶点为直

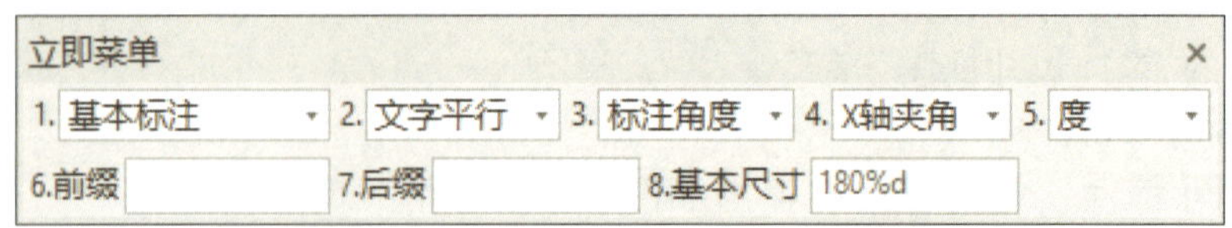

图 5-3 “直线与坐标轴夹角”标注立即菜单

线靠近拾取点的端点。第五项“度”表示标注尺寸的单位是度，也可切换为度分秒、百分度、弧度。

（2）示例

图 5-4 所示为直线的标注示例。

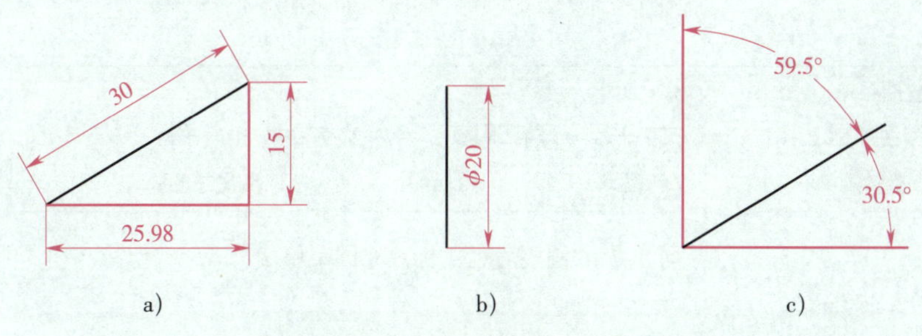

图 5-4 直线的标注示例

a）标注长度 b）标注直径 c）标注角度

1）调用“基本标注”功能拾取图 5-4a 中的倾斜直线后，按照图 5-2 所示设置立即菜单。若向下拖动鼠标，则可标注出尺寸 25.98；若向右拖动鼠标，则可标注出尺寸 15；若将图 5-2 所示立即菜单中的第五项切换为“平行”，则可标注出直线的实际长度 30。

2）调用“基本标注”功能拾取图 5-4b 中的直线后，将图 5-2 所示立即菜单中的“长度”切换为“直径”，则可标注 ϕ20。

3）调用“基本标注”功能拾取图 5-4c 中的直线（拾取直线的下部）后，按照图 5-3 所示设置立即菜单，则可标注出角度 30.5°；若将立即菜单中的第四项切换为“*Y* 轴夹角”，则可标注出角度 59.5°。

2. 圆的标注

调用“基本标注”功能，按提示拾取要标注的圆，系统弹出如图 5-5 所示的立即菜单。

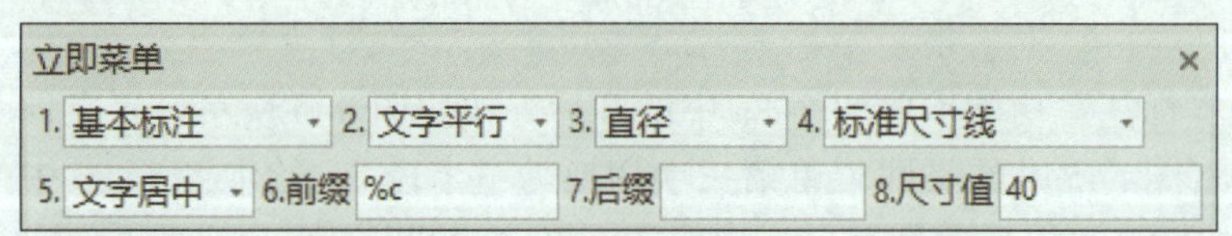

图 5-5 “圆”标注立即菜单

（1）立即菜单参数说明

1）立即菜单中的第三项有“直径”“半径”“圆周直径”“螺纹”“圆周螺纹”五种标注方式。“圆周直径”表示自圆周引出尺寸界线，标注直径尺寸。

2）在标注“直径”和“圆周直径”时，尺寸值自动带前缀“ϕ”；在标注“半径”时，尺寸值自动带前缀“*R*”；在标注“螺纹”和“圆周螺纹”时，尺寸值自动带前缀“M”。

3）当选择“圆周直径”时，立即菜单变为如图 5-6 所示的内容。

4）将图 5-6 中的第五项“正交”切换为“平行”时，立即菜单中增加了一项“6. 旋转角”，如图 5-7 所示，用来指定尺寸线的倾斜角度。尺寸线与尺寸文字的标注位置随“标注点”动态确定。

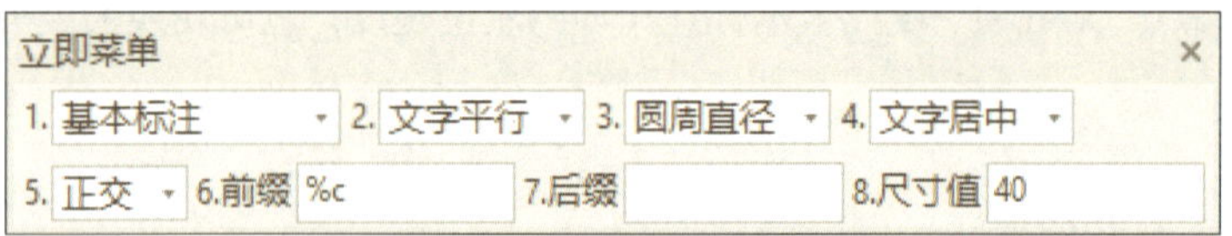

图 5-6 “圆周直径”标注立即菜单 1

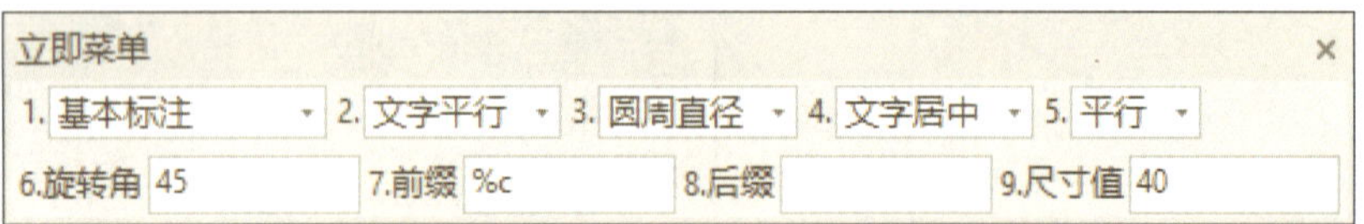

图 5-7 “圆周直径”标注立即菜单 2

（2）示例

图 5-8 所示为圆的标注示例。

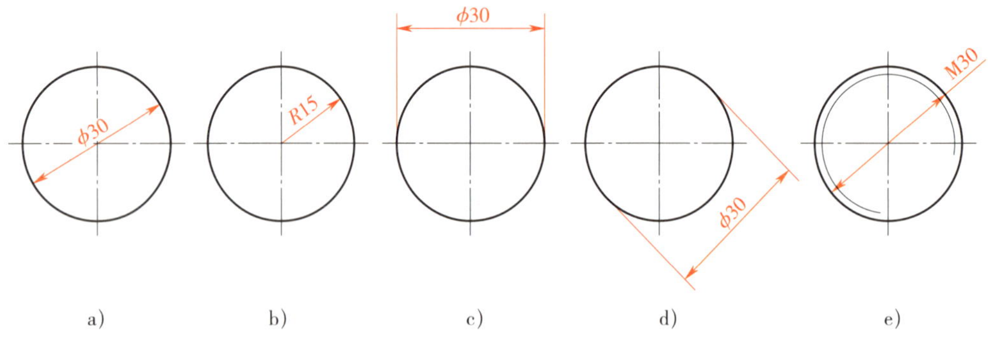

图 5-8 圆的标注示例

a）直径标注 b）半径标注 c）正交圆周直径标注

d）平行圆周直径标注 e）螺纹标注

调用“基本标注”功能拾取图 5-8a 中的圆后，按照图 5-5 所示设置立即菜单，则可标注出 $\phi 30$。若将图 5-5 中的立即菜单第三项切换为“半径”，拾取图 5-8b 中的圆，则可标注出 $R15$。若按图 5-6 设置立即菜单，拾取图 5-8c 中的圆，则可标注出正交圆周直径 $\phi 30$。若按图 5-7 设置立即菜单，拾取图 5-8d 中的圆，则可标注出倾斜 45° 圆周直径 $\phi 30$。若将图 5-5 立即菜单中的第三项切换为“螺纹”，拾取图 5-8e 中的圆，则可标注出 M30。

3. 圆弧的标注

调用“基本标注”功能，按提示拾取要标注的圆弧，系统弹出的立即菜单如图 5-9 所示。

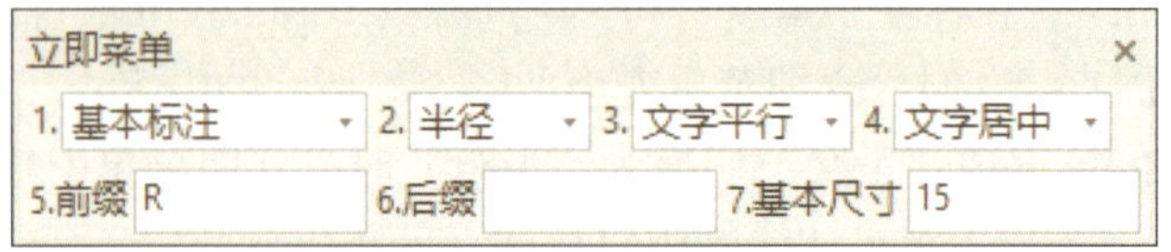

图 5-9 “圆弧”标注立即菜单

（1）立即菜单参数说明

立即菜单中的第二项包含半径、直径、圆心角、弦长、弧长、螺纹六个选项，可根据需要选用这六种不同的方式对圆弧进行标注。然后按提示指定尺寸线位置，标注位置可随“标注点”动态确定。

（2）示例

图 5-10 所示为圆弧的标注示例。

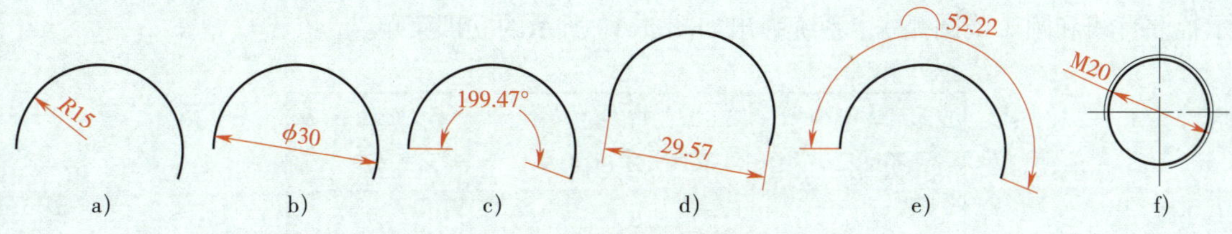

图 5-10　圆弧的标注示例

a）半径标注　b）直径标注　c）圆心角标注　d）弦长标注　e）弧长标注　f）螺纹标注

4. 点和点的标注

分别拾取两点（屏幕点、孤立点或利用工具点菜单绘制的特征点），标注两点之间的距离。调用“基本标注”功能，按提示拾取第一点，再拾取第二点，系统弹出如图 5-11 所示的立即菜单。

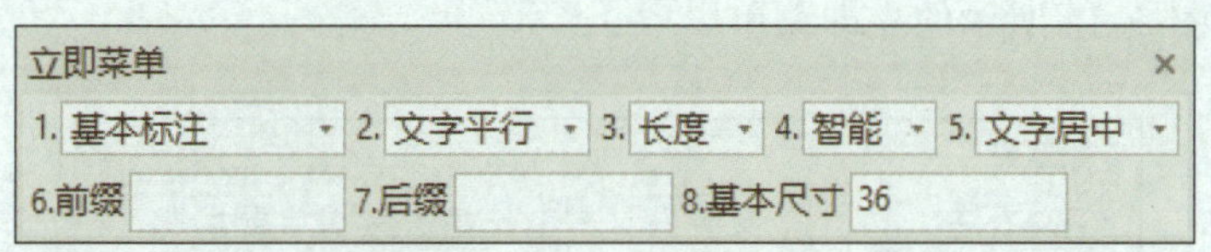

图 5-11　“两点”标注立即菜单

根据作图需要选定立即菜单中的各个选项，再按提示指定尺寸线位置。

5. 点和直线的标注

分别拾取点和直线，标注点到直线的距离。调用“基本标注”功能，按提示拾取第一点，再拾取直线上任意一点，系统弹出如图 5-12 所示的立即菜单。

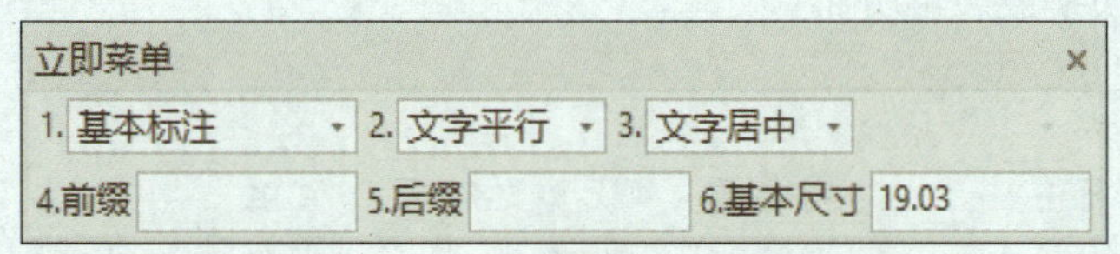

图 5-12　“点到直线距离”标注立即菜单

根据作图需要选定立即菜单中的各个选项，再按提示指定尺寸线位置。

6. 点和圆（或圆弧）的标注

分别拾取点和圆（或圆弧），标注点到圆心的距离。操作步骤与点和直线的标注相同。

注意：如果先拾取点，则点可以是任意点（屏幕点、孤立点或各种特征点）；如果先拾取圆（或圆弧），则点不能是屏幕点。

7. 圆和圆（或圆和圆弧、圆弧和圆弧）的标注

分别拾取圆和圆（或圆和圆弧、圆弧和圆弧），标注两个圆心之间的距离。操作步骤与点和直线的标注相同。

8. 直线和圆（或圆弧）的标注

分别拾取直线和圆（或圆弧），标注直线到圆心的距离。调用"基本标注"功能，按提示拾取直线和圆（或圆弧），系统弹出如图 5-13 所示的立即菜单。

图 5-13 "直线到圆心距离"标注立即菜单

立即菜单中的"圆心"是指标注圆心到直线的最短或垂直距离；当切换为"切点"时是指标注圆的切点与直线的距离。

9. 直线和直线的标注

拾取两条直线，系统根据两直线的相对位置（平行或相交），标注两直线的距离或夹角。调用"基本标注"功能，如果所拾取的两直线平行，则标注两直线间的长度或对应的直径，系统弹出如图 5-14 所示的立即菜单。

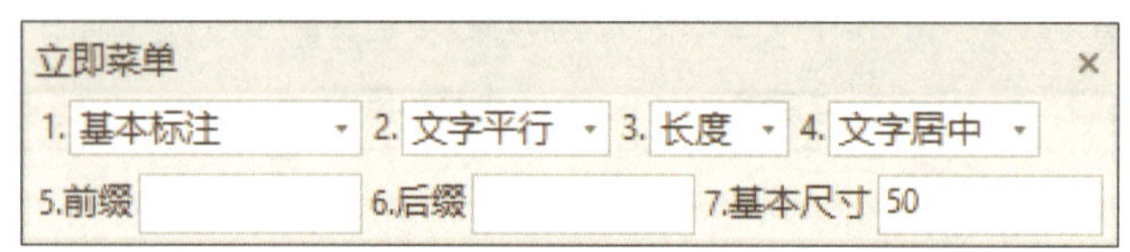

图 5-14 "两平行直线距离"标注立即菜单

立即菜单中的"长度"是指标注两直线间的长度；当切换为"直径"时，则是指标注两直线对应的直径，在尺寸值前自动加前缀"ϕ"。

如果所拾取的两直线相交，则标注两直线间的夹角，立即菜单如图 5-15 所示。立即菜单中的"度"可以切换成"度分秒"。

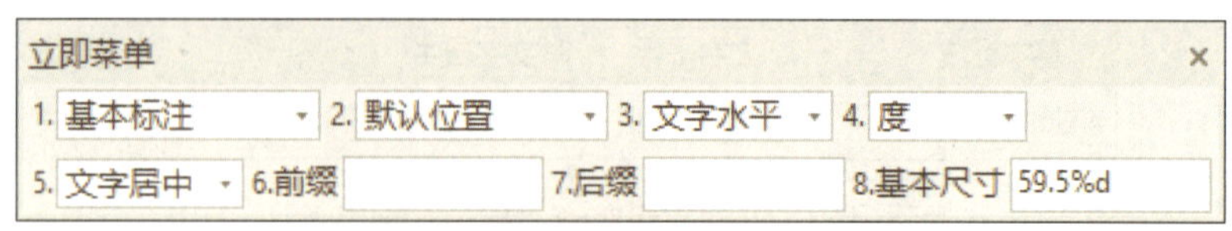

图 5-15 "两直线夹角"标注立即菜单

10. 示例

图 5-16 所示为拾取两个对象标注示例。

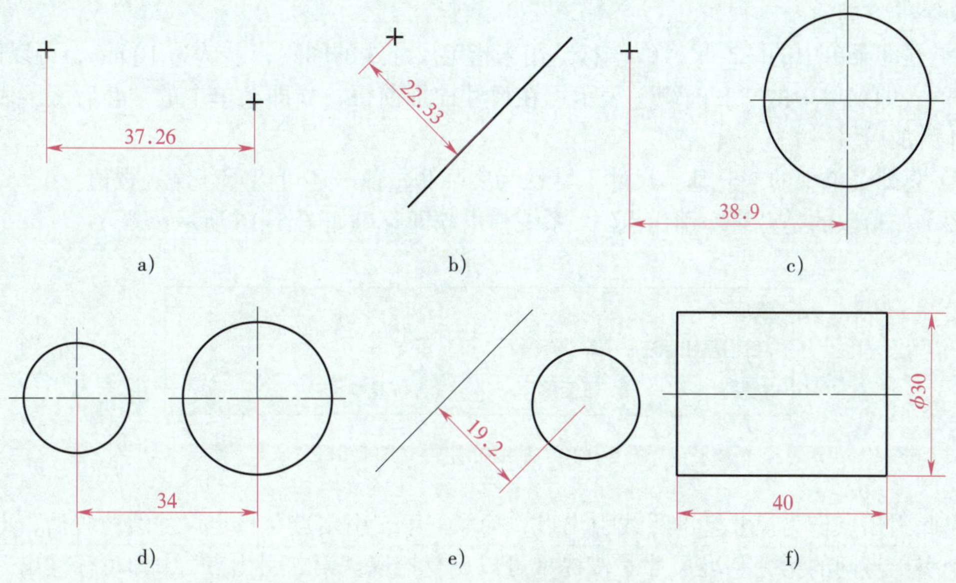

图 5-16　拾取两个对象标注示例

a）两点的标注　b）点和直线的标注　c）点和圆的标注　d）圆和圆的标注

e）直线和圆的标注　f）直线和直线的标注

二、基线标注

基线标注是指从同一基点处引出多个标注。

1. 调用“基线标注”功能

（1）单击“标注”主菜单“尺寸标注”子菜单中的“ 基线”命令。

（2）单击“常用”选项卡中“标注”面板内“尺寸标注”功能按钮下拉菜单中的“ 基线”命令。

（3）调用“尺寸标注”功能并在立即菜单选择“基线标注”。

（4）命令行：basdim。

2. 说明

调用“基线标注”功能，按提示操作即可连续生成多个标注，拾取一个已有标注与拾取引出点的操作方法不同，具体如下：

（1）如拾取一个已标注的“线性尺寸”，则该线性尺寸就作为“基线标注”中的第一基准尺寸，并按拾取点的位置确定尺寸基准界线，再按提示标注后续基准尺寸。对应的立即菜单如图 5-17 所示。

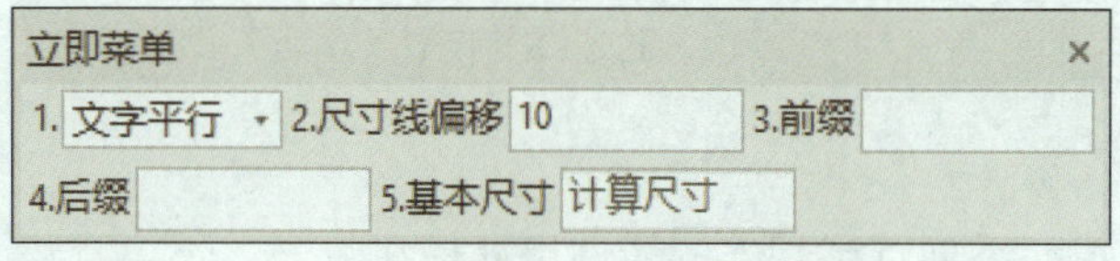

图 5-17　“基线标注”立即菜单 1

立即菜单各项的含义如下：

1）立即菜单中的第一项有“文字平行”“文字水平”“ISO 标准”三个选项，用来控制尺寸文字的方向。

2）立即菜单中的“2. 尺寸线偏移”用来指定尺寸线的间距，默认为 10 mm，可以修改。

3）立即菜单中的“3. 前缀”表示可在尺寸前加前缀，立即菜单中的“4. 后缀”表示可在尺寸后加后缀。

4）立即菜单中的“5. 基本尺寸”默认为实际测量值，还可以重新输入数值。

（2）如拾取的是“第一引出点”，系统弹出立即菜单如图 5-18 所示。

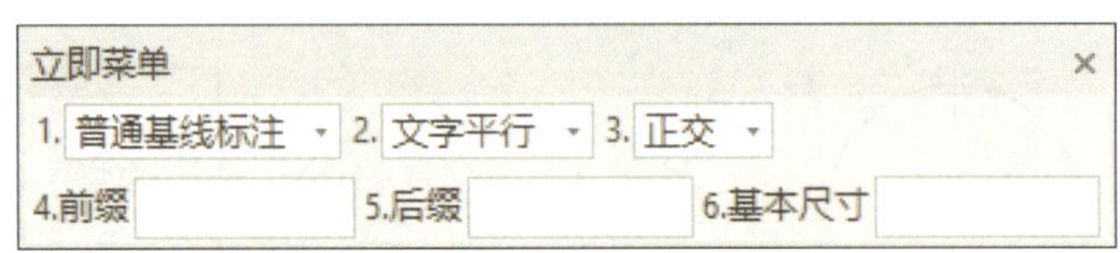

图 5-18 “基线标注”立即菜单 2

以此引出点作为尺寸基准界线引出点，拾取“第二引出点”指定尺寸线位置后，即可标注两个引出点间的第一基准尺寸。按提示可以反复拾取“第二引出点”，即可标注出一组基准尺寸。

立即菜单中的“正交”是指尺寸线平行于坐标轴，可切换为“平行”，即尺寸线平行于两点连线方向。

3. 示例

图 5-19 所示为基线标注示例。图 5-19a 所示为采用“正交”方式标注示例，图 5-19b 所示为采用“平行”方式标注示例。

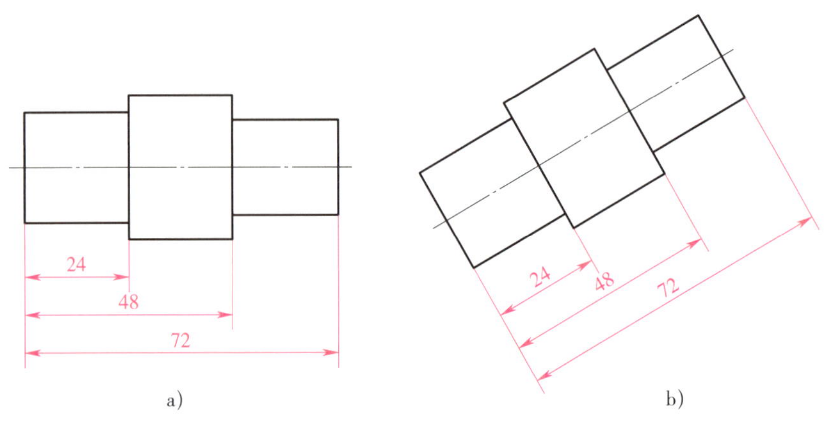

图 5-19 基线标注示例

a）正交 b）平行

三、连续标注

连续标注是指生成一系列首尾相连的线性尺寸标注。

1. 调用“连续标注”功能

（1）单击“标注”主菜单“尺寸标注”子菜单中的“ 连续”命令。

（2）单击“常用”选项卡中“标注”面板内“尺寸标注”功能按钮下拉菜单中的“

连续”命令。

（3）调用“尺寸标注”功能并在立即菜单选择“连续标注”。

（4）命令行：contdim。

2. 说明

调用“连续标注”功能，按提示操作即可连续生成多个标注，拾取一个已有标注与拾取引出点的操作方法不同。

（1）如拾取一个已标注的“线性尺寸”，则该线性尺寸就作为连续尺寸中的第一个尺寸，并按拾取点的位置确定尺寸基准界线，沿另一方向可标注后续的连续尺寸，此时相应的立即菜单如图 5–20 所示。

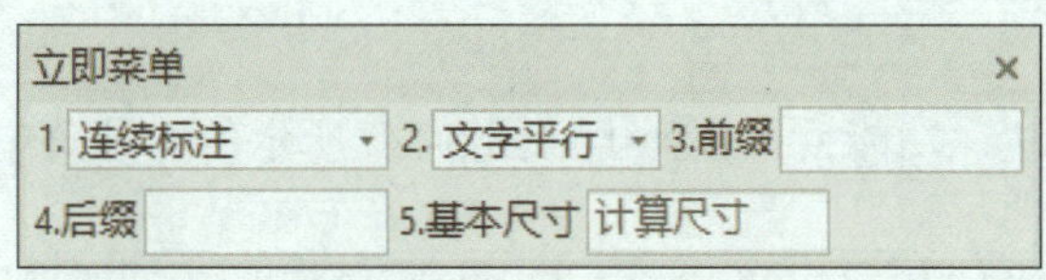

图 5–20 “连续标注”立即菜单 1

给定第二引出点后，按提示可以反复拾取适当的“第二引出点”，即可标注出一组连续尺寸。

（2）如拾取的是“第一引出点”，则此引出点为尺寸基准界线的引出点，按提示拾取第二引出点后，立即菜单变为如图 5–21 所示的内容。

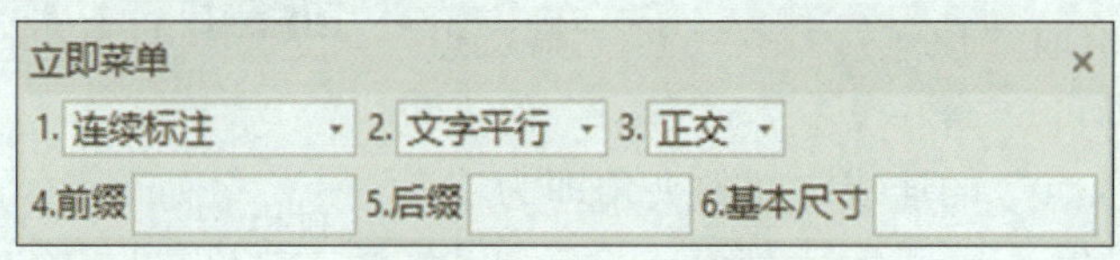

图 5–21 “连续标注”立即菜单 2

可以标注两个引出点间的 X 轴方向、Y 轴方向或沿两点方向的连续尺寸中的第一个尺寸，系统重复提示“拾取第二引出点”。此时，通过反复拾取适当的“第二引出点”，可标注出一组连续尺寸。

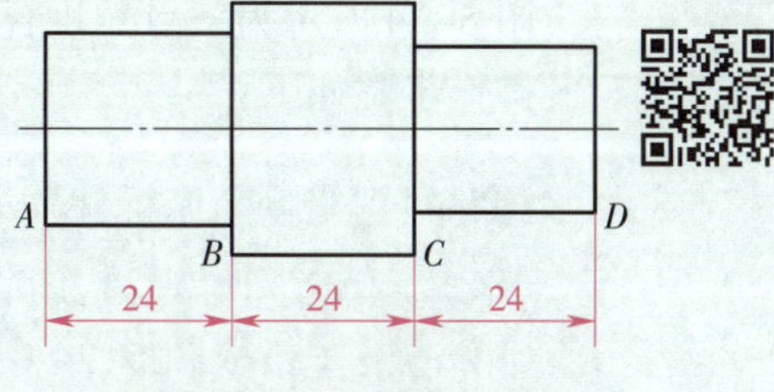

图 5–22 连续标注示例

3. 示例

图 5–22 所示为连续标注示例。

命令：“连续标注”

拾取线性尺寸或第一引出点：（拾取图 5–22 中的点 A）

拾取第二引出点：（拾取图 5–22 中的点 B）

尺寸线位置：（单击鼠标左键确定尺寸线位置，则标注出 A、B 两点间的长度尺寸）

拾取第二引出点：（拾取图 5–22 中的点 C，则标注出 B、C 两点间的长度尺寸）

拾取第二引出点：（拾取图 5–22 中的点 D，则标注出 C、D 两点间的长度尺寸）

单击鼠标右键，系统弹出“尺寸标注属性设置”对话框，单击“退出”按钮，退出“连续标注”命令。

四、三点角度标注

三点角度标注是指生成一个用三个点确定的角度标注。

1. 调用“三点角度标注”功能

（1）单击“标注”主菜单“尺寸标注”子菜单中的“三点角度”命令。

（2）单击“常用”选项卡中“标注”面板内“尺寸标注”功能按钮下拉菜单中的“三点角度”命令。

（3）调用“尺寸标注”功能并在立即菜单选择“三点角度标注”。

（4）命令行：dimanglep。

2. 说明

调用“三点角度标注”功能，系统弹出如图 5-23 所示的立即菜单。

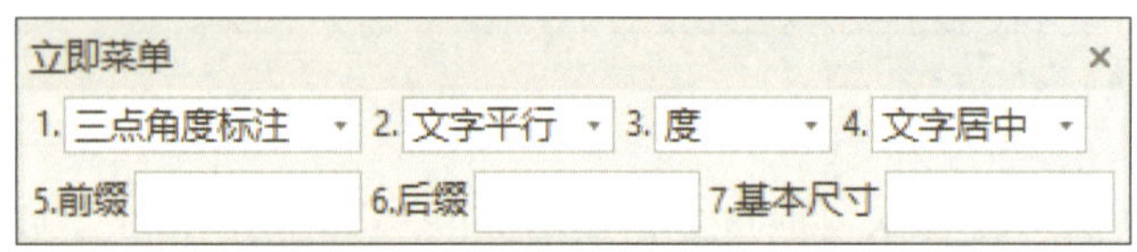

图 5-23 “三点角度标注”立即菜单

（1）单击立即菜单中的“度”可切换为“度分秒”“百分度”“弧度”。

（2）根据提示拾取“顶点”“第一点”“第二点”并确认标注的位置即可。“第一点”和“顶点”的连线与“第二点”和“顶点”的连线之间的夹角即为“三点角度标注”的角度值。

3. 示例

图 5-24 所示为三点角度标注示例。

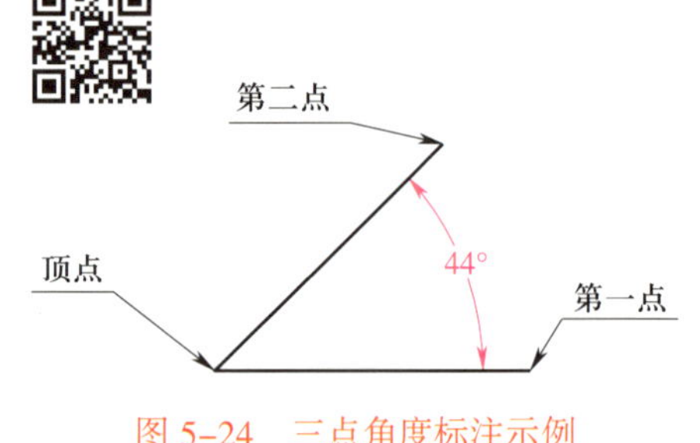

图 5-24 三点角度标注示例

操作步骤如下：

命令：“三点角度标注”
顶点：（拾取图 5-24 中的顶点）
第一点：（拾取图 5-24 中的第一点）
第二点：（拾取图 5-24 中的第二点）
尺寸线位置：（移动光标，选择合适的位置，单击鼠标左键确定尺寸线位置）

单击鼠标右键或按 Esc 键退出“三点角度标注”命令。

五、角度连续标注

角度连续标注是指连续生成一系列角度标注。

1. 调用“角度连续标注”功能

（1）单击“标注”主菜单“尺寸标注”子菜单中的“角度连续”命令。

（2）单击“常用”选项卡中“标注”面板内“尺寸标注”功能按钮下拉菜单中的“角度连续”命令。

（3）调用“尺寸标注”功能并在立即菜单选择“角度连续标注”。

（4）命令行：dimanglec。

2. 说明

调用“角度连续标注”功能，按提示操作即可连续生成多个标注，拾取一个已有角度标注与拾取标注点、标注边的操作方法不同。

（1）选择标注点

命令：“角度连续标注”

拾取第一个标注元素或角度尺寸：（拾取图 5-25a 中的点 O）

拾取角度起始点：（拾取图 5-25a 中的点 A）

拾取角度终止点：（拾取图 5-25a 中的点 B，立即菜单变为图 5-25b 所示，可根据标注需要进行设置）

尺寸线位置：（移动光标确定尺寸线位置，单击鼠标左键即可完成 35°的标注）

尺寸线位置：（依次捕捉点 C、D、E，则可完成 45°、50°和 45°的标注）

单击鼠标右键，系统弹出“角度公差”对话框，单击“退出”按钮，退出“角度连续标注”命令。

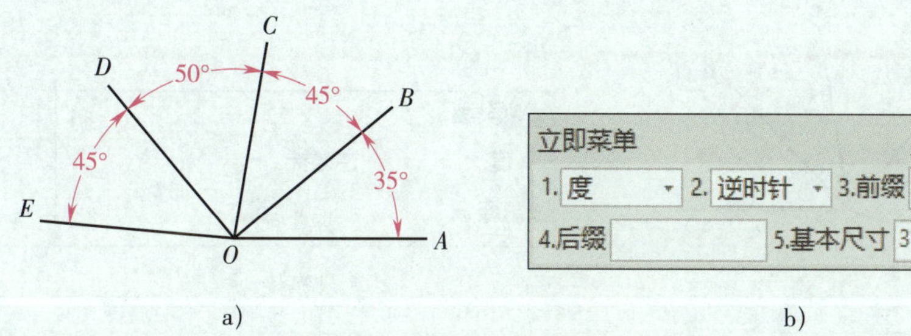

a) b)

图 5-25 选择标注点

a）示例 b）立即菜单

（2）选择标注边

命令：“角度连续标注”

拾取第一个标注元素或角度尺寸：（拾取图 5-26a 中的直线 OA）

拾取另一条直线：（拾取图 5-26a 中的直线 OB，系统弹出如图 5-26b 所示立即菜单，可根据标注需要进行设置）

尺寸线位置：（移动光标，在合适的位置单击鼠标左键，即可完成 50°的标注，依次拾取直线 OC 和 OD，则可完成 50°和 60°的标注）

单击鼠标右键，系统弹出“角度公差”对话框，单击“退出”按钮，退出“角度连续标注”命令。

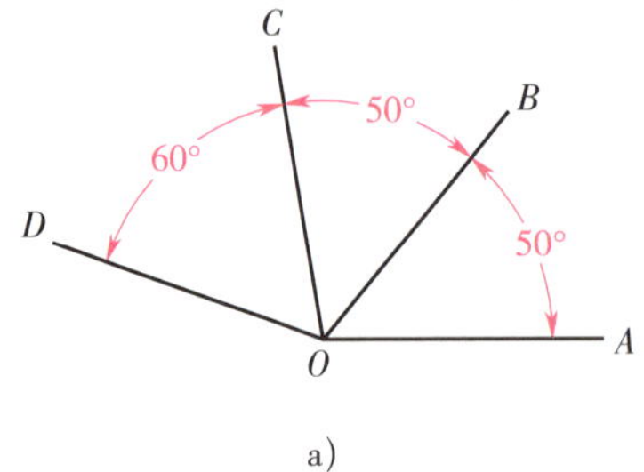

a)

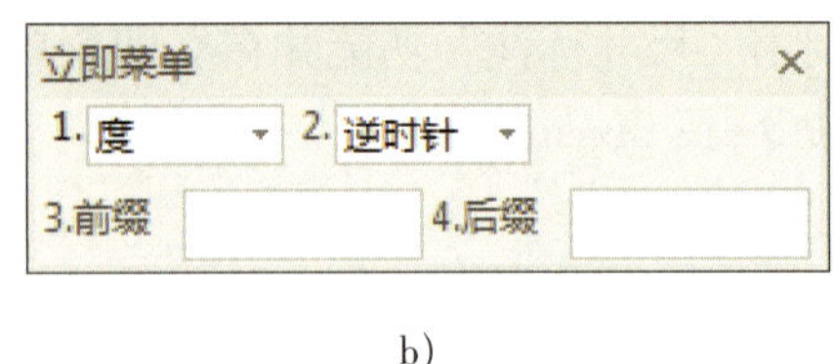

b)

图 5-26 选择标注边

a）示例 b）立即菜单

（3）选择已有角度

命令：“角度连续标注”

拾取第一个标注元素或角度尺寸：（拾取图 5-27a 中 45°的标注，弹出如图 5-27b 所示立即菜单，依次拾取直线 *OC*、*OD*、*OE*，则可完成 35°、50°、67.46°的标注，尺寸位置与 45°标注对齐，如图 5-27a 所示）

单击鼠标右键，系统弹出“角度公差”对话框，单击“退出”按钮，退出“角度连续标注”命令。

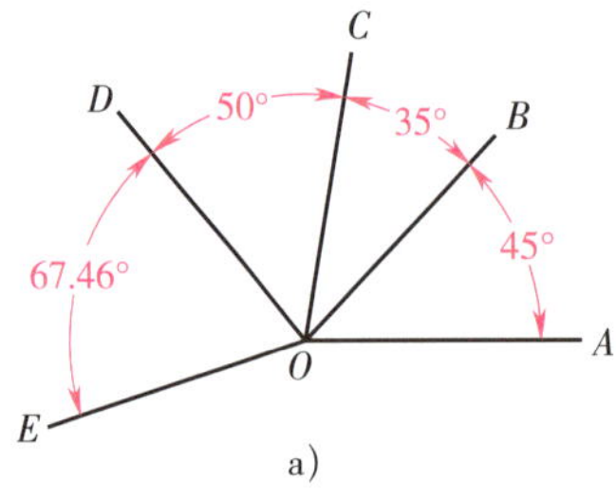

a)

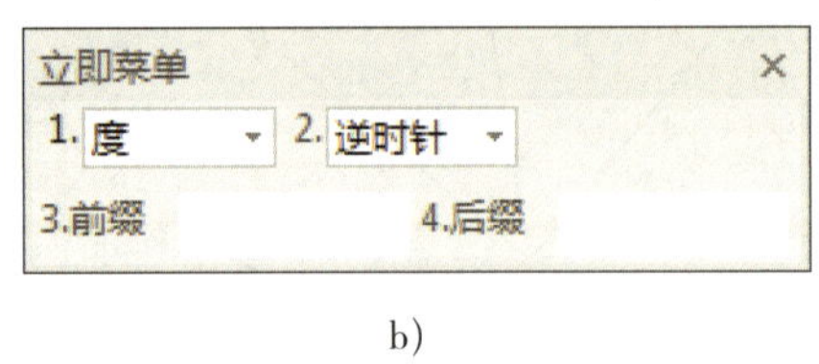

b)

图 5-27 选择已有角度

a）示例 b）立即菜单

六、半标注

半标注用于生成一个具有单箭头的线性尺寸。

1. 调用“半标注”功能

（1）单击“标注”主菜单“尺寸标注”子菜单中的“⊢ 半标注”命令。

（2）单击“常用”选项卡中“标注”面板内“尺寸标注”功能按钮下拉菜单中的“⊢ 半标注”命令。

（3）调用“尺寸标注”功能并在立即菜单选择“半标注”。

（4）命令行：dimhalf。

调用“半标注”功能，系统弹出如图 5-28 所示的“半标注”立即菜单。

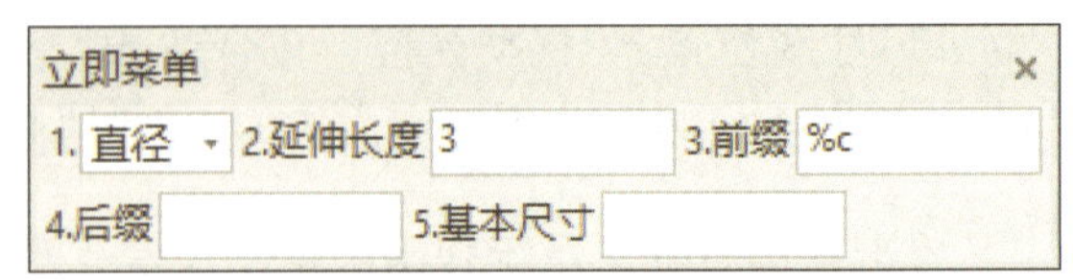

图 5-28 “半标注”立即菜单

2. 说明

单击立即菜单中的第一项可以切换标注“直径”或“长度”标注方式。单击立即菜单“2. 延伸长度”编辑框，可以设置半标注的尺寸线延伸长度。单击立即菜单“3. 前缀”编辑框，可以输入尺寸文字前缀；当立即菜单中第一项为“直径”时，立即菜单“3. 前缀”编辑框中会自动添加“%c”符号。设置好立即菜单的参数后，根据提示进行操作。

（1）拾取直线或第一点

如果拾取到一条直线，系统提示“拾取与第一条直线平行的直线或第二点”；如果拾取到一个点，系统提示“拾取直线或第二点”。

（2）拾取第二点或直线

如果两次拾取的都是点，第一点到第二点距离的两倍为尺寸值；如果拾取的为点和直线，点到被拾取直线的垂直距离的两倍为尺寸值；如果拾取的是两条平行的直线，两直线之间距离的两倍为尺寸值。尺寸值在立即菜单中的“5. 基本尺寸”编辑框显示，用户也可以输入数值。输入第二个元素后，系统提示“尺寸线位置”。

（3）确定尺寸线位置

用鼠标动态拖动尺寸线，在适当位置确定尺寸线位置后，即完成标注。

半标注的尺寸界线引出点总是从第二次拾取元素上引出的。尺寸线箭头指向尺寸界线。

3. 示例

图 5-29 所示为半标注示例。其中，图 5-29a 所示为两次拾取的都是点的标注形式；图 5-29b 所示为第一次拾取的是点，第二次拾取的是直线的标注形式；图 5-29c 所示为拾取两条平行直线的标注形式；图 5-29d 所示为第一次拾取的是直线，第二次拾取的是点的标注形式。

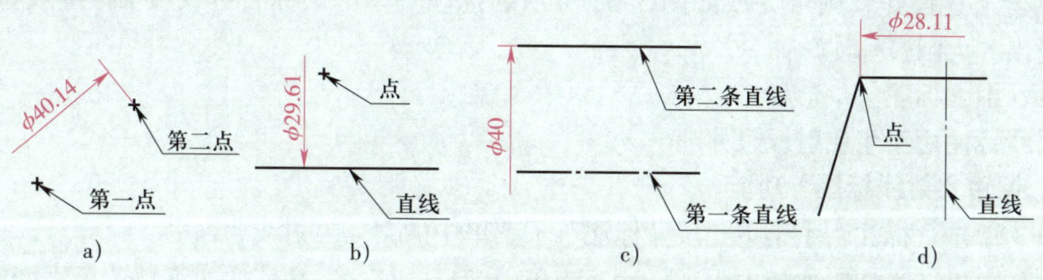

图 5-29　半标注示例

a）两点之间的半标注　b）点与直线之间的半标注

c）两条直线之间的半标注　d）直线与点之间的半标注

七、大圆弧标注

大圆弧标注用于生成大圆弧的尺寸。

1. 调用“大圆弧标注”功能

（1）单击“标注”主菜单“尺寸标注”子菜单中的“ 大圆弧”命令。

（2）单击“常用”选项卡中“标注”面板内“尺寸标注”功能按钮下拉菜单中的“ 大圆弧”命令。

（3）调用“尺寸标注”功能并在立即菜单选择“大圆弧标注”。

（4）命令行：arcdim。

调用“大圆弧标注”功能，系统弹出如图 5-30 所示的“大圆弧标注”立即菜单。

图 5-30 “大圆弧标注”立即菜单

2. 说明

（1）先拾取圆弧。拾取圆弧之后，圆弧的尺寸值在立即菜单中的“4. 基本尺寸”编辑框显示，用户也可以输入尺寸值。

（2）在依次指定“第一引出点”“第二引出点”和“定位点”后即完成大圆弧标注。

3. 示例

图 5-31 所示为大圆弧标注示例。

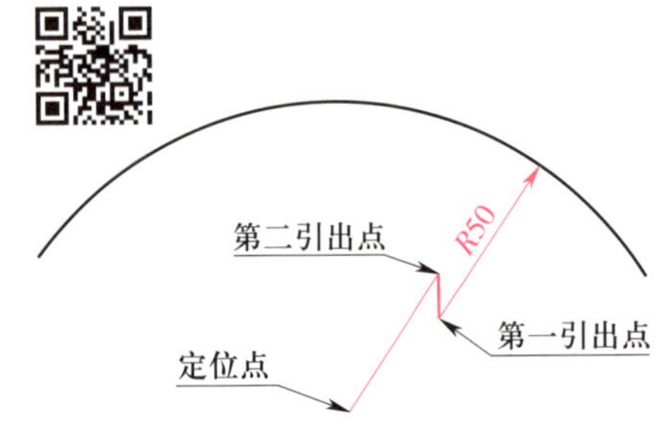

图 5-31 大圆弧标注示例

操作步骤如下：

命令：“大圆弧标注”
拾取圆弧：（拾取图 5-31 所示圆弧）
第一引出点：（移动光标，单击鼠标左键，确定第一引出点）
第二引出点：（移动光标，单击鼠标左键，确定第二引出点）
定位点：（移动光标，单击鼠标左键，确定标注定位点）

执行上述操作，则可完成如图 5-31 所示的标注。单击鼠标右键或按 Esc 键或按 Enter 键，退出“大圆弧标注”命令。

八、射线标注

射线标注用于生成射线尺寸。

1. 调用“射线标注”功能

（1）单击“标注”主菜单“尺寸标注”子菜单中的“→–射线”命令。

（2）单击“常用”选项卡中“标注”面板内“尺寸标注”功能按钮下拉菜单中的“→–射线”命令。

（3）调用“尺寸标注”功能并在立即菜单选择“射线标注”。

（4）命令行：dimradial。

调用“射线标注”功能，系统弹出如图 5-32 所示的“射线标注”立即菜单。

2. 说明

调用“射线标注”功能后，系统提示“第一点”；指定第一点后，系统提示“第二点”；指定第二点后，立即菜单变为如图 5-33 所示内容，并提示“定位点”。

图 5-32 “射线标注”立即菜单 1

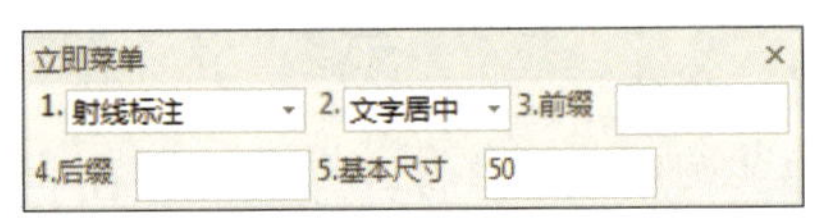

图 5-33 “射线标注”立即菜单 2

尺寸值默认为第一点到第二点的距离，也可以输入尺寸值。然后拖动尺寸值，在适当位置指定文字定位点即完成射线标注。

3. 示例

图 5-34 所示为射线标注示例。

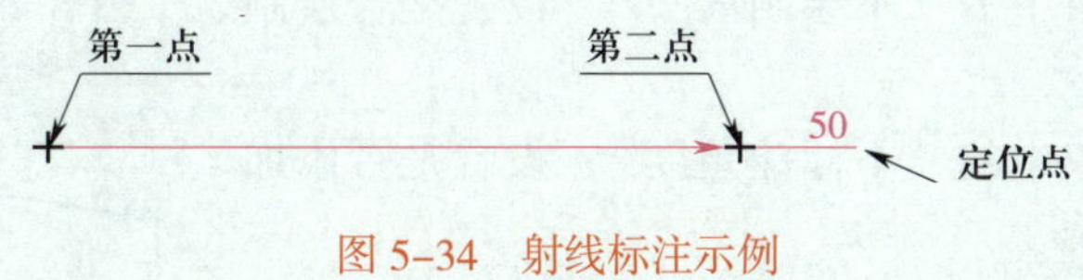

图 5-34　射线标注示例

操作步骤如下：

命令："射线标注"
第一点：（拾取第一点）
第二点：（拾取第二点）
定位点：（拾取定位点）

执行上述操作，则可完成如图 5-34 所示的标注。单击鼠标右键，系统弹出"尺寸标注属性设置"对话框，单击"退出"按钮，退出"射线标注"命令。

九、锥度 / 斜度标注

锥度 / 斜度标注用于标注锥度或斜度。

1. 调用"锥度 / 斜度标注"功能

（1）单击"标注"主菜单"尺寸标注"子菜单中的"锥度 / 斜度"命令。

（2）单击"常用"选项卡中"标注"面板内"尺寸标注"功能按钮下拉菜单中的"锥度 / 斜度"命令。

（3）调用"尺寸标注"功能并在立即菜单选择"锥度 / 斜度标注"。

（4）命令行：gradientdim。

调用"锥度 / 斜度标注"功能，系统弹出如图 5-35 所示的"锥度 / 斜度标注"立即菜单。

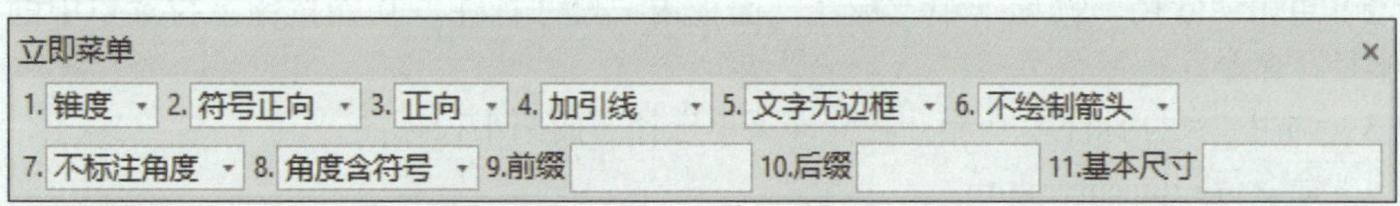

图 5-35　"锥度 / 斜度标注"立即菜单

2. 说明

（1）单击立即菜单中的"锥度"可以切换为"斜度"。锥度的默认尺寸值为被标注直线相对轴线高度差的两倍与直线长度的比值，用 1∶X 表示；斜度的默认尺寸值为被标注直线相对轴线高度差与直线长度的比值，用 1∶X 表示。

（2）单击立即菜单中的"符号正向"可以切换为"符号反向"，用来调整锥度或斜度符号的方向。

（3）单击立即菜单中的“正向”可以切换为“反向”，用来调整锥度或斜度标注文字的方向。

（4）单击立即菜单中的“加引线”，设置是否添加引线。

（5）单击立即菜单中的“文字无边框”，设置标注的文字是否加边框。

（6）单击立即菜单中的“不绘制箭头”，设置是否绘制引出线的箭头。

（7）单击立即菜单中的“不标注角度”，设置是否添加角度标注。

设置立即菜单的参数后，先拾取轴线，再拾取直线。拾取直线后，立即菜单中的“11. 基本尺寸”编辑框显示默认尺寸值，用户也可以输入尺寸值。用光标拖动尺寸线，在适当位置确定文字定位点即完成锥度或斜度标注。

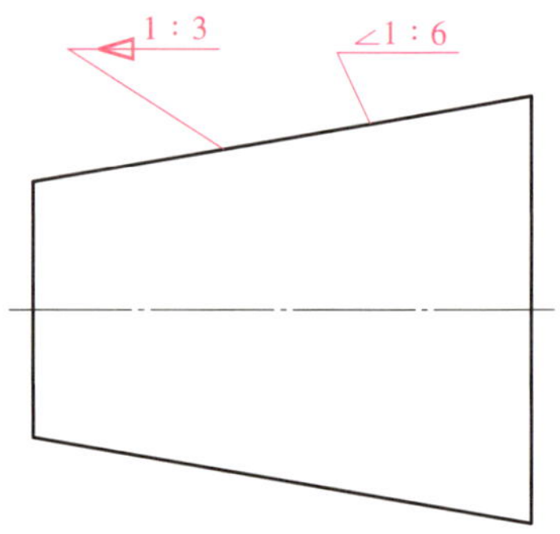

3. 示例

图 5-36 所示为锥度 / 斜度标注示例。

图 5-36　锥度 / 斜度标注示例

操作步骤如下：

命令：“锥度标注”
拾取轴线：（拾取图 5-36 中的中心线）
拾取直线：（拾取图 5-36 中的轮廓线）
定位点：（移动光标，在合适的位置，确定定位点）

执行上述操作，则可标注出图 5-36 中的锥度符号；单击立即菜单中的“锥度”，切换为“斜度”，按上述步骤，则可标注出图 5-36 中的斜度符号。单击鼠标右键或按 Enter 键或按 Esc 键，退出“锥度 / 斜度标注”命令。

十、曲率半径标注

曲率半径标注用于对样条曲线进行曲率半径的标注。

1. 调用“曲率半径标注”功能

（1）单击“标注”主菜单“尺寸标注”子菜单中的“ 曲率半径”命令。

（2）单击“常用”选项卡中“标注”面板内“尺寸标注”功能按钮下拉菜单中的“ 曲率半径”命令。

（3）调用“尺寸标注”功能并在立即菜单选择“曲率半径标注”。

（4）命令行：dimcurvrature。

调用“曲率半径标注”功能，系统弹出如图 5-37a 所示的“曲率半径标注”立即菜单。

2. 说明

系统提示“拾取标注元素或点取第一点”，拾取标注元素，立即菜单变为图 5-37b 所示，系统提示“尺寸线位置”，确定标注尺寸线位置，样条曲线曲率半径标注完成。

单击立即菜单中的第一项，可以选择“文字水平”“文字平行”“ISO 标准”。单击立即菜单中的第二项，可以选择“文字居中”或者“文字拖动”。

3. 示例

图 5-38 所示为曲率半径标注示例。

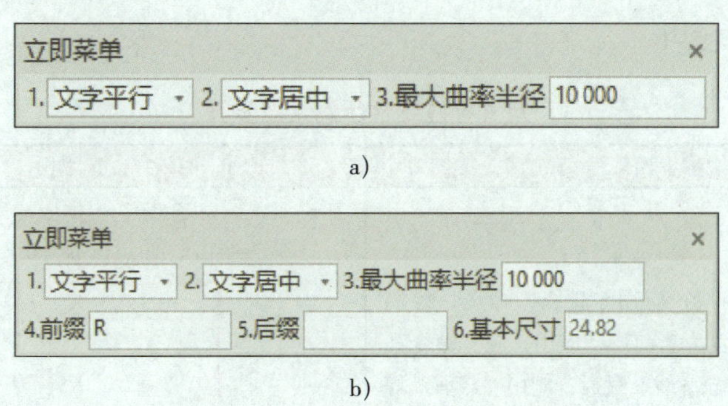

图 5-37 “曲率半径标注”立即菜单

a）拾取标注元素前　b）拾取标注元素后

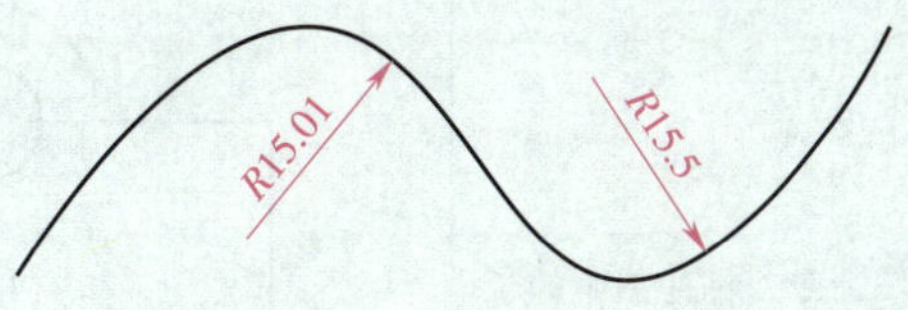

图 5-38　曲率半径标注示例

操作步骤如下：

命令：“曲率半径标注”

拾取标注元素或点取第一点：（拾取图 5-38 中的样条曲线）

尺寸线位置：（随着光标的移动，样条曲线的曲率半径发生变化，单击鼠标左键，确定标注的位置）

执行上述操作，完成曲率半径的标注。单击鼠标右键弹出快捷菜单，单击“确定”按钮，退出“曲率半径标注”命令。

十一、综合示例

例 1　绘制如图 5-39 所示的图形，并标注尺寸。

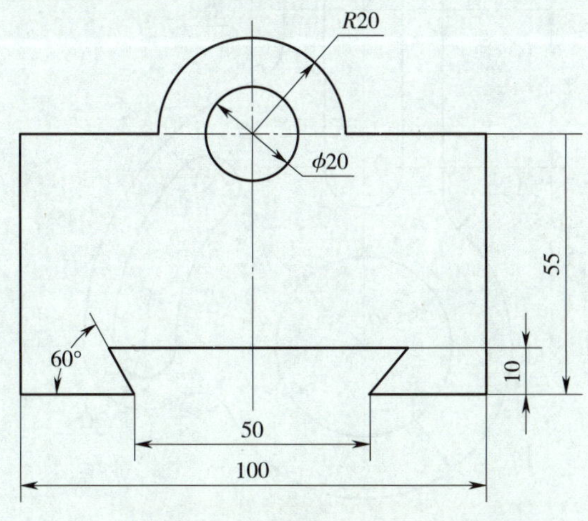

图 5-39　尺寸标注综合示例

绘图步骤参见表 5-1。

表 5-1　　尺寸标注综合示例绘图步骤

绘图步骤	图示
（1）绘制图形 将中心线层置为当前层，应用“直线”命令，绘制中心线。再将粗实线层置为当前层，应用“圆”命令和“直线”命令，绘制零件轮廓线。最后，应用“裁剪”等命令，修改图形	
（2）标注尺寸 应用尺寸标注中的“基本标注”命令，标注图中的长度、角度、直径、半径等尺寸	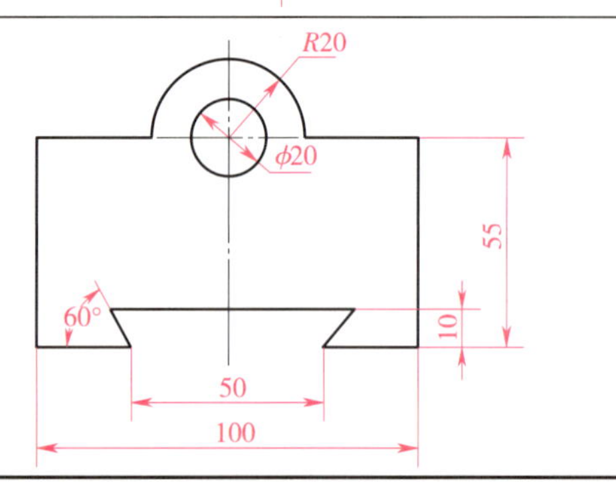

例 2　绘制如图 5-40 所示的挂轮架平面图，并标注尺寸。

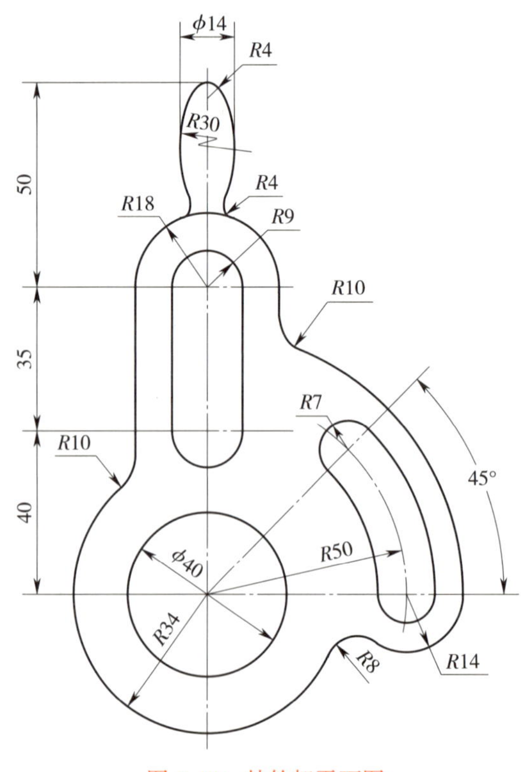

图 5-40　挂轮架平面图

绘图步骤参见表 5-2。

表 5-2　挂轮架平面图绘图步骤

绘图步骤	图示
（1）绘制中心线和定位线 将中心线层置为当前层，绘制中心线和定位线	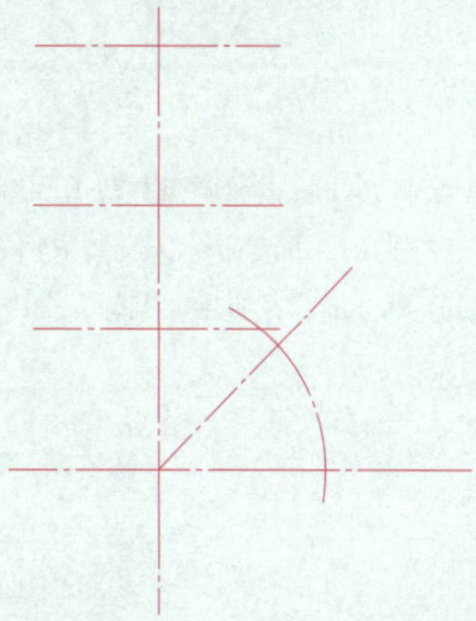
（2）绘制圆 将粗实线层置为当前层，绘制图中的 ϕ40 mm、*R*34 mm、*R*9 mm（两处）、*R*7 mm（两处）、*R*14 mm、*R*18 mm、*R*4 mm 圆	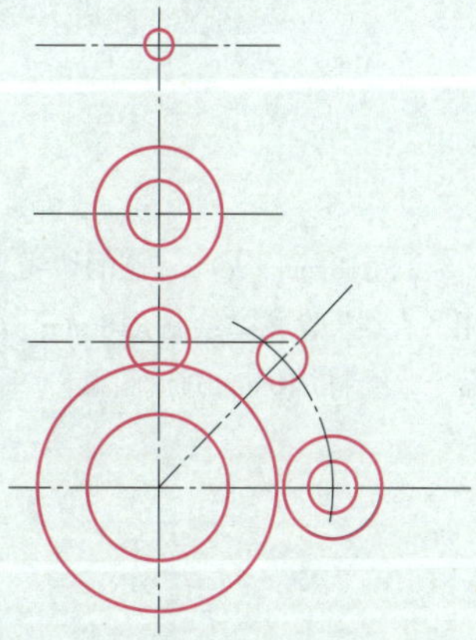
（3）绘制 *R*30 mm 圆弧 应用“等距线”命令，绘制两条与竖直中心线相距 7 mm 的等距线。再应用“两点_半径”圆弧命令绘制 *R*30 mm 圆弧，并应用圆弧的三角形夹点拉伸圆弧。最后应用“镜像”命令，镜像 *R*30 mm 圆弧	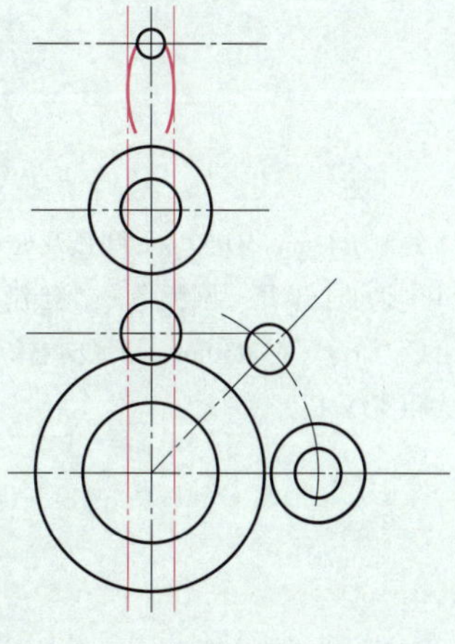

续表

绘图步骤	图示
（4）绘制 *R*4 mm 过渡圆弧并裁剪和删除多余的线条 应用“圆角”过渡命令，绘制 *R*4 mm 过渡圆弧。应用“裁剪”命令，裁剪 *R*4 mm 圆，应用“删除”命令删除两条中心线的等距线	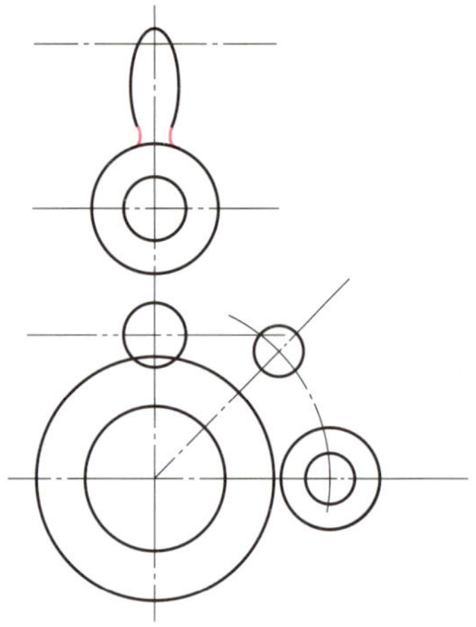
（5）绘制 *R*18 mm、*R*9 mm 圆的切线及 *R*10 mm 过渡圆弧 应用“直线”命令，绘制 *R*18 mm、*R*9 mm 圆的切线。应用“圆角”过渡命令，绘制 *R*10 mm 过渡圆弧	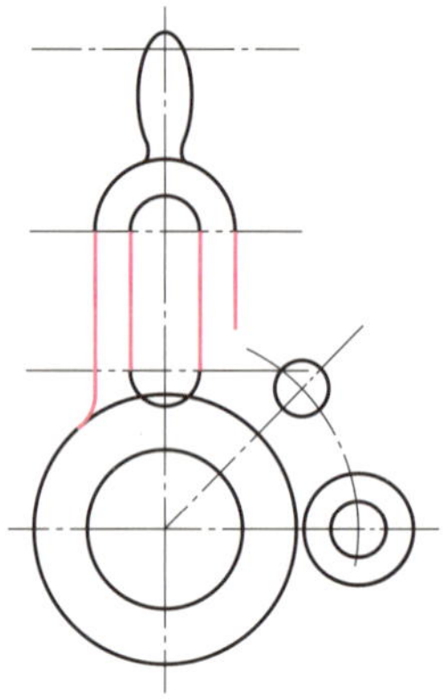
（6）绘制 *R*43 mm、*R*57 mm 圆弧及 *R*64 mm 圆弧 应用“两点_半径”圆弧命令，绘制 *R*43 mm、*R*57 mm 圆弧。应用“等距线”命令，将 *R*50 mm 圆弧向右等距 14 mm，并将该圆弧的线型修改为粗实线	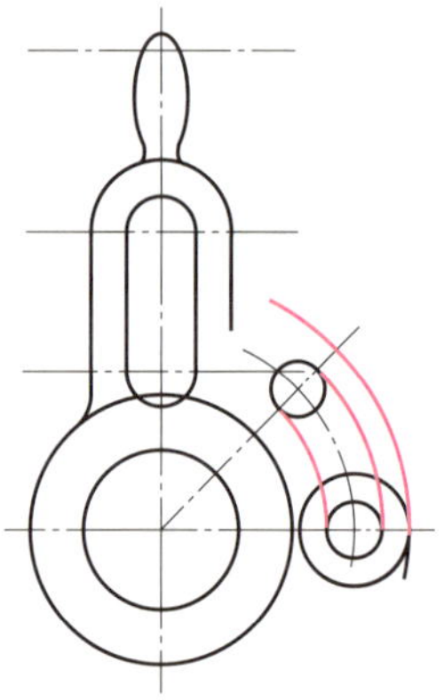

续表

绘图步骤	图示
（7）绘制 $R10$ mm、$R8$ mm 过渡圆弧，并编辑图形使其符合机械制图标准 应用“圆角”过渡命令绘制 $R10$ mm、$R8$ mm 过渡圆弧，应用“裁剪”和“打断”命令修改绘制的图形，使其符合机械制图标准	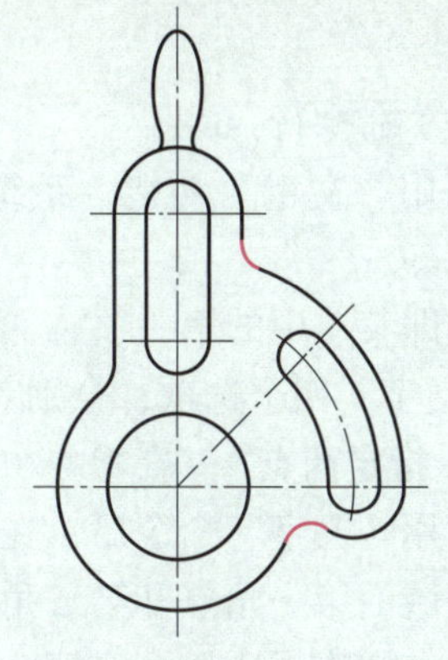
（8）标注尺寸 应用“基本标注”命令，标注图中的圆、圆弧、角度等尺寸；应用“连续标注”命令，标注 40 mm、35 mm、50 mm 尺寸；应用“大圆弧标注”命令，标注 $R30$ mm 尺寸	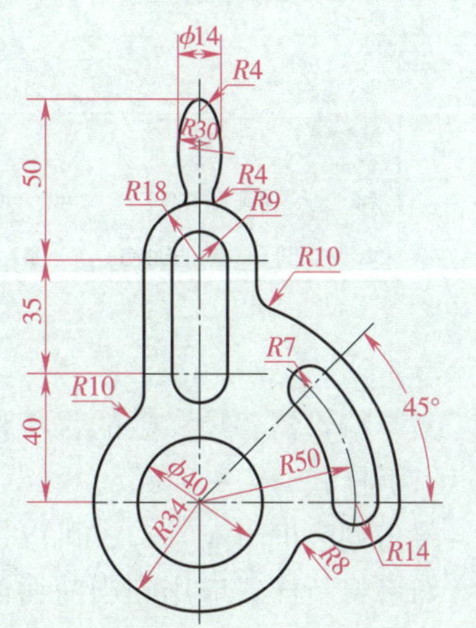

第二节　文字标注

文字是图样中很重要的组成元素，是机械制图和工程制图中不可缺少的内容。在一个完整的图样中，通常都包含一些文字注释来标注图样中的一些非图形信息。如机械工程图样中的标题栏、明细栏、技术要求等都需要填写文字。

一、文字功能

文字功能用于在当前 CAXA 电子图版文件中生成文字对象。用以下方式可以调用“文字”功能：

（1）单击“绘图”主菜单“文字”子菜单中的“A 文字”命令。

（2）单击“绘图工具”工具条上的“文字”按钮 A 。

（3）单击“标注”选项卡中“文字”面板内的“ A 文字”按钮。

（4）命令行：text。

调用“文字”功能，系统弹出如图 5-41 所示的“文字”立即菜单。

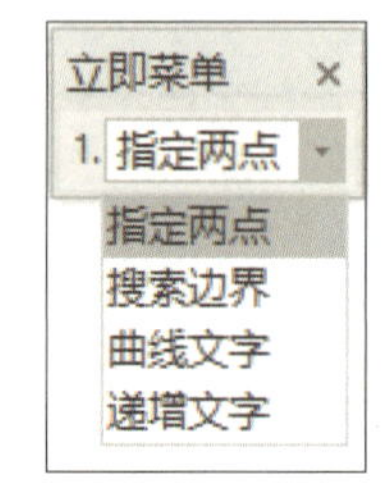

图 5-41 “文字”立即菜单

立即菜单中的第一项有“指定两点”“搜索边界”“曲线文字”“递增文字”四个选项，分别对应生成文字的四种方式，下面分别介绍。

1. 指定两点

应用“文字”命令后，在立即菜单选择“指定两点”，根据提示用鼠标指定要标注文字矩形区域的第一角点和第二角点。系统弹出文本框和文本编辑器（见图 5-42）。设置文字参数后，在文本框中输入文字，然后单击文本编辑器中的“确定”按钮即可完成“指定两点”文字的输入。

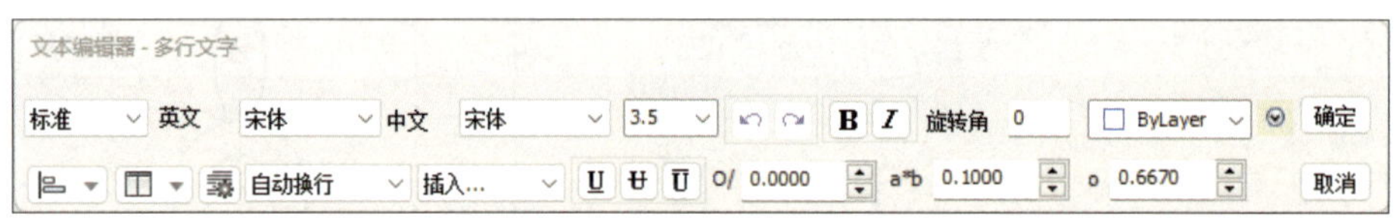

图 5-42 文本编辑器

文本编辑器各项参数的含义和用法如下：

（1）样式

单击列表框 标准 ，可以选择要生成文字的文字风格，文字风格的切换对整段文字有效。如果将新样式应用到当前编辑的文字对象中，用于字体、高度和粗体或斜体属性的字符格式将被替代。下划线和颜色属性将保留在应用了新样式的字符中。

（2）字体

单击“英文”和“中文”右侧的列表框，可以为新输入的文字指定字体或改变选定文字的字体。

（3）文字高度

单击列表框 3.5 ，可以设置新文字的字符高度或改变选定文字的高度。

（4）角度

在“旋转角”右侧的编辑框中，可以为新输入的文字设置旋转角度或改变已选定文字的旋转角度。横写文字时旋转角为一行文字的延伸方向与坐标系的 X 轴正方向按逆时针方向测量的夹角；竖写文字时旋转角为一列文字的延伸方向与坐标系的 Y 轴负方向按逆时针方向测量的夹角。旋转角的单位为度。

（5）颜色

单击列表框 ByLayer ，可以指定新文字的颜色或更改选定文字的颜色。

（6）粗体

单击按钮 **B** ，可以打开或关闭新文字或选定文字的粗体格式。此选项仅适用于使用

TrueType 字体的字符。

（7）倾斜

单击按钮 *I* ，可以打开或关闭新文字或选定文字的斜体格式。此选项仅适用于使用 TrueType 字体的字符。

（8）下划线

单击按钮 U，可以为新文字或选定文字打开或关闭下划线。

（9）中划线

单击按钮 U，可以为新文字或选定文字打开或关闭中划线。

（10）上划线

单击按钮 U，可以为新文字或选定文字打开或关闭上划线。

（11）插入符号

单击列表框 插入... ，可以插入各种特殊符号，包括直径符号、角度符号、正负号、偏差、上下标、分数、粗糙度、尺寸特殊符号等。

（12）换行

单击列表框 自动换行 ，可以选择“自动换行”“压缩文字”“手动换行”，可设置文字的换行方式。“自动换行”是指文字到达指定区域的右边界（横写时）或下边界（竖写时）时，自动以汉字、单词、数字或标点符号为单位换行，并可以避头尾字符，使文字不会超过边界（例外情况：当指定的区域很窄而输入的单词、数字或分数等很长时，为保证不将一个完整的单词、数字或分数等结构拆分到两行，生成的文字会超出边界）。“压缩文字”是指当指定的文字参数会导致文字超出指定区域时，系统自动修改文字的高度、中西文宽度系数和字符间距系数，以保证文字完全在指定的区域内。“手动换行”是指在输入标注文字时只要按 Enter 键，就能完成文字换行。

（13）对齐

单击按钮 ，弹出“左上”“中上”“右上”“左中”“居中”“右中”“左下”“中下”“右下”九个选项，通过该按钮可设置文字的对齐方式。

（14）分栏

单击按钮 ，弹出“不分栏”、“动态分栏”（包括手动高度和自动高度）、“静态分栏”、“插入分栏符”、“分栏设置”五个选项，通过该按钮，可以设置文字的分栏状态（系统默认为不分栏状态）。“插入分栏符”选项默认为灰色不可选状态，只有成功分栏后才可以插入分栏符作为分栏界限。

（15）段落设置

单击按钮 ，可弹出如图 5–43 所示“段落设置”对话框，可以通过“制表位”“左缩进”“右缩进”“段落对齐”“段落间距”“段落行距”，对文本进行段落设定。

2. 搜索边界

调用“文字”功能后，在立即菜单选择“搜索边界”，根据提示指定边界内一点和边界间距系数，然后系统将弹出文本框和文本编辑器（见图 5–42）。文字编辑方法同“指定两点”时一致。

3. 曲线文字

调用“文字”功能后，在立即菜单选择“曲线文字”，系统提示“拾取曲线”，拾取曲

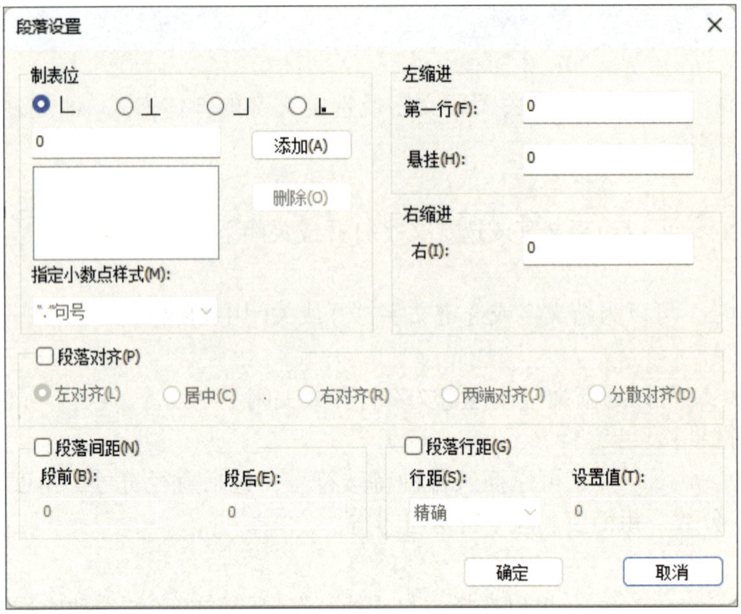

图 5-43 “段落设置”对话框

线后，则会提示“拾取文字标注的方向”，指定文字方向后，拾取起点和终点，弹出如图 5-44 所示的“曲线文字参数”对话框。在“文字内容”右侧的编辑框内可以输入文字，单击“插入”列表框可以插入各种符号。

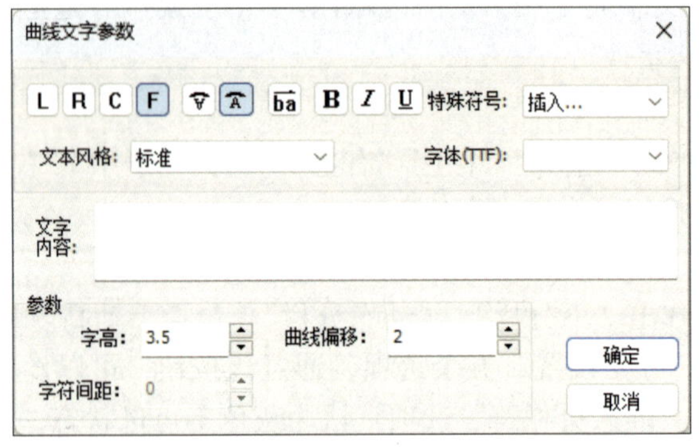

图 5-44 “曲线文字参数”对话框

“曲线文字参数”对话框的各种参数和含义说明如下：

（1）对齐方式

单击按钮 L ，设置文字左对齐；单击按钮 R ，设置文字右对齐；单击按钮 C ，设置文字居中对齐；单击按钮 F ，设置文字均布对齐。

（2）文字方向

单击按钮 、 、 ，可以设置文字的书写方向。

（3）字体

单击按钮 B 、 I 、 U 和列表框 字体(TTF): ，可以设置曲线文字字体。

（4）文本风格

单击“文本风格”列表框，可选择“标准”或“机械”文本风格。

（5）字高

通过“字高”右侧的编辑框，可设置文字高度。

（6）字符间距

通过“字符间距”右侧的编辑框，可设置文字的字符间距大小。

（7）曲线偏移

通过“曲线偏移”右侧的编辑框，可设置文字与曲线的偏移距离。

设置好各项参数，输入文字内容，单击“确定”按钮，即可生成曲线文字对象。图 5-45 所示为生成的曲线文字对象。

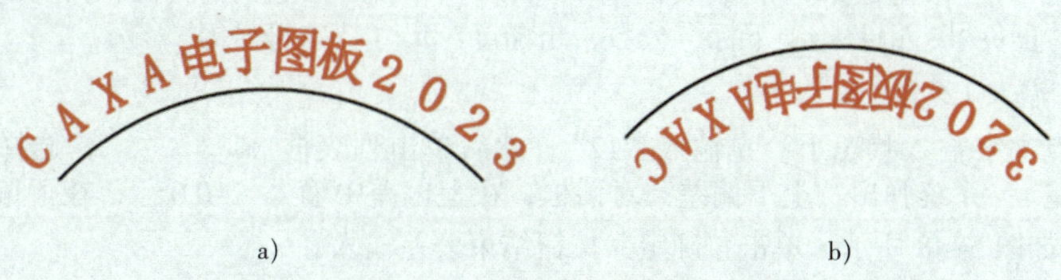

图 5-45　沿曲线生成文字

a）曲线外、文字正向　b）曲线里、文字反向

4. 递增文字

递增文字是指含有字母或数字的单行文字生成相应递增的文字对象。如生成图 5-46 中的“CAXA 电子图板 2022”和“CAXA 电子图板 2023”文字对象。

操作步骤如下：

（1）应用“两点文字”生成单行文字“CAXA 电子图板 2021”。

（2）调用“文字”功能后，在立即菜单选择“递增文字”，系统提示“请拾取单行文字”，拾取单行文字“CAXA 电子图板 2021”，系统提示变为“请选择递增文字参数”，此时，按如图 5-47 所示的立即菜单设置递增文字参数。

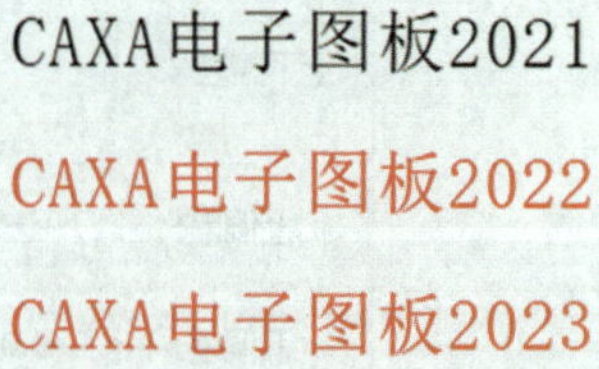

CAXA电子图板2021

CAXA电子图板2022

CAXA电子图板2023

图 5-46　生成递增文字

图 5-47　“递增文字”立即菜单

（3）竖直向下移动光标，单击鼠标左键，确定文字位置，则生成如图 5-46 所示的递增文字。

单击鼠标右键或按 Enter 键或按 Esc 键，退出“递增文字”命令。

二、转义字符

为方便常用符号和特殊格式的输入，CAXA 电子图板规定了一些表示方法，这些方法均以“%”作为开始标志，常见的控制符见表 5-3。

表 5-3　　CAXA 电子图板常用控制符及其功能

控制符	功能
%c	输入直径符号（ϕ）
%p	输入正负号（±）
%d	输入角度符号（°）
%x	输入叉号（×）

三、插入符号

单击图 5-42 和图 5-44 中的列表框 插入... ，可以插入各种特殊符号，如直径符号、角度符号、正负号、偏差、上下标、分数、粗糙度、尺寸特殊符号等。

例 1　输入 $12^{+0.05}_{-0.04}$。

在两点文字输入状态下，先输入“12”，然后单击列表框 插入... ，选择下拉列表中的“偏差”，系统弹出“上下偏差”对话框，在上偏差中输入“+0.05”，在下偏差中输入“−0.04”，如图 5-48 所示。单击“确定”按钮结束公差输入。

注意：输入的上偏差必须大于下偏差。上下偏差必须加正负号，等于 0 时可以不输。

例 2　输入$\frac{1}{2}$。

在两点文字输入状态下，单击列表框 插入... ，选择下拉列表中的“分数”，系统弹出“分数”对话框，在分子中输入“1”，在分母中输入“2”，如图 5-49 所示。单击“确定”按钮结束分数输入。

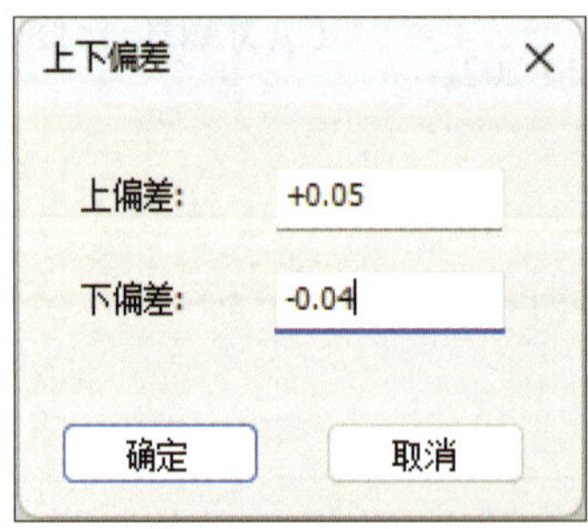

图 5-48　“上下偏差”对话框

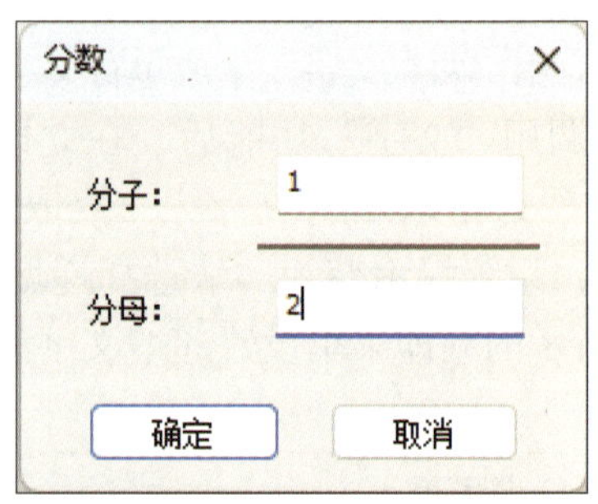

图 5-49　“分数”对话框

例 3　输入表面结构代号$\sqrt{Ra\ 1.6}$。

在两点文字输入状态下，单击列表框 插入... ，选择下拉列表中的“粗糙度”，系统弹出“表面粗糙度”对话框，在表面粗糙度符号下侧框中输入“Ra1.6”，如图 5-50 所示。单击“确定”按钮结束表面结构代号的输入。

注意：按上述步骤输入的表面结构代号中的“Ra”为正体，国家标准要求“Ra”为斜体，可应用“分解”命令，将表面结构代号进行分解，然后再选择字符“Ra”，将其字体改为斜体。

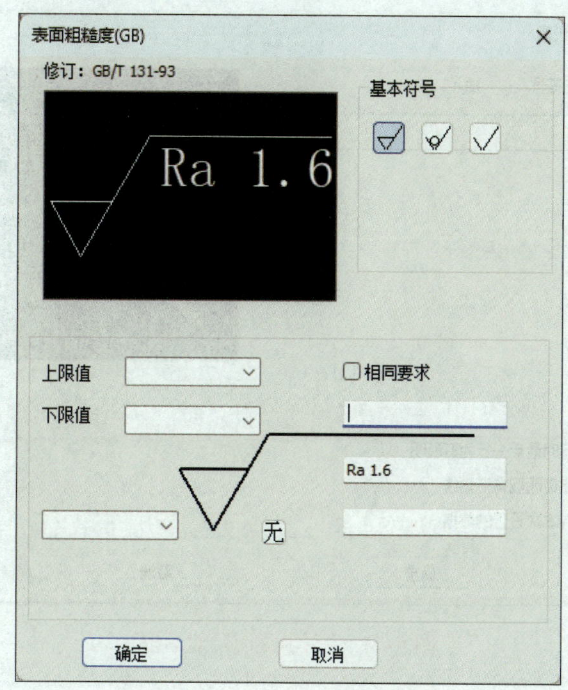

图 5-50 “表面粗糙度”对话框

四、引出说明

引出说明用于标注引出注释，由文字和引出线组成。引出点处可带箭头，文字可输入中文和西文。

1. 调用“引出说明”功能

（1）单击“标注”主菜单中的“ 引出说明”命令。

（2）单击“标注”工具条上的“引出说明”按钮 。

（3）单击“常用”选项卡中“标注”面板内“符号”功能按钮下拉菜单中的“ 引出说明”命令。

（4）命令行：ldtext 或 qleader 或 le。

调用“引出说明”功能，系统弹出如图 5-51 所示的“引出说明”对话框。

2. 说明

在对话框中输入相应上下说明文字，若只需一行说明则只输入上说明文字。单击“确定”按钮，进入下一步操作，单击“取消”按钮，结束此命令。单击“确定”按钮后弹出如图 5-52 所示的立即菜单。根据提示输入第一点和第二点后即可完成引出说明标注。

3. 示例

图 5-53 所示为引出说明标注示例，文字方向不同，引出效果不同。

五、技术要求

“技术要求”命令可以快速生成工程图技术要求的说明文字。CAXA 电子图板用数据库文件分类记录了常用的技术要求文本项，可以辅助生成技术要求文本并插入工程图，也可以对技术要求库的文本进行添加、删除和修改。

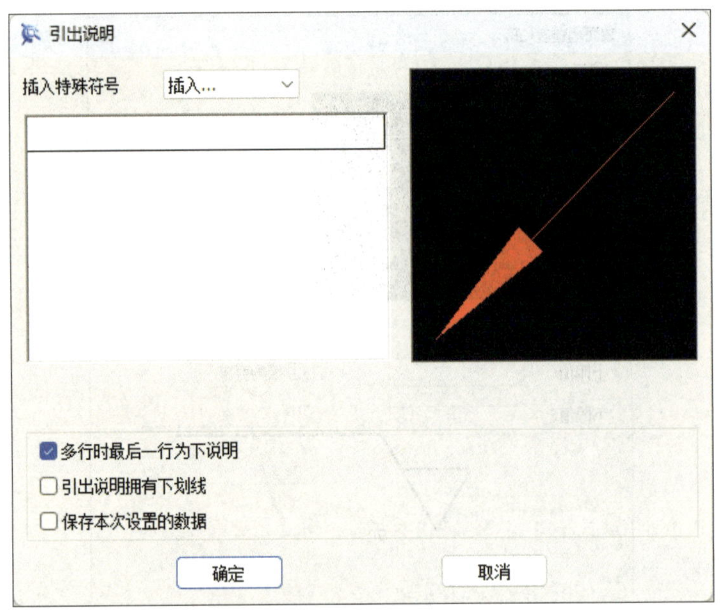

图 5-51 “引出说明”对话框

图 5-52 “引出说明”立即菜单

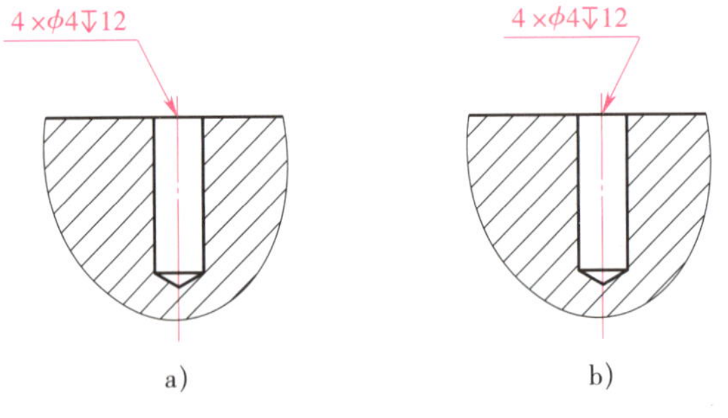

图 5-53 引出说明标注示例

a）文字默认方向 b）文字反向

1. 调用“技术要求”功能

（1）单击“标注”主菜单中的“技术要求”命令。

（2）单击“标注”工具条上的“技术要求”按钮。

（3）单击“标注”选项卡中“文字”面板内的“技术要求”按钮。

（4）命令行：speclib。

调用“技术要求”功能，系统弹出如图 5-54 所示的“技术要求库”对话框。

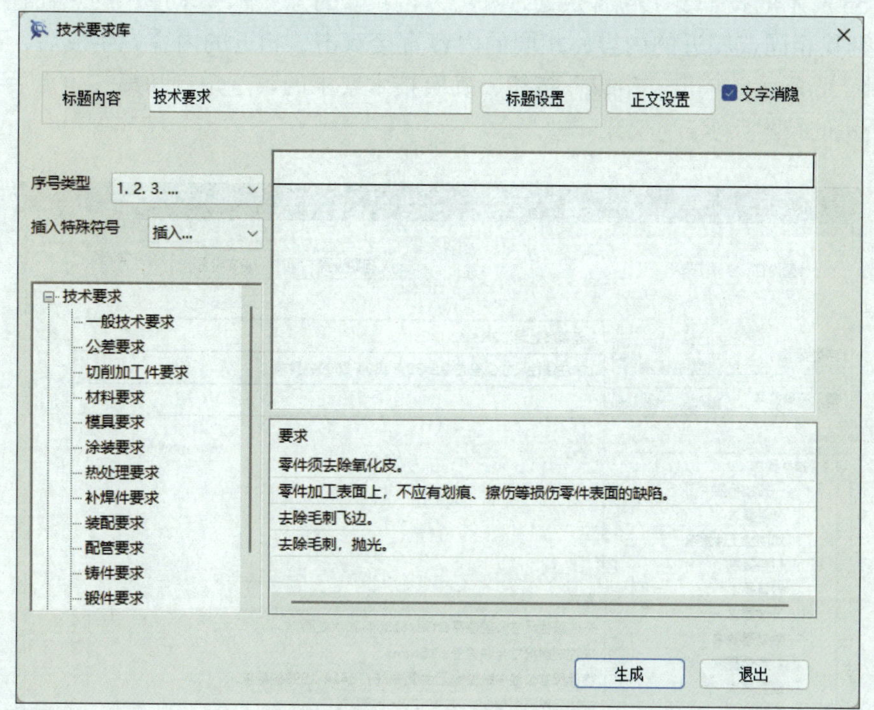

图 5-54 “技术要求库”对话框

2. 说明

（1）左下角的列表框中列出了所有已有的技术要求类别，右下角的表格中列出了当前类别的所有文本项。如果技术要求库中已经有了要用到的文本，则可以用鼠标直接将文本从表格中拖到上面的编辑框中合适的位置，也可以直接在编辑框中输入和编辑文本。

（2）单击“标题设置”和“正文设置”按钮，可以进入“文字参数设置”对话框，修改技术要求中的标题和正文文本要采用的参数。

（3）完成编辑后，单击“生成”按钮，根据提示指定技术要求所在的区域，系统自动生成技术要求。

（4）技术要求库的管理工作也在此对话框中进行。选择左下角列表框中的不同类别，右下角的表格中的内容随之变化。要修改某个文本项的内容，只需直接在表格中双击文本即可修改；要删除文本项，则单击相应行，再按 Delete 键删除。完成管理工作后，单击“确定”按钮生成技术要求，或单击“退出”按钮退出对话框。

3. 示例

生成如图 5-55 所示的技术要求。

技术要求

1.经调质处理，28～32HRC。

2.未注线性尺寸公差应符合GB/T1804—2000的要求。

图 5-55 技术要求标注示例

图 5-55 所示的技术要求包含热处理和公差两项。可从技术要求库中的热处理要求和公差要求中查找相同或相近的内容，相同的内容直接双击，相近的内容先生成后，再进行修改，如图 5-56 所示。单击“生成”按钮，确定技术要求的第一角点和第二角点后，生成如图 5-55 所示的技术要求。

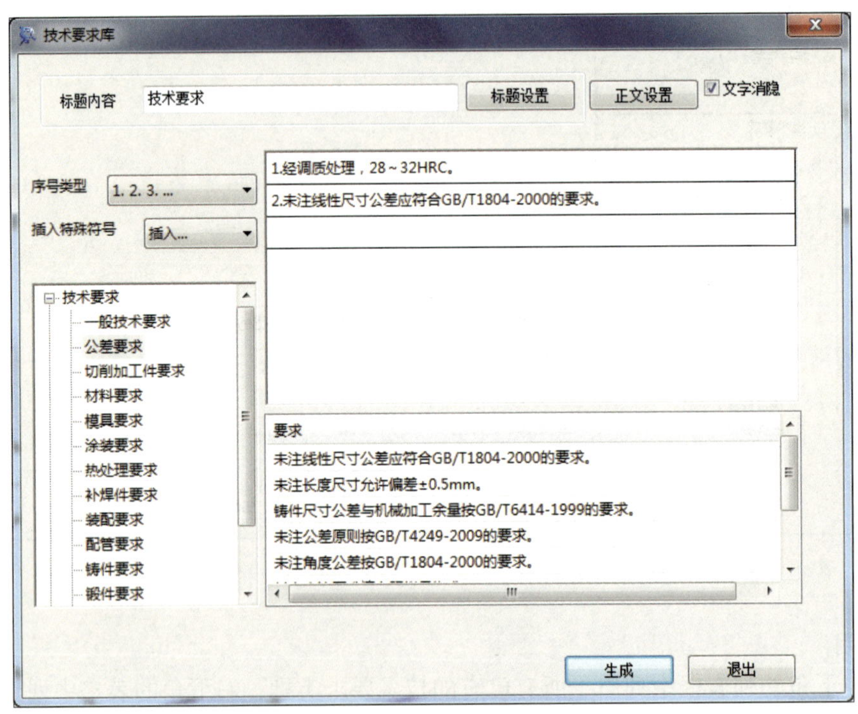

图 5-56　生成技术要求

六、综合示例

绘制如图 5-57 所示的图形，并标注图中尺寸和文字。

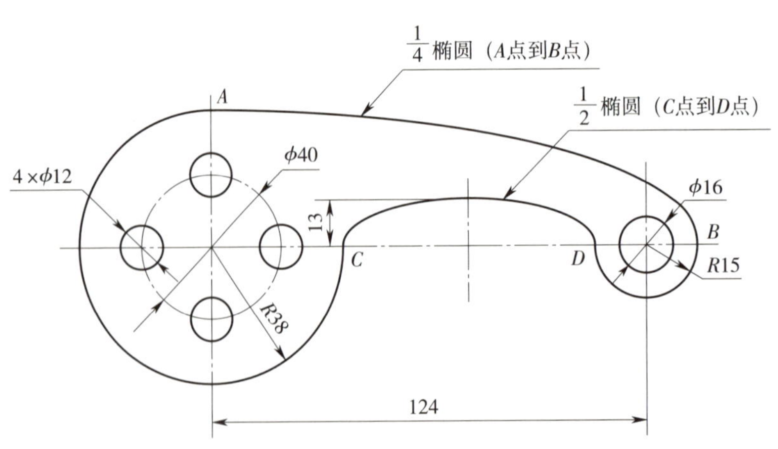

图 5-57　文字标注综合示例

绘图步骤参见表 5–4。

表 5–4　　　　文字标注综合示例绘图步骤

绘图步骤	图示
（1）绘制中心线 将中心线层置为当前层，根据图 5–57 所示尺寸，绘制中心线	
（2）绘制零件轮廓线 将粗实线层置为当前层，应用“圆”命令和“椭圆”命令，绘制轮廓线，并裁剪多余线条	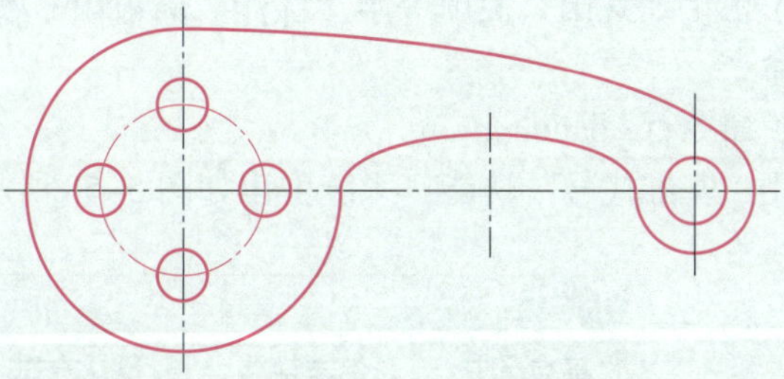
（3）标注尺寸 应用“基本标注”命令，标注图中各尺寸；并应用“引出说明”标注 1/2 椭圆和 1/4 椭圆	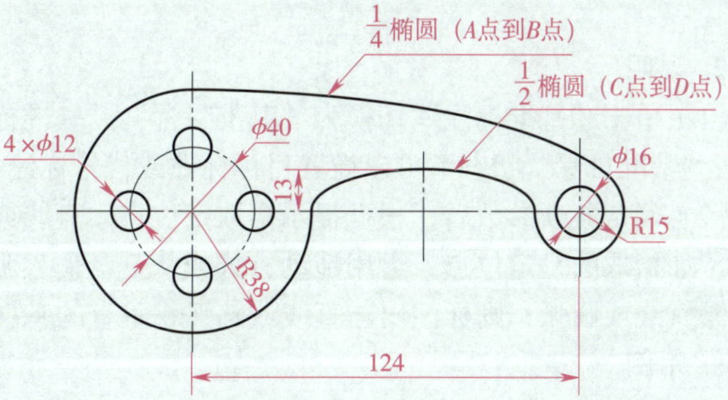 $\frac{1}{4}$椭圆（A点到B点） $\frac{1}{2}$椭圆（C点到D点） 4×ϕ12 ϕ40 ϕ16 13 R15 R38 124
（4）标注字母，调整文字 应用“文字”命令，标注字母 *A*、*B*、*C*、*D*；应用“分解”命令，将引出说明和半径标注分解，将引出说明中的字母和半径标注中“R”的字体改为斜体，将引出说明中分数的字号设置为“5”	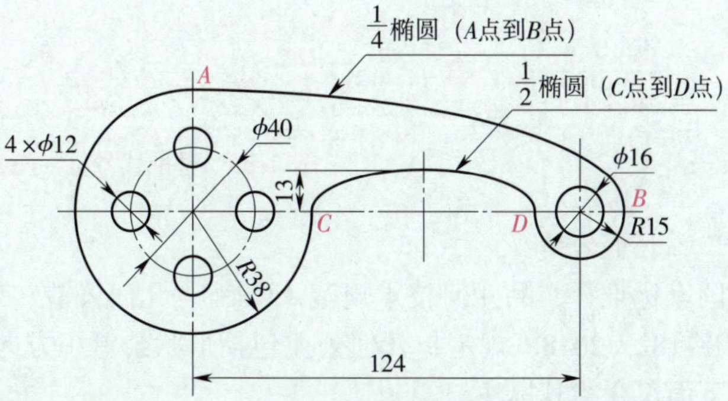 $\frac{1}{4}$椭圆（*A*点到*B*点） $\frac{1}{2}$椭圆（*C*点到*D*点） *A* 4×ϕ12 ϕ40 ϕ16 13 *B* *C* *D* *R*15 *R*38 124

第三节　工程标注

一、基准代号

“基准代号”功能用于标注几何公差中的基准部位的代号。

1. 调用“基准代号”功能

（1）单击“标注”主菜单中的“基准代号”命令。

（2）单击“标注”工具条上的“基准代号”按钮。

（3）单击“常用”选项卡中“标注”面板内“符号”功能按钮下拉菜单中的“基准代号”命令。

（4）命令行：datum。

调用“基准代号”功能，系统弹出如图 5-58 所示的“基准代号”立即菜单。

图 5-58　“基准代号”立即菜单

2. 说明

（1）单击“基准标注”切换为“基准目标”。“基准标注”状态下可以设置基准的方式和名称，“基准目标”状态下可以设置目标标注或代号标注。

（2）确定各项参数后，根据提示拾取定位点、直线或圆弧并确认标注位置即可生成基准代号。如拾取的是定位点，可用拖动方式或从键盘输入旋转角来完成基准代号的标注。如拾取的是直线或圆弧，则标注出与直线或圆弧相垂直的基准代号。

3. 示例

图 5-59 所示为基准代号标注示例。

图 5-59　基准代号标注示例

二、几何公差

国家标准《产品几何技术规范（GPS）　几何公差　形状、方向、位置和跳动公差标注》（GB/T 1182—2018）规定，几何公差包括形状公差、方向公差、位置公差和跳动公差四项内容，下面仅介绍其标注。

1. 调用“形位公差”功能

（1）单击“标注”主菜单中的“ 形位公差”命令。

（2）单击“标注”工具条上的“形位公差”按钮 。

（3）单击“常用”选项卡中“标注”面板内“符号”功能按钮下拉菜单中的“ 形位公差”命令。

（4）命令行：fcs 或 tolerance 或 tol。

调用“形位公差”功能后，系统弹出如图 5-60 所示的“形位公差”对话框。

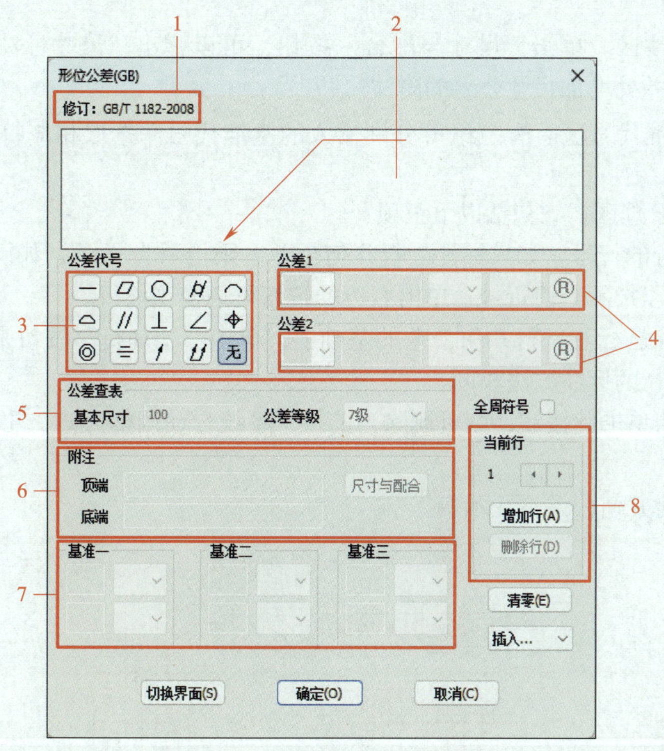

图 5-60 “形位公差”对话框

2. 说明

在“形位公差”对话框中选择公差代号并设置各项参数后，单击“确定”按钮，在立即菜单中选择“水平标注”或者“铅垂标注”。然后根据提示拾取标注元素并输入引线转折点后，即完成几何公差的标注。

（1）1 区显示软件使用的国家标准。注意：GB/T 1182—2018 已经替代了 GB/T 1182—2008。

（2）2 区为预显区，显示填写与布置的结果。

（3）3 区为几何公差代号区，它排列出了所有几何公差的代号按钮，用户单击某一按钮，即在预显图形区显示相应的公差符号。

（4）4 区为几何公差数值区，它包括以下内容：

1）公差符号。可选择直径 ϕ 或球半径 SR 等符号的输出。

2）数值输入框。用于输入几何公差数值。

3）形状限定。单击下拉按钮弹出下拉菜单，有（空）、（-）、（+）、(▷)、(◁)五个选项。选择（空）表示对形状没有限制，选择（-）只许中间向材料内凹下，选择（+）只许中间向材料外凸起，选择(▷)只许从左至右减小，选择(◁)只许从右至左减小。

4）相关原则。单击下拉按钮弹出下拉菜单，可选项包括（空）、Ⓟ、Ⓜ、Ⓔ、Ⓛ、Ⓕ六个选项。其中，（空）表示没有要求，Ⓟ表示延伸公差带，Ⓜ表示最大实体要求，Ⓔ表示包容要求，Ⓛ表示最小实体要求，Ⓕ表示非刚性零件的自由状态条件。

（5）5区为公差查询区。在选择公差代号、输入基本尺寸和选择公差等级以后，自动给出公差值。

（6）6区为附注区。单击“尺寸与配合”按钮，可以弹出“尺寸标注属性设置”对话框，可以在几何公差处增加尺寸公差的附注。

（7）7区为基准代号区。有三组可分别输入的基准代号和选取相应符号（如Ⓜ、Ⓔ、Ⓛ）的分区。

（8）8区为行管理区。它包括以下三项：

1）指示当前行的行号。如只标注一行几何公差，则指示为“1”，如同时标注多行几何公差，则用此项可以指示当前行号，单击右边的按钮可切换当前行。

2）增加行。在已标注一行几何公差的基础上，单击“增加行”按钮来标注新行，新行的标注方法同第一行的标注方法相同。

3）删除行。若单击此按钮，则可删除当前行，系统自动调整为整个几何公差的标注。

3. 示例

图 5-61 所示为几何公差标注示例。

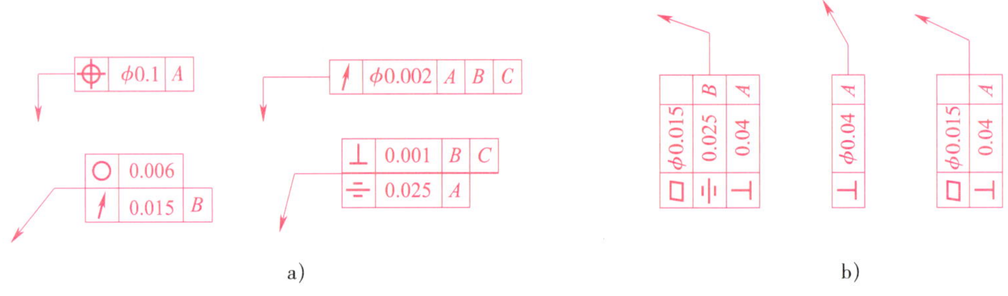

图 5-61 几何公差标注示例

a）水平标注 b）竖直标注

三、表面结构（粗糙度）

“粗糙度”功能用于标注表面结构代号。国家标准《产品几何技术规范（GPS） 技术产品文件中表面结构的表示法》（GB/T 131—2006）规定，零件表面质量用表面结构要求来定义，在图样上用表面结构代号表示。

1. 调用“粗糙度”功能

（1）单击“标注”主菜单中的“ √ 粗糙度”命令。

（2）单击“标注”工具条上的“粗糙度”按钮 √ 。

（3）单击“常用”选项卡中“标注”面板内“符号”功能按钮下拉菜单中的“ √ 粗糙度”命令。

（4）命令行：rough。

调用“粗糙度”功能，系统弹出如图 5–62 所示的“粗糙度”立即菜单。

图 5–62 “粗糙度”立即菜单

2. 说明

立即菜单中的第一项有两个选项，“简单标注”和“标准标注”，即粗糙度标注可分为简单标注和标准标注两种方式。

（1）简单标注

“简单标注”只标注表面处理方法和表面粗糙度值。表面处理方法可通过立即菜单中的第三项选择，其中包括“去除材料”“不去除材料”“基本符号”三个选项；表面粗糙度值可通过立即菜单“4. 数值”输入；立即菜单中的第二项有“默认方式”和“引出方式”两个选项；立即菜单中的第五项有四个选项，分别为“空”“其余”“全部”“下料切边”。

（2）标准标注

切换立即菜单中的第一项为“标准标注”，同时弹出如图 5–63 所示的“表面粗糙度”对话框。注意：GB/T 131—2006 已经替代了 GB/T 131—1993。

对话框中包括了表面粗糙度的各种标注：基本符号、纹理方向、上限值、下限值以及说明标注等，用户可以在预显框里看到标注结果，然后单击“确定”按钮确认。

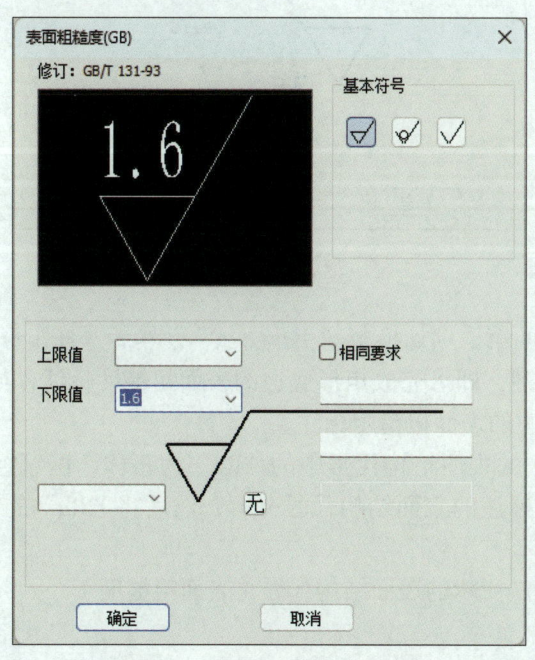

图 5–63 “表面粗糙度”对话框

3. 示例

例 1　标注如图 5-64 所示的表面结构代号（表面粗糙度）。

操作步骤如下：

（1）应用“粗糙度”命令，将立即菜单中的第一项切换为“标准标注”，系统弹出“表面粗糙度”对话框，按图 5-65 所示参数进行设置。

（2）单击图 5-65 中的“确定”按钮，并将立即菜单中的第二项切换至“默认方式”，然后选择矩形的顶边，移动光标，在合适的位置单击鼠标左键，即可完成矩形顶边的表面粗糙度标注，如图 5-66 所示。按照相同的方法，完成矩形左边的表面粗糙度标注。

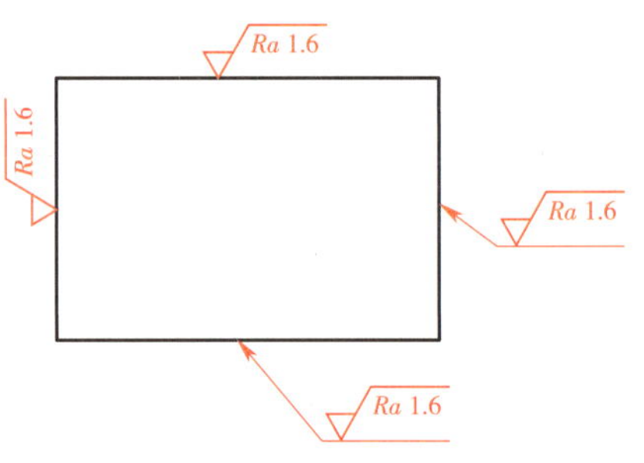

图 5-64　表面结构代号（表面粗糙度）标注示例 1

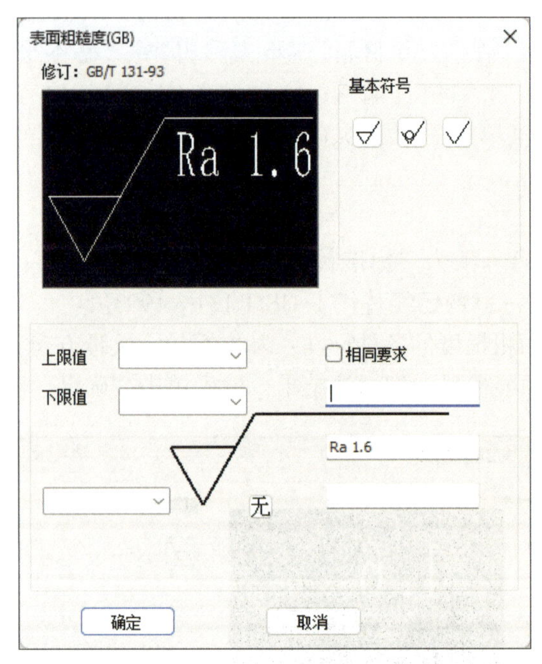

图 5-65　设置“表面粗糙度”参数

（3）将立即菜单中的第二项切换至“引出方式”，然后选择矩形的底边，移动光标，在合适的位置单击鼠标左键，即可完成矩形底边的表面粗糙度标注，如图 5-66 所示。按照相同的方法，完成矩形右边的表面粗糙度标注。

（4）图 5-66 中标注的表面结构代号中的“Ra”为正体，国家标准中的“Ra”为斜体，应用“分解”命令，将标注的表面结构代号分解，然后将“Ra”的字体改为斜体，结果如图 5-64 所示。

例 2　标注如图 5-67 所示的表面结构代号（表面粗糙度）。

操作步骤如下：

（1）应用“粗糙度”命令，将立即菜单中的第一项切换为“标准标注”，系统弹出“表面粗糙度”对话框，按图 5-68 所示参数进行设置。

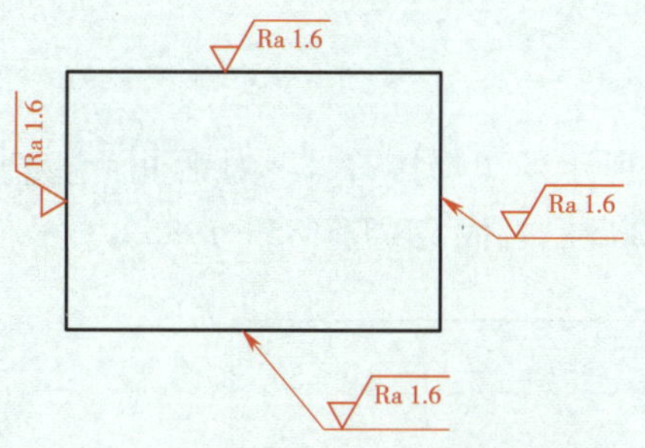

图 5-66　表面结构代号（表面粗糙度）标注

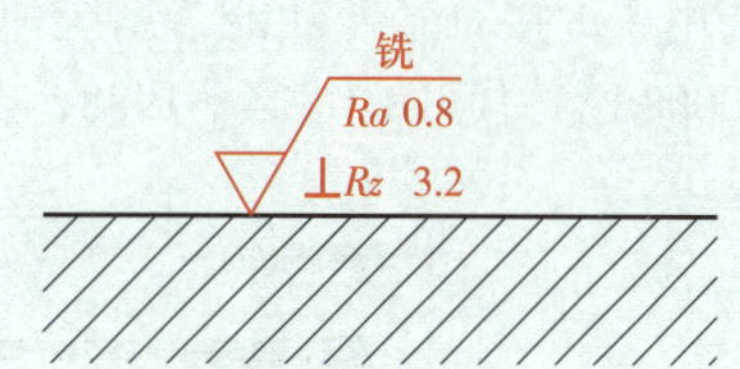

图 5-67　表面结构代号（表面粗糙度）标注示例 2

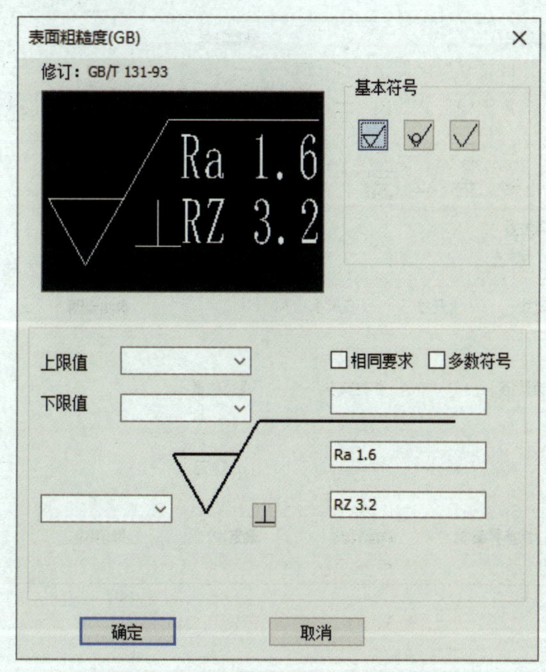

图 5-68　设置“表面粗糙度”参数

（2）单击“确定”按钮，并将立即菜单中的第二项切换至“默认方式”，然后选择水平线，移动光标，在合适的位置单击鼠标左键，即可完成表面粗糙度标注，结果如图 5-69 所示。

（3）应用“分解”命令，将标注的表面结构代号分解，然后将“Ra”和“Rz”的字体改为斜体，结果如图 5-67 所示。

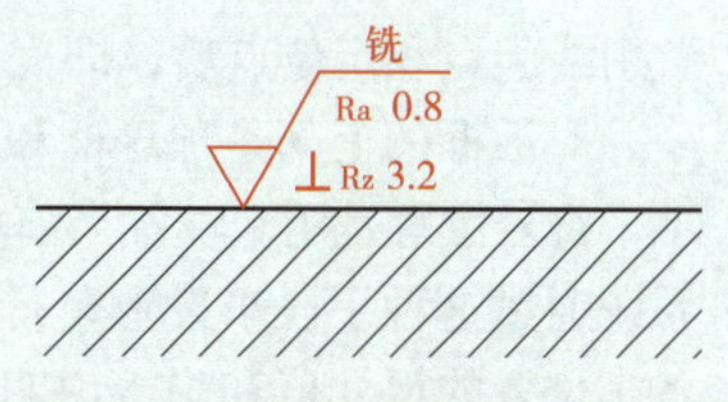

图 5-69　表面结构代号（表面粗糙度）标注

四、焊接符号

“焊接符号”功能用于标注焊接零部件上的焊接符号。

1. 调用“焊接符号”功能

（1）单击“标注”主菜单中的“ 焊接符号”命令。

（2）单击“标注”工具条上的“焊接符号”按钮 。

（3）单击“常用”选项卡中“标注”面板内“符号”功能按钮下拉菜单中的“ 焊接

符号”命令。

（4）命令行：weld。

调用“焊接符号”功能，系统弹出如图 5-70 所示的“焊接符号”对话框。注意：GB/T 324—2008 已替代 GB/T 324—1988，GB/T 5185—2005 已替代 GB/T 5185—1985。

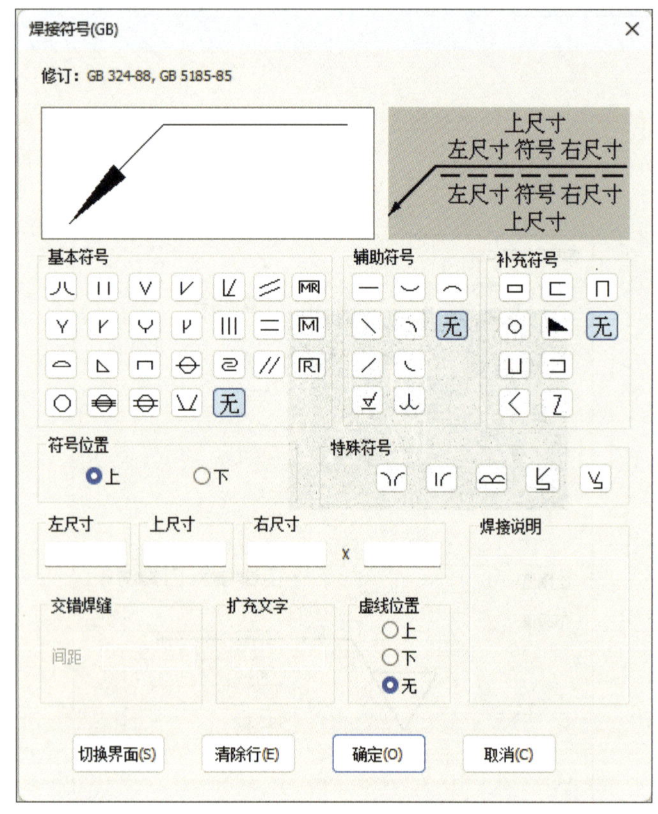

图 5-70 “焊接符号”对话框

2. 说明

在“焊接符号”对话框中，设置所需的选项，单击“确定”按钮确认，根据系统提示设置引线起点和定位点后，即完成焊接符号的标注。

对话框的上部是预显框和单行参数示意图。然后是一系列符号选择按钮和符号位置选择项。符号位置是用来设置当前单行参数是对应基准线以上的部分还是对应基准线以下的部分，系统通过这种手段来设置单行参数的位置。下方是各个位置的尺寸值和焊接说明。对话框的底部用来选择虚线位置和设置交错焊缝的间距，其中，虚线位置是用来表示基准细虚线与实线的相对位置。“清除行”按钮可以将当前的单行参数清零。这里几乎考虑了所有的标注需要，可以满足各种不同场合。

3. 示例

图 5-71 所示为焊接符号标注示例。

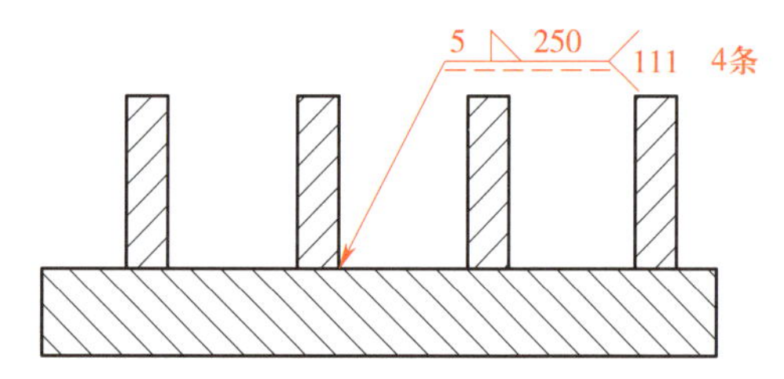

图 5-71 焊接符号标注示例

五、剖切符号

“剖切符号”功能用于标注剖视图和断面图的剖切位置。

1. 调用“剖切符号”功能

（1）单击“标注”主菜单中的“ 剖切符号”命令。

（2）单击“标注”工具条上的“剖切符号”按钮 。

（3）单击“常用”选项卡中“标注”面板内“符号”功能按钮下拉菜单中的“ 剖切符号”命令。

（4）命令行：hatchpos。

调用“剖切符号”功能，系统弹出如图 5-72 所示的“剖切符号”立即菜单。

立即菜单 ×
1. 垂直导航 2. 自动放置剖切符号名

图 5-72 “剖切符号”立即菜单

2. 说明

（1）立即菜单中的第一项有“垂直导航”和“不垂直导航”两个选项；第二项有“自动放置剖切符号名”和“手动放置剖切符号名”两个选项，可根据绘图需要进行选择。

（2）调用“剖切符号”功能后，系统提示“画剖切线轨迹（画线）：指定第一点”，根据制图要求，确定第一点后，系统提示“指定下一点”，单击鼠标左键确定第二点，系统提示“指定下一点，或右键单击选择剖切方向”。单击鼠标右键，系统弹出方向选择箭头，选择剖切方向后，系统弹出“指定剖面名称标注点”，拖动剖面名称到所需位置，单击鼠标左键，这样就完成剖切符号的绘制。此步骤可以重复操作，直至单击鼠标右键结束。

3. 示例

图 5-73 所示为剖切符号标注示例。

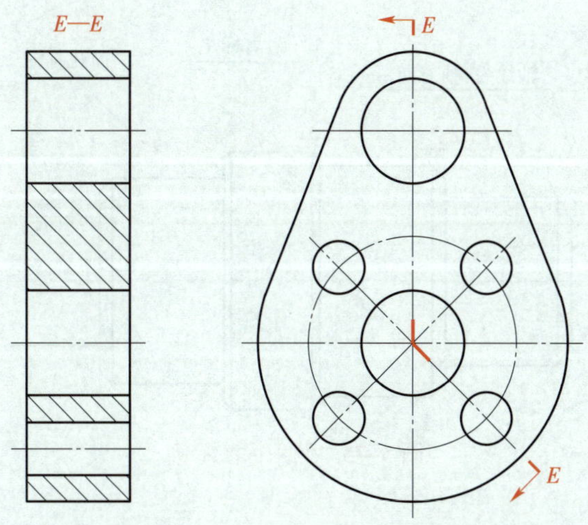

图 5-73 剖切符号标注示例

六、倒角标注

“倒角标注”功能用于标注倒角的尺寸。

1. 调用“倒角标注”功能

（1）单击“标注”主菜单中的“ 倒角标注”命令。

（2）单击“标注”工具条上的“倒角标注”按钮 。

（3）单击“常用”选项卡中“标注”面板内“符号”功能按钮下拉菜单中的“ 倒角标注”命令。

（4）命令行：dimch。

调用“倒角标注”功能，系统弹出如图 5-74 所示的“倒角标注”立即菜单。

图 5-74 “倒角标注”立即菜单

2. 说明

（1）单击立即菜单中的第二项，可以选择倒角线的轴线方向。

1）轴线方向为 x 轴方向时，轴线与 x 轴平行。

2）轴线方向为 y 轴方向时，轴线与 y 轴平行。

3）拾取轴线，即自定义轴线。

（2）用户拾取一段倒角后，立即菜单中显示出该倒角的标注值，可以编辑标注值，再指定尺寸线位置即可。

（3）当倒角角度为 45°时，单击立即菜单中的第四项，选择倒角标注的方式，有“1×1”“1×45°”“45°×1”“*C*1”四种方式。

3. 示例

图 5-75 所示为倒角标注示例。

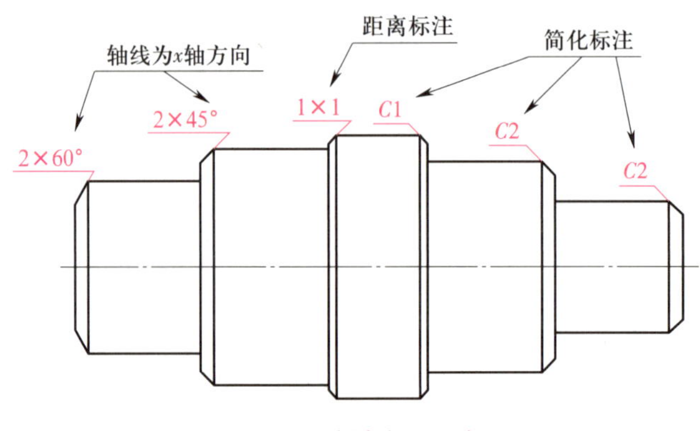

图 5-75 倒角标注示例

七、中心孔标注

“中心孔标注”功能用于标注中心孔的尺寸。

1. 调用“中心孔标注”功能

（1）单击“标注”主菜单中的“ 中心孔标注”命令。

（2）单击“标注”工具条上的“中心孔标注”按钮 。

（3）单击“常用”选项卡中“标注”面板内“符号”功能按钮下拉菜单中的“ 中心

孔标注”命令。

（4）命令行：dimhole。

调用“中心孔标注”功能，系统弹出如图 5–76 所示的“中心孔标注”立即菜单。

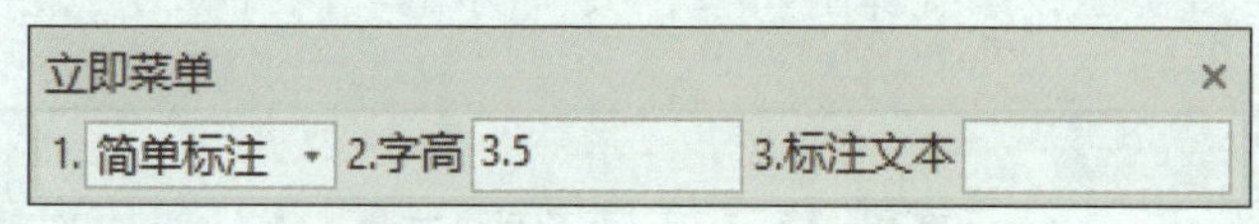

图 5–76 “中心孔标注”立即菜单

2. 说明

中心孔标注有简单标注和标准标注两种方式。

（1）简单标注

简单标注时，可以在立即菜单中设置字高和标注文本，然后根据提示指定中心孔标注的引出点和位置即可。

（2）标准标注

单击如图 5–76 所示立即菜单中的第一项，选择“标准标注”，弹出如图 5–77 所示的“中心孔标注形式”对话框。在对话框中可以选择三种标注形式，以及标注的文字内容、文本风格、文字字高、标注标准。设置完成后单击“确定”按钮，然后选择引出点和位置即可。

3. 示例

图 5–78 所示为中心孔标注示例（以软件中形式进行标注）。

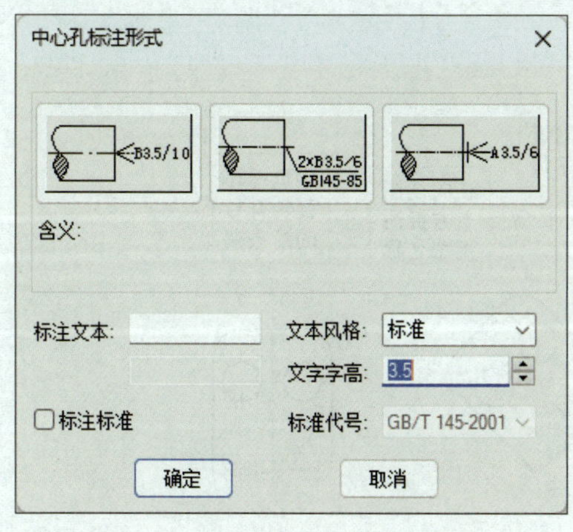

图 5–77 “中心孔标注形式”对话框

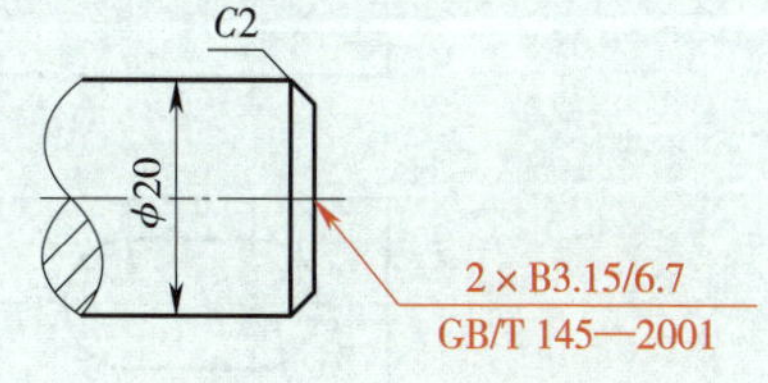

图 5–78 中心孔标注示例

八、向视符号

“向视符号”功能用于向视图的标注。

1. 调用“向视符号”功能

（1）单击“标注”主菜单中的“ A 向视符号”命令。

（2）单击“标注”工具条上的“向视符号”按钮 A。

（3）单击“常用”选项卡中“标注”面板内“符号”功能按钮下拉菜单中的“ A 向视符号”命令。

（4）命令行：drectionsym。

调用“向视符号”功能，系统弹出如图 5-79 所示的“向视符号”立即菜单。

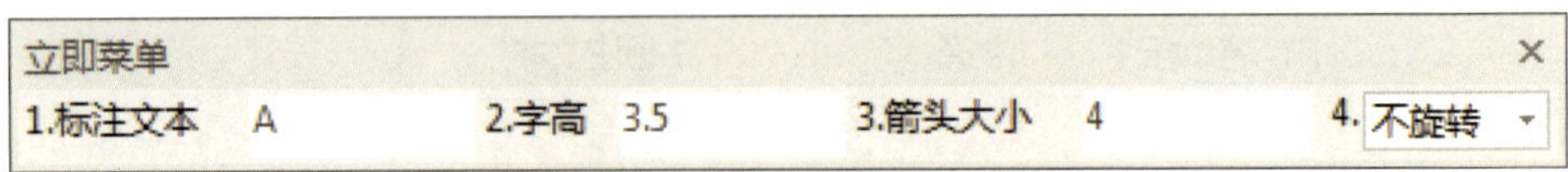

图 5-79 “向视符号”立即菜单

2. 说明

（1）标注文本。确定向视图的字母编号。

（2）字高。确定向视图名称字母的高度。

（3）箭头大小。设置指示投影方向箭头的大小。

（4）不旋转 / 旋转。“不旋转”用于生成正视向视图，“旋转”用于生成旋转向视图。如果选择“旋转”，还有以下立即菜单项：

1）左旋转 / 右旋转。确定旋转箭头标志指向方向。

2）旋转角度。确定向视图名称标注的旋转角度。

确定立即菜单的参数后，即可在绘图区拾取两点，确定向视符号箭头方向，然后确定向视符号字母编号的插入位置。此时如果选择“旋转”，则还要在确定字母位置后，确定旋转箭头符号标志的位置。最后，确定向视图名称的位置，即可结束当前功能。

3. 示例

图 5-80 所示为向视符号标注示例。

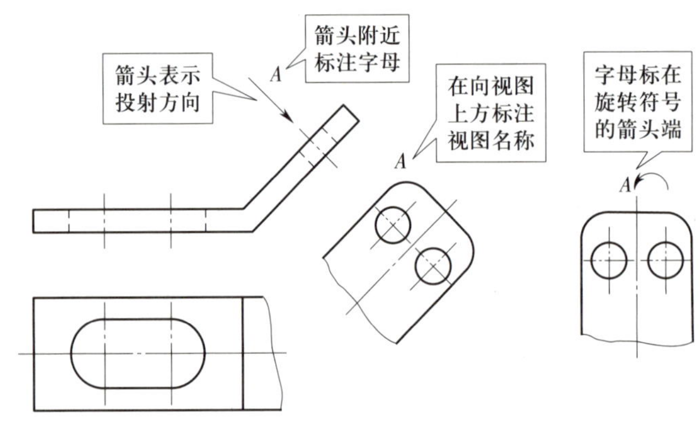

图 5-80 向视符号标注示例

九、综合示例

绘制如图 5-81 所示的图形。

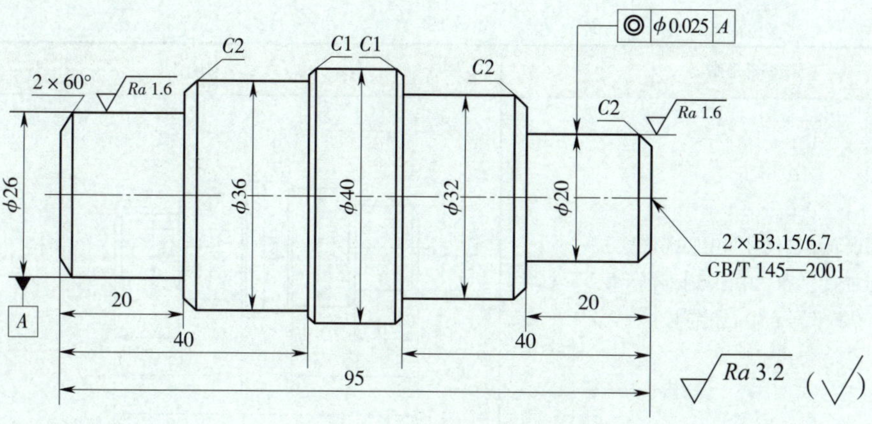

图 5-81　工程标注综合示例

绘图步骤参见表 5-5。

表 5-5　　工程标注综合示例绘图步骤

绘图步骤	图示
（1）绘制零件轮廓线 根据图 5-81 所示尺寸，应用“孔 / 轴”命令绘制零件轮廓线	
（2）标注长度和外圆直径尺寸 应用“基本标注”命令，标注零件长度和外圆直径尺寸	
（3）标注倒角 应用“倒角标注”命令，标注零件图上的倒角。 注意：标注倒角 *C*1、*C*2 时，字母 C 为正体，需要应用“分解”命令将标注的倒角分解，然后将字母 C 改为斜体	

续表

绘图步骤	图示
（4）标注表面结构代号和中心孔符号 应用“粗糙度”和“中心孔标注”命令，标注图中的表面结构代号和中心孔符号	
（5）标注基准代号和几何公差 应用“基准代号”和“形位公差”命令，标注图中的基准代号和几何公差	

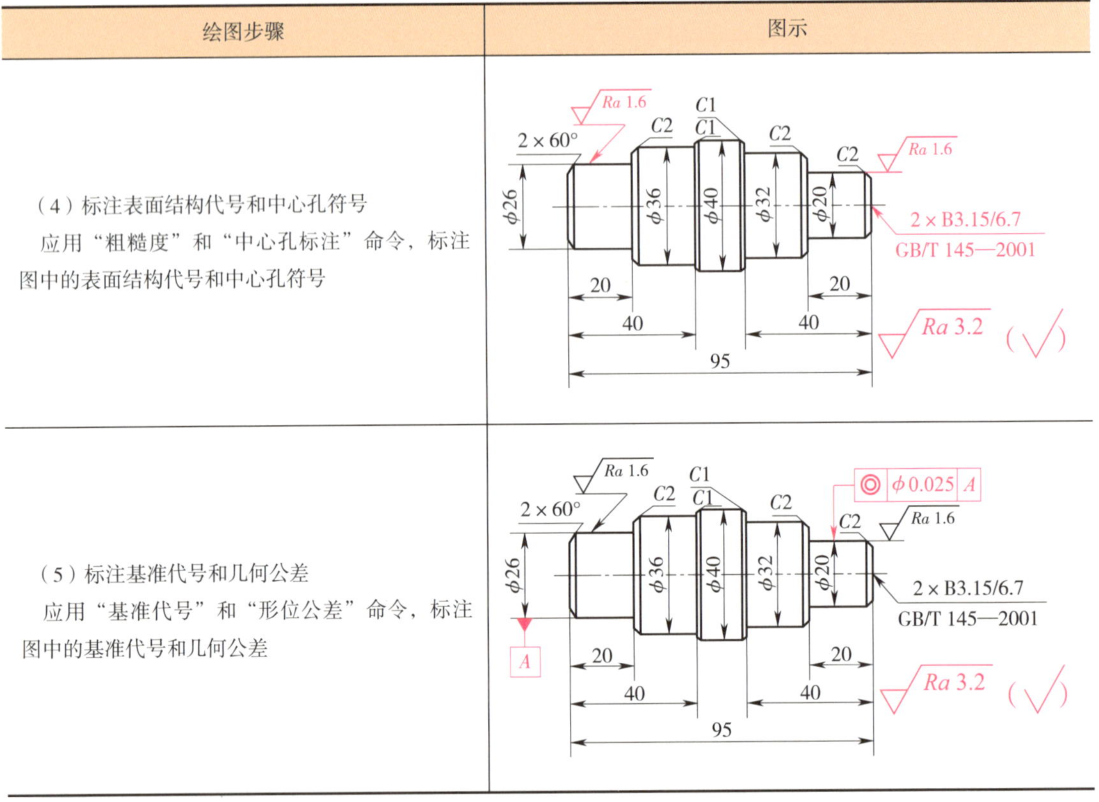

第四节　文本风格与尺寸风格

一、文本风格

“文本风格”功能为文字设置各项参数，控制文字的外观。“文本风格”功能通常可以控制文字的字体、字高、方向、角度等参数。

1. 调用“文本风格”功能

（1）单击“格式”主菜单中的“A 文字”命令。

（2）单击“设置工具”工具条上的“文本样式”按钮 A。

（3）单击“常用”选项卡中“特性”面板内“样式管理”功能按钮下拉菜单中的“A 文字”命令。

（4）单击“标注”选项卡中“标注样式”面板内的“文本样式”按钮 A。

（5）命令行：textpara 或 styletext。

调用“文本风格”功能，弹出如图 5-82 所示的“文本风格设置”对话框。

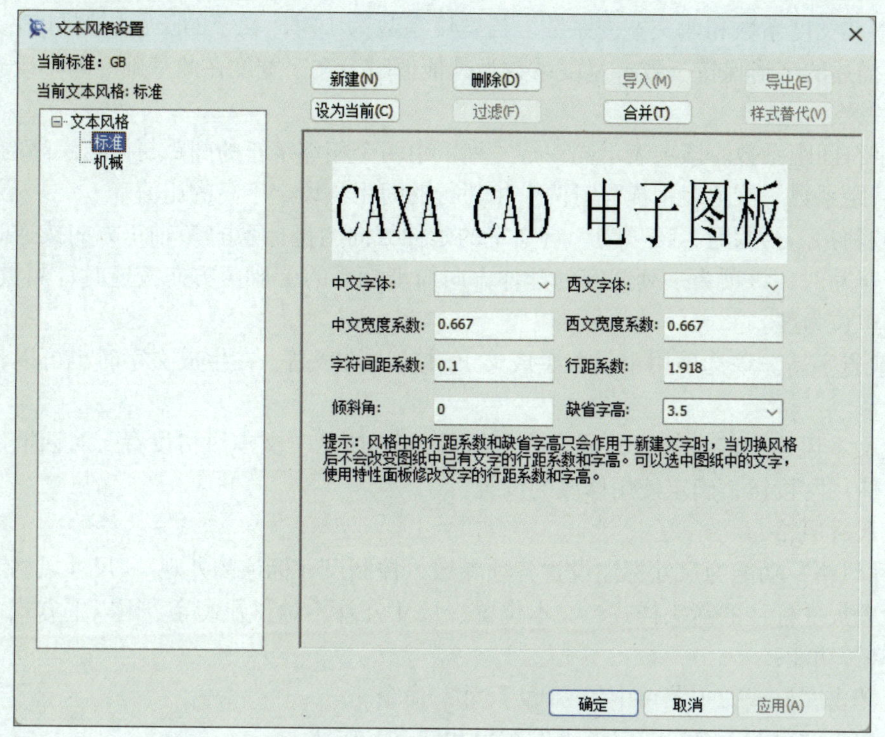

图 5-82 “文本风格设置”对话框

2. 说明

（1）在“文本风格”中列出了当前文件中所使用的文字风格。系统预定义了“标准”“机械”两个默认样式，默认样式不可删除但可以编辑。

（2）单击“文本风格设置”对话框中的“新建”“删除”“设为当前”“合并”等按钮可以进行新建文本、删除文本、设为当前文本、合并文本等操作。

（3）选中一个“文本风格”后，在对话框中可以设置字体、宽度系数、字符间距系数、倾斜角、字高等参数，并可以在对话框中预览。

（4）“文本风格”各参数的含义和使用方法如下：

1）中文字体。可选择中文所使用的字体。除支持 Windows 的 TrueType 字体外，CAXA 电子图板还支持使用单线体（形文件）文字。选择不同风格的字体所生成的文字效果不同，如图 5-83 所示。

应用电子图板绘制机械图形　应用电子图板绘制机械图形

a)　b)

图 5-83 使用不同字体的文字效果

a）仿宋 7 号字　b）单线体 7 号字

2）西文字体。选择方式与中文相同，只限定文字中的西文，同样可以选择单线体（形文件）。

3）中文宽度系数和西文宽度系数。当宽度系数为 1 时，文字的长宽比例与 TrueType 字体文件中描述的字形保持一致；宽度系数为其他值时，文字宽度在此基础上缩小或放大相应的倍数。

4）字符间距系数。该项表示同一行（列）中两个相邻字符的间距与设定字高的比值。

5）行距系数。该项表示横写时两个相邻行的间距与设定字高的比值。

6）倾斜角。横写时，该项为一行文字的延伸方向与坐标系的 X 轴正方向按逆时针测量的夹角；竖写时，该项为一列文字的延伸方向与坐标系的 Y 轴负方向按逆时针测量的夹角。倾斜角的单位为度。

7）缺省字高。该选项用于设置生成文字时默认的字高。在生成文字时也可以临时修改字高。

修改文本风格中的参数后，可以单击如图 5-82 所示“文本风格设置”对话框中的“确定”或“应用”按钮，确定使用修改的设置。

二、尺寸风格

“尺寸风格”功能为尺寸标注设置各项参数，控制尺寸标注的外观。“尺寸风格”功能通常可以设置尺寸标注的箭头样式、文本位置、尺寸公差、对齐方式等。用以下方式可以调用“尺寸风格”功能：

（1）单击“格式”主菜单中的“尺寸”命令。

（2）单击“设置工具”工具条上的“尺寸样式”按钮。

（3）单击“常用”选项卡中“特性”面板内“样式管理”功能按钮下拉菜单中的“尺寸”命令。

（4）单击“标注”选项卡中“标注样式”面板内的“尺寸样式”按钮。

（5）命令行：dimpara。

调用“尺寸风格”功能，系统弹出如图 5-84 所示的“标注风格设置”对话框。在该对

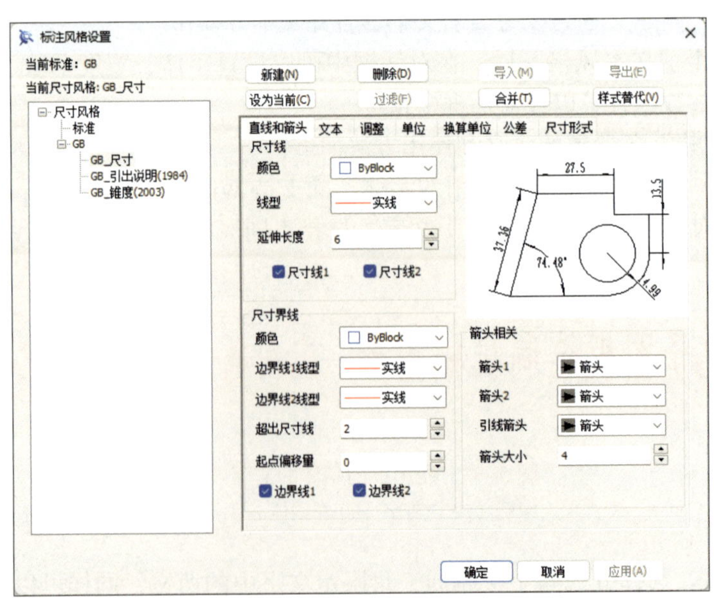

图 5-84 “标注风格设置”对话框

话框中可以进行“直线和箭头”“文本”“调整”“单位”“换算单位”“公差”“尺寸形式”等选项卡的设置。

1.“直线和箭头”选项卡

“直线和箭头”选项卡可以对尺寸线、尺寸界线及箭头进行颜色和风格的设置。

（1）“尺寸线”选项组

“尺寸线”选项组可以设置尺寸线的各项参数。

1）颜色。该选项用于设置尺寸线的颜色，默认值为 ByBlock。

2）延伸长度。该选项用于设置当尺寸线在尺寸界线外侧时，尺寸界线外侧距尺寸线的长度。

3）尺寸线 1 和尺寸线 2。这两个复选框用于设置尺寸线两端是否存在箭头，默认值为全部勾选。

图 5-85 所示为“尺寸线”选项组设置示例。

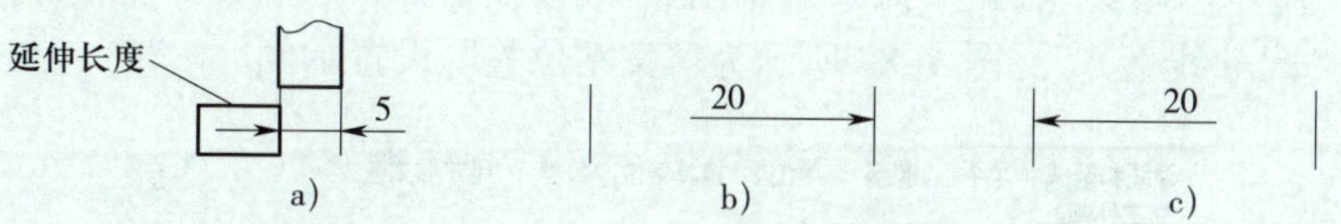

图 5-85 “尺寸线”选项组设置示例

a）延伸长度 b）“尺寸线 1”取消勾选 c）“尺寸线 2”取消勾选

（2）“尺寸界线”选项组

“尺寸界线”选项组可以设置尺寸界线的各项参数。

1）颜色。该选项用于设置尺寸界线的颜色，默认值为 ByBlock。

2）超出尺寸线。该选项用于设置尺寸界线向尺寸线终端外延伸的距离，默认值为 2 mm。

3）起点偏移量。该选项用于设置尺寸界线距离所标注元素的长度，默认值为 0 mm。

4）边界线 1 和边界线 2。这两个复选框用于设置两端边界线，默认值为全部勾选。图 5-86 所示为“边界线”设置示例。

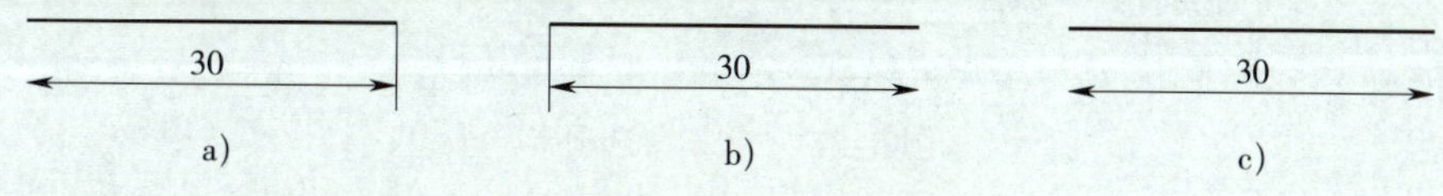

图 5-86 “边界线”设置示例

a）“边界线 1”取消勾选 b）“边界线 2”取消勾选 c）“边界线 1”和“边界线 2”都取消勾选

（3）“箭头相关”选项组

通过“箭头相关”选项组，用户可以设置尺寸箭头的大小与样式。标注时，箭头可根据需要选择归内还是归外。

1）箭头 1 和箭头 2。这两个选项用于设置尺寸线两端箭头的样式，默认为箭头，还可选择斜线、圆点、空心箭头等形式。

2）引线箭头。该选项用于设置引线箭头的样式，默认为箭头，还可选择斜线、圆点、空心箭头等形式。

3）箭头大小。该选项用于设置箭头的大小。

2.“文本”选项卡

“文本”选项卡用于设置尺寸标注中的文字外观、文字位置、文字对齐方式，如图 5-87 所示。

（1）“文本外观”选项组

1）文本风格。该选项与文本样式相关联。

2）文本颜色。该选项用于设置文字的字体颜色，默认值为 ByBlock。

3）文字字高。该选项用于设置尺寸文字的高度，默认值为 3.5 mm。

4）文本边框。该选项用于为标注字体加边框。

（2）“文本位置”选项组

“文本位置”选项组用于设置尺寸文本与尺寸线的位置。

1）一般文本垂直位置。该选项用于设置一般文本相对于尺寸线的位置。单击右侧的下拉按钮可以选择“尺寸线上方”“尺寸线中间”“尺寸线下方”三种文本位置，默认一般文本垂直位置为“尺寸线上方”。图 5-88 所示为“文本位置”设置示例。

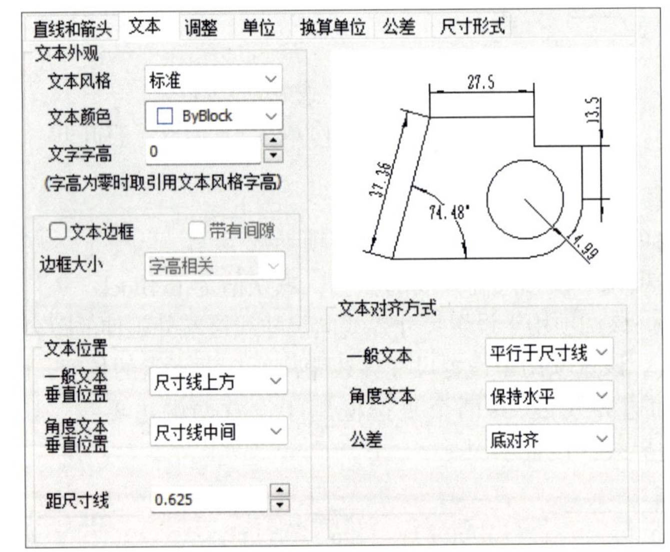

图 5-87 “文本”选项卡

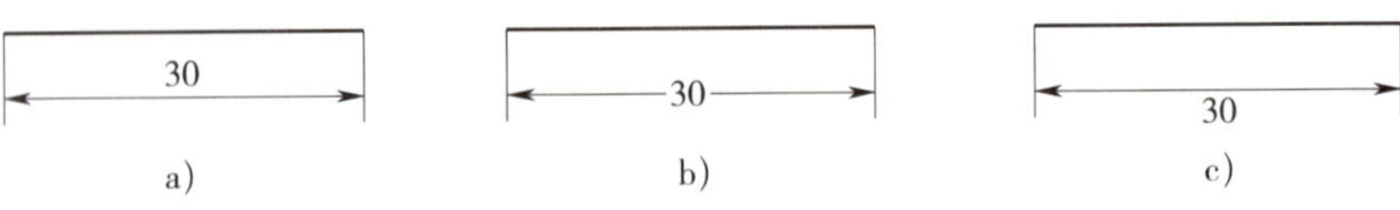

图 5-88 “文本位置”设置示例

a）尺寸线上方 b）尺寸线中间 c）尺寸线下方

2）角度文本垂直位置。该选项用于设置角度文本相对于尺寸线的位置。单击右侧的下拉按钮可以选择“尺寸线上方”“尺寸线中间”“尺寸线下方”三种文本位置。默认角度文本垂直位置为“尺寸线中间”。

3）距尺寸线。该选项用于设置文本距离尺寸线的位置，该项默认值为 0.625 mm。

（3）“文本对齐方式”选项组

“文本对齐方式”选项组用于设置文本的对齐方式。

1）一般文本和角度文本。这两个选项用于设置基本尺寸文本的对齐方式（“平行于尺寸线”“保持水平”“ISO 标准”）。

2）公差。该选项用于设置公差文本的对齐方式（“顶对齐”“中对齐”“底对齐”）。

3.“调整”选项卡

“调整”选项卡用于设置文字与箭头的关系，使尺寸标注的效果最佳，如图 5-89 所示。

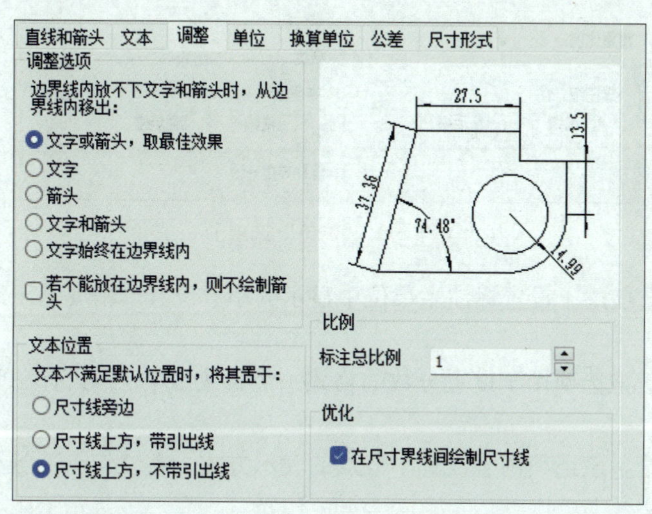

图 5-89 “调整”选项卡

（1）“调整选项”选项组

当边界线内放不下文字和箭头时，“调整选项”选项组可以设置从边界线内移出内容，可从“文字或箭头，取最佳效果”“文字”“箭头”“文字和箭头”“文字始终在边界线内”“若不能放在边界线内，则不绘制箭头”六个选项中选择。

（2）“文本位置”选项组

当文本不满足默认位置时，应用“文本位置”选项组可以设置文本的位置，可从“尺寸线旁边”“尺寸线上方，带引出线”“尺寸线上方，不带引出线”三个选项中选择。

（3）“比例”选项组

该选项组表示按输入的比例值放大或缩小标注的文字和箭头的大小。

（4）“优化”选项组

“优化”选项组可以设置是否在尺寸界线间绘制尺寸线。

4.“单位”选项卡

“单位”选项卡用于设置标注的精度，如图 5-90 所示。

（1）“线性标注”选项组

“线性标注”选项组用于设置线性标注的格式和精度等参数。

1）单位制。该选项用于设置除角度外的所有标注类型的当前单位格式，可以为十进制、分数等。

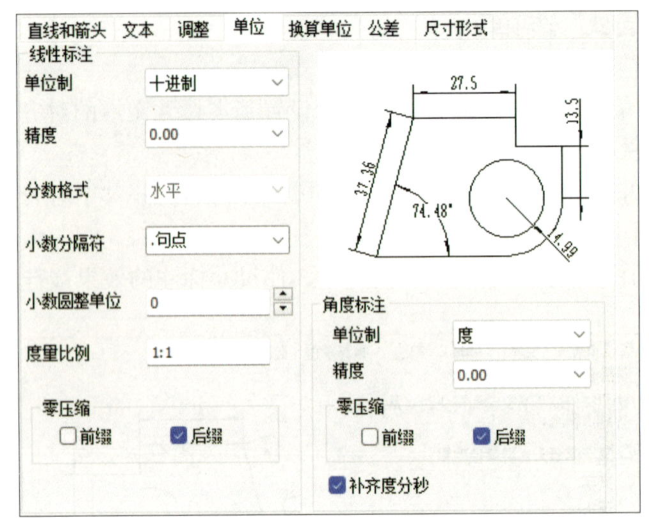

图 5-90 “单位”选项卡

2）精度。该选项用于设置标注主单位中显示的小数位数。精度基于选定的单位或角度格式。

3）分数格式。该选项用于设置分数的格式（竖直或水平），只有在单位制选分数时此参数才可设置。

4）小数分隔符。该选项用于设置小数点的表示方式，有“句点”“逗号”“空格”三种表示方式。

5）小数圆整单位。该选项是为除角度外的所有标注类型设置标注测量值的舍入规则。如果输入“0.25”，则所有标注数值都以“0.25”为单位进行舍入。如果输入“1.0”，则所有标注数值都将舍入为最接近的整数。小数点后显示的位数取决于“精度”设置。

6）度量比例。该选项用于设置标注尺寸与实际尺寸的比值。例如，比例为“2∶1”时，标注直径为“5”的圆，标注的结果为“ϕ10”。度量比例默认值为“1∶1”。

（2）“零压缩”选项组

“零压缩”选项组用于为尺寸标注中小数的前后消“0”。例如，尺寸值为“0.901”，精度为“0.00”，选中“前缀”，则标注结果为“.90”；选中“后缀”，则标注结果为“0.9”。

（3）“角度标注”选项组

“角度标注”选项组用于设置角度标注的格式和精度等参数。

1）单位制。该选项用于设置角度单位格式，角度单位格式有“度”“度分秒”“百分度”“弧度”四种格式。

2）精度。该选项用于设置角度标注的小数位数，可以精确到小数点后 8 位。

3）零压缩。该选项用于设置是否禁止输出前导零和后续零。

4）补齐度分秒。勾选该复选框，在用“度分秒”方式标注时，会补齐“度分秒”。如有一角度为“50° 24″ ”，勾选该复选框后将显示为“50° 0′ 24″ ”。

5.“换算单位”选项卡

“换算单位”选项卡用于指定标注测量值中换算单位的显示并设置其格式和精度，如图 5-91 所示，可以设置换算单位的单位制、精度、零压缩、显示位置等参数。

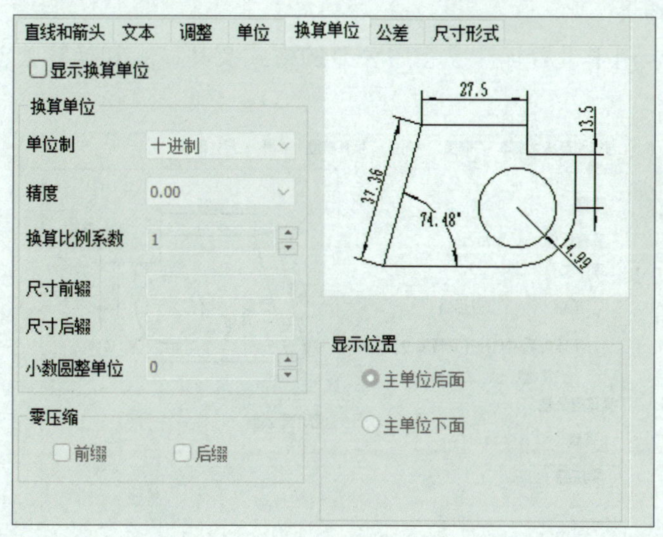

图 5-91 “换算单位”选项卡

（1）“换算单位”选项组

“换算单位”选项组用于设置除角度外的所有标注类型的当前换算单位格式。

1）单位制。该选项用于设置换算单位的单位格式。

2）精度。该选项用于设置换算单位中的小数位数。

3）换算比例系数。指定一个乘数，作为主单位和换算单位之间的换算因子。例如，要将英寸转换为毫米，输入“25.4”。此值对角度标注没有影响，而且不会应用于舍入值或者正、负公差值。

4）尺寸前缀。该选项表示在换算标注文字中包含前缀。可以输入文字或使用控制代码显示特殊符号。例如，输入控制代码“%c”显示直径符号。

5）尺寸后缀。该选项表示在换算标注文字中包含后缀。可以输入文字或使用控制代码显示特殊符号，输入的后缀将替代所有默认后缀。

6）小数圆整单位。该选项用于设置除角度外的所有标注类型的换算单位的舍入规则。如果输入“0.25”，则所有标注测量值都以“0.25”为单位进行舍入。如果输入“1.0”，则所有标注测量值都将舍入为最接近的整数。小数点后显示的位数取决于“精度”设置。

（2）“零压缩”选项组

“零压缩”选项组用于设置是否禁止输出前导零和后续零。

1）前缀。勾选该复选框表示不输出所有十进制标注中的前导零。例如，“0.500 0”变成“.500 0”。

2）后缀。勾选该复选框表示不输出所有十进制标注中的后续零。例如，“12.500 0”变成“12.5”，“30.000 0”变成“30”。

（3）“显示位置”选项组

“显示位置”选项组用于设置标注文字中换算单位的位置。

1）主单位后面。该选项表示将换算单位放在标注文字中的主单位之后。

2）主单位下面。该选项表示将换算单位放在标注文字中的主单位下面。

6. “公差”选项卡

“公差”选项卡用于设置标注文字中公差的格式及其显示和换算公差单位的格式，如图 5–92 所示。

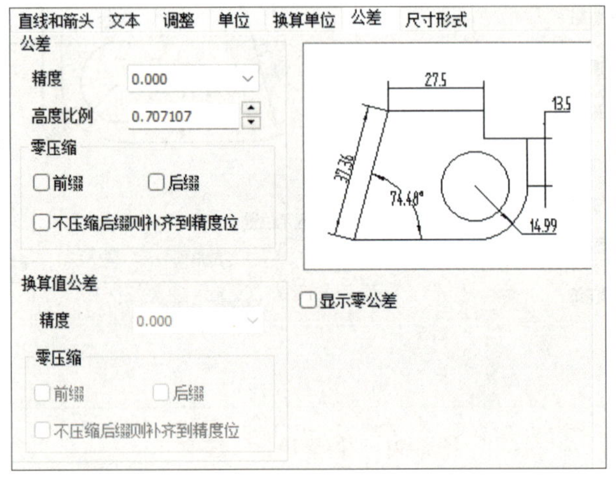

图 5–92 “公差”选项卡

（1）“公差”选项组

“公差”选项组用于设置标注文字中公差的格式及其显示。

1）精度。该选项用于设置尺寸偏差的精确度，可以精确到小数点后 5 位。

2）高度比例。该选项用于设置当前公差文本相对于基本尺寸的高度比例。

3）零压缩。该选项用于设置是否禁止输出前导零和后续零，以及不压缩后缀则补齐到精度位。

（2）“换算值公差”选项组

该选项组用于设置换算公差单位的格式。

1）精度。该选项用于设置换算单位公差的小数位数。

2）零压缩。该选项用于设置是否禁止输出前导零和后续零，以及不压缩后缀则补齐到精度位。

7. “尺寸形式”选项卡

“尺寸形式”选项卡用于设置弧长标注和引出点等参数，如图 5–93 所示。

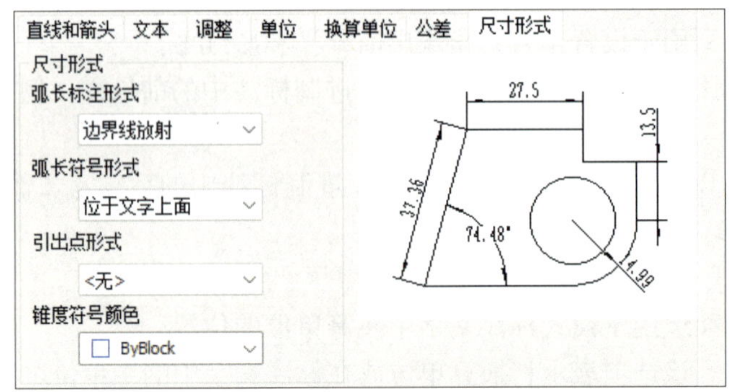

图 5–93 “尺寸形式”选项卡

（1）弧长标注形式

该选项用于设置弧长标注形式，弧长标注有“边界线放射”和“边界线垂直于弦长”两种形式。

（2）弧长符号形式

该选项用于设置弧长标注符号形式，弧长标注符号有“位于文字上面”和“位于文字左边”两种形式。

（3）引出点形式

该选项用于设置尺寸标注引出点形式，尺寸标注引出点有“<无>”和“点”两种形式。

（4）锥度符号颜色

该选项用于设置锥度符号颜色，锥度符号颜色可以设置为“ByBlock”“ByLayer”“自定义其他颜色”。

三、综合示例

绘制如图 5–94 所示的图形。

绘图步骤如下：

（1）绘制零件轮廓线

应用“直线”命令，根据图 5–94 所示尺寸绘制零件轮廓线，如图 5–95 所示。

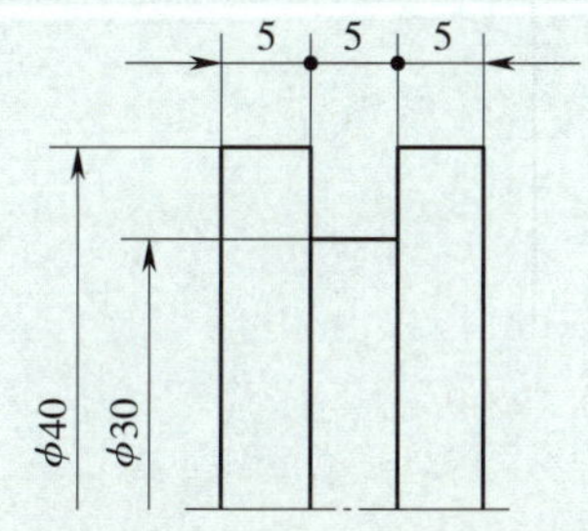

图 5–94 尺寸风格综合示例

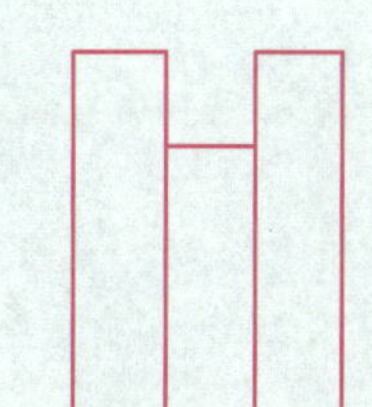

图 5–95 绘制零件轮廓线

（2）标注“$\phi 30$”和“$\phi 40$”

图 5–94 中的“$\phi 30$”和“$\phi 40$”为半标注。新建“半标注”样式，按图 5–96 所示设置尺寸线和尺寸界线，其他参数采用默认值。将半标注样式设为当前标注样式，标注直径“$\phi 30$”和“$\phi 40$”，结果如图 5–97 所示。

（3）标注长度尺寸

图 5–94 中的 3 个长度尺寸，采用了两种标注样式，左右两个长度尺寸采用的是一端为箭头，一端为小点标注样式，中间尺寸采用的是两端皆为小点的标注样式。所以新建“小尺寸 1”和“小尺寸 2”两个标注样式，“小尺寸 1”样式按图 5–98a 进行设置，“小尺寸 2”样式按图 5–98b 进行设置。

应用“小尺寸 1”样式，标注左右两个长度尺寸。标注左端尺寸“5”时，第一点拾取左端点；标注右端尺寸“5”时，第一点拾取右端点。应用“小尺寸 2”样式标注中间尺寸“5”，结果如图 5–94 所示。

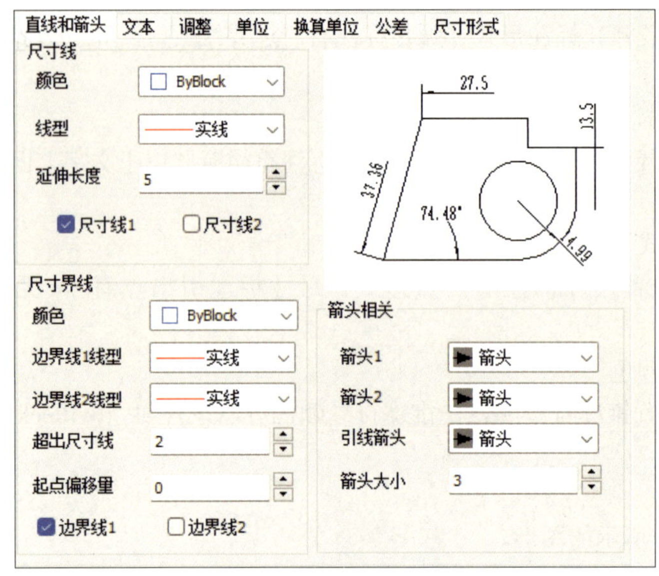

图 5-96　设置“半标注”样式

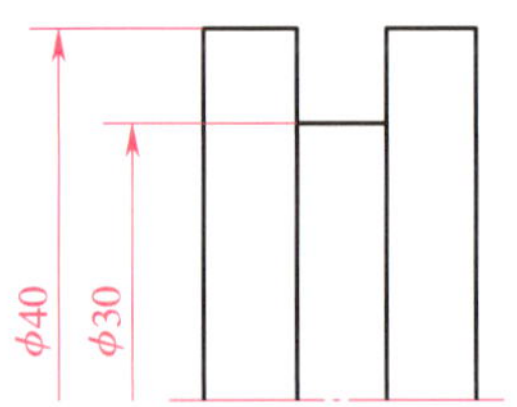

图 5-97　标注“ϕ30”和“ϕ40”

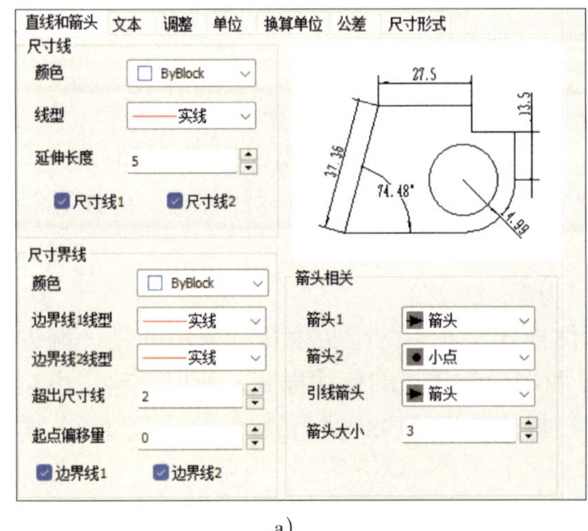

a)

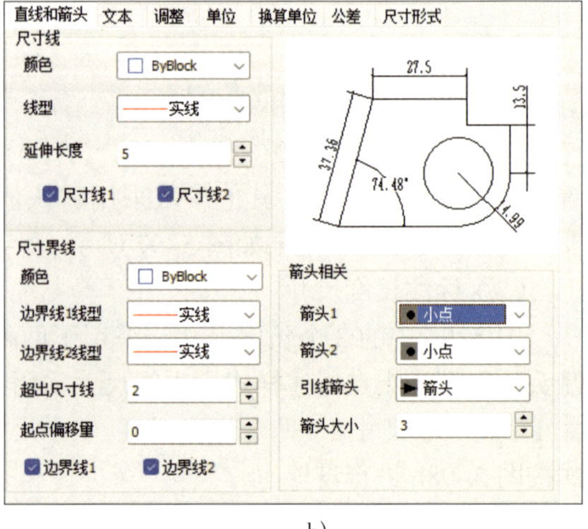

b)

图 5-98　设置“小尺寸 1”和“小尺寸 2”样式

a）设置“小尺寸 1”样式　b）设置“小尺寸 2”样式

第五节 标注编辑

一、调用“标注编辑”功能

用以下方式可以调用“标注编辑”功能。

（1）单击“修改”主菜单中的“ 标注编辑”命令。

（2）单击“编辑工具”工具条上的“标注编辑”按钮 。

（3）单击“标注”选项卡中“修改”面板内的“ 标注编辑”按钮。

（4）命令行：dimedit。

调用“标注编辑”功能，系统提示“拾取要编辑的标注”，拾取要编辑的标注后即进入该标注对象的编辑状态。接下来可以通过立即菜单、尺寸标注属性设置、夹点编辑等多种方式进行编辑。对于大多数标注对象，双击时将自动调用“标注编辑”功能。

二、标注编辑对话框

1.“尺寸标注属性设置”对话框

尺寸标注除标注尺寸外，通常还需要添加尺寸公差、特殊符号以及设置一些特殊参数。CAXA 电子图板可以方便地添加和设置这些内容，并且尺寸公差可以和基本尺寸关联变化，从而提高编辑修改效率。

双击长度尺寸标注对象，系统弹出如图 5-99 所示的“尺寸标注属性设置”对话框。

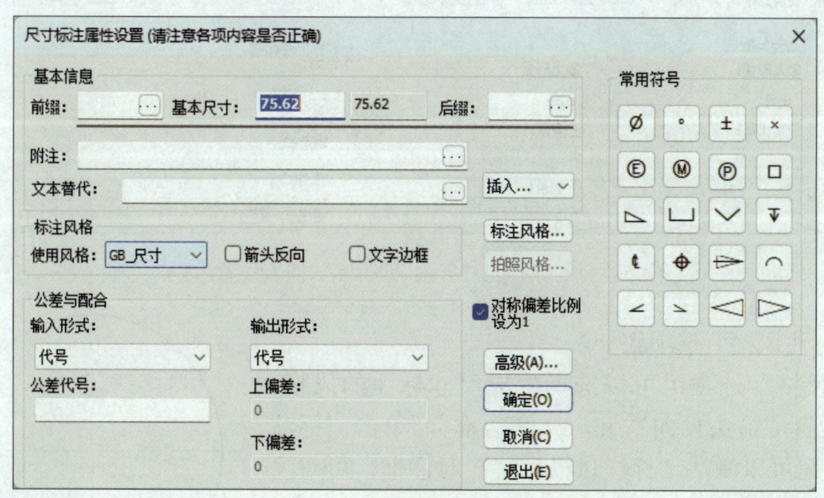

图 5-99 “尺寸标注属性设置”对话框

（1）“基本信息”选项组

1）前缀。该选项用于填写对尺寸值的描述或限定，如填写表示直径的“%c”，表示乘号的“%x”。

2）基本尺寸。该选项默认实际测量值为基本尺寸，可以输入数值，该选项通常只输入数字。

3）后缀。该选项填写内容无限定，与前缀相同。

4）附注。该选项用于填写对尺寸的说明或其他注释。

5）文本替代。在这个编辑框中填写内容时，“前缀”“基本尺寸”“后缀”三个选项中的内容将不显示，尺寸文字使用“文本替代”编辑框中的内容。

6）插入。单击“插入”下拉按钮，系统弹出各种特殊符号子菜单，可以选择如“ϕ”“°”“±”“分数”“粗糙度”等各种特殊符号插入“前缀”“后缀”“附注”“文本替代”编辑框。单击其中的“尺寸特殊符号”，弹出如图 5–100 所示的“尺寸特殊符号”对话框。选择所需要的特殊符号后，单击“确定”按钮即可。

图 5–101 所示为“前缀”“后缀”“附注”插入设置示例，其中“后缀”中插入的是符号“↧”和深度“10”，生成如图 5–102 所示的标注结果。

图 5–100 “尺寸特殊符号”对话框

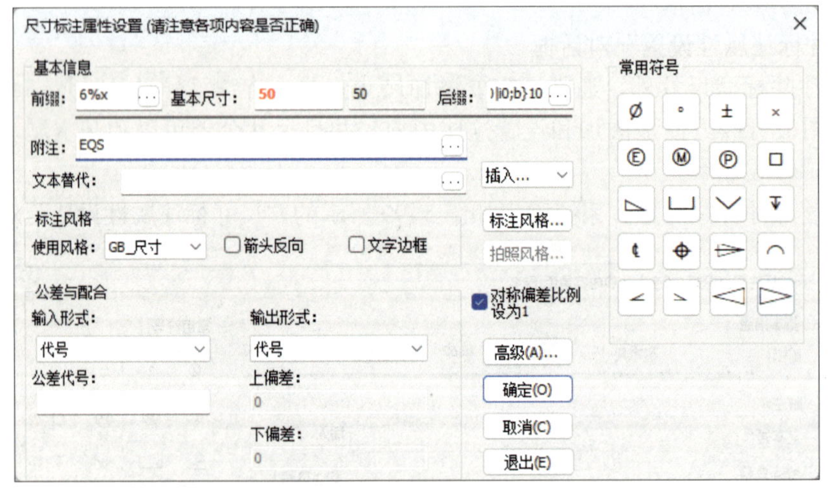

图 5–101 “前缀”“后缀”“附注”插入设置示例

（2）“标注风格”选项组

“标注风格”选项组可以选择生成尺寸标注的风格，并且可以设置“箭头反向”和“文字边框”。单击“标注风格 ...”按钮可以激活“标注风格设置”对话框，可对尺寸标注各项参数进行设置。

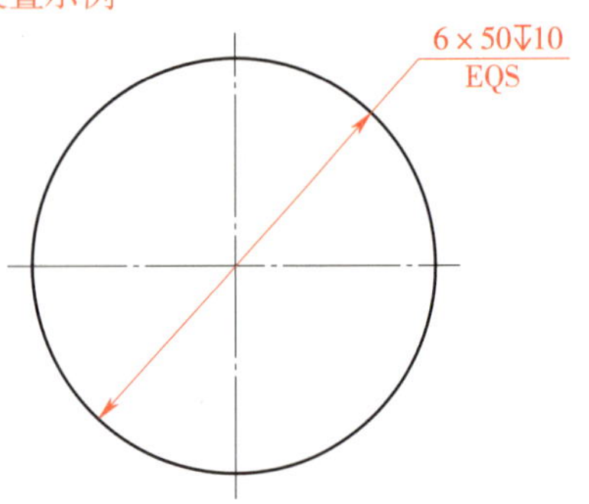

图 5–102 “前缀”“后缀”“附注”标注示例

（3）“公差与配合”选项组

1）“输入形式”下拉列表。“输入形式”有四个选项，分别为“代号”“偏差”“配合”“对称”，用它设置公差的输入方式。

当“输入形式”为“代号”时，系统根据在“公差代号”编辑框中输入的代号名称自动查询上下偏差，并将查询结果在“上偏差”和“下偏差”编辑框中显示。当“输入形式”为“偏差”时，由用户自己输入偏差值。当“输入形式”为“配合”时，在“公差带”选项组中选择配合符号，如H6/f5；不管“输出形式”是什么，输出时按代号标注，其设置界面如图 5-103 所示。当“输入形式”为“对称”时，只有“上偏差”可以输入。

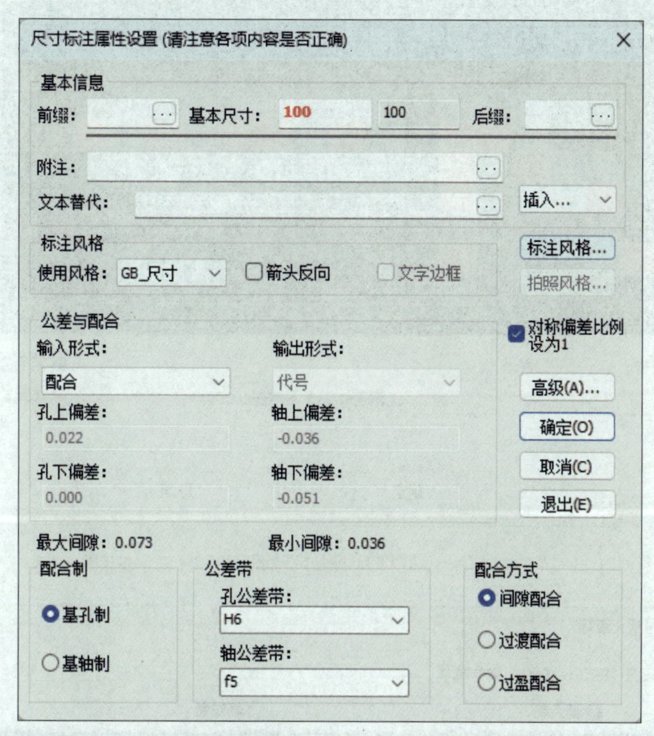

图 5-103 “输入形式”为“配合”时的界面

2)“公差代号”编辑框

①当“输入形式”为“代号”时，在此编辑框中输入公差代号名称，如H7、h6、k6等，系统将根据基本尺寸和公差代号名称自动查表，并将查到的上下偏差值显示在“上偏差”和“下偏差”编辑框中；也可以单击“高级”按钮，在弹出的“公差与配合可视化查询”对话框“公差查询”选项卡中直接选择合适的公差代号，如图 5-104 所示。

注意：GB/T 1800.1—2009 已被 GB/T 1800.1—2020 替代，查询到的公差值与应用新标准查询结果相同。

②当“输入形式”为“配合”时，可以在“公差带”选项组选择合适的公差带，如H7/h6、H7/k6、H7/s6等，系统输出时将按所输入的配合进行标注；也可以单击“高级”按钮，在弹出的“公差与配合可视化查询”对话框“配合查询”选项卡中直接选择合适的配合公差代号，如图 5-105 所示。

③当“输入形式”为“偏差”时，“公差代号”编辑框为灰色，不可填写，直接在“输出形式”的“上偏差”和“下偏差”编辑框输入。

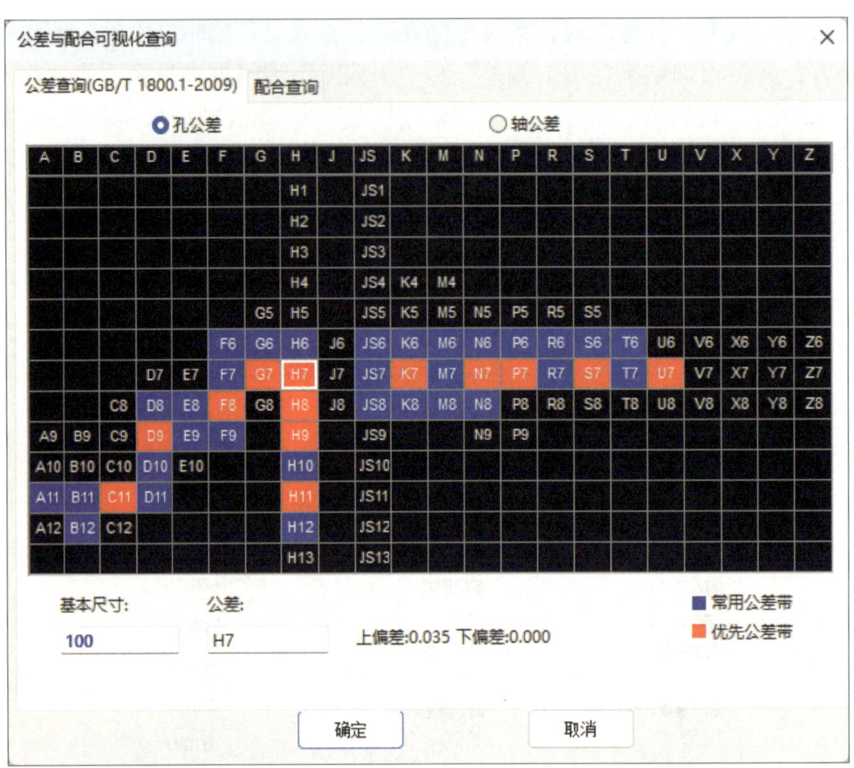

图 5-104 “公差与配合可视化查询”对话框“公差查询”选项卡

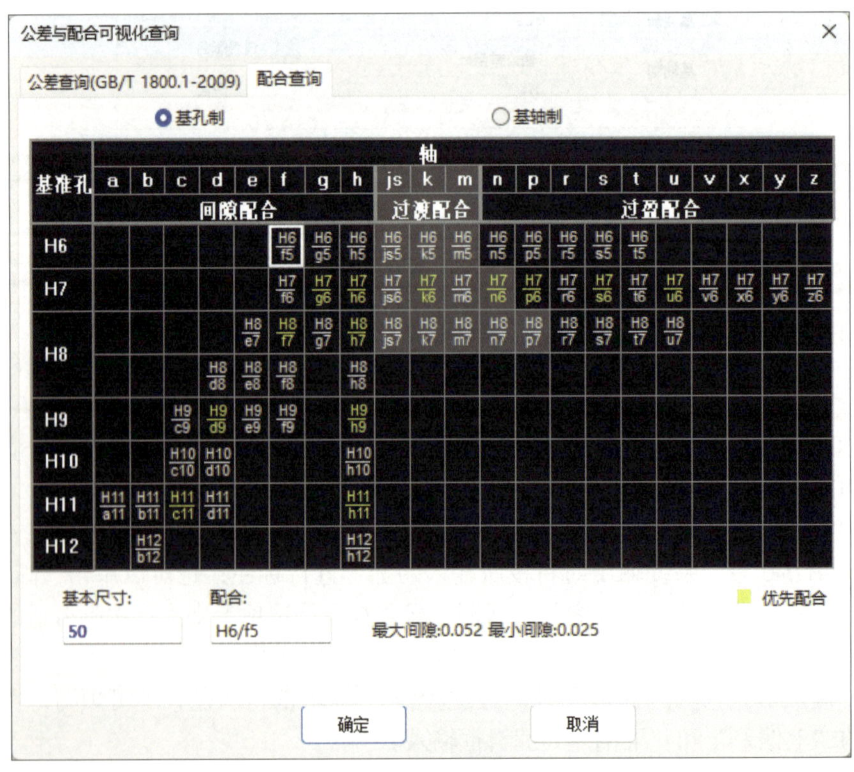

图 5-105 “公差与配合可视化查询”对话框“配合查询”选项卡

3）“上偏差”和“下偏差”编辑框。“输入形式”为“代号”时，“上偏差”和“下偏差”编辑框中显示查询到的上、下偏差值。

4）“输出形式”下拉列表。“输入形式”为“代号”时，“输出形式”有五个选项，分别为“代号”“偏差”“(偏差)”“代号(偏差)”“极限尺寸”，用它设置公差的输出方式。输入形式为“偏差”和“对称”时，输出形式只有“偏差”和“(偏差)”两个选项。输入形式为“配合”时，输出形式不可选。

例如：

①输出形式为“代号”时，标注时标代号，如“ϕ50K6”。

②输出形式为“偏差”时，标注时标偏差，如“$\phi 50^{+0.003}_{-0.013}$”。

③输出形式为“(偏差)”时，标注时偏差值用“( )”括起来，如“$\phi 50\,(^{+0.003}_{-0.013})$”。

④输出形式为“代号(偏差)”时，标注时代号和偏差都标，如“$\phi 50K6\,(^{+0.003}_{-0.013})$”。

2. “角度公差”对话框

双击角度尺寸标注对象时，系统弹出如图5-106所示的“角度公差”对话框。“角度公差”对话框内控件的使用方法与“尺寸标注属性设置”对话框内控件的使用方法类似，在此不再赘述。

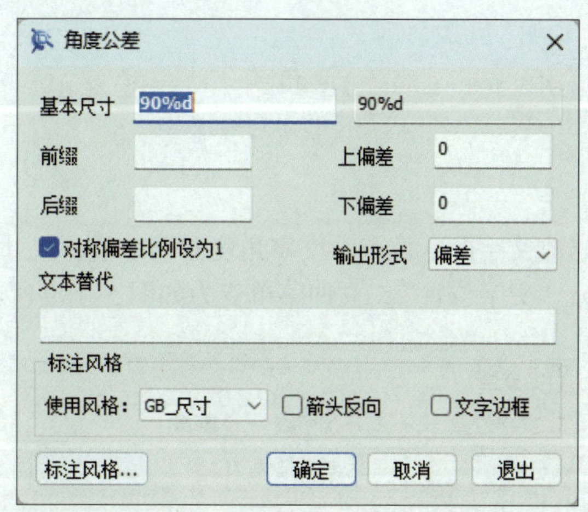

图5-106 “角度公差”对话框

三、立即菜单标注编辑

在尺寸标注或标注编辑中，立即菜单中的“基本尺寸”或“前缀”等编辑框，可以直接输入特殊字符，如直径符号“ϕ”用“%c”(可用动态键盘输入)表示，角度符号“°”用“%d”表示，正负符号“±”用“%p”表示。

下面介绍线性尺寸标注和直径尺寸标注的编辑方法。

1. 线性尺寸标注的编辑方法

应用“标注编辑”命令后，拾取一个线性尺寸标注，系统弹出如图5-107所示的“编辑线性尺寸”立即菜单，立即菜单中的第一项有“尺寸线位置”“文字位置”“文字内容”“箭头形状”四个选项。

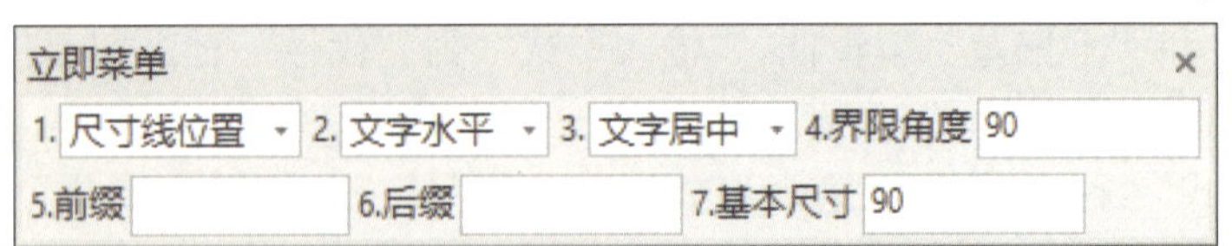

图 5-107 “编辑线性尺寸”立即菜单

（1）编辑尺寸线位置

当立即菜单中的第一项选择“尺寸线位置”时，可对线性尺寸标注中的尺寸线位置进行编辑。立即菜单中的第二项可以修改文字的方向，立即菜单中的第三项可以修改文字的位置，立即菜单中的“4. 界限角度”可以修改尺寸界线与水平线的夹角，立即菜单中的“5. 前缀”和“6. 后缀”可以添加尺寸文字的前缀和后缀，立即菜单中的“7. 基本尺寸”可以修改基本尺寸值。设置完各项参数，输入新的尺寸线位置点后，即完成编辑操作。

图 5-108 所示为编辑线性尺寸标注中尺寸线位置示例，其中尺寸界线与水平线的夹角由 90°改为 60°，基本尺寸值由“71.8”改为“90”。

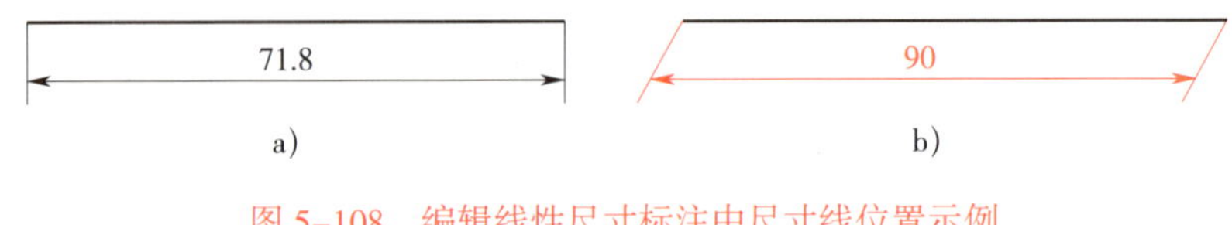

图 5-108 编辑线性尺寸标注中尺寸线位置示例

a）原尺寸 b）编辑后

（2）编辑文字位置

文字位置的编辑只修改文字的定位点、文字角度和尺寸值，尺寸线和尺寸界线不变。切换立即菜单中的第一项为“文字位置”，立即菜单变为如图 5-109 所示的内容。

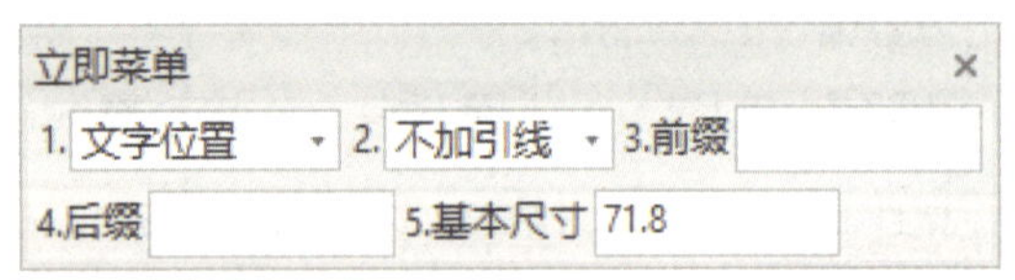

图 5-109 “编辑线性尺寸标注中文字位置”立即菜单

立即菜单中的第二项可以选择是否加引线，立即菜单中的“3. 前缀”和“4. 后缀”可添加尺寸文字的前缀和后缀，立即菜单中的“5. 基本尺寸”可修改基本尺寸值。设置完参数后，输入文字新位置点即完成编辑操作。图 5-110 所示为编辑线性尺寸标注中文字位置示例。

（3）编辑箭头形状

切换立即菜单中的第一项为“箭头形状”，弹出如图 5-111 所示的“箭头形状编辑”对话框，在该对话框中可修改左箭头和右箭头的形状，修改完毕，单击“确定”按钮，即完成修改。图 5-112 所示为箭头形状修改示例。

2. 直径尺寸标注的编辑方法

如果拾取一个直径尺寸标注后，应用“标注编辑”命令，系统弹出如图 5-113 所示的“编辑直径尺寸”立即菜单，立即菜单中的第一项有“尺寸线位置”和“文字位置”两个选项。

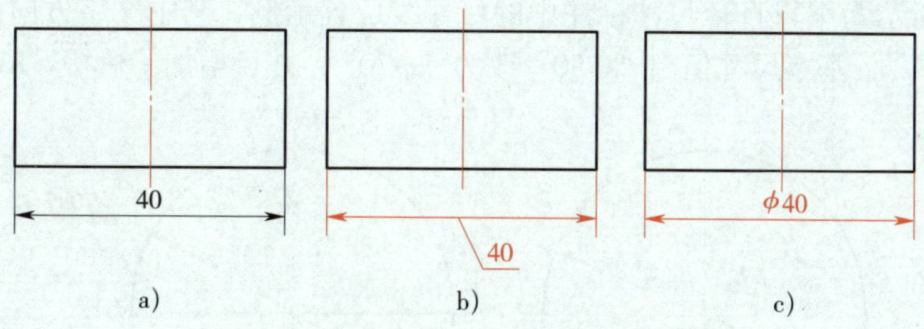

图 5-110 编辑线性尺寸标注中文字位置示例

a）原尺寸 b）加引线 c）文字加前缀

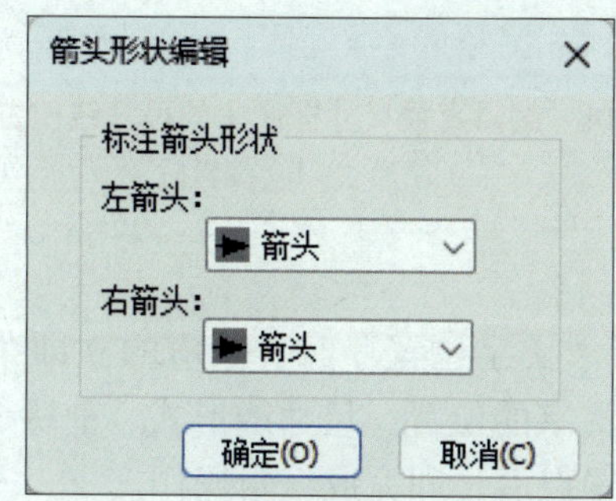

图 5-111 “箭头形状编辑”对话框

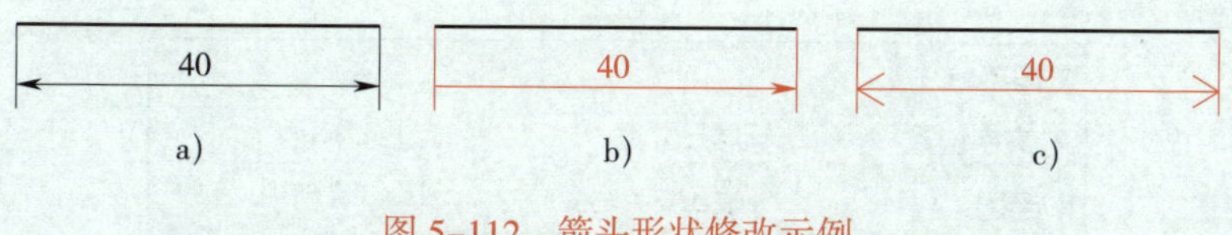

图 5-112 箭头形状修改示例

a）原尺寸 b）左箭头选择“无” c）左右箭头选择“30 度角”

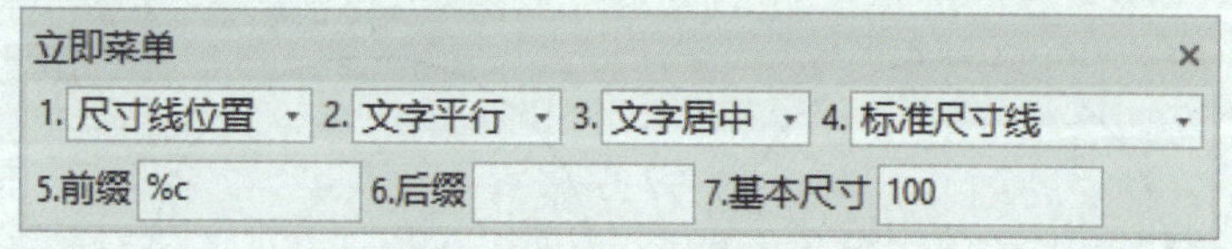

图 5-113 “编辑直径尺寸”立即菜单

（1）编辑尺寸线位置

当立即菜单中的第一项选择“尺寸线位置”时，可对直径尺寸标注中的尺寸线位置进行编辑。立即菜单中的第二项可以修改文字的方向，该项有“文字平行”“文字水平”“ISO 标准”三个选项。立即菜单中的第三项可以修改文字放置的位置，该项有“文字居中”和“文字拖动”两个选项。立即菜单中的第四项可以修改尺寸线的形状，该项有“标准尺寸线”“简化尺寸线”“过圆心简化尺寸线”三个选项。立即菜单中的“5. 前缀”和“6. 后缀”可以添加直径尺寸文字的前缀和后缀。立即菜单中的“7. 基本尺寸”可以修改直径尺寸的基本尺寸值。将各项参数设置完毕，输入新的尺寸线位置点后，即完成编辑操作。

图 5-114 所示为编辑直径尺寸标注中的尺寸线位置示例，其中文字方向由“文字平行”改为“文字水平”，基本尺寸值由“ϕ50”改为“ϕ70”，并且增加了后缀“h7”。

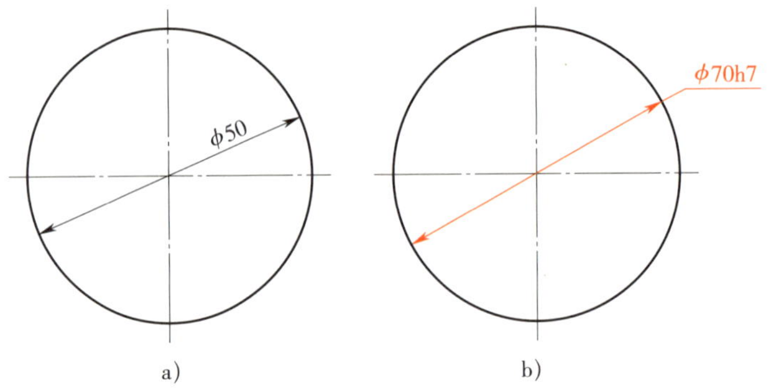

图 5-114　编辑直径尺寸标注中的尺寸线位置示例

a）原尺寸　b）编辑后

（2）编辑文字位置

立即菜单中的第一项选择“文字位置”时，相应的立即菜单变为如图 5-115 所示。此时，只能编辑直径尺寸标注中文字的位置、尺寸线形式、前缀、后缀和基本尺寸。将各项参数设置完毕，输入新的文字位置点后，即完成编辑操作。

图 5-116 所示为编辑直径尺寸标注中的文字位置示例，其中后缀增加了“均布”，基本尺寸值由“ϕ50”改为“ϕ70”。

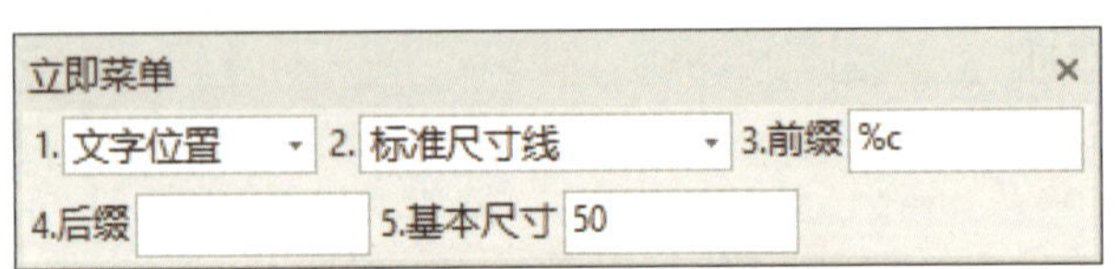

图 5-115　“编辑直径尺寸标注中的文字位置”立即菜单

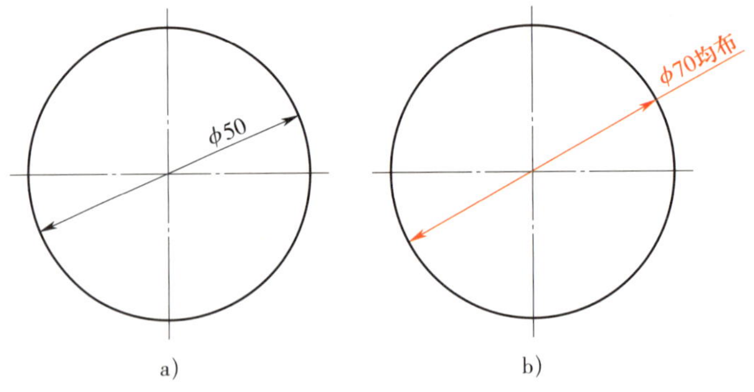

图 5-116　编辑直径尺寸标注中的文字位置示例

a）原尺寸　b）编辑后

四、尺寸驱动

尺寸驱动是系统提供的一套局部参数化功能。用户在选择一部分实体及相关尺寸后，系统将根据尺寸建立实体间的拓扑关系。当用户选择想要改动的尺寸并改变其数值时，相关实体及尺寸也将受到影响发生变化，但元素间的拓扑关系保持不变，如相切、相连等。另外，系统还可自动处理过约束及欠约束的图形。

此功能在很大程度上使用户可以在画完图以后再对尺寸进行调整、修改，提高作图速度，对已有的图纸进行修改也变得更加简单、容易。

1. 调用“尺寸驱动”功能

（1）单击“修改”主菜单中的“ 尺寸驱动”命令。

（2）单击“编辑工具”工具条上的“尺寸驱动”按钮 。

（3）单击“标注”选项卡中“修改”面板内的“ 尺寸驱动”按钮。

（4）命令行：drive。

2. 操作步骤

（1）根据系统提示选择驱动对象（用户想要修改的部分），系统将只分析选中部分的实体及尺寸。在这里，除选择图形实体外，还应选择尺寸，因为工程图样是依靠尺寸标注来避免自相矛盾的，系统正是依靠尺寸来分析元素间的关系。

例如，一条斜线标注了水平尺寸，当其他尺寸被驱动时，该直线的斜率及垂直距离可能会发生相应的改变，但是，该直线的水平距离将保持为标注值。同样的道理，如果驱动该水平尺寸，则该直线的水平距离将发生改变，改变为与驱动后的尺寸值一致。因而，对于局部参数化功能，选择参数化对象是至关重要的。为了使驱动的结果与自己的设想一致，有必要在选择驱动对象之前进行必要的尺寸标注，对该驱动的和不该驱动的关系进行必要的定义。

一般来说，某实体如果没有必要的尺寸标注，系统将会根据“连接”“正交”“相切”等一般的默认准则判断实体之间的约束关系。

（2）用户应指定一个合适的基准点。由于任何一个尺寸表示的均是两个（或两个以上）图形对象之间的相关约束关系，如果驱动该尺寸，必然存在着一端固定，另一端移动的问题，系统将根据被驱动尺寸与基准点的位置关系来判断哪一端该固定，从而驱动另一端。对于具体指定哪一点为基准，多用几次后用户将会有更清晰的体验。一般情况下，应选择一些特殊位置的点，例如圆心、端点、中心点、交点等。

（3）在前两步的基础上，驱动某一尺寸。选择被驱动的尺寸，而后按提示输入新的尺寸值，则被选中的实体部分将被驱动，在不退出该状态（该部分驱动对象）的情况下，用户可以连续驱动多个尺寸。

3. 示例

图 5–117 所示为带轮的初步设计图形，图 5–117a 是原图，图 5–117b 是驱动中心距，图 5–117c 是驱动大圆直径。

五、综合示例

绘制如图 5–118 所示的图形。

绘图步骤如下：

（1）绘制零件轮廓线

应用“孔 / 轴”命令，绘制零件轮廓线，如图 5–119 所示。

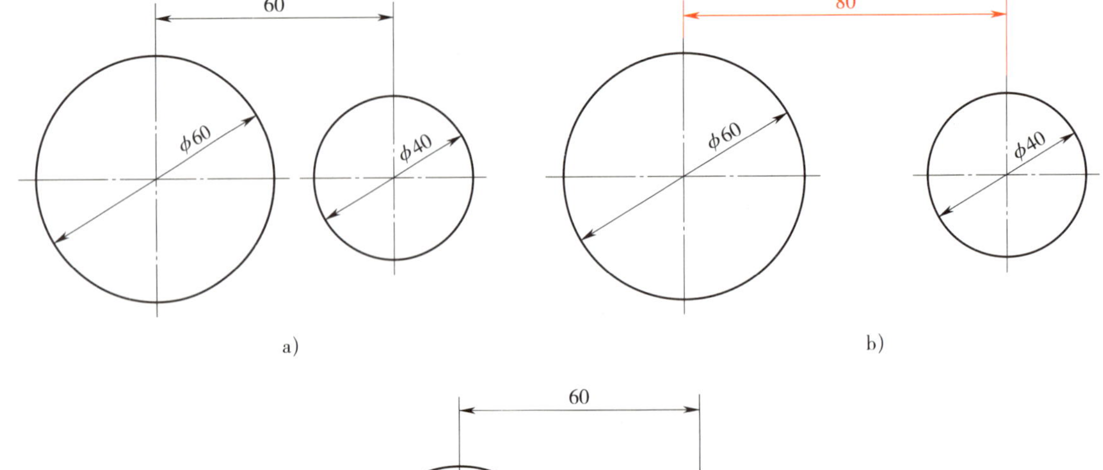

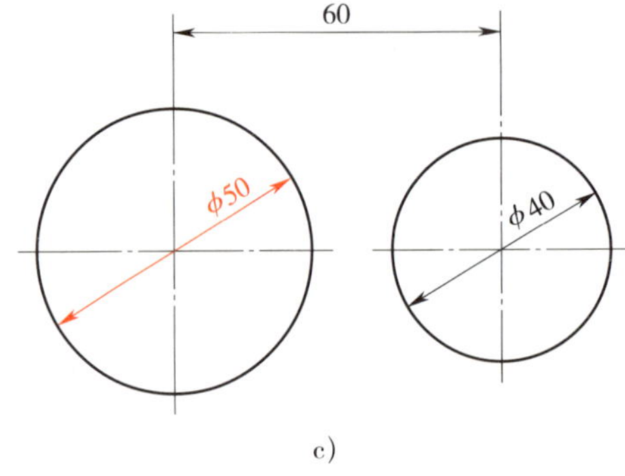

图 5-117 尺寸驱动标注示例

a）原图 b）驱动中心距 c）驱动大圆直径

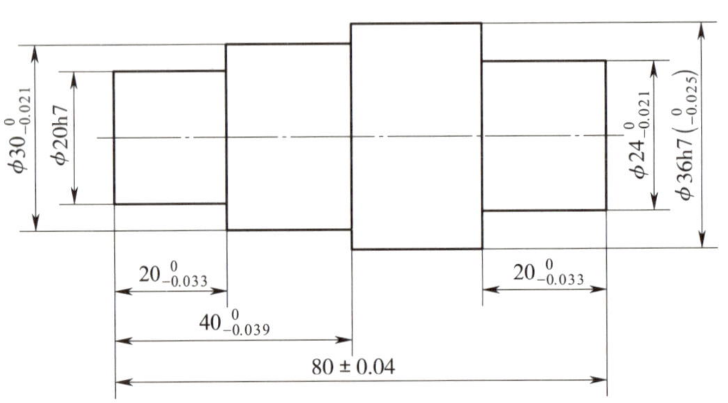

图 5-118 标注编辑综合示例

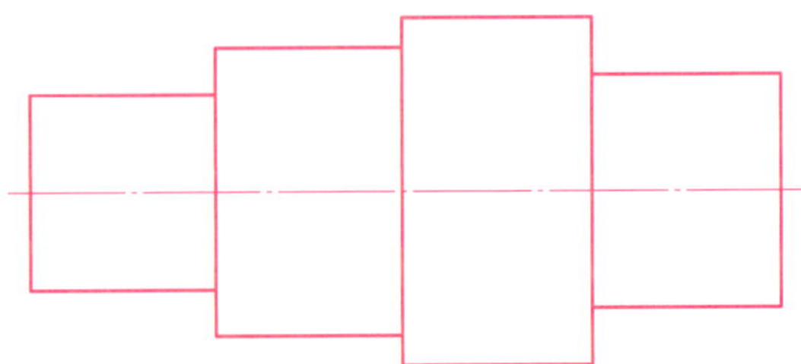

图 5-119 绘制零件轮廓线

（2）标注 ϕ20h7

应用“基本标注”命令，拾取“ϕ20h7”两端点，生成尺寸标注，按 Esc 键退出“尺寸标注”命令，双击生成的尺寸标注，系统弹出“尺寸标注属性设置”对话框，按图 5-120 所示内容进行前缀、公差代号设置，单击“确定”按钮，则标注变为“ϕ20h7”，如图 5-121 所示。

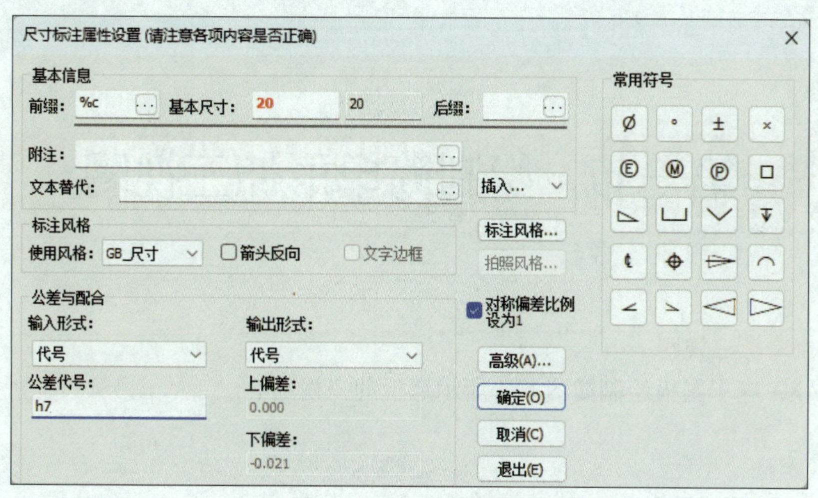

图 5-120 “尺寸标注属性设置”对话框

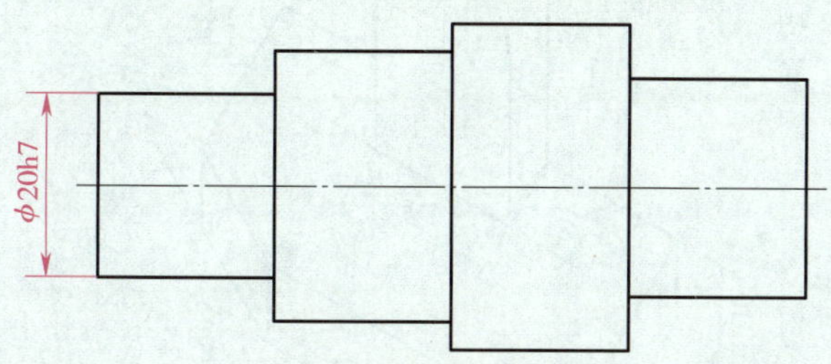

图 5-121 标注 ϕ20h7

（3）标注其余的尺寸

按照步骤（2）所示方法，标注其余的尺寸。标注带有偏差的尺寸时，需要将标注样式中的公差的高度比例设为 0.707 107。标注“80 ± 0.04”时，需要新建标注样式，并将新建标注样式中公差的高度比例设为 1，也可以在“尺寸标注属性设置”对话框中直接输入 0.04。

第六章 绘制三视图和轴测图

第一节 绘制简单形体三视图

一、绘制弯板三视图

应用 CAXA 电子图板绘制如图 6–1 所示弯板的三视图。

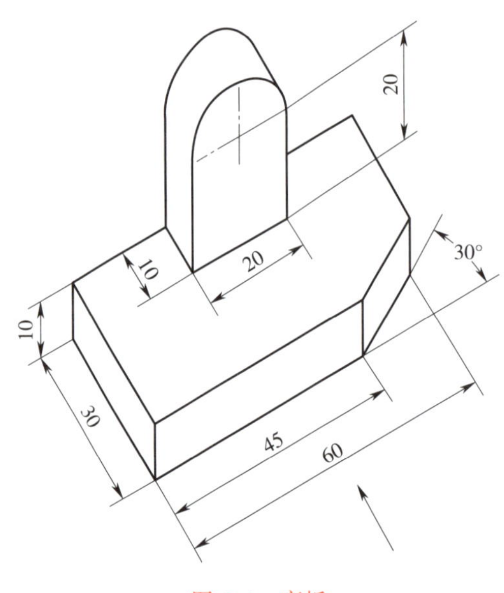

图 6–1 弯板

1. 分析

弯板由带切角的底板与半圆拱形竖板两部分组合而成。绘制三视图时，考虑到三视图的布局，应先绘制出各视图定位线（物体的对称线、中心线、较大平面的基线等），每个视图都能反映物体的两个方向的尺寸，因此每个物体的长、宽、高三个方向都要有基准（基准即画图或度量尺寸的起点）；然后从反映物体形状特征的视图画起，如立体图中箭头指示方向；再按投影关系逐步画出各部分的三视图。

2. 绘图步骤

（1）绘制中心线、底面基线及45°辅助线

将中心线层置为当前层，根据图6–1所示尺寸，应用“直线”命令，绘制弯板的中心线、底面基线及45°辅助线，结果如图6–2所示。

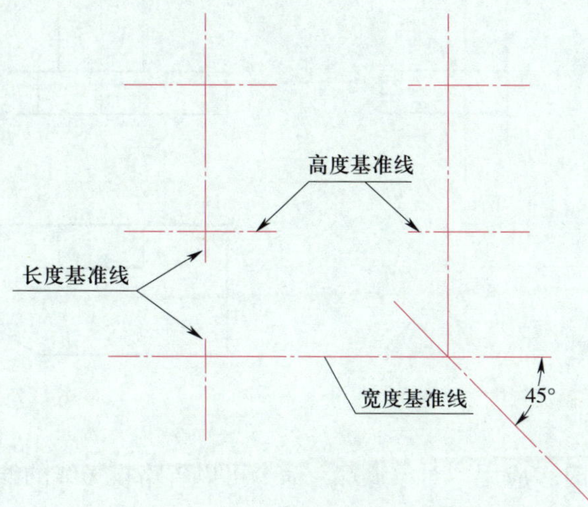

图6–2　绘制中心线、底面基线及45°辅助线

（2）绘制底板三视图

将粗实线层置为当前层，根据图6–1所示尺寸，应用“两点线”命令绘制底板三视图。先绘制反映底板形状特征的俯视图，再按投影关系补绘主视图、左视图，结果如图6–3所示。

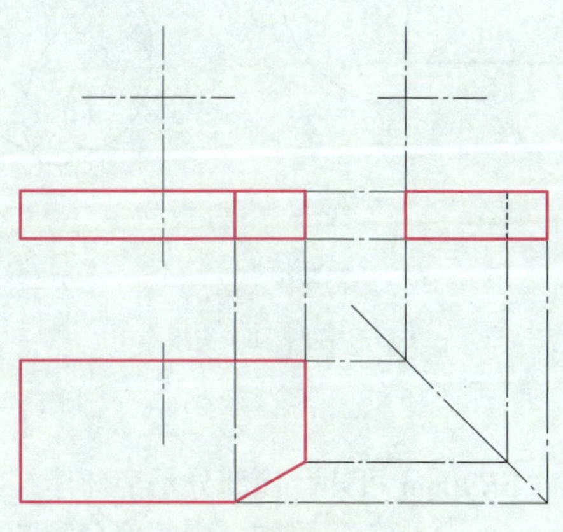

图6–3　绘制底板三视图

（3）绘制竖板三视图

根据图6–1所示尺寸，先绘制反映竖板形状特征的主视图，然后再按投影关系补绘其俯视图、左视图，结果如图6–4所示。

（4）整理图形

根据机械制图要求，删除不必要的作图线，完成三视图的绘制，如图6–5所示。

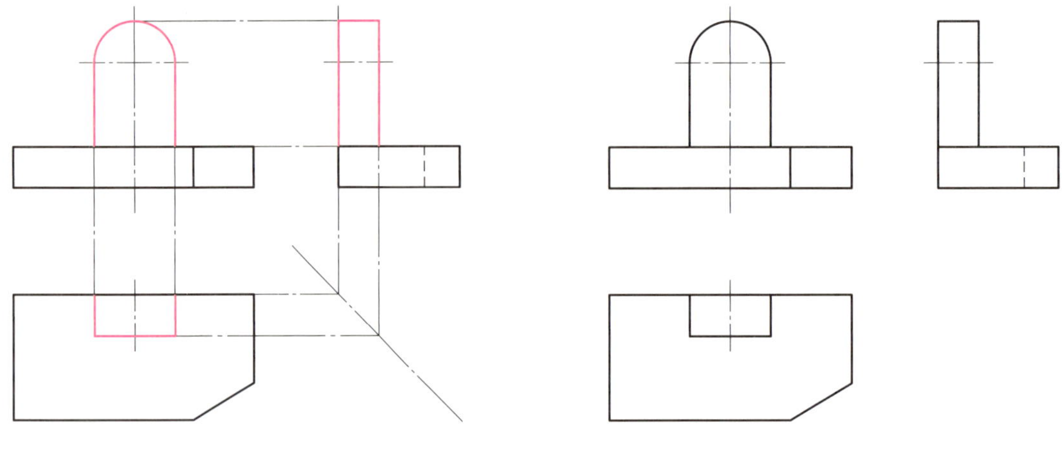

图 6-4 绘制竖板三视图　　　图 6-5 整理三视图

注意：绘制三视图时，应用“对象追踪”命令可以省略投影线的绘制。

二、补绘铆钉的俯视图和左视图

根据如图 6-6a 所示铆钉的主视图及尺寸，补绘铆钉的俯视图和左视图。

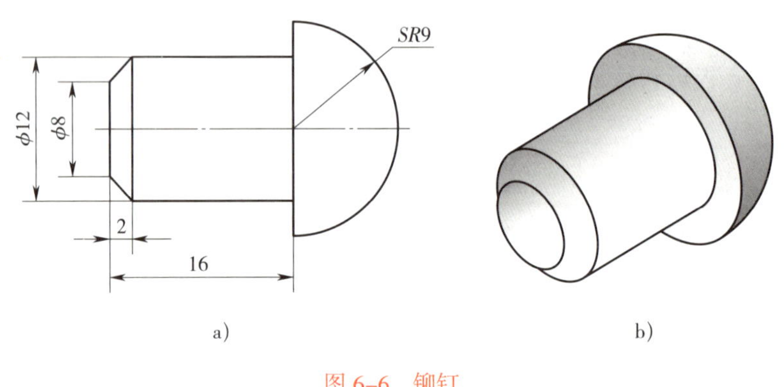

图 6-6 铆钉
a）主视图 b）实体

1. 分析

由视图右端半圆形和尺寸 *SR*9 mm 可知，该部分是半球体；由视图中间的矩形和相关尺寸 ϕ12 mm、14 mm（16 mm−2 mm=14 mm）可知，中间部分是圆柱体；由左端梯形及相关尺寸 ϕ8 mm、ϕ12 mm 和 2 mm 可知，左端为圆锥台。根据以上分析可知，铆钉是由半球体、圆柱体和圆锥台三个基本体构成的。

2. 绘图步骤

（1）根据图 6-6 所示尺寸，绘制左视图中心线和俯视图的轴线，结果如图 6-7 所示。

（2）根据投影关系，补绘各部分基本体的俯视图和左视图，结果如图 6-8 所示。

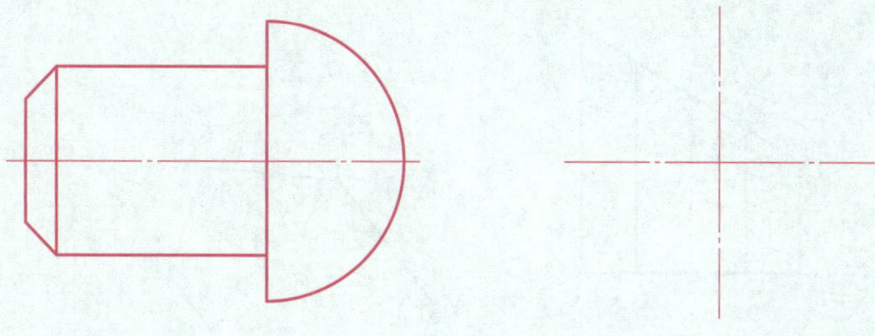

图 6-7　绘制左视图中心线和俯视图的轴线

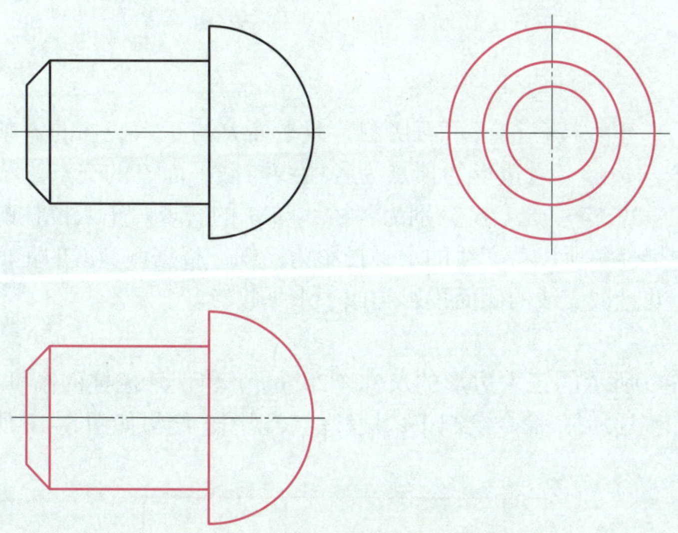

图 6-8　由主视图补画俯视图和左视图

注意：俯视图与主视图轮廓相同，绘制俯视图时，可应用“复制”命令，将主视图的轮廓线复制到俯视图中。

第二节　绘制截交线和相贯线

一、绘制平面切割正六棱柱的截交线

根据图 6-9 所示平面切割正六棱柱的主视图、俯视图及正等轴测图，绘制平面切割正六棱柱的三视图。

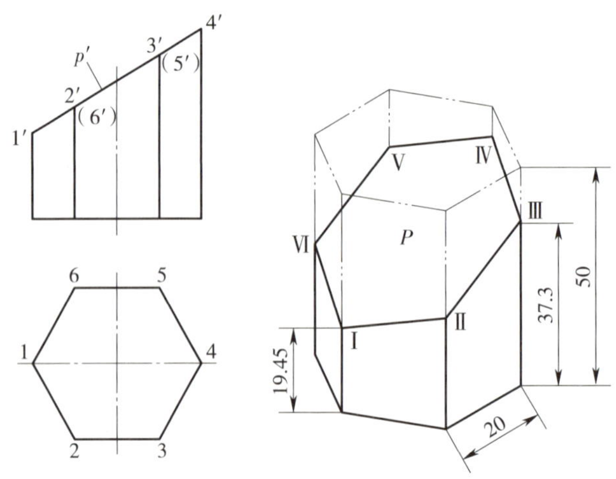

图 6-9　平面切割正六棱柱

1. 分析

如图 6-9 所示，正六棱柱被正垂面切割，截平面 P 与正六棱柱的六条棱线都相交，所以截交线组成一个六边形。六边形的顶点为各棱线与截平面 P 的交点。截交线的正投影积聚在 p' 上，1′、2′、3′、4′、5′、6′ 分别为各棱线与 p' 的交点。正六棱柱的六条棱线在俯视图上的投影具有积聚性，所以截交线的水平投影为已知。根据截交线的正面投影和水平投影可绘出侧面投影，并且截交线的侧面投影类似于水平投影。

2. 绘图步骤

（1）根据图 6-9 所示的正六边形的尺寸（20 mm）和正六棱柱的高度（50 mm），应用“直线”命令和“正多边形”命令绘制正六棱柱的三视图，结果如图 6-10 所示。

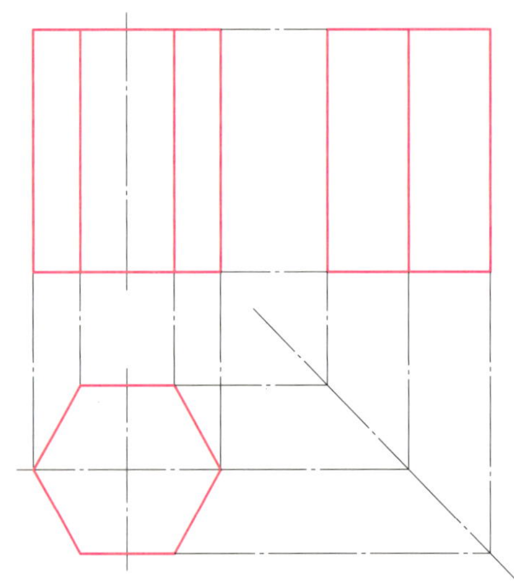

图 6-10　绘制正六棱柱的三视图

（2）根据图 6-9 所示的Ⅰ点的高度（19.45 mm）和Ⅲ点的高度（37.3 mm），应用“直线”命令绘制主视图上的切割平面 p'，根据截交线（六边形）各顶点的正面投影和水平投影绘出截交线各顶点的侧面投影 1″、2″、3″、4″、5″、6″。应用“直线”命令，顺次连接 1″、2″、3″、4″、5″、6″、1″，结果如图 6-11 所示。

（3）整理图形，删除多余的线条，并补绘细虚线（注意：正六棱柱上最右侧棱线的侧面投影为不可见，左视图上不要漏画这一条细虚线），结果如图 6-12 所示。

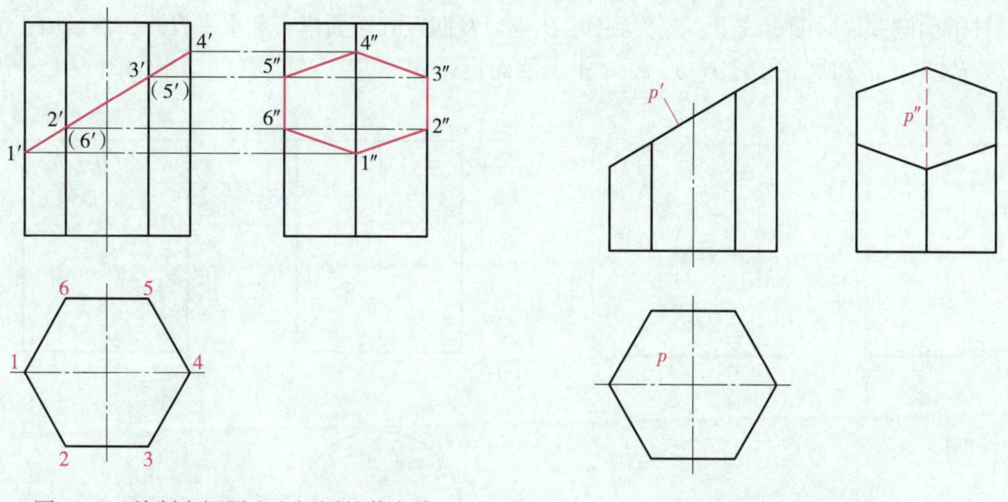

图 6-11　绘制主视图和左视图的截交线　　　　图 6-12　整理图形

二、绘制平面切割圆柱的截交线

图 6-13 所示为圆柱被正垂面斜切，绘制其三视图。

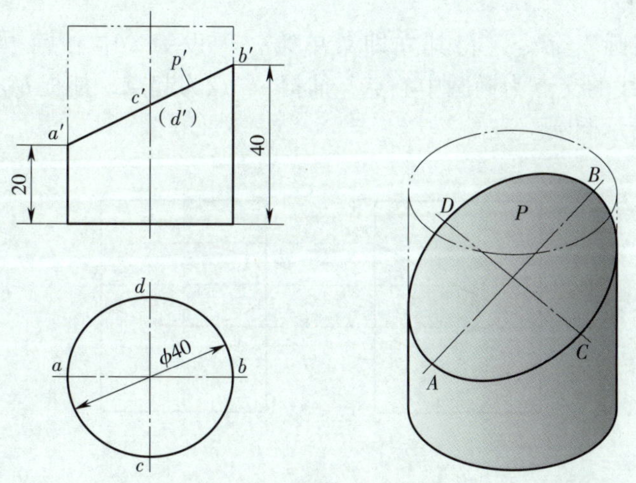

图 6-13　正垂面斜切圆柱

1. 分析

截平面 P 倾斜于圆柱轴线，截交线为椭圆。P 面是正垂面，所以截交线的正面投影积聚在 p' 上；因为圆柱面的水平投影具有积聚性，所以截交线的水平投影积聚在圆周上；而截交线的侧面投影一般情况下为椭圆。

2. 绘图步骤

（1）根据图 6–13 所示尺寸，应用“直线”和“圆”命令绘制圆柱的三视图，结果如图 6–14 所示。

（2）根据图 6–13 所示尺寸，绘制主视图的截平面 p'。最低点 A 和最高点 B 是椭圆的两个象限点，分别位于圆柱最左侧和最右侧素线上。最前点 C 和最后点 D 是椭圆的两个象限点，分别位于圆柱最前侧和最后侧素线上。先找到 A、B、C、D 四点的正面投影和水平投影，然后由正面投影 a'、b'、c'、d' 和水平投影 a、b、c、d 作出侧面投影 a''、b''、c''、d''，结果如图 6–15 所示。

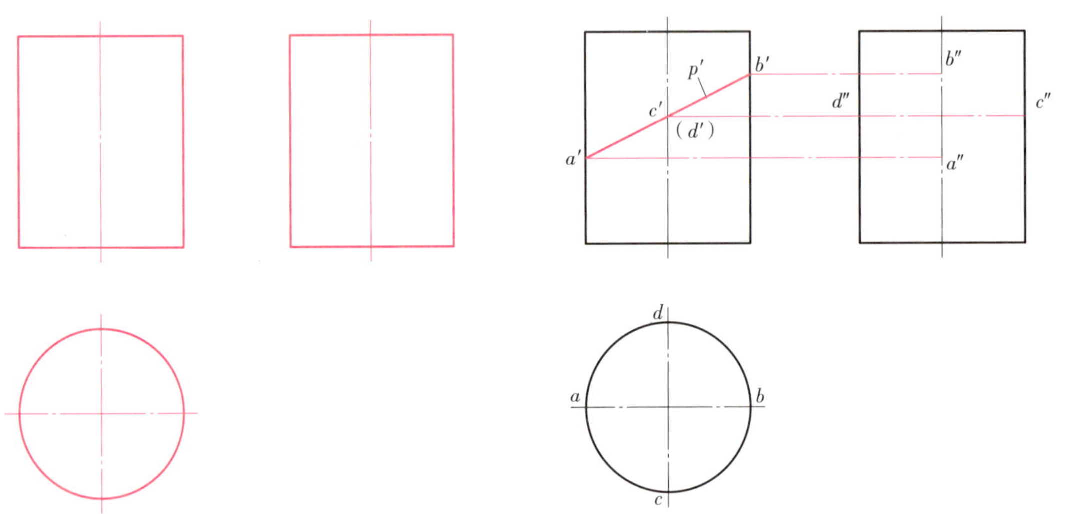

图 6–14　绘制圆柱的三视图　　图 6–15　绘制截平面 p' 及 A、B、C、D 四个点的投影

（3）应用“椭圆”命令，将其立即菜单第一项设为“中心点_起点”方式，捕捉 c'' d'' 连线与中心线的交点为椭圆中心点，捕捉 c'' 点为起点，捕捉 b'' 确定短轴长度，则绘制出如图 6–16 所示椭圆。

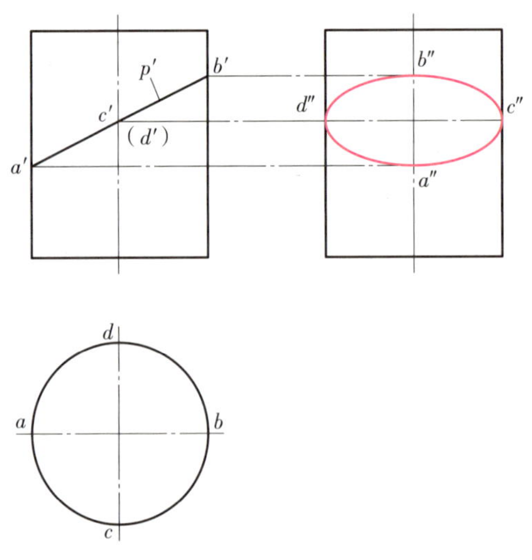

图 6–16　绘制椭圆

（4）整理图形，删除多余的线条，结果如图 6–17 所示。

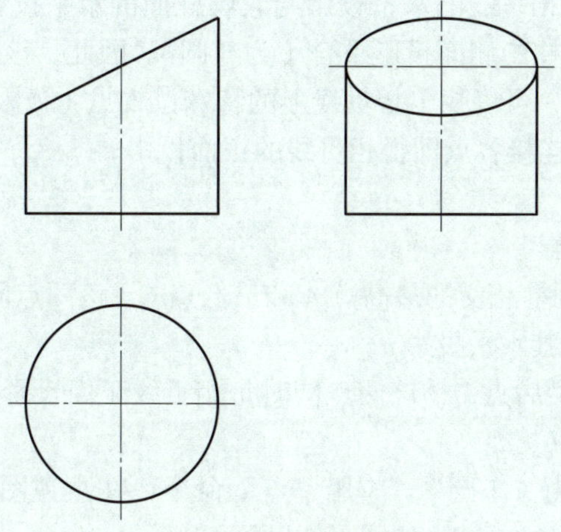

图 6–17　整理图形

可绘制中间点三面投影，来验证左视图的正确性。

三、绘制圆柱与圆柱的相贯线

图 6–18 所示为两个直径不等的圆柱正交，绘制其相贯线的投影。

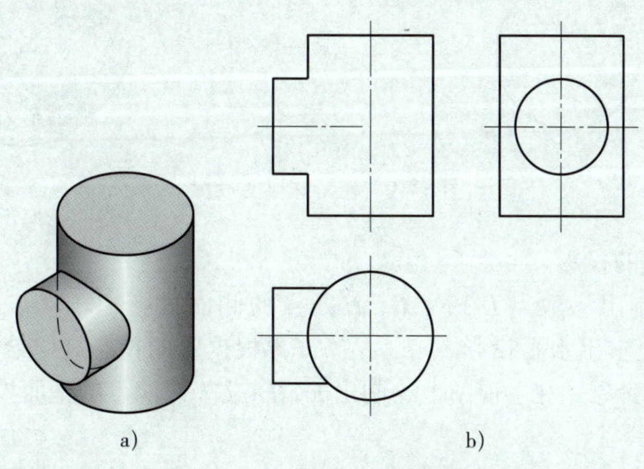

图 6–18　两圆柱正交相贯

a）立体图　b）三视图

1. 分析

由图 6–18a 可知，两圆柱直径不同，轴线垂直相交（正交），其中大圆柱的轴线垂直于水平投影面，故大圆柱面水平投影为圆；小圆柱的轴线垂直于侧投影面，故小圆柱面的侧面投影为圆。相贯线（空间封闭曲线）是两圆柱面的交线，也是两圆柱面的共有线，因此具有两圆柱面的投影特性，即相贯线的水平投影与大圆柱面的水平投影重合（为一部分圆弧），相贯线的侧面投影与小圆柱的侧面投影重合（为整圆）。因此，该相贯线的水平投影和侧面投影是已知的。在绘图时，可以找出相贯线上的特殊位置点（极限点），并根据点的投影规律绘制其正面投影，光滑连接各点即得相贯线的正面投影。

2. 绘图步骤

（1）绘制特殊点的投影

1）找出大圆柱与小圆柱相交的最高点 A 和最低点 C（该两点同时是大圆柱的最左侧点）的侧面投影 a''、c''，绘制其水平投影 a、c。

2）找出最前点 B 和最后点 D（该两点同时是相贯线正面投影的最右侧点）的侧面投影 b''、d''，绘制其水平投影 b、d。

3）将点的样式设置为“小圆”，应用“点”命令，在主视图上绘制出 A、B、C、D 四点的正面投影 a'，b'，c'，d'，结果如图 6-19 所示。

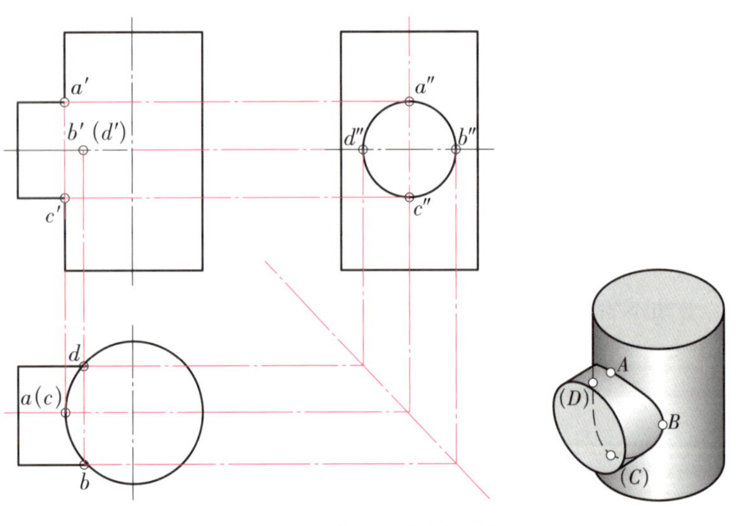

图 6-19 作特殊点的投影

（2）绘制一般点的投影

在左视图上绘制出一般点 E、F、G、H 四点的侧面投影 e''、f''、g''、h''，利用点的投影规律在俯视图上求出水平投影 e、f、g、h，再根据点的投影规律绘制正面投影 e'、f'、g'、h'。应用“点”命令，在主视图上绘制出 E、F、G、H 四点的正面投影 e'、f'、g'、h'，结果如图 6-20 所示。

（3）删除辅助线，并应用“样条曲线”命令，依次连接主视图上的各点，结果如图 6-21 所示。

（4）将点的样式设置为空白样式，使图形中的点不显示，结果如图 6-22 所示。也可应用“删除”命令删除各个点，拾取时注意不要拾取到其他图素。

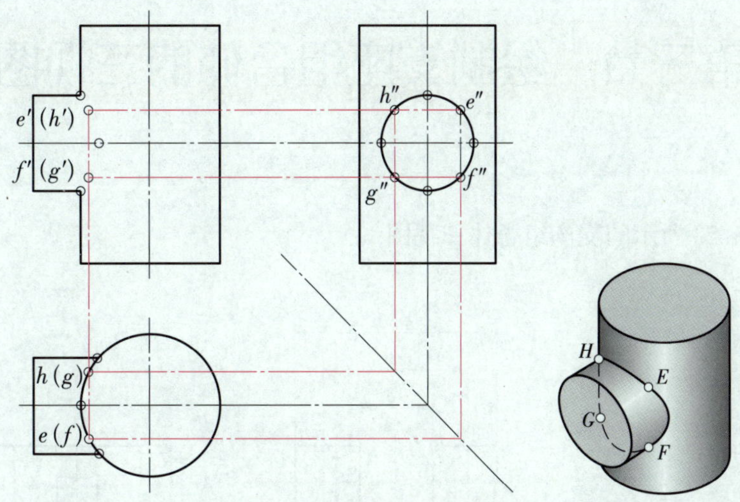

图 6-20　绘制一般点的投影

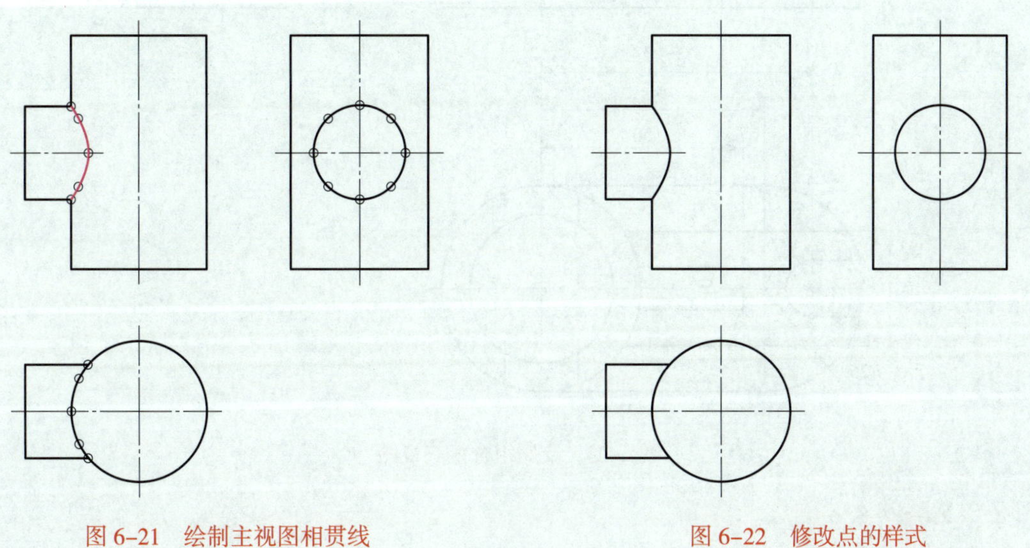
图 6-21　绘制主视图相贯线

图 6-22　修改点的样式

第三节　绘制支座组合体的三视图

绘制如图 6–23 所示的支座组合体三视图。

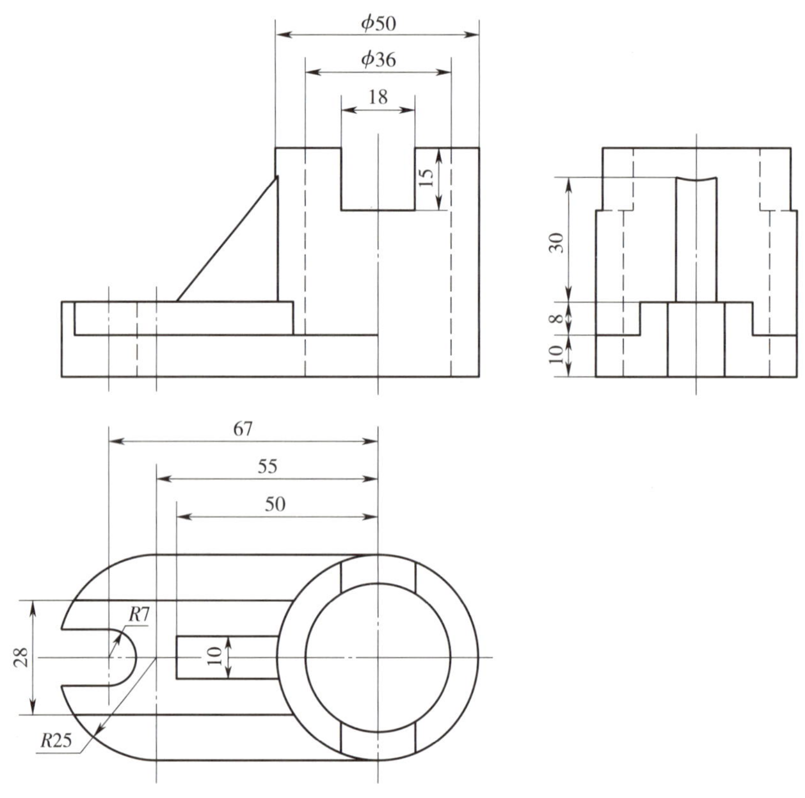

图 6–23　支座组合体三视图

一、分析

绘制组合体三视图前，首先应对组合体进行形体分析，通常假设把组合体分解成若干个基本体，弄清楚各部分的形状、相对位置、组合形式以及表面间的相对位置关系，这种分析方法称为形体分析法。

利用形体分析法，如图 6–23 所示的支座可分为六个部分：圆柱筒、圆柱筒上部凹槽、底板、台阶板、底槽、肋板。绘图时三个视图应同时进行，不要绘制完一个视图后再绘制另一个视图。绘制支座组合体三视图时，应首先绘制出中心线，确定出三视图的位置，然后绘制圆柱筒、圆柱筒上部的凹槽、底板、台阶板、底槽、肋板的三视图，最后整理图形。

二、绘图步骤

1. 绘制各视图中心线、定位线和45°辅助线

将中心线层设置为当前层，应用“两点线”命令和“等距线”命令绘制各视图的中心线、定位线和45°辅助线，结果如图6–24所示。

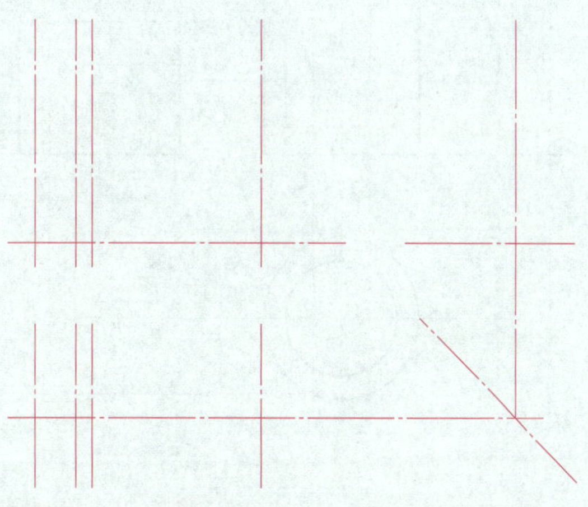

图6–24 绘制中心线、定位线和45°辅助线

2. 绘制圆柱筒的三视图

（1）应用“圆”命令绘制俯视图中ϕ36 mm、ϕ50 mm的两个圆。

（2）应用“两点线”命令绘制辅助线，依据辅助线的定位绘制主视图和左视图中圆柱筒的轮廓线，结果如图6–25a所示。

（3）删除辅助线，整理图形，结果如图6–25b所示。

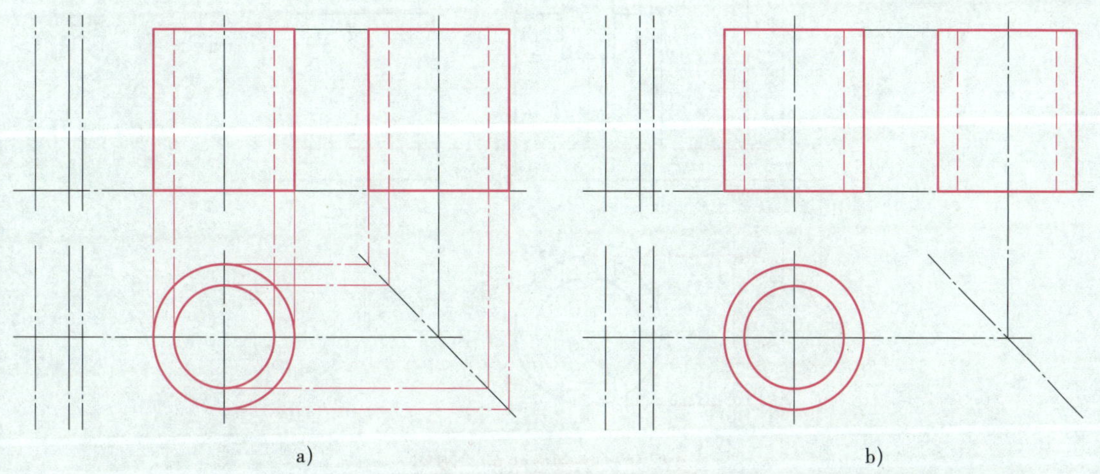

a) b)

图6–25 绘制圆柱筒的三视图

a）通过辅助线绘制视图 b）整理图形

3. 绘制圆柱筒上部凹槽的三视图

（1）应用“两点线”命令绘制主视图中圆柱筒上部凹槽的轮廓线，结果如图6–26a所示。

（2）应用“两点线”命令绘制辅助线，通过辅助线绘制俯视图和左视图中圆柱筒上部凹槽的轮廓线，并修剪左视图，结果如图6–26a所示。

（3）删除辅助线，整理图形，结果如图6–26b所示。

4. 绘制底板的三视图

（1）应用“两点线”和“圆弧”命令绘制俯视图中底板的轮廓线，注意要准确捕捉点。

（2）应用“两点线”命令绘制辅助线，通过辅助线绘制主视图和左视图中底板的轮廓线，并修剪主视图，结果如图6–27所示。

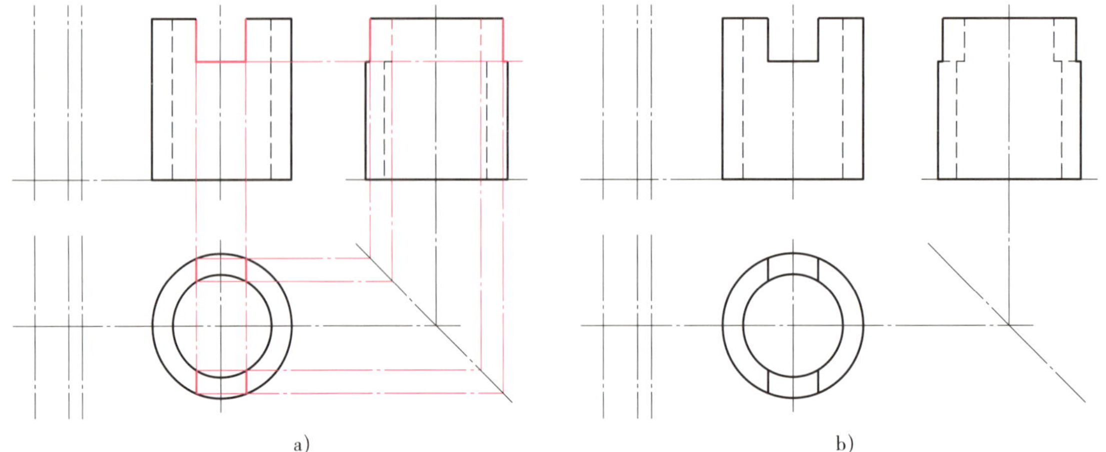

图 6-26　绘制圆柱筒上部凹槽的三视图

a）通过辅助线绘制凹槽　b）整理图形

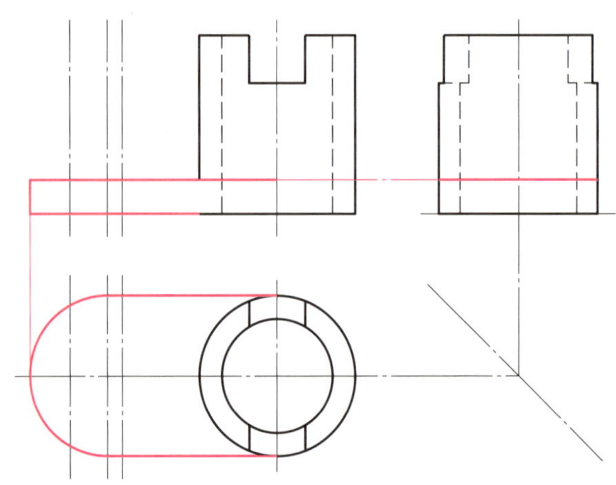

图 6-27　绘制底板的三视图

5. 绘制台阶板的三视图

（1）应用“两点线”“等距线”和“裁剪”命令，在左视图中绘制台阶板的轮廓线，结果如图 6-28a 所示。

（2）应用“两点线”命令绘制辅助线，通过辅助线绘制俯视图和主视图中台阶板的轮廓线。注意台阶板轮廓线与圆柱相交直线的位置，结果如图 6-28a 所示。

（3）删除辅助线，整理图形，结果如图 6-28b 所示。

6. 绘制底槽的三视图

（1）应用“圆”“两点线”和“裁剪”命令，绘制俯视图中底槽的轮廓线，结果如图 6-29a 所示。

（2）应用“两点线”命令绘制辅助线，通过辅助线绘制左视图和主视图中底槽的轮廓线，结果如图 6-29a 所示。

（3）删除辅助线，整理图形，结果如图 6-29b 所示。

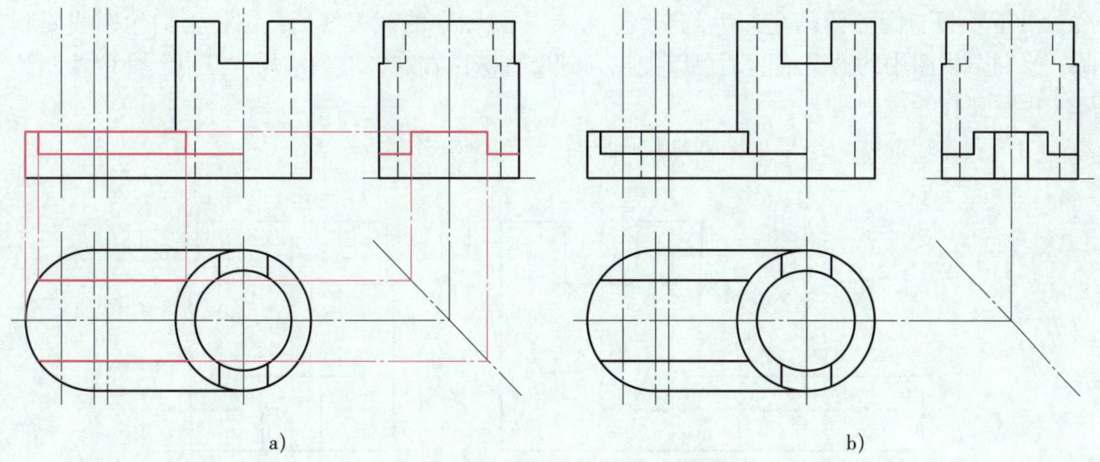

图 6-28　绘制台阶板的三视图

a）通过辅助线绘制台阶板　b）整理图形

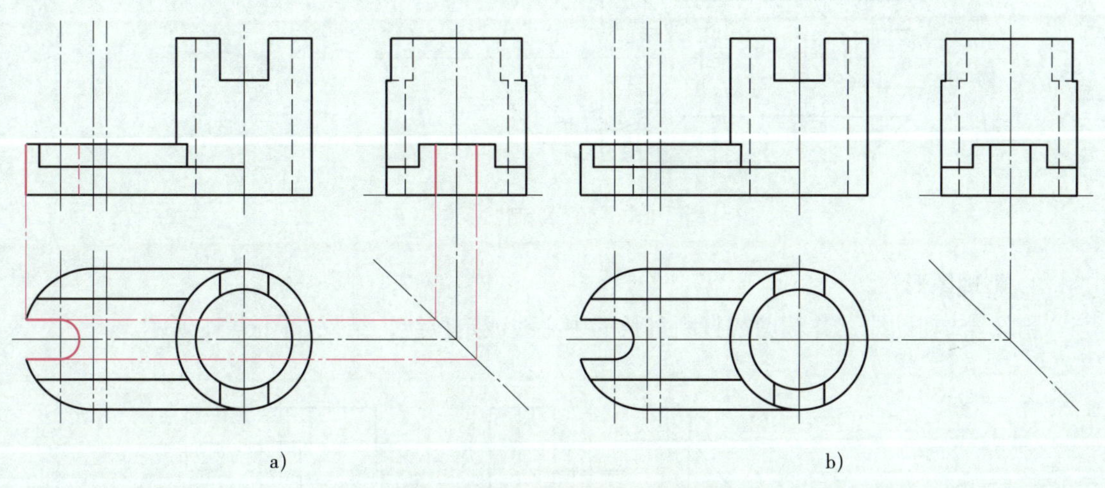

图 6-29　绘制底槽的三视图

a）通过辅助线绘制底槽　b）整理图形

底槽的左端部分被切掉，故其主视图中左端直线的位置也要改变，在绘制图形时要时刻注意三视图的相互对应关系。

7. 绘制肋板的三视图

（1）应用“等距线”和“两点线”命令，在俯视图中绘制出肋板，结果如图 6-30 所示。

（2）应用“两点线”命令绘制辅助线，通过辅助线绘制左视图和主视图中肋板的轮廓线。由于肋板与圆柱体相交产生截交线，绘制主视图中的截交线后，圆柱上的轮廓线要删除。绘制左视图中的截交线时，可以先找到三个特殊位置点，然后应用“三点”命令绘制圆弧（用圆弧代替截交线）。

（3）删除辅助线，结果如图 6–30 所示。

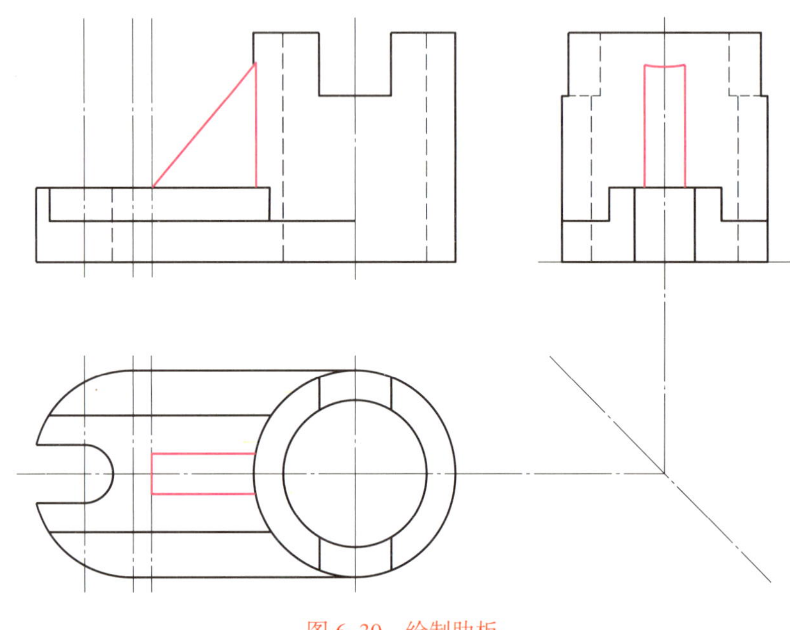

图 6–30　绘制肋板

8. 整理图形

删除 45° 辅助线，并裁剪或打断过长的中心线或定位线，结果如图 6–31 所示。

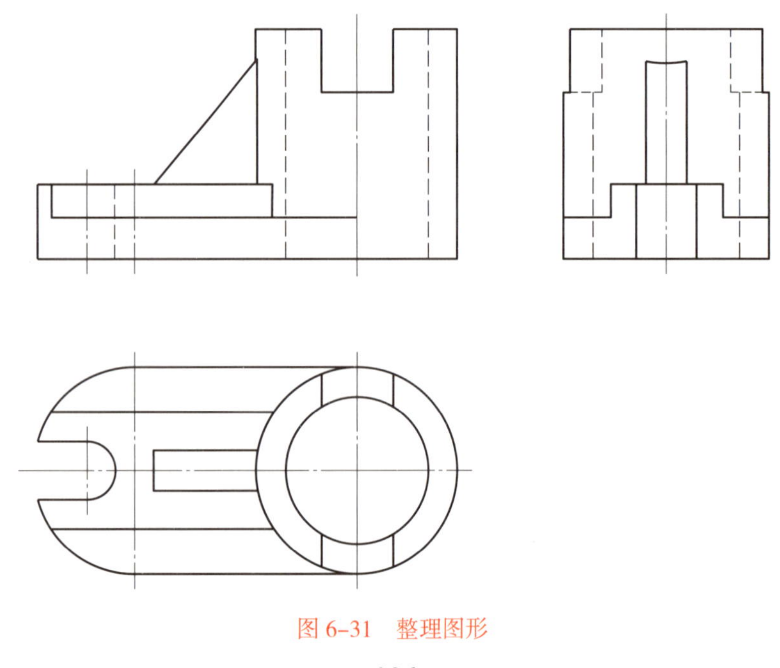

图 6–31　整理图形

9. 标注尺寸

应用“基本标注”命令，标注支座各部分的尺寸，结果如图 6–32 所示。

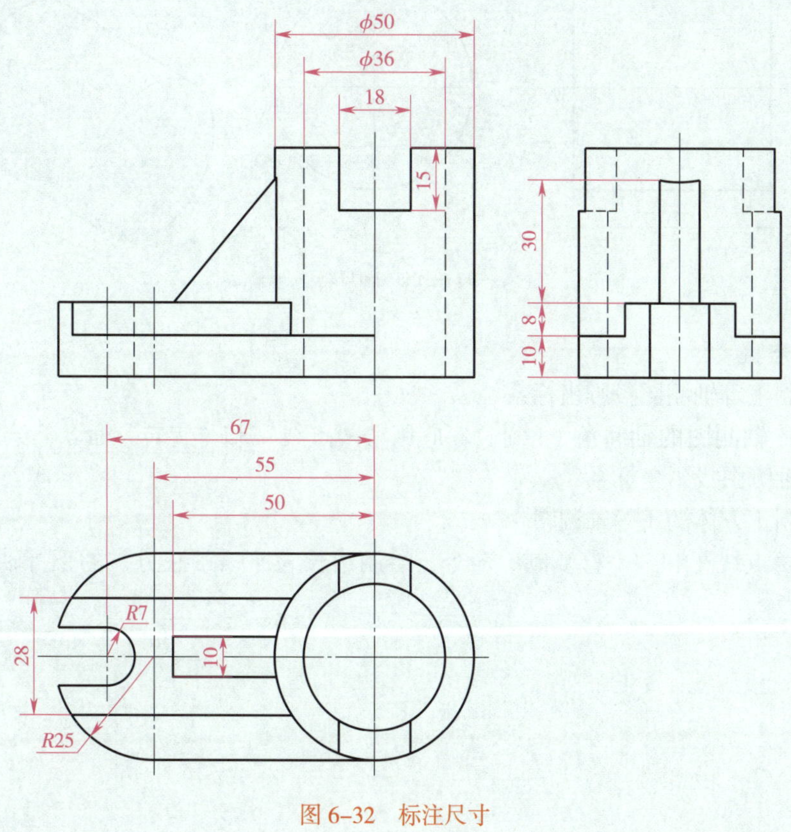

图 6–32　标注尺寸

第四节　绘制正等轴测图

一、绘制圆柱体的正等轴测图

绘制如图 6–33 所示 ϕ50 mm × 50 mm 圆柱体的正等轴测图。

1. 分析

如图 6–33 所示，该圆柱体的轴线平行于水平面，左、右侧面为两个垂直于水平面且大小相同的圆。在轴测图中，左、右两侧面皆为椭圆。因此，可根据圆柱的直径（50 mm）和长度（50 mm）绘制两个形状和大小相同、中心距为 50 mm 的椭圆，再绘制两椭圆的公切线。

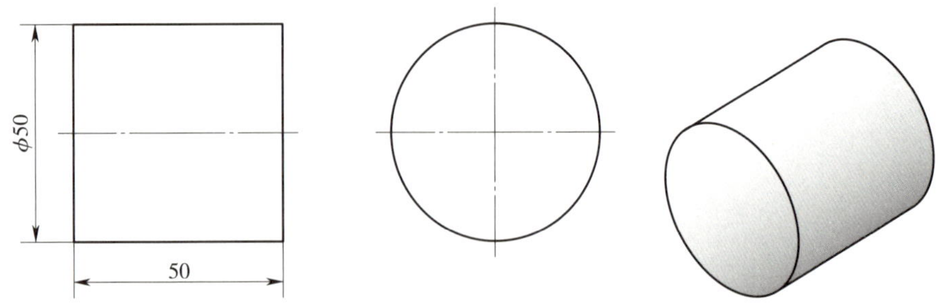

图 6-33 圆柱体

2. 绘图步骤

（1）绘制正等轴测图投影坐标系

根据正等轴测图的轴间角（120°），应用“两点线”和“旋转”命令，绘制如图 6-34 所示的正等轴测图投影坐标系。

（2）绘制正方体的正等轴测图

应用“两点线”和“平移复制”命令，绘制边长为 50 mm 正方体的正等轴测图，结果如图 6-35 所示。

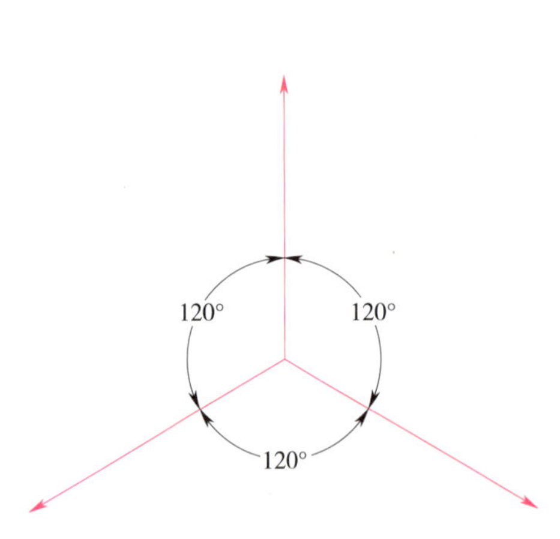

图 6-34 绘制正等轴测图投影坐标系

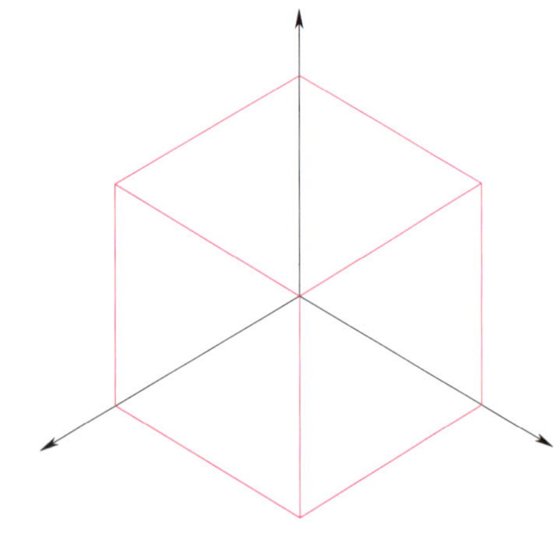

图 6-35 绘制正方体的正等轴测图

（3）绘制左侧面的中心线

应用“平移复制”命令，绘制正方体左侧面的中心线（将平移复制线型改为细点画线），结果如图 6-36 所示。

（4）绘制左侧面上的椭圆

应用四心法绘制左侧面上的椭圆，如图 6-37 所示。过图 6-37a 中的点 A 与点 B 绘制相应直线的垂直线，交于 O_1 点；以 O_1 为圆心，O_1A 为半径，绘制弧 AB，如图 6-37a 所示。按照相同的方法，绘制弧 CD（见图 6-37b）、弧 DA（见图 6-37c）和弧 BC（见图 6-37d）。

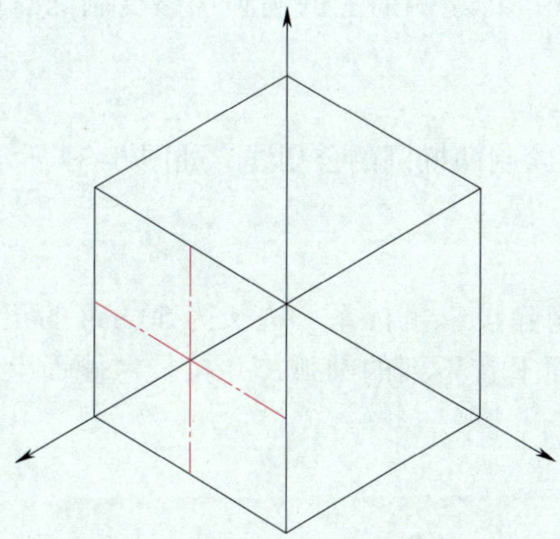

图 6-36　绘制正六边形左侧面的中心线

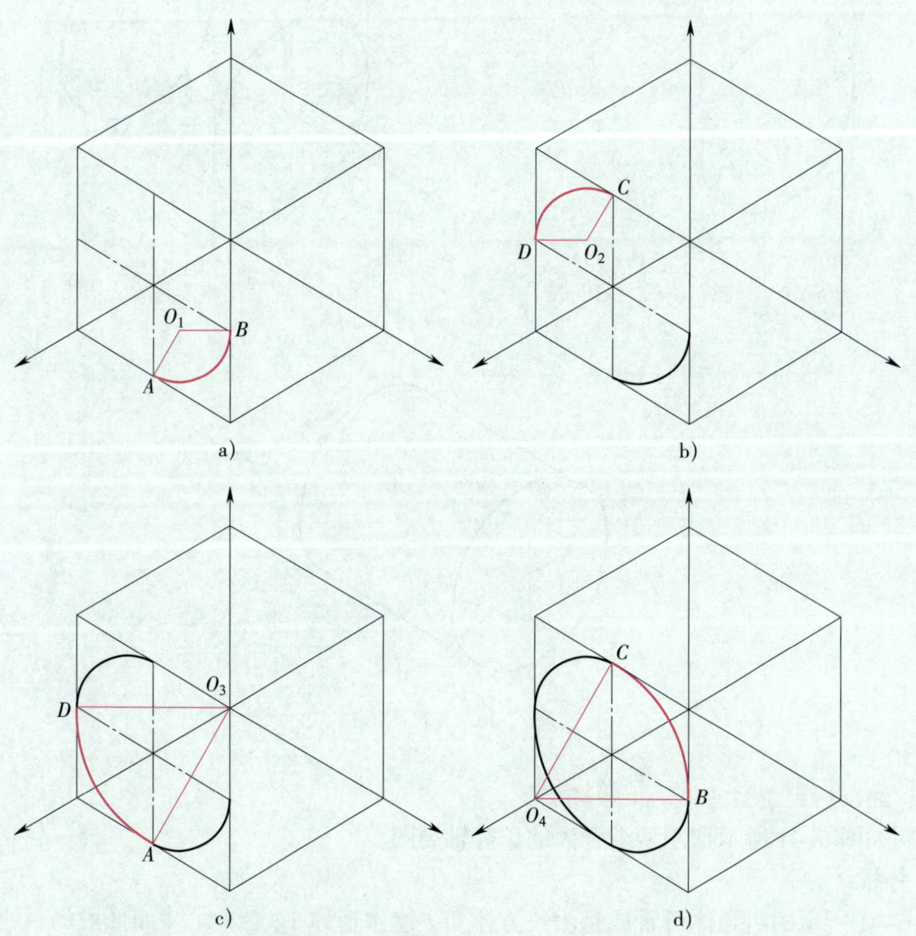

图 6-37　绘制左侧面上的椭圆

a）绘制弧 *AB*　b）绘制弧 *CD*　c）绘制弧 *DA*　d）绘制弧 *BC*

（5）绘制右侧面上的椭圆

应用“平移复制”命令，将左侧面上的椭圆平移复制到右侧面上，结果如图 6–38 所示。

（6）绘制两椭圆的公切线

应用“两点线”命令，绘制两椭圆的公切线，如图 6–39 所示。绘制公切线时，按空格键，弹出工具点菜单，选择切点。

（7）整理图形

应用“删除”命令，删除投影坐标系、边长为 50 mm 的正方体的正等轴测图及右侧面上的中心线。裁剪右侧面上看不到的圆弧，并拉长左侧面上的中心线，结果如图 6–40 所示。

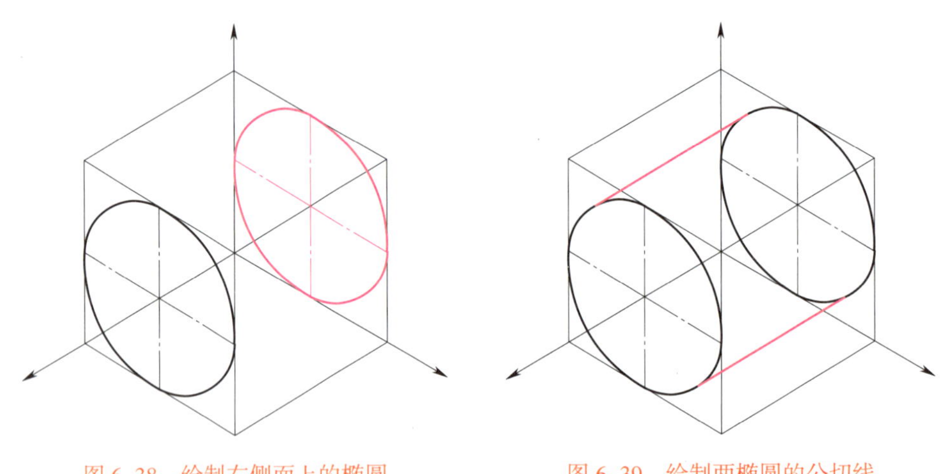

图 6–38　绘制右侧面上的椭圆　　图 6–39　绘制两椭圆的公切线

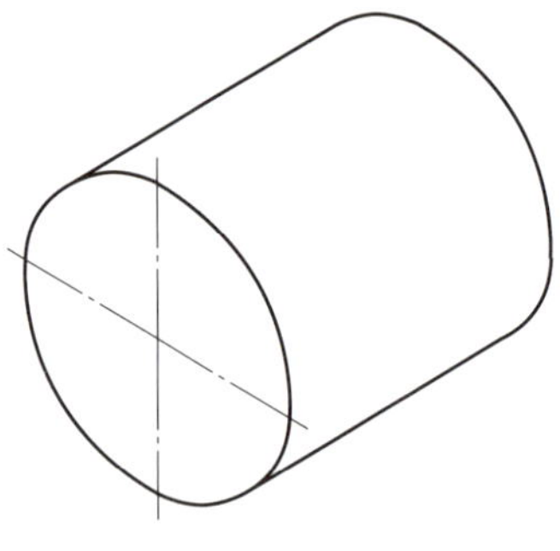

图 6–40　整理图形

二、绘制切割型组合体的正等轴测图

绘制如图 6–41 所示切割型组合体的正等轴测图。

1. 分析

图 6–41 所示的组合体可看成是由长方体切去基本形体 1、2、3、4 而形成的。绘制切割型组合体正等轴测图时，可先绘制切割前基本体的正等轴测图，再依次切去基本形体 1、2、3、4。

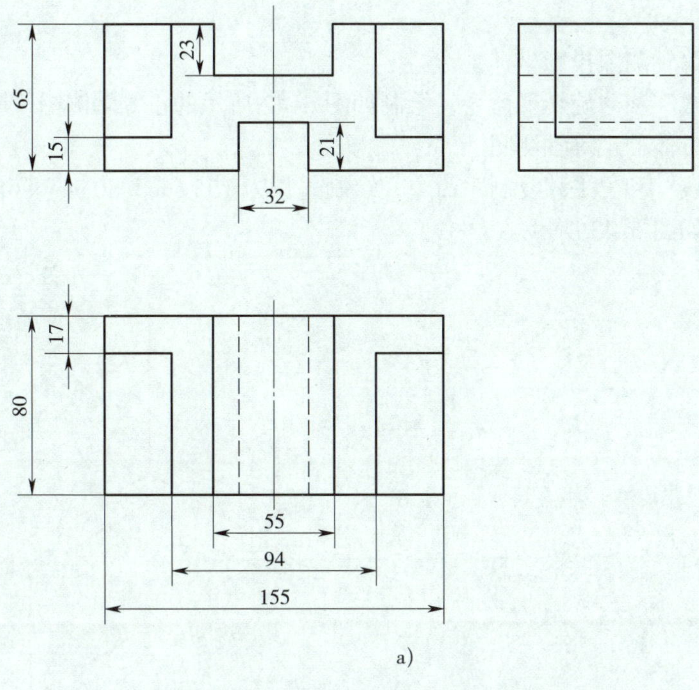

a）

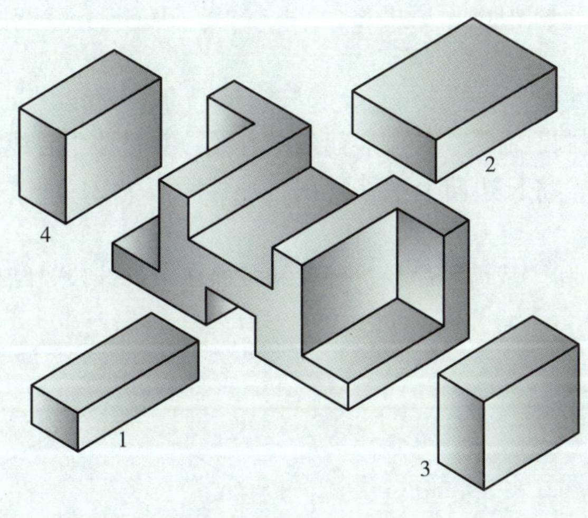

b）

图 6-41　切割型组合体

a）三视图　b）正等轴测图

使用 CAXA 电子图板绘制正等轴测图时，不能应用“等距线”命令绘制平行且相等的线段，而应该应用“平移复制”命令，通过捕捉中点、端点或输入距离的方法完成平移复制。

2. 绘图步骤

（1）绘制正等轴测图投影坐标系

应用“两点线”和“旋转”命令，绘制如图 6–42 所示的正等轴测图投影坐标系。

（2）绘制长方体的正等轴测图

应用“两点线”和“平移复制”命令，绘制边长为 155 mm × 80 mm × 65 mm 长方体的正等轴测图，结果如图 6–43 所示。

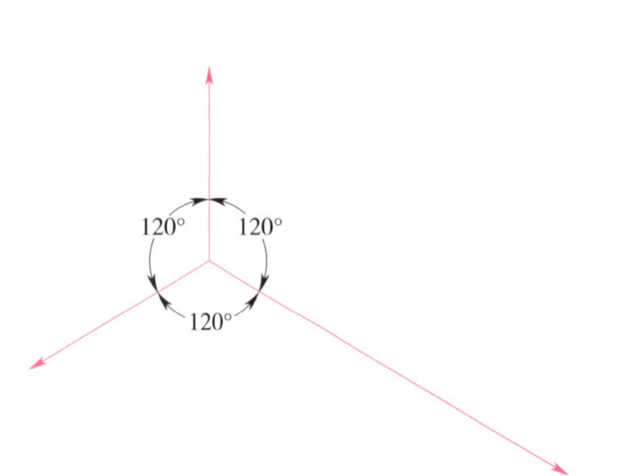

图 6–42　绘制正等轴测图投影坐标系

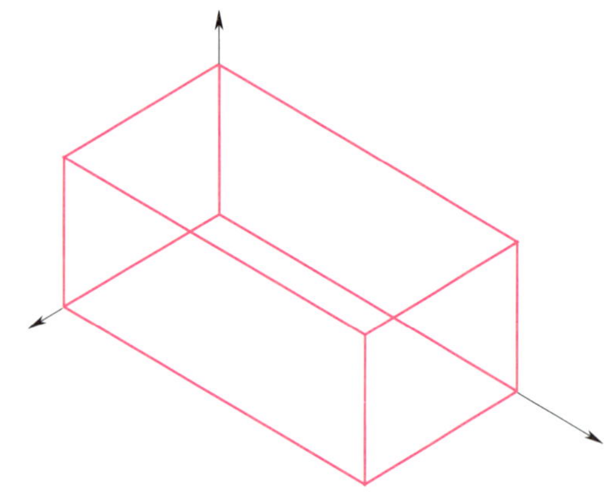

图 6–43　绘制长方体的正等轴测图

（3）切割基本形体 1

1）应用“平移复制”命令，绘制底面的中心线，并将该中心线沿长边向两侧平移复制，平移距离各为 16 mm；将长边向上平移复制，平移距离为 21 mm；最后平移复制长方体的高，如图 6–44a 所示。

2）应用“删除”和“裁剪”命令，删除和裁剪多余的线段，结果如图 6–44b 所示。

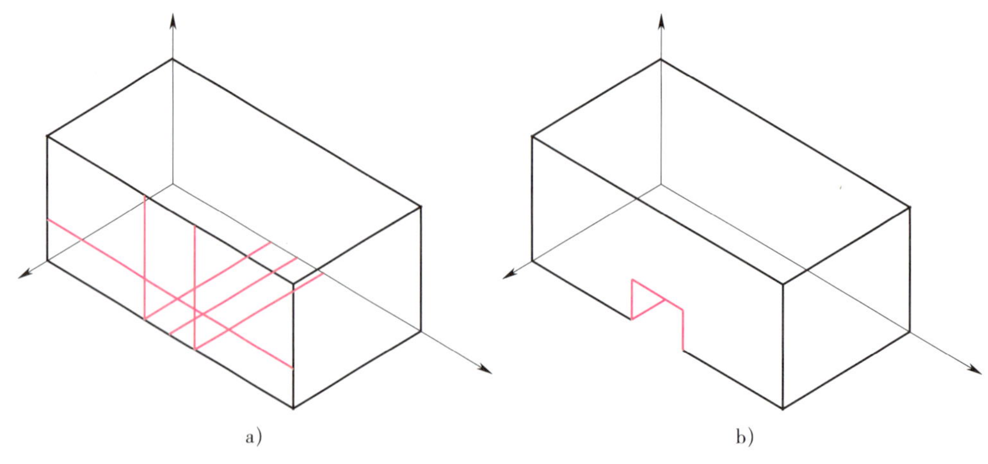

图 6–44　切割基本形体 1

a）平移复制中心线和轮廓线　b）删除裁剪多余线段

（4）切割基本形体 2

按照步骤（3）的方法，切割基本形体 2，结果如图 6–45 所示。

（5）切割基本形体 3

按照步骤（3）的方法，切割基本形体 3，结果如图 6–46 所示。

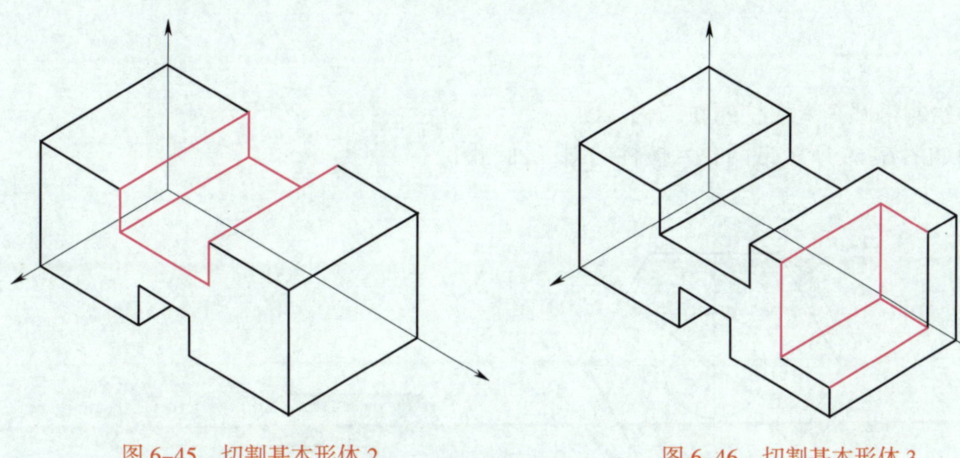

图 6–45　切割基本形体 2　　图 6–46　切割基本形体 3

（6）切割基本形体 4

按照步骤（3）的方法，切割基本形体 4，结果如图 6–47 所示。

（7）整理图形

应用“删除”命令，删除正等轴测图投影坐标系，结果如图 6–48 所示。

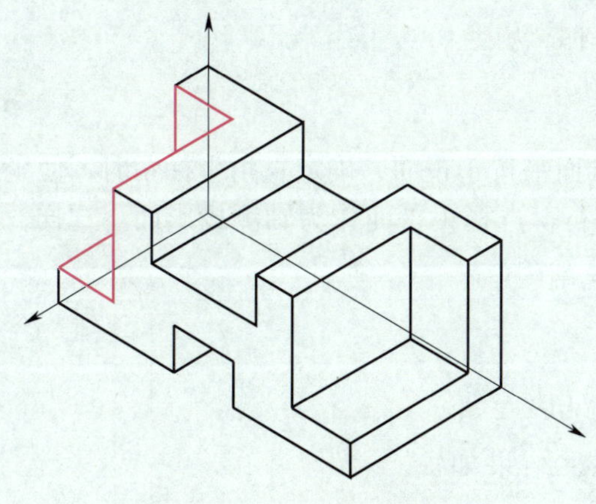

图 6–47　切割基本形体 4

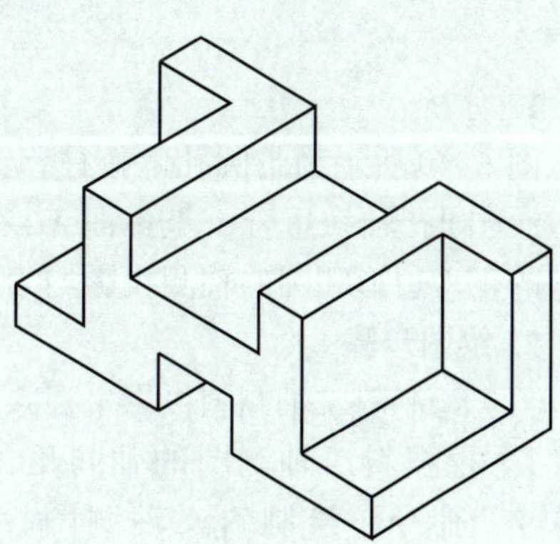

图 6–48　整理图形

第五节　绘制斜二轴测图

一、绘制带圆孔六棱柱的斜二轴测图

绘制如图 6–49 所示带圆孔六棱柱的斜二轴测图。

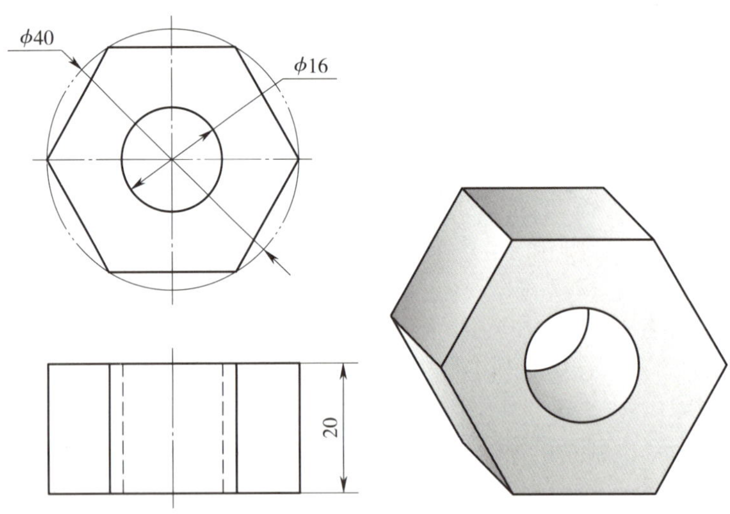

图 6–49　带圆孔六棱柱

1. 分析

图 6–49 所示为带圆孔六棱柱，其前、后端面平行于正面，确定直角坐标系时，使坐标轴 *OY* 与圆孔轴线重合，坐标面 *XOZ* 与正面平行，选择正平面作为轴测投影面。这样，物体上的正六边形和圆的轴测投影均为实形，便于绘图。

2. 绘图步骤

（1）绘制斜二轴测图投影坐标系

1）根据斜二轴测图的轴间角，应用“两点线”和“旋转”命令，绘制斜二轴测图投影坐标系，结果如图 6–50 所示。

2）根据 *OY* 轴的轴向伸缩系数 *q*（*q*=0.5），沿 *OY* 轴负方向平移复制 *OX* 轴和 *OZ* 轴，距离为 10 mm（20 mm × 0.5= 10 mm），结果如图 6–50 所示。

（2）绘制前、后端面正六边形

应用“正多边形”命令，分别以 *O*、*O′* 为中心，绘制前、后端面正六边形，结果如图 6–51 所示。

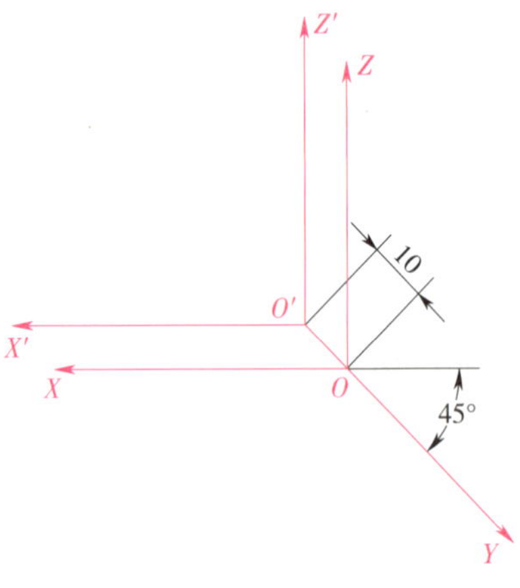

图 6–50　绘制斜二轴测图投影坐标系

（3）绘制六棱柱棱边

应用“两点线”命令，绘制六棱柱棱边，并应用“裁剪”命令，裁剪看不到的线段，结果如图 6-52 所示。

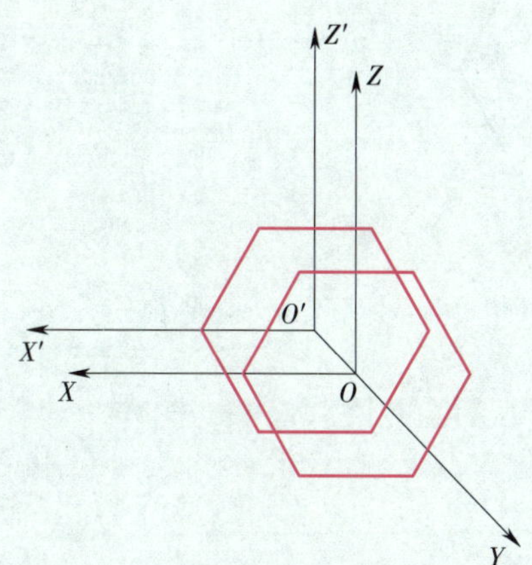

图 6-51　绘制前、后端面正六边形

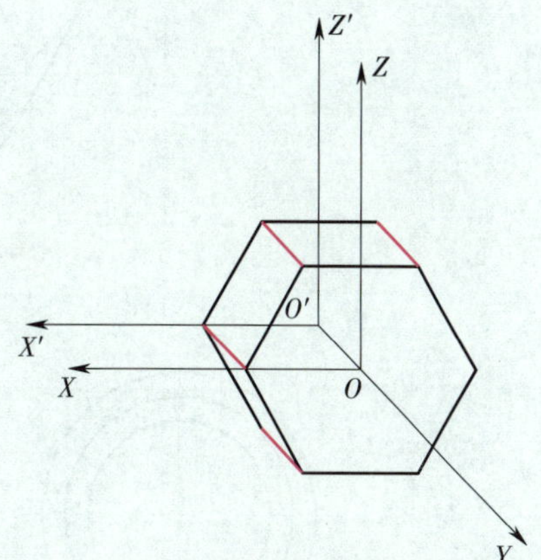

图 6-52　绘制六棱柱棱边

（4）绘制圆孔

应用“圆”命令，分别以 O、O' 为中心，绘制前、后端面上 ϕ16 mm 圆，结果如图 6-53a 所示。应用“裁剪”命令，裁剪看不到的圆弧线，结果如图 6-53b 所示。

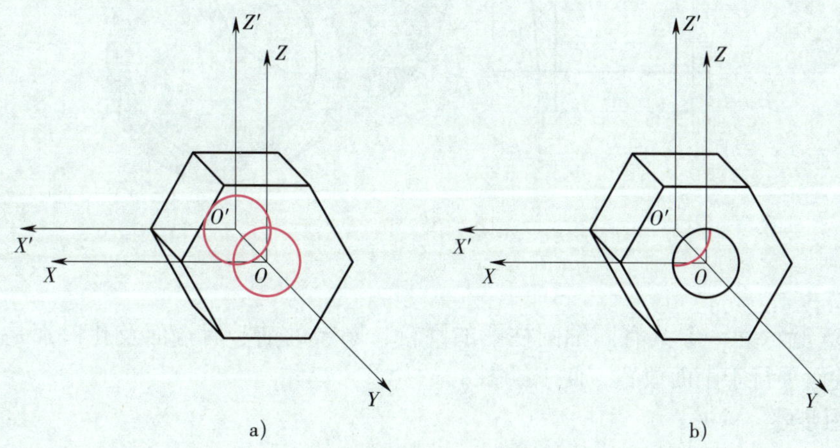

图 6-53　绘制圆孔

a）绘制前、后端面上 ϕ16 mm 的圆　b）裁剪圆弧线

（5）整理图形

删除前、后端面上的投影坐标系，结果如图 6-54 所示。

二、绘制圆台的斜二轴测图

绘制如图 6-55 所示圆台的斜二轴测图。

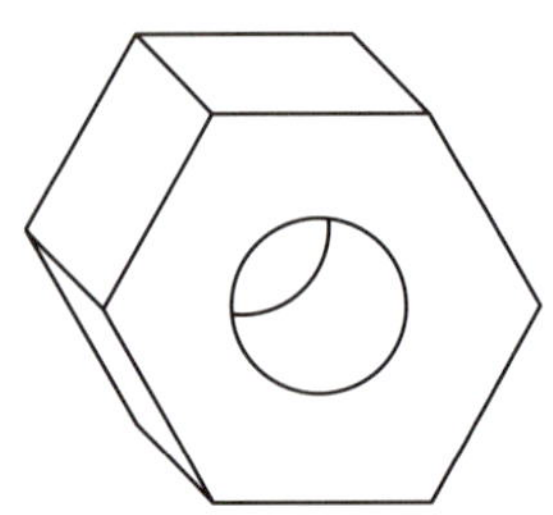

图 6-54　整理图形

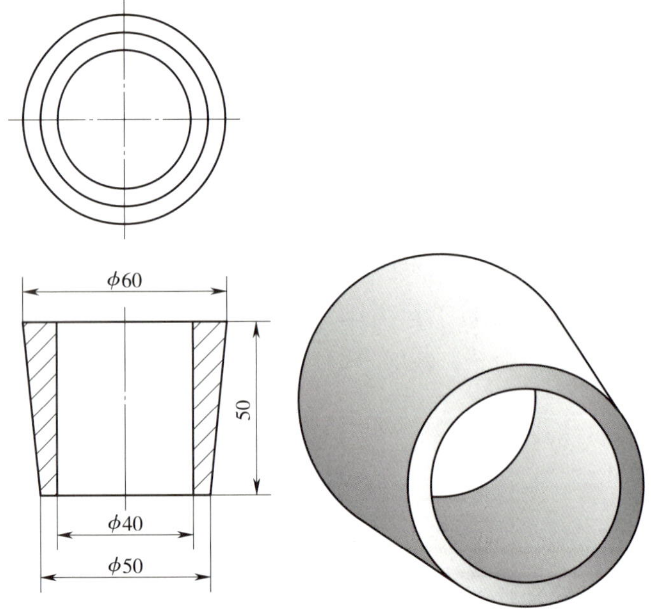

图 6-55　圆台

1. 分析

图 6-55 所示为一个具有同轴圆柱孔的圆台，圆台的前、后端面及孔口都是圆。因此，将前、后端面平行于正面放置，便于绘图。

2. 绘图步骤

（1）绘制斜二轴测图投影坐标系

1）根据斜二轴测图的轴间角，应用“两点线”和“旋转”命令，绘制斜二轴测图投影坐标系，结果如图 6-56 所示。

2）根据 OY 轴的轴向伸缩系数 q（q=0.5），沿 OY 轴负方向平移复制 OX 轴和 OZ 轴，距离为 25 mm（50 mm × 0.5=25 mm），结果如图 6-56 所示。

（2）绘制前、后端面外轮廓圆

应用“圆”命令，分别以 O、O' 为中心，绘制前、后端面外轮廓圆，结果如图 6-57 所示。

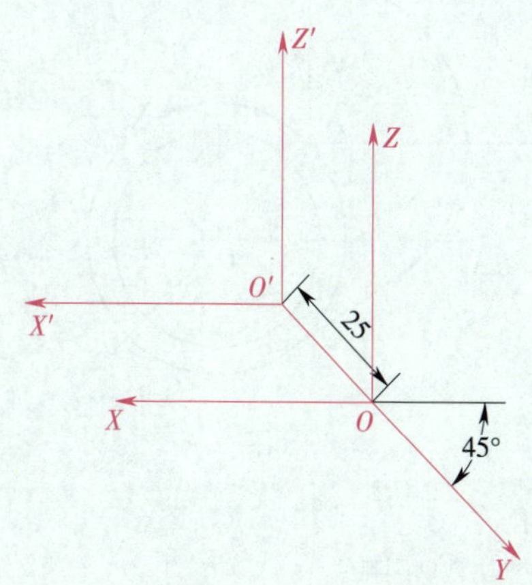

图 6–56　绘制斜二轴测图投影坐标系

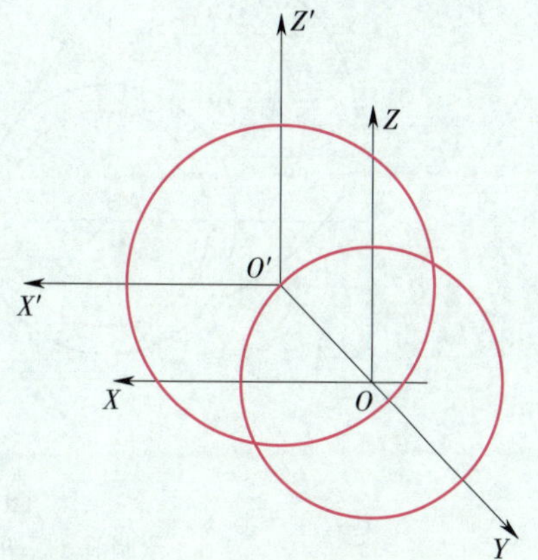

图 6–57　绘制前、后端面外轮廓圆

（3）绘制两圆的公切线

应用“两点线”命令，绘制两圆的公切线，并裁剪看不到的圆弧线，结果如图 6–58 所示。注意：绘制公切线时，按空格键弹出工具点菜单，应用“切点”命令捕捉圆的切点。

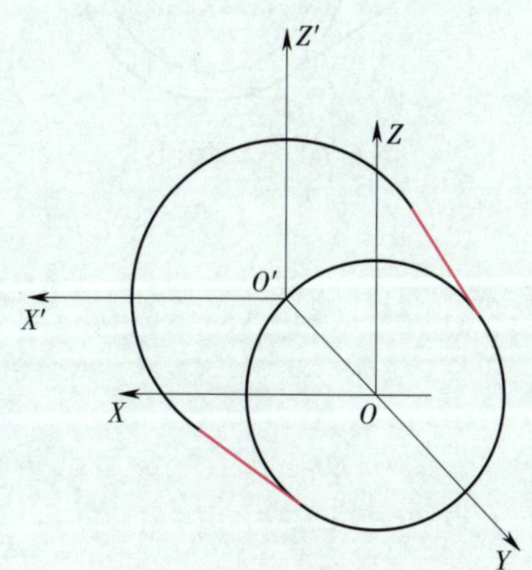

图 6–58　绘制两圆的公切线

（4）绘制圆孔

应用“圆”命令，分别以 O、O' 为中心，绘制前、后端面上 ϕ40 mm 圆，结果如图 6–59a 所示。裁剪看不到的圆弧线，结果如图 6–59b 所示。

（5）整理图形

删除前、后端面上的投影坐标系，结果如图 6–60 所示。

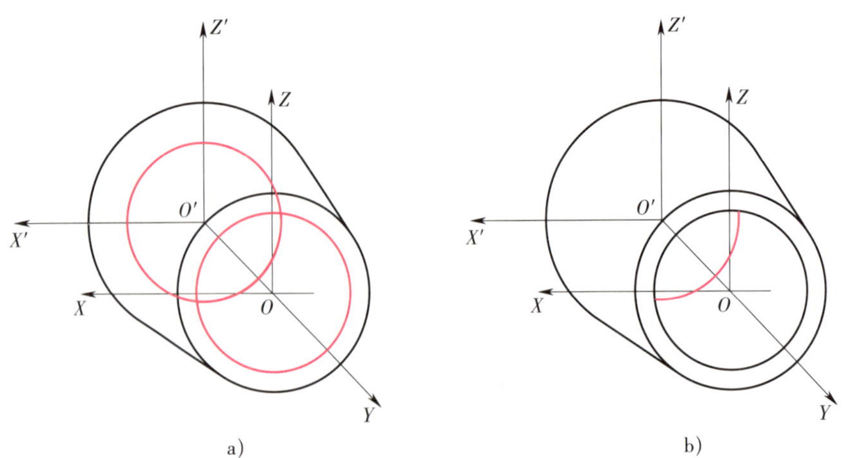

图 6-59　绘制圆孔

a）绘制前、后端面上 ϕ40 mm 圆　b）裁剪圆弧线

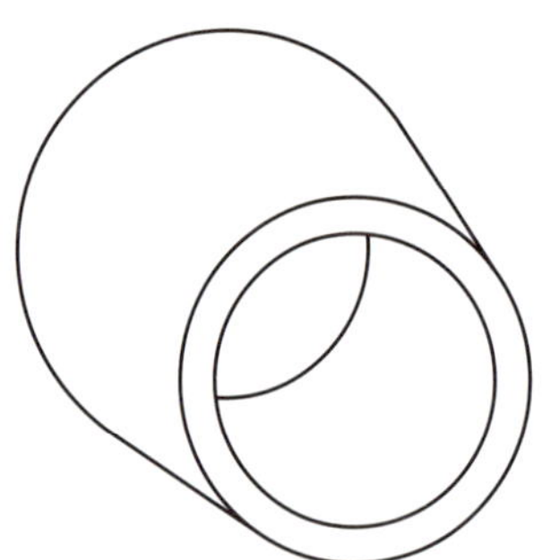

图 6-60　整理图形

第七章 绘制零件图

第一节 绘制轴类零件图

一、绘制曲轴零件图

绘制如图 7-1 所示的曲轴零件图。

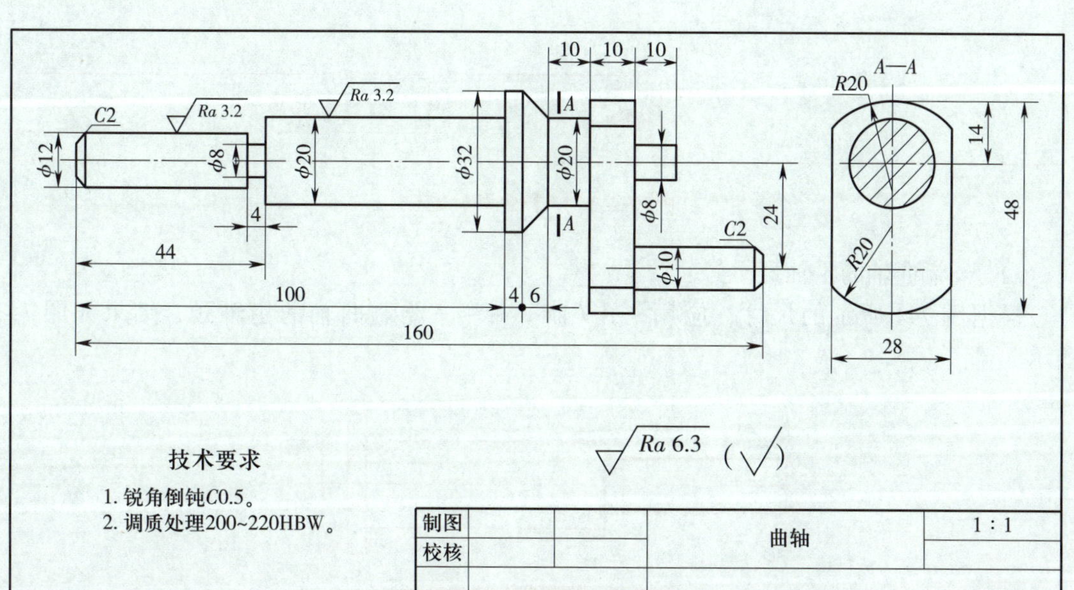

图 7-1 曲轴零件图

1. 图样分析

图 7-1 所示为曲轴零件图，由主视图和左视图组成。主视图表达了曲轴的基本形状和尺寸；左视图为剖视图，主要表达连杆的形状和尺寸。绘制时可先应用“孔 / 轴”命令，绘制曲轴的主轴颈，再应用“两点线”“圆”和“等距线”等命令绘制曲轴连杆部分的主视图和左视图，最后绘制 $\phi 8$ mm 轴颈和 $\phi 10$ mm 偏心轴颈。

2. 绘图步骤

（1）调入图框和标题栏

单击“图幅”选项卡中“图幅”面板的按钮，弹出“图幅设置”对话框，“图纸方向”设置为“横放”，“调入图框”选择“A4A–A–Normal（CHS）”，“标题栏”选择“School（CHS）”，单击“确定”按钮，则在绘图区调入图框和标题栏。双击标题栏，弹出“填写标题栏”对话框，在“图纸名称”属性值中填入“曲轴”，单击“确定”按钮，结果如图 7–2 所示。

图 7–2　调入图框和标题栏

（2）绘制曲轴的主轴颈

根据图 7–1 所示的尺寸，应用“孔 / 轴”命令，绘制曲轴的主轴颈，结果如图 7–3 所示。

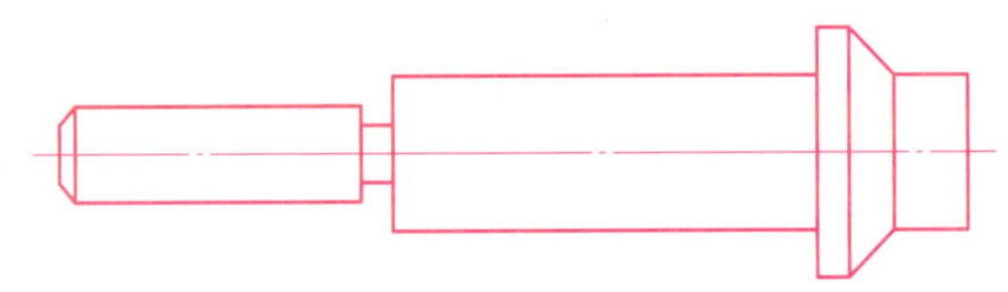

图 7–3　绘制曲轴的主轴颈

（3）绘制曲轴连杆部分的主视图和左视图

应用“两点线”“圆”“等距线”和“裁剪”等命令绘制曲轴连杆部分的主视图和左视图，结果如图 7–4 所示。绘制时应先绘制左视图上的中心线，再绘制左视图的外轮廓线，然后绘制曲轴连杆部分的主视图，最后绘制剖切面的轮廓线及剖面线。

（4）绘制 ϕ8 mm 轴颈和 ϕ10 mm 偏心轴颈

应用“两点线”和“等距线”命令，绘制 ϕ8 mm 轴颈和 ϕ10 mm 偏心轴颈，结果如图 7–5 所示。

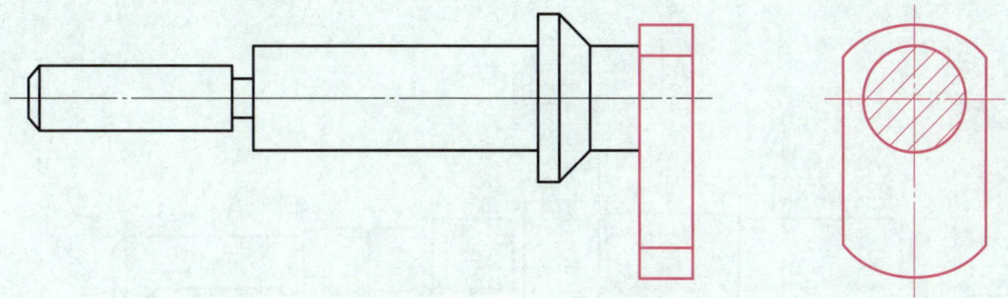

图 7-4　绘制曲轴连杆部分的主视图和左视图

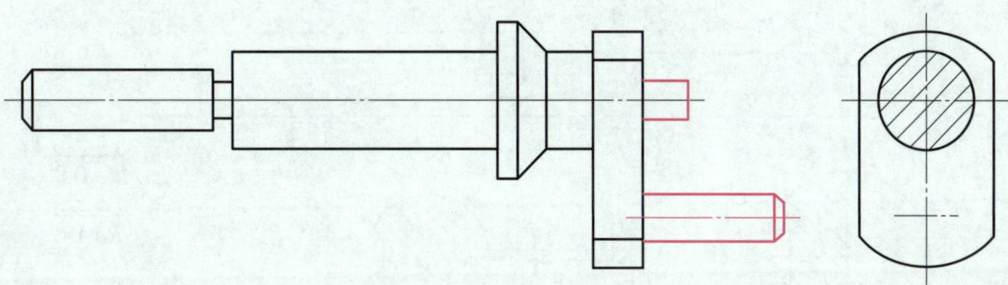

图 7-5　绘制 ϕ8 mm 轴颈和 ϕ10 mm 偏心轴颈

（5）标注尺寸及相关要求

根据图 7-1 所示的内容，标注长度及外圆尺寸、表面结构代号、剖切符号及技术要求，结果如图 7-6 所示。

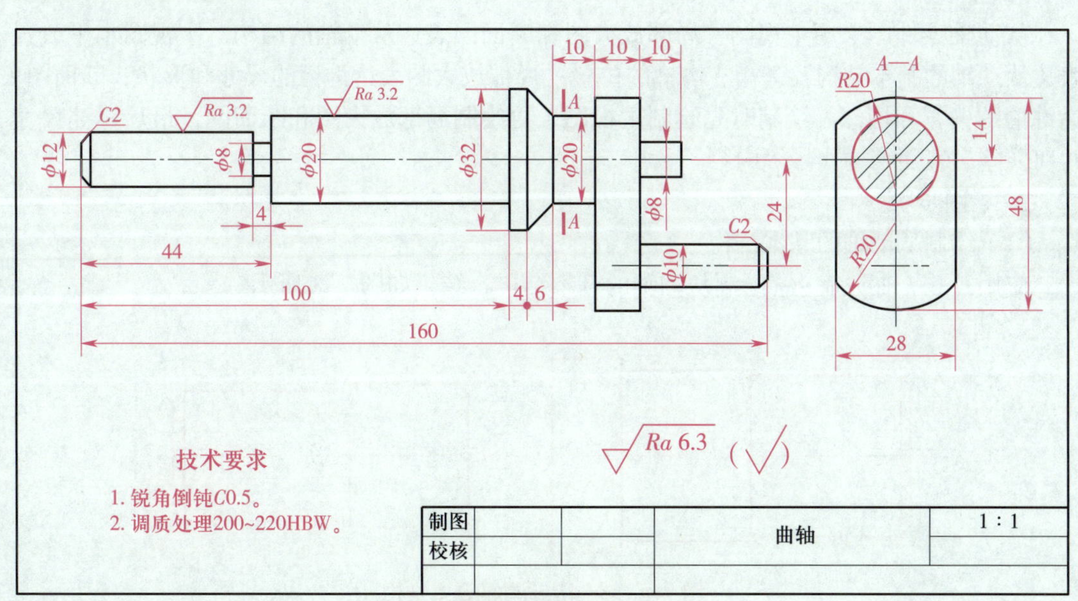

图 7-6　标注尺寸及相关要求

二、绘制从动轴零件图

绘制如图 7-7 所示的从动轴零件图。

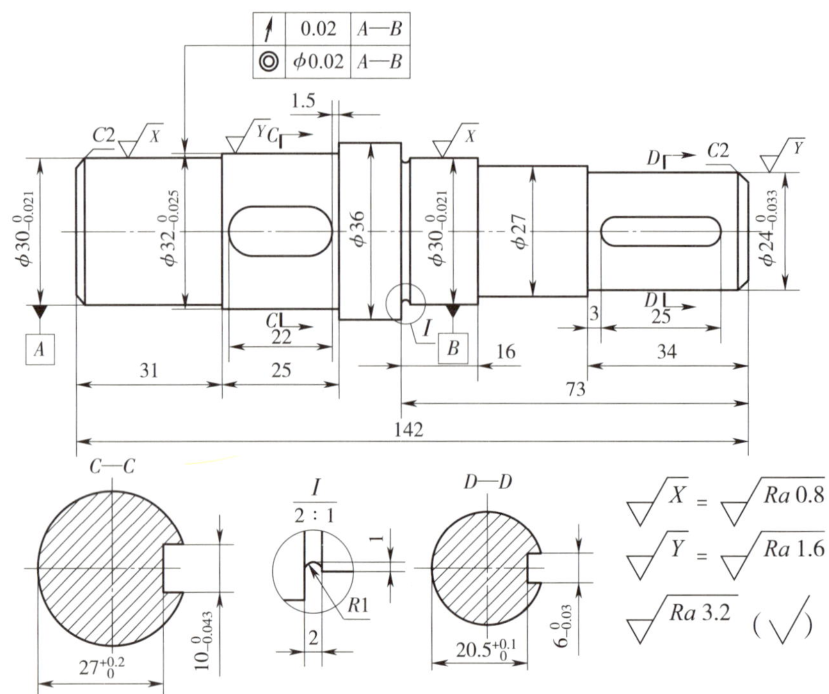

图 7-7　从动轴零件图

1. 图样分析

从动轴零件图采用主视图、局部放大图和断面图表达从动轴的结构。主视图水平放置，表达从动轴的基本结构及键槽、沟槽的位置；局部放大图表达沟槽的尺寸和形状；断面图表达键槽的槽宽和槽深。绘制时先绘制主视图，再绘制局部放大图和断面图，最后标注尺寸、几何公差、表面结构代号等内容。

2. 绘图步骤

（1）绘制从动轴的基本结构

应用“孔 / 轴”命令，绘制从动轴的基本结构，结果如图 7-8 所示。

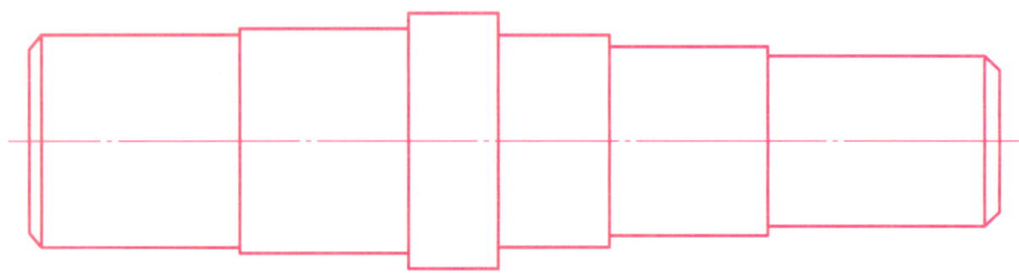

图 7-8　绘制从动轴的基本结构

（2）绘制 *R*1 mm 沟槽及其局部放大图

应用“等距线”“圆”“裁剪”命令，绘制从动轴上 *R*1 mm 沟槽。应用“局部放大”命令，绘制沟槽的局部放大图，放大倍数为“2”，结果如图 7-9 所示。

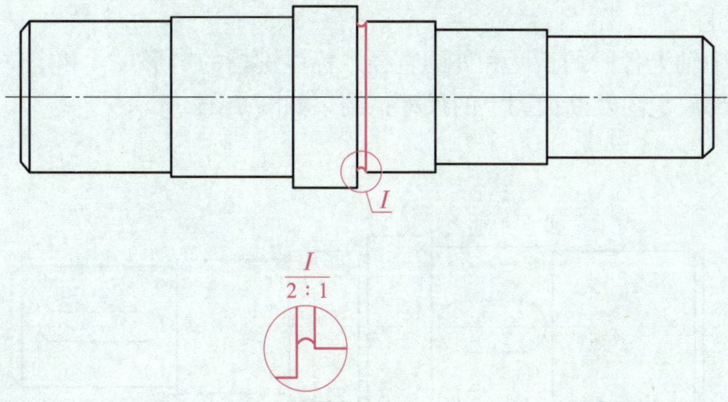

图 7-9　绘制 $R1$ mm 沟槽及其局部放大图

（3）绘制键槽

应用“等距线”“圆”及“裁剪”命令，绘制从动轴上的键槽，结果如图 7-10 所示。

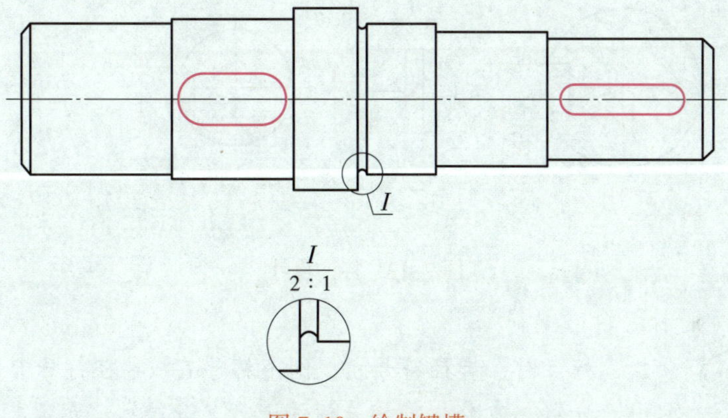

图 7-10　绘制键槽

（4）绘制断面图

应用“圆”“等距线”及“裁剪”命令，绘制 C—C 和 D—D 断面图，结果如图 7-11 所示。

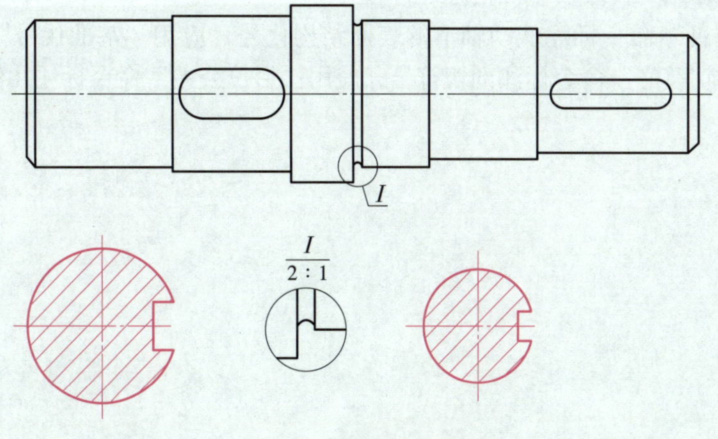

图 7-11　绘制断面图

（5）标注尺寸

标注主视图中轴上各段的长度和外圆直径，标注键槽的定形尺寸和定位尺寸，标注倒角的尺寸，标注局部放大图及断面图上的尺寸，结果如图 7–12 所示。

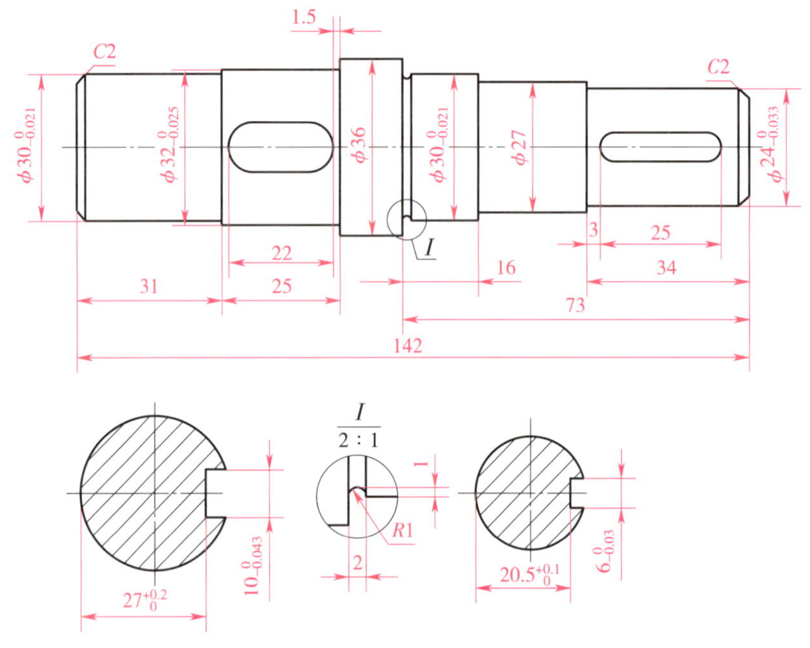

图 7–12　标注尺寸

标注时，直径符号 *ϕ*、倒角符号 *C*、半径符号 *R* 皆为正体，可应用“分解”命令，将相关标注进行“分解”，再双击标注尺寸，打开“文本编辑器”，将上述符号调整为斜体。

（6）标注表面结构代号、基准代号等符号

应用“粗糙度”命令标注从动轴上的表面结构代号，应用“基准代号”命令标注基准代号，应用“剖切符号”命令标注剖切符号，应用“形位公差”命令标注几何公差，结果如图 7–13 所示。

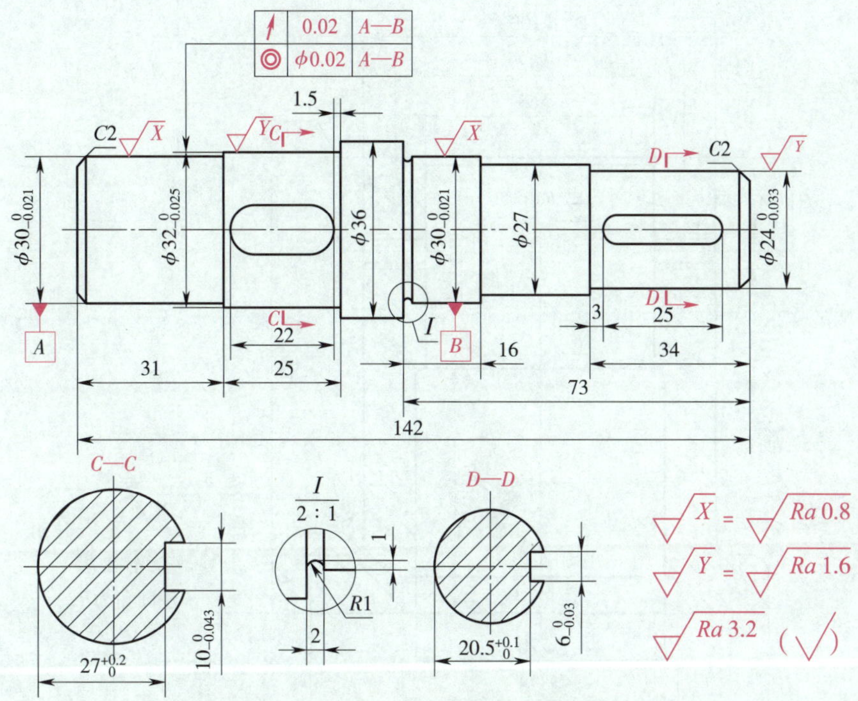

图 7-13　标注表面结构代号、基准代号等符号

第二节　绘制千斤顶底座零件图

绘制如图 7-14 所示的千斤顶底座零件图。

一、图样分析

千斤顶底座零件图为左右对称的全剖视图，内外轮廓线由直线和圆弧构成。绘制时先绘制右半部分内外轮廓线及螺纹孔，再应用“镜像”命令完成左半部分的绘制，并绘制剖面线，最后标注尺寸、技术要求和表面结构代号。

二、绘图步骤

1. 绘制图形右半部分轮廓线

根据图 7-14 所示的尺寸，应用“两点线”“等距线”“裁剪”等命令，绘制图形中心线和右半部分内外轮廓线，结果如图 7-15 所示。

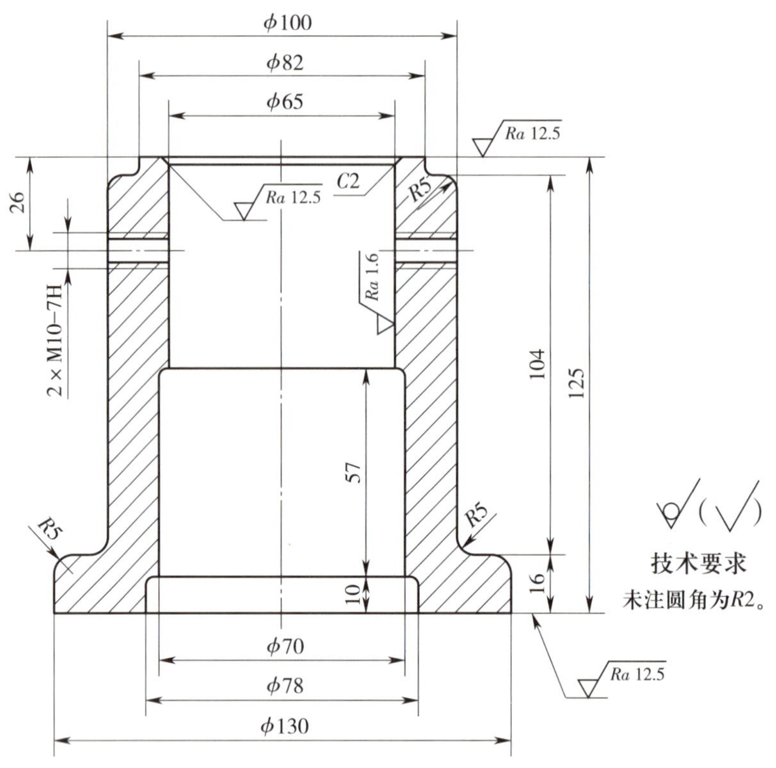

图 7–14　千斤顶底座零件图

2. 绘制过渡圆角

单击“常用”选项卡中“修改”面板内“过渡”功能按钮下拉菜单中的“ 圆角”命令，系统弹出如图 7–16 所示“圆角”立即菜单，将“2. 半径”中的值设为 5。

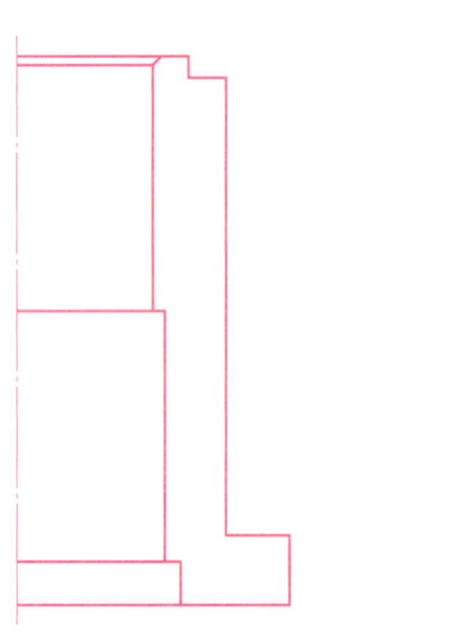

图 7–15　绘制图形中心线和右半部分内外轮廓线

图 7–16“圆角”立即菜单

绘图步骤如下：

命令：“过渡：圆角”
拾取第一条曲线：（拾取水平线）
拾取第二条曲线：（拾取竖直线）

系统按指定的圆角半径完成圆角绘制，结果如图 7–17a 所示。按相同的方法，完成其他圆角过渡，结果如图 7–17b 所示。

3. 绘制 M10 螺纹孔

根据 M10 螺纹孔的定位尺寸 26 mm，绘制螺纹孔的中心线、小径和大径，结果如图 7–18 所示。M10 粗牙螺纹的螺距为 1.5 mm，绘制时，螺纹孔大径为细实线，小径为粗实线。

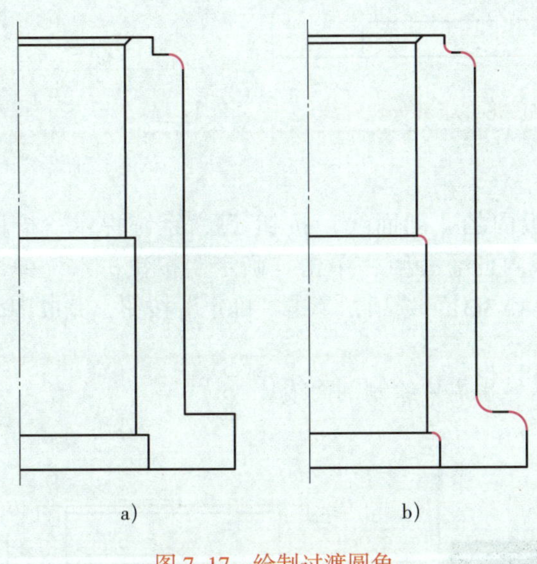

图 7–17　绘制过渡圆角

a）绘制 $R5$ mm 过渡圆角　b）绘制其他过渡圆角

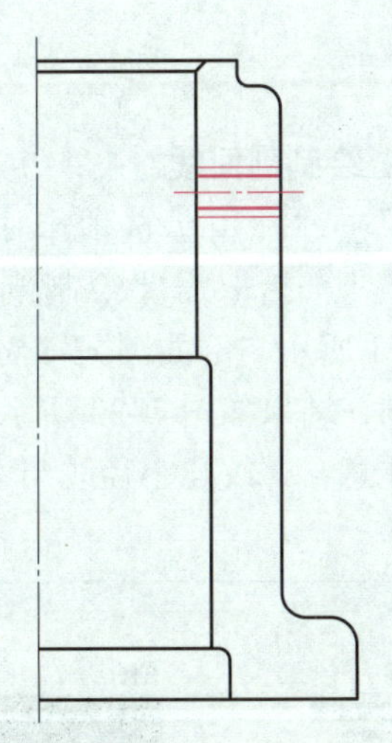
图 7–18　绘制 M10 螺纹孔

4. 绘制图形左半部分轮廓线

应用“镜像”命令，完成图形左半部分轮廓线的绘制。

单击“常用”选项卡中“修改”面板内的“镜像”按钮，系统弹出如图 7–19 所示立即菜单，同时命令行出现如下提示：

图 7–19“镜像”立即菜单

命令：“镜像”
拾取元素：（通过框选拾取右半部分全部轮廓线）
第一点：（拾取镜像线的一点）
第二点：（拾取镜像线的另一点）

绘制的图形如图 7-20 所示。

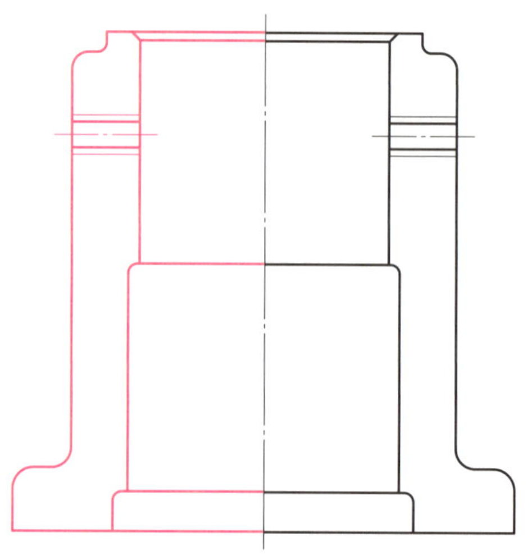

图 7-20　绘制图形左半部分轮廓线

5. 绘制剖面线

单击“常用”选项卡中“绘图”面板内的“剖面线”按钮，系统提示“拾取环内一点”，拾取需要绘制剖面线封闭区域内任意一点，单击“确定”按钮，系统弹出如图 7-21 所示“剖面图案”对话框，选择“ANSI31”选项，单击“确定”按钮，完成剖面线的绘制，结果如图 7-22 所示。

注意：螺纹孔小径线与大径线之间的区域也需要绘制剖面线。

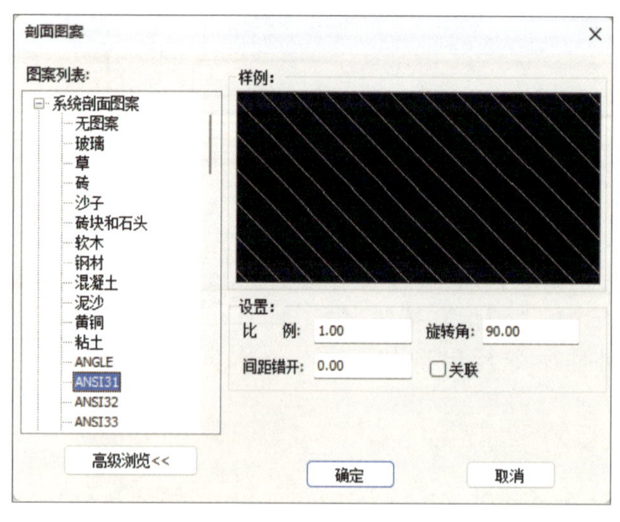

图 7-21　“剖面图案”对话框

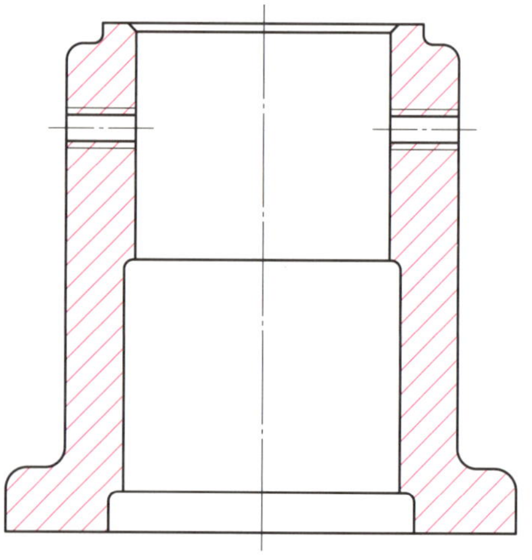

图 7-22　绘制剖面线

6. 标注线性尺寸

应用“基本标注”命令，系统提示如下：

命令：“基本标注”

拾取标注元素或点取第一点：（拾取 ϕ70 mm 左端点）

拾取另一个标注元素或点取第二点：（拾取 ϕ70 mm 右端点，系统弹出如图 7–23 所示“基本标注”立即菜单，在“6. 前缀”后面的编辑框填入“%c”）

尺寸线位置：（确定 ϕ70 mm 尺寸的位置）

结果如图 7–24 所示。按上述操作标注的 ϕ70 mm 的直径符号为正体，可应用“分解”命令，将其分解后，再将其设置为斜体。

按照上述标注步骤，标注其他线性尺寸，结果如图 7–25 所示。

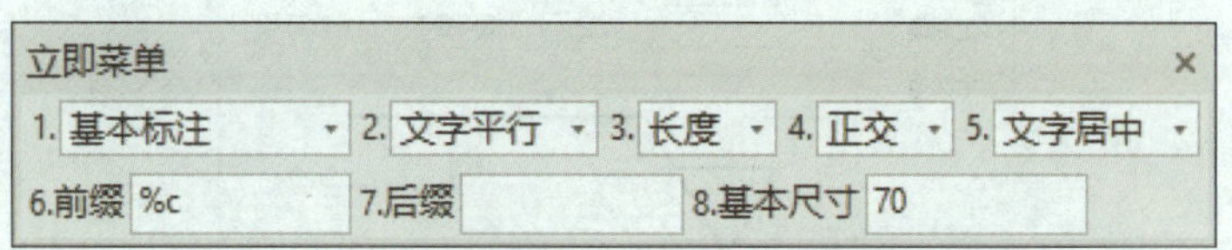

图 7–23 “基本标注”立即菜单

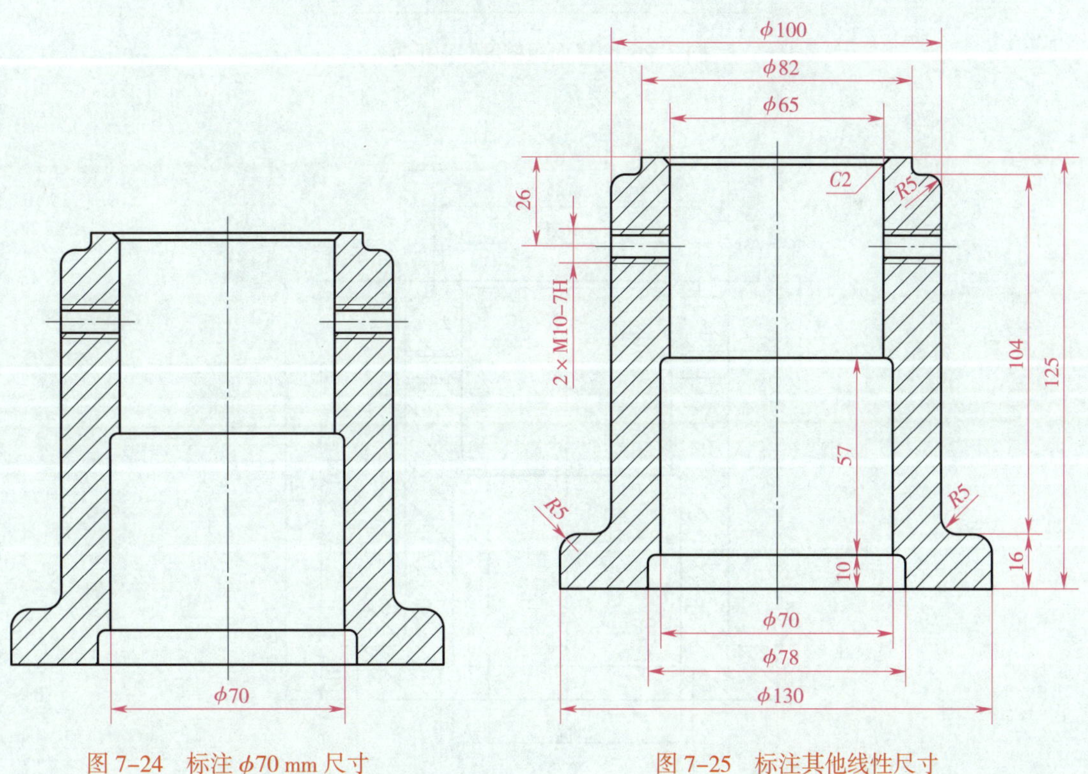

图 7–24 标注 ϕ70 mm 尺寸

图 7–25 标注其他线性尺寸

7. 标注表面结构代号

单击“标注”选项卡中“符号”面板内的“√ 粗糙度”按钮，在立即菜单中选择“标准标注”后，系统弹出“表面粗糙度”对话框，如图 7–26 所示。基本符号选择“☑”，在粗糙度值处输入“Ra 12.5”，单击“确定”按钮，系统提示“拾取定位点或直线或圆弧或圆”，拾取顶端直线，拖动并确定标注位置，结果如图 7–27 所示。

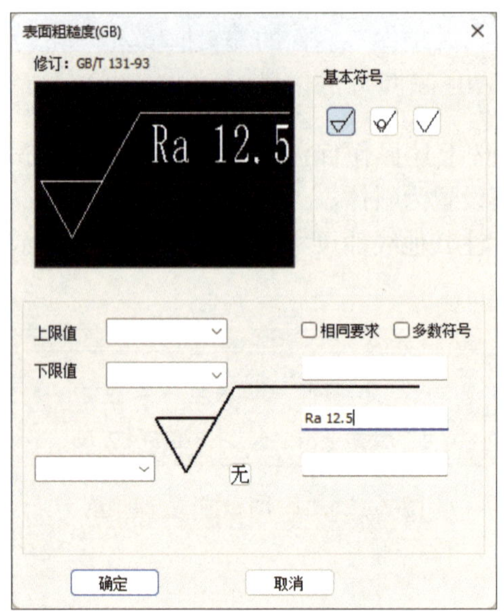

图 7–26 “表面粗糙度”对话框

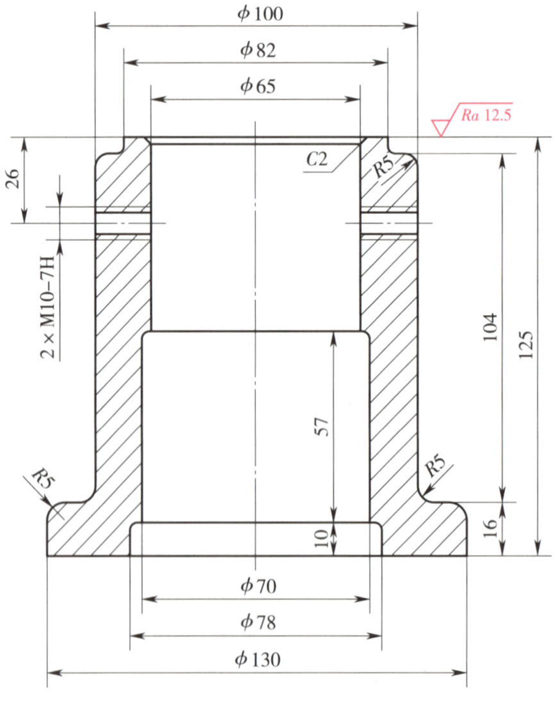

图 7–27 标注 *Ra*12.5

按上述方法标注的表面结构代号中的“Ra”为正体，而国家标准中要求“Ra”为斜体；此时，可应用“分解”命令将表面结构代号进行分解，然后双击“Ra 12.5”，打开文字编辑器，可将“Ra”设置为斜体，结果如图 7–27 所示。

按上述标注方法，标注其他表面结构代号及技术要求，结果如图 7–28 所示。

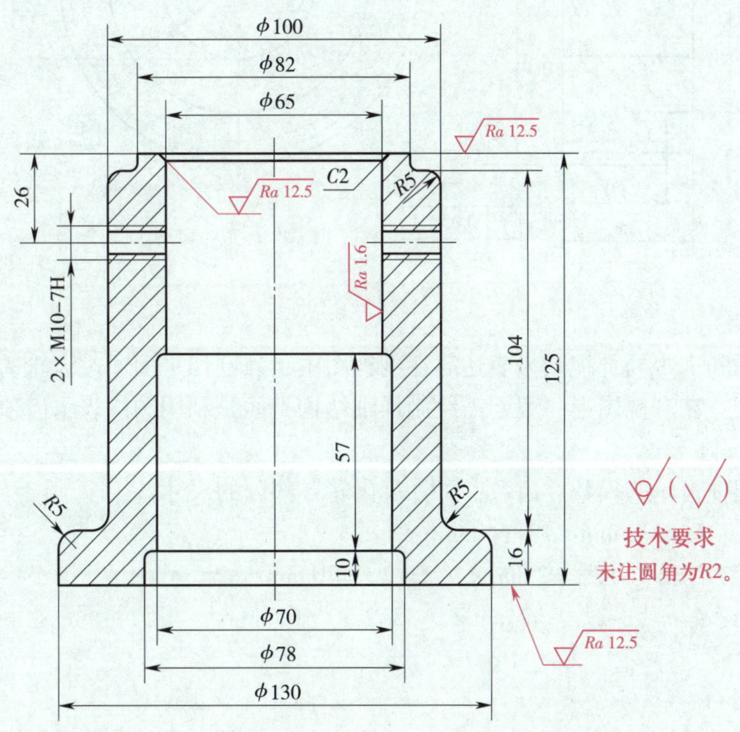

图 7–28　标注其他表面结构代号及技术要求

8. 整理保存

整理图形使其符合机械制图标准，完成后保存图形。

第三节　绘制齿轮零件图

绘制如图 7–29 所示的直齿圆柱齿轮零件图，齿轮的模数 m 为 2 mm，齿数 z 为 33。

一、图样分析

齿轮是重要的机械零件之一，依据机械制图中的相关规范，绘制齿轮时，一般用两个视

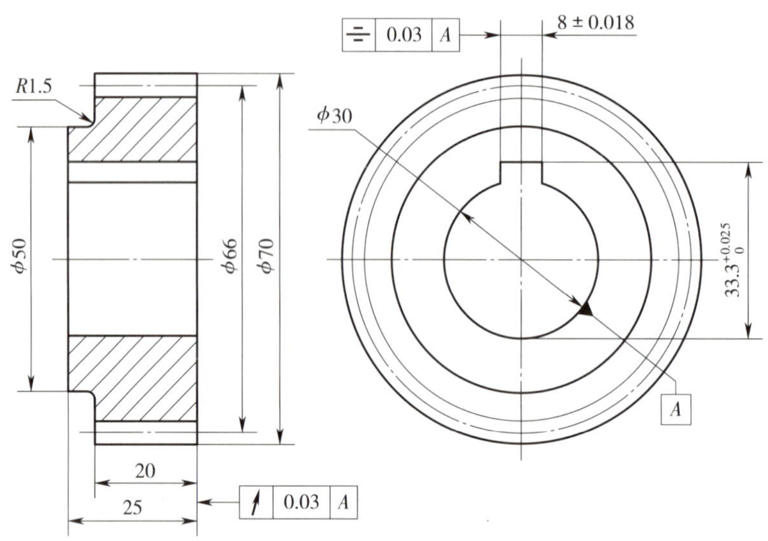

图 7–29　直齿圆柱齿轮零件图

图或一个主视图和一个局部视图来表达。在剖视图中，当剖切平面通过齿轮的轴线时，轮齿一律按不剖处理。在左视图上一般不需绘制详细结构，而是利用图线表示齿顶圆、齿根圆及分度圆的位置等。

根据直齿圆柱齿轮的模数、齿数，可计算齿轮各部分的尺寸：

分度圆直径：$d=mz=2\text{ mm}\times 33=66\text{ mm}$。

齿顶圆直径：$d_a=m(z+2)=2\text{ mm}\times(33+2)=70\text{ mm}$。

齿根圆直径：$d_f=m(z-2.5)=2\text{ mm}\times(33-2.5)=61\text{ mm}$。

二、绘图步骤

1. 绘制中心线

将中心线层置为当前层，根据图 7–29 所示尺寸，应用“两点线”命令绘制中心线，结果如图 7–30 所示。

图 7–30　绘制中心线

2. 绘制直齿圆柱齿轮左视图

将粗实线层置为当前层，应用“圆”命令，绘制 $\phi 30$ mm、$\phi 50$ mm、$\phi 61$ mm、$\phi 66$ mm、

ϕ70 mm 五个圆，结果如图 7–31 所示。其中 ϕ61 mm 圆为齿轮的齿根圆，应将其线型设置为细实线；ϕ66 mm 圆为齿轮的分度圆，应将其线型设置为细点画线。

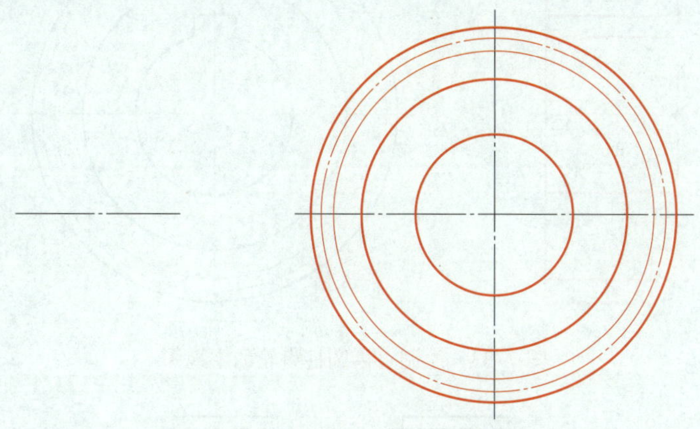

图 7–31 绘制直齿圆柱齿轮左视图

3. 绘制左视图上的键槽

应用“等距线”命令，将左视图中的竖直中心线向左、右分别偏移 4 mm，将水平中心线向上偏移 18.3 mm，如图 7–32a 所示。应用“裁剪”命令，将 ϕ30 mm 圆和偏移的三条直线裁剪成键槽，如图 7–32b 所示。将键槽的线型改为“粗实线”，修改结果如图 7–32c 所示。

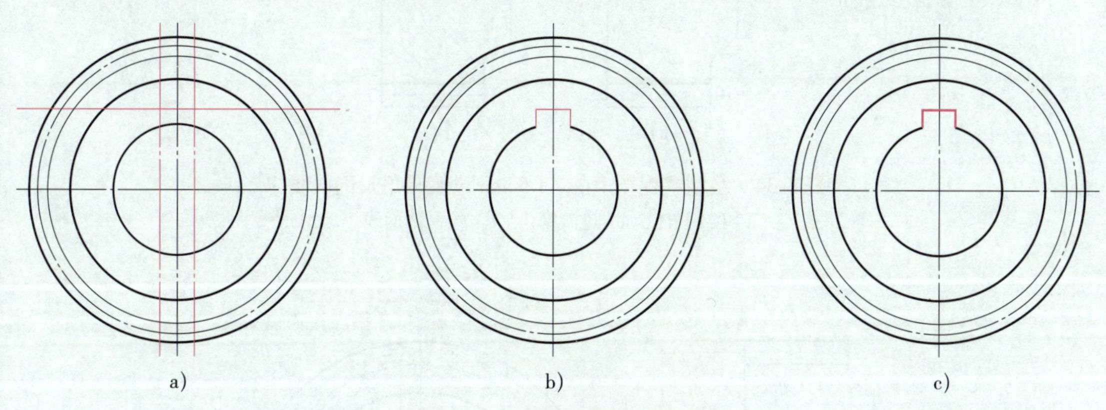

图 7–32 绘制左视图上的键槽

a）偏移中心线 b）裁剪图形 c）修改键槽线型

4. 绘制直齿圆柱齿轮的主视图

根据图 7–29 所示尺寸，应用“两点线”命令，绘制直齿圆柱齿轮的主视图。主视图为剖视图，其齿根线应用粗实线绘制，分度线应用细点画线绘制，结果如图 7–33 所示。

5. 绘制主视图上的 R1.5 mm 过渡圆角及剖面线

应用“圆角”命令，绘制主视图上的 R1.5 mm 过渡圆角，结果如图 7–34a 所示。应用“剖面线”命令，绘制主视图上的剖面线，结果如图 7–34b 所示。

6. 标注尺寸、基准及几何公差

根据图 7–29 所示尺寸，标注尺寸、基准及几何公差，结果如图 7–35 所示。

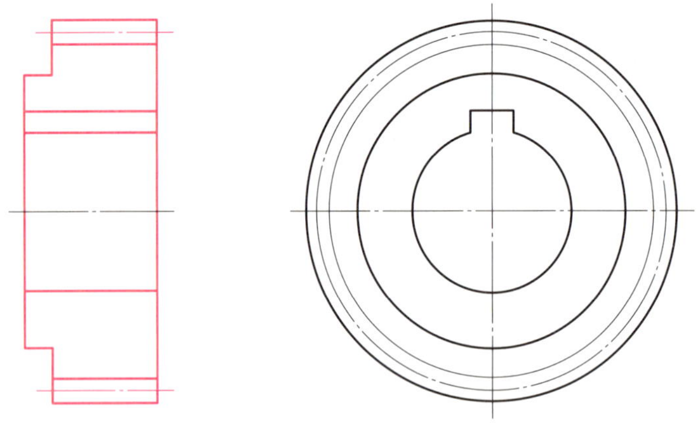

图 7-33　绘制直齿圆柱齿轮的主视图

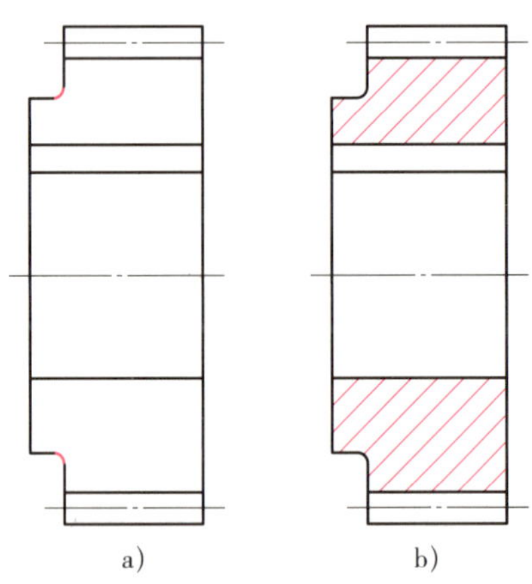

a)　　b)

图 7-34　绘制主视图上的 R1.5 mm 过渡圆角及剖面线

a）绘制 R1.5 mm 过渡圆角　b）绘制剖面线

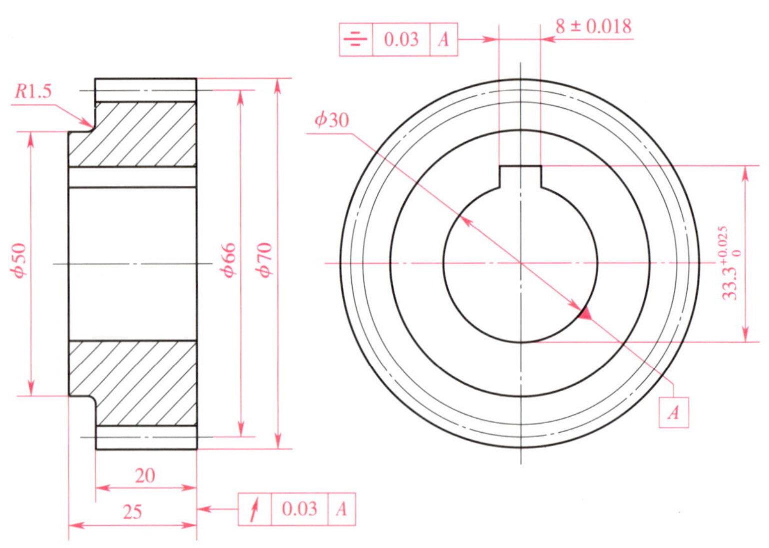

图 7-35　标注尺寸、基准及几何公差

第四节　绘制端盖零件图

绘制如图 7–36 所示的端盖零件图。

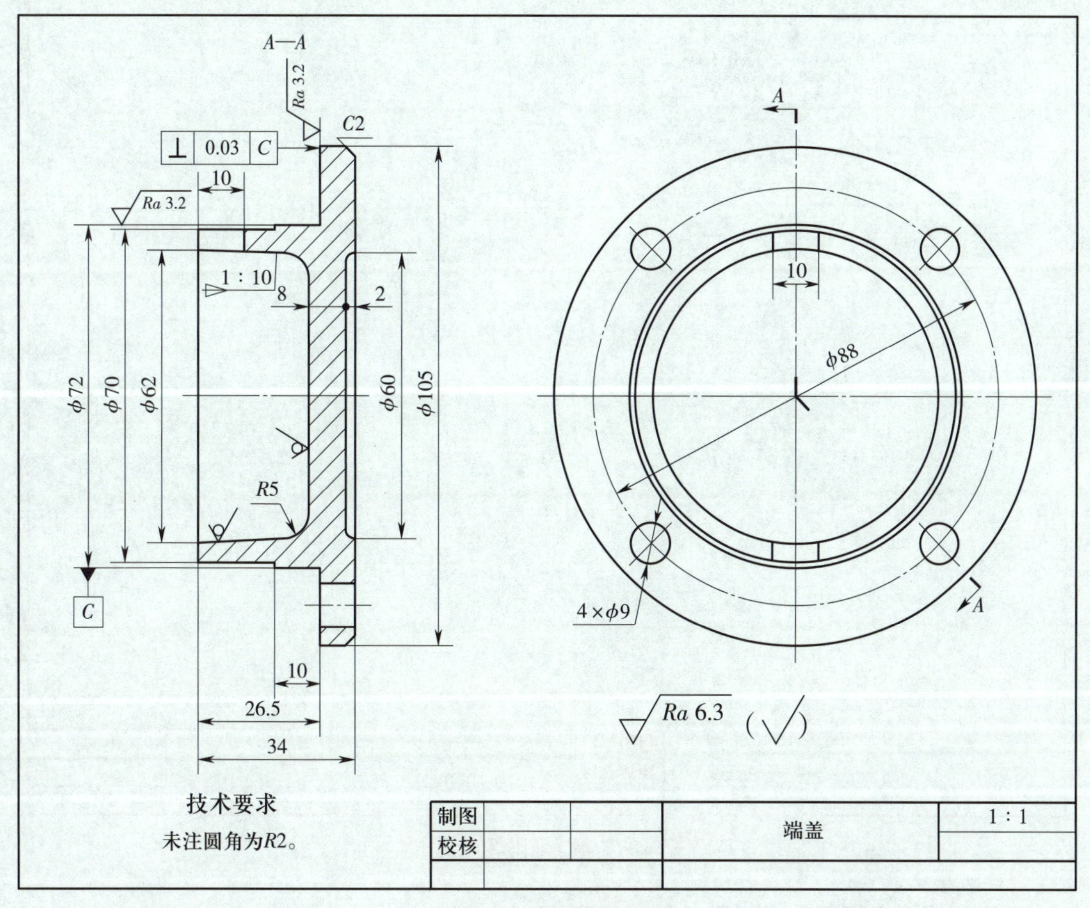

图 7–36　端盖零件图

一、图样分析

图 7–36 所示的端盖零件图采用两个基本视图表达，主视图按车削加工位置选择，轴线水平放置，并采用两相交剖切平面的全剖视图，以表达端盖上孔及方槽的内部结构。左视图则表达端盖的基本外形和四个圆孔、两个方槽的分布情况。绘制图形时，先绘制出图框和标题栏，再绘制主视图和左视图，最后标注尺寸、几何公差、表面结构代号和技术要求等。

二、绘图步骤

1. 调入图框和标题栏

单击“图幅”选项卡中“图幅”面板的按钮，调用“图幅设置”功能，弹出“图幅设置”对话框，调入“A4A-A-Normal（CHS）”图框和“School（CHS）”标题栏，“图纸方向”设置为“横放”。单击“确定”按钮，则在绘图区调入图框和标题栏。双击标题栏，弹出“填写标题栏”对话框，在“图纸名称”属性值中填入“端盖”，单击“确定”按钮，结果如图 7–37 所示。

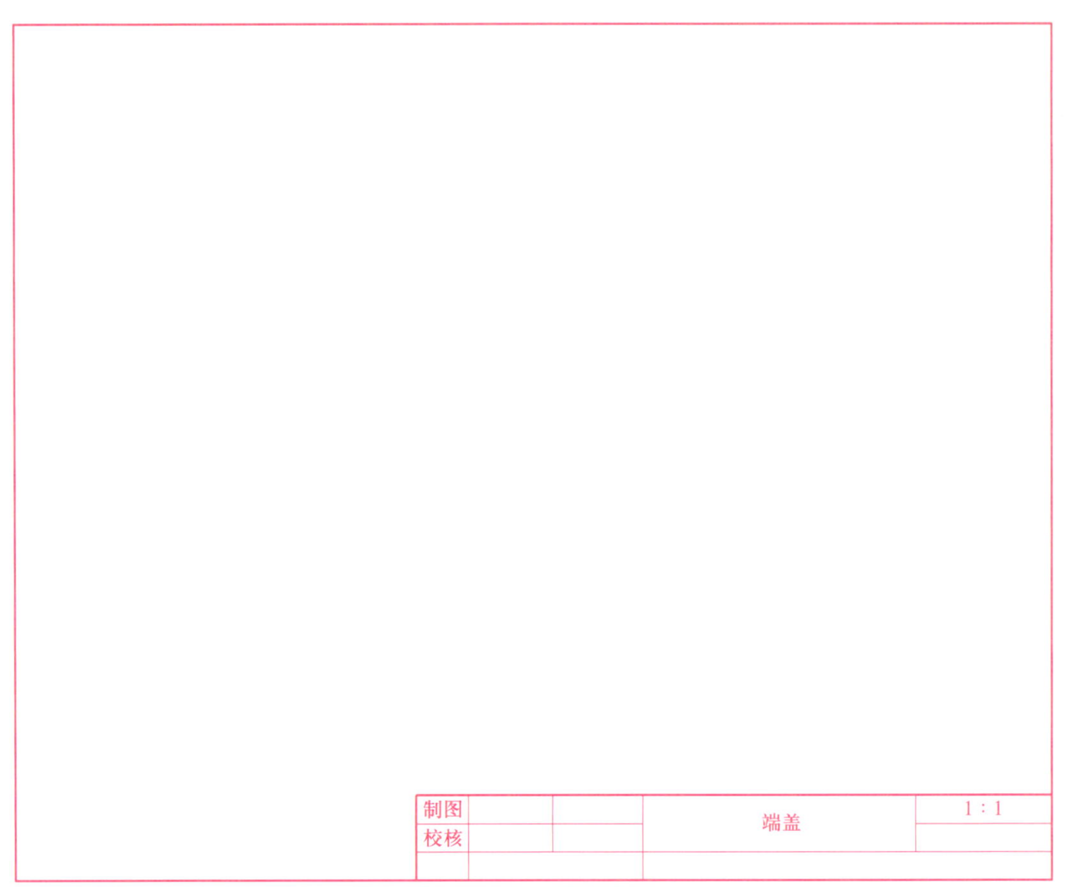

图 7–37　调入图框和标题栏

2. 绘制端盖主视图和左视图的基本轮廓线

根据图 7–36 所示尺寸，绘制主视图和左视图基本轮廓线，结果如图 7–38 所示。根据公式（$D-d$）/12=1/10，可求出锥面小端直径为 59.6 mm。

3. 绘制 $C2$ mm 倒角及 $R5$ mm、$R2$ mm 过渡圆角

应用“倒角”和“圆角”命令，绘制 $C2$ mm 倒角及 $R5$ mm、$R2$ mm 过渡圆角，结果如图 7–39 所示。

4. 绘制左视图上的 $4\times\phi9$ mm 圆及主视图上的 $\phi9$ mm 圆孔

（1）绘制左视图上的 $4\times\phi9$ mm 圆

将中心线层置为当前层，应用“圆”命令，绘制 $\phi88$ mm 的细点画线圆，应用“角度

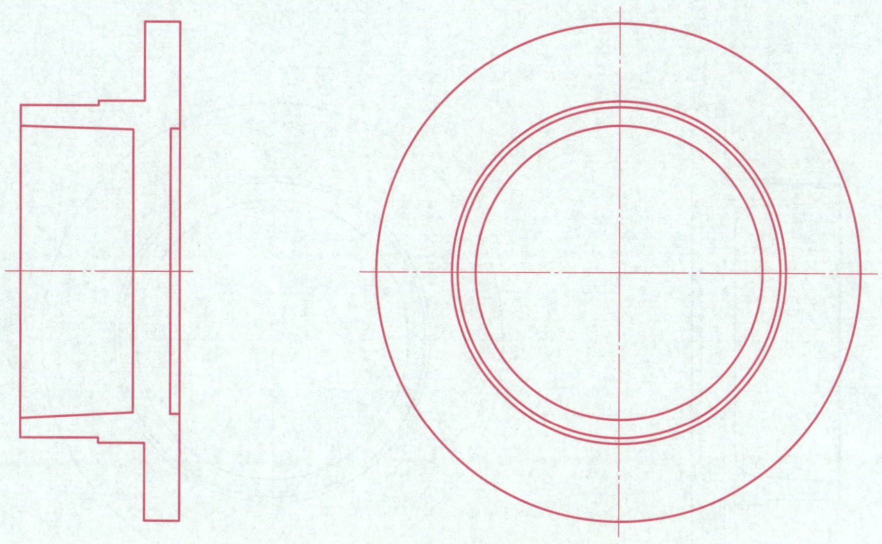

图 7-38　绘制端盖主视图和左视图基本轮廓线

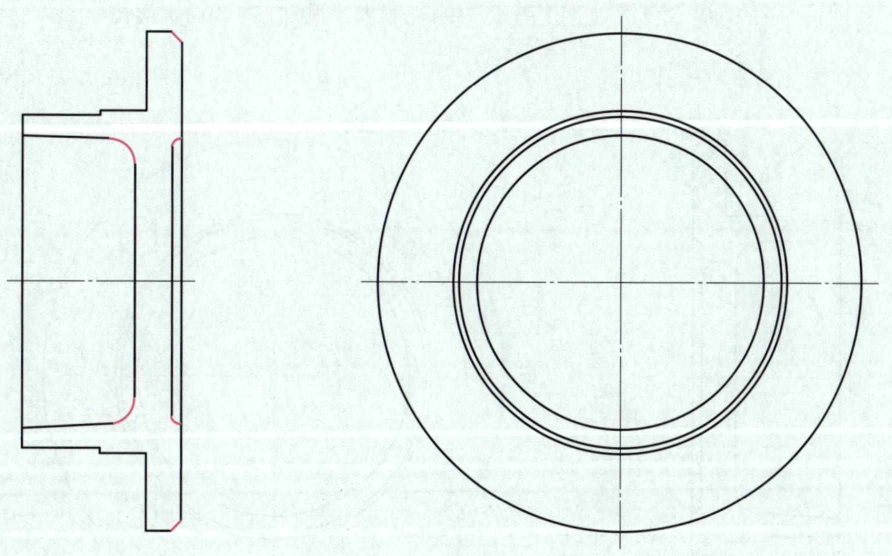

图 7-39　绘制 $C2$ mm 倒角及 $R5$ mm、$R2$ mm 过渡圆角

线”命令，绘制 45° 角度线并裁剪。将粗实线层置为当前层，以 ϕ88 mm 的细点画线圆与 45° 角度线交点为圆心，绘制 ϕ9 mm 圆。应用“阵列”命令，选择“圆形阵列”，将 ϕ9 mm 圆及中心线进行圆形阵列，结果如图 7-40 所示。

（2）绘制主视图上的 ϕ9 mm 圆孔

应用“两点线”和“等距线”命令，在主视图下方绘制 ϕ9 mm 圆孔的中心线及轮廓线，结果如图 7-40 所示。

5. 绘制 10 mm × 10 mm 的方槽的投影线

应用“等距线”命令，绘制主视图和左视图上 10 mm × 10 mm 方槽的投影线，结果如图 7-41 所示。

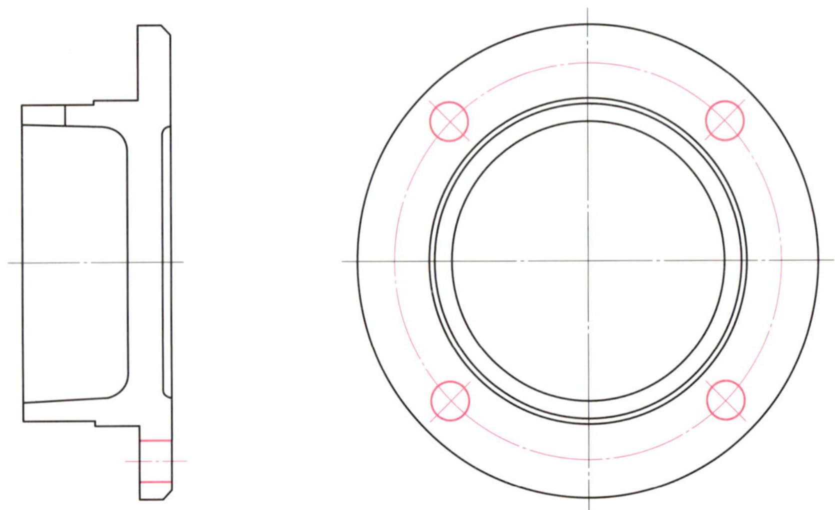

图 7-40　绘制左视图上的 4×ϕ9 mm 圆及主视图上的 ϕ9 mm 圆孔

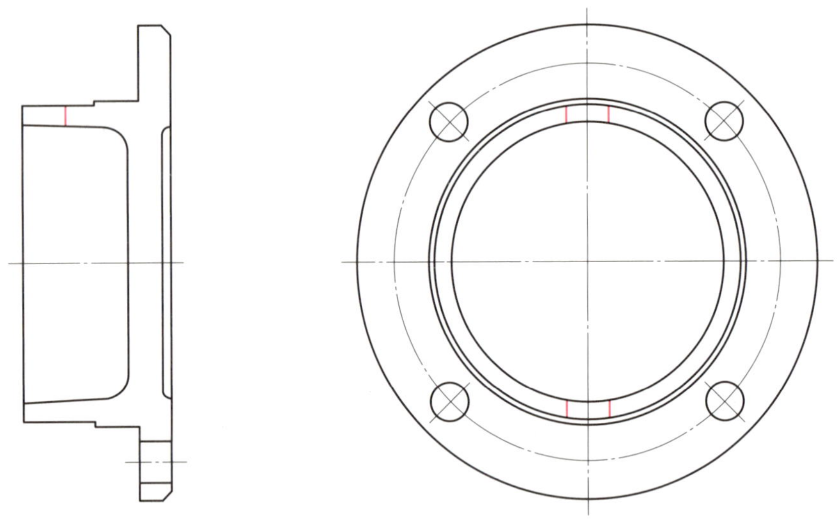

图 7-41　绘制 10 mm×10 mm 的方槽投影线

6. 绘制主视图上的剖面线

应用“剖面线”命令，绘制主视图上的剖面线，结果如图 7-42 所示。

7. 标注线性尺寸

应用“基本标注”命令，标注主视图和左视图上的线性尺寸，结果如图 7-43 所示。

8. 标注基准符号、表面结构代号等符号

应用“基准代号”“粗糙度”“剖切符号”和“形位公差”等命令，标注端盖主视图和左视图上的基准代号、表面结构代号、剖切符号及几何公差，结果如图 7-44 所示。

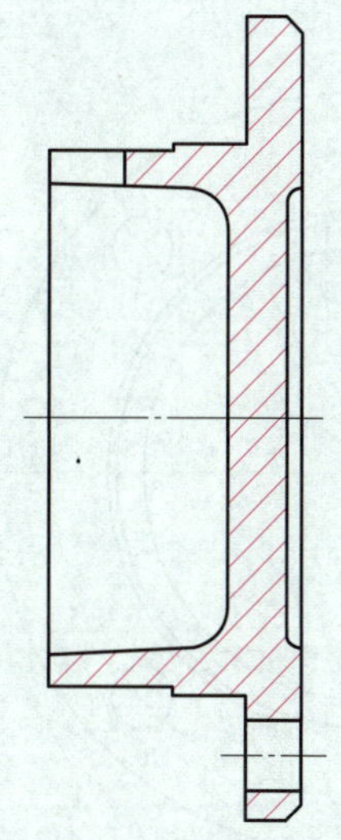
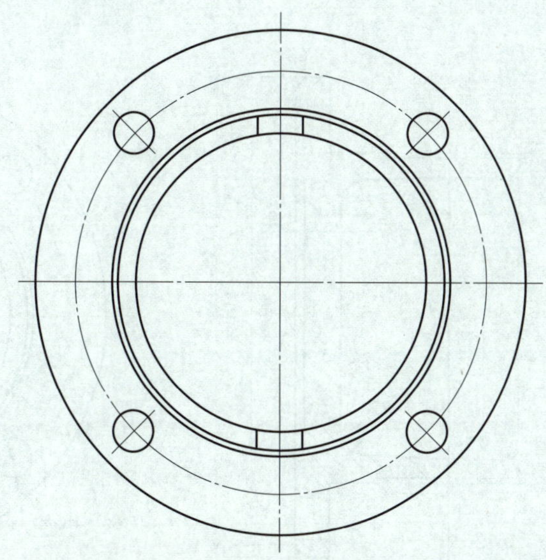

图 7–42　绘制主视图上的剖面线

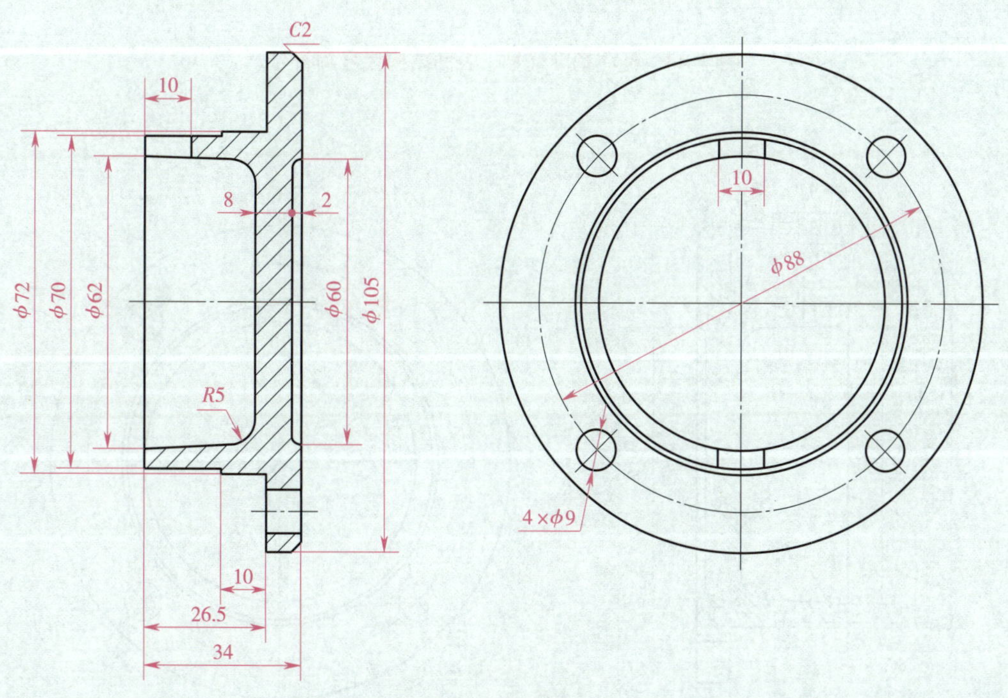

图 7–43　标注线性尺寸

9. 标注锥度符号、技术要求及其余表面结构代号

应用“引出说明”命令，标注锥度符号；应用“技术要求”命令，标注技术要求；应用“粗糙度”及“三点圆弧”命令，绘制其余表面结构代号，注意其余表面结构代号要放置在标题栏上方，结果如图 7–45 所示。

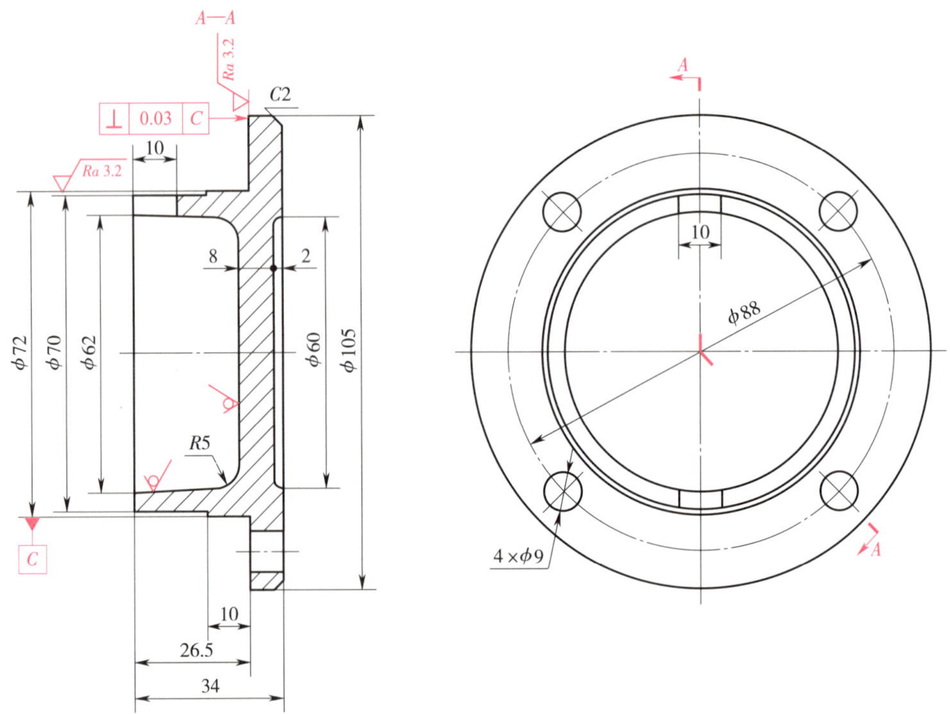

图 7-44　标注基准代号、表面结构代号等符号

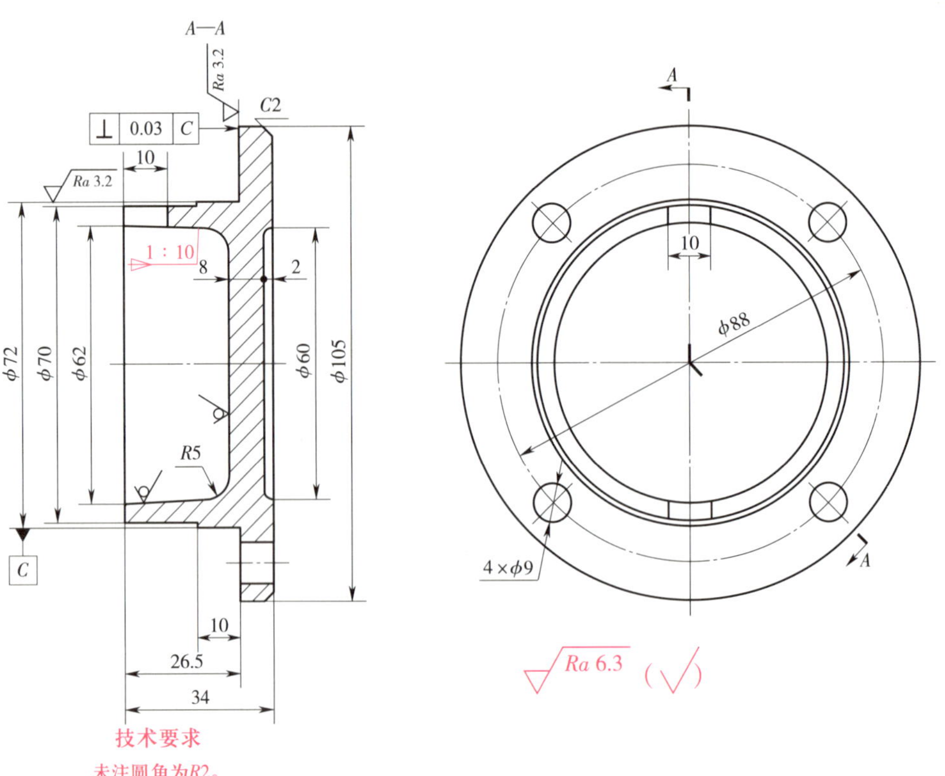

图 7-45　标注锥度符号、技术要求及其余表面结构代号

第五节　绘制蜗轮箱体零件图

绘制如图 7–46 所示的蜗轮箱体零件图。

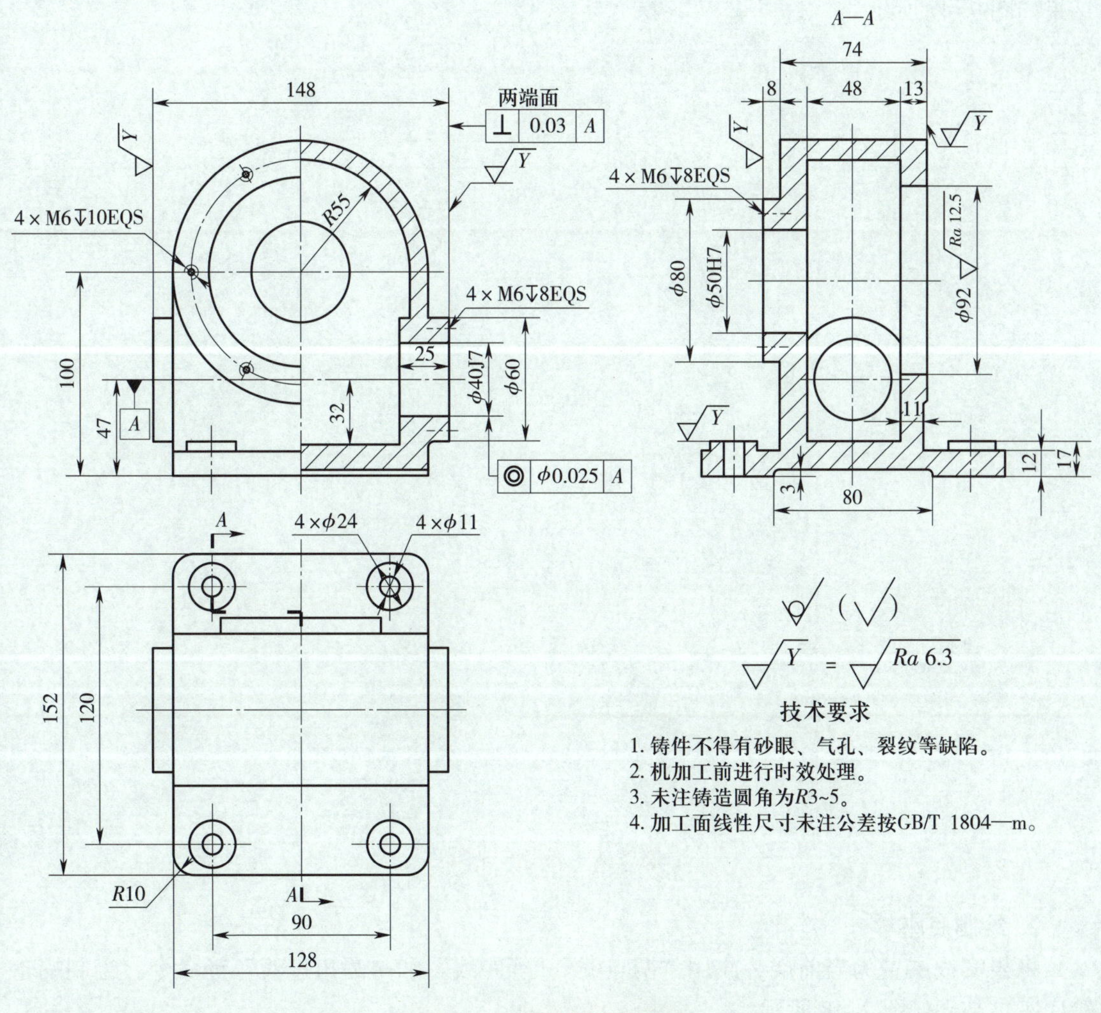

图 7–46　蜗轮箱体零件图

一、图样分析

箱体类零件一般比较复杂，绘制时为了避免漏画或多画图线，可按箱体的组成结构分步画出。图 7–46 采用了三个基本视图来表达蜗轮箱体的形状及其结构，主视图采用半剖，它表达了箱体主视方向的外形和内腔结构形状，左视图采用了两平行剖切平面的全剖视图，它表达了箱体内基本形状、蜗轮和蜗杆轴承座孔的位置及大小、底座螺栓孔的形状，俯视图表达了箱体的外形。

可按下列顺序绘制蜗轮箱体零件图：绘制中心线，绘制底座，绘制箱体，绘制蜗轮和蜗杆轴承座，绘制底座凸台，绘制主视图上的剖视图（半剖视图）和左视图上的剖视图（两平行剖切平面的全剖视图），绘制螺钉孔，标注线性尺寸，标注基准代号、表面结构代号、剖切符号和几何公差，标注技术要求。

二、绘图步骤

1. 绘制中心线

将中心线层置为当前层，应用“两点线”命令，绘制三个视图的中心线及 45° 辅助线，结果如图 7–47 所示。

图 7–47　绘制中心线

2. 绘制底座

将粗实线层置为当前层，应用“两点线”“等距线”和“圆角过渡”等命令，绘制蜗轮箱底座，结果如图 7–48 所示。

3. 绘制箱体

应用“等距线”“两点线”命令和“圆心 _ 半径”圆命令，绘制蜗轮箱箱体，结果如图 7–49 所示。

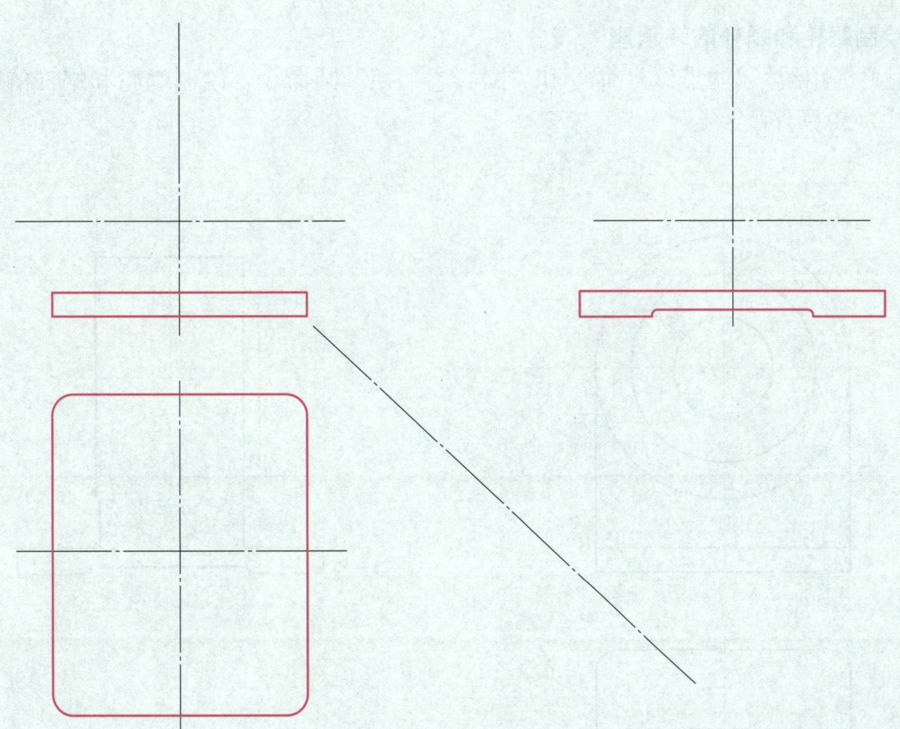

图 7-48 绘制蜗轮箱底座

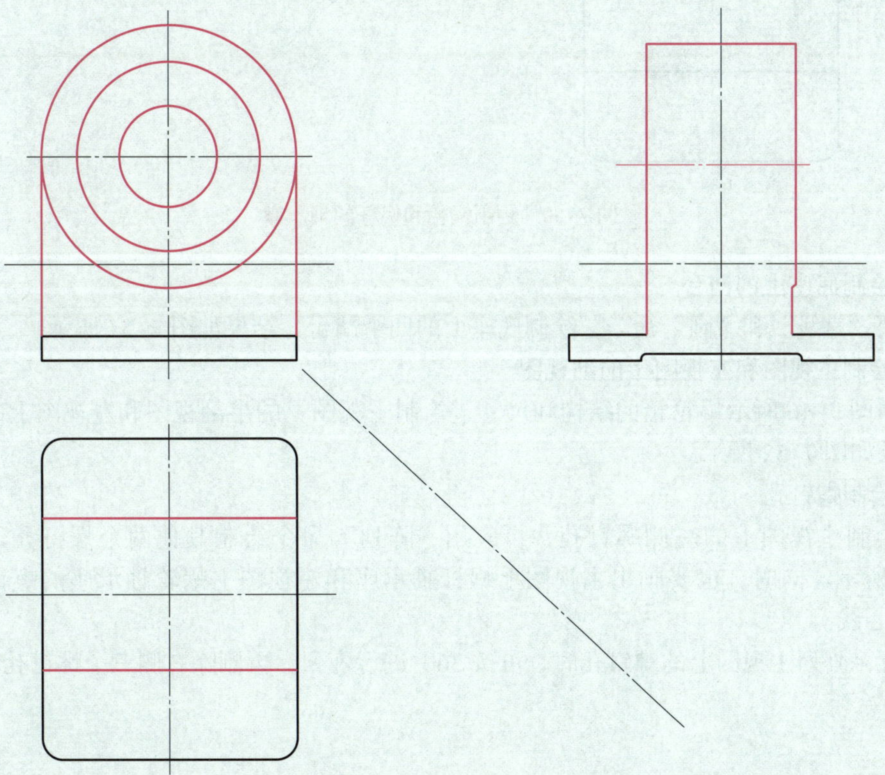

图 7-49 绘制箱体

4. 绘制蜗轮和蜗杆的轴承座

应用“等距线”“两点线”命令和“圆心 _ 半径”圆命令，绘制蜗轮和蜗杆的轴承座，结果如图 7–50 所示。

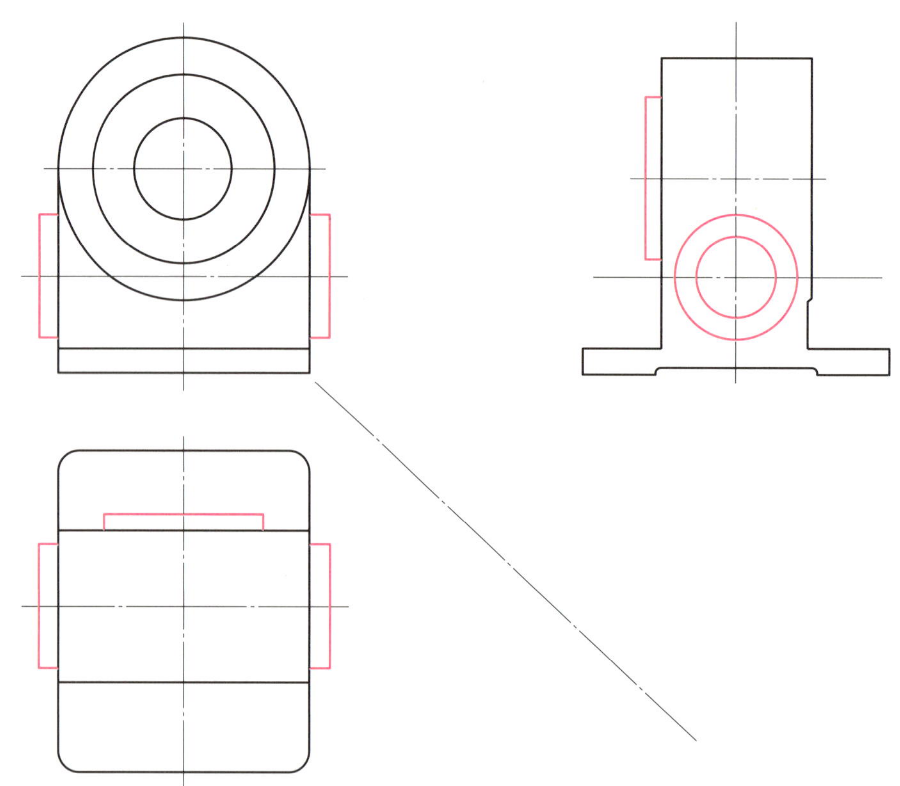

图 7–50　绘制蜗轮和蜗杆的轴承座

5. 绘制底座上的凸台

应用“直线”和“圆”命令，绘制底座上的四个凸台，结果如图 7–51 所示。

6. 绘制主视图和左视图上的剖视图

根据图 7–46 所示蜗轮箱的结构和尺寸，绘制主视图上的半剖视图和左视图上的全剖视图，结果如图 7–52 所示。

7. 绘制螺钉孔

先绘制主视图上的左侧螺钉孔，再应用“阵列”命令绘制其他两个螺钉孔，结果如图 7–53 所示。同时，也要画出主视图上蜗杆轴承座和左视图上蜗轮轴承座的螺钉孔位置（仅画中心线）。

注意：阵列主视图上的螺钉孔时，可按 360° 进行阵列，再删除右侧三个螺钉孔。

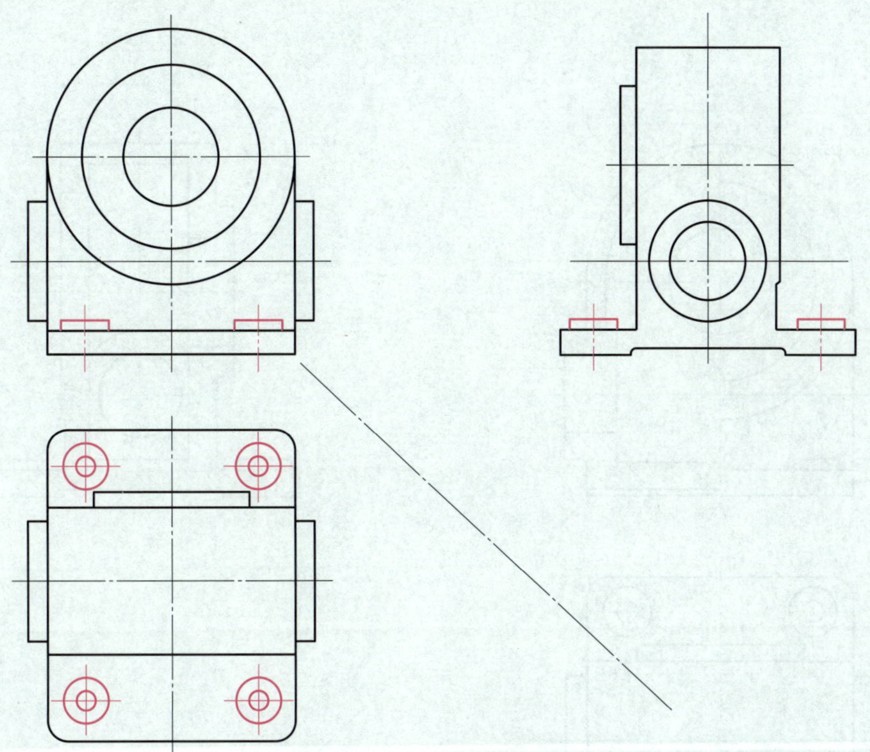

图 7-51　绘制底座上的凸台

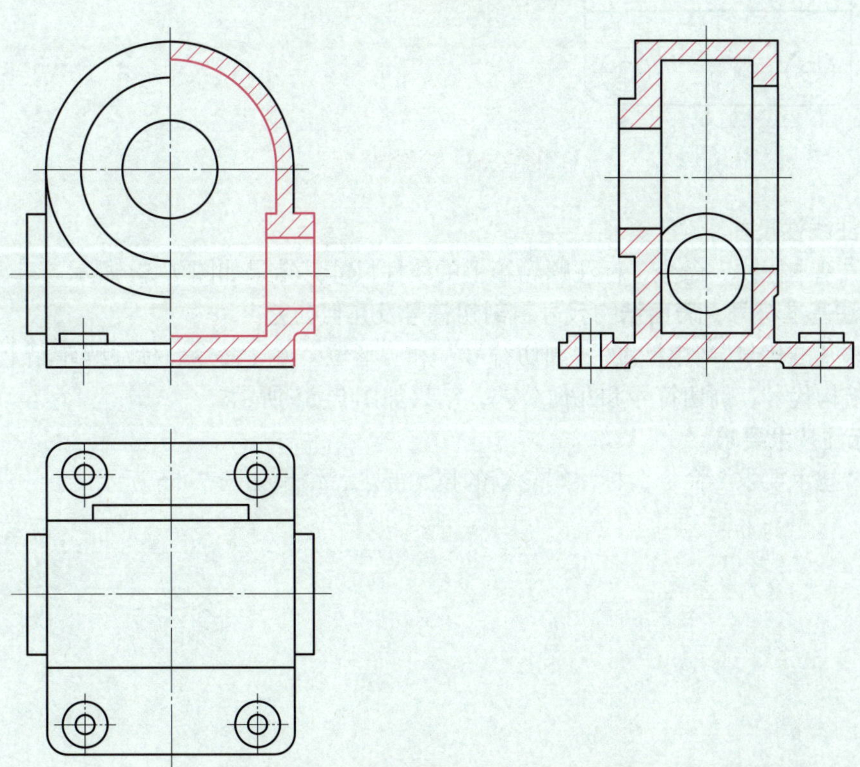

图 7-52　绘制主视图和左视图上的剖视图

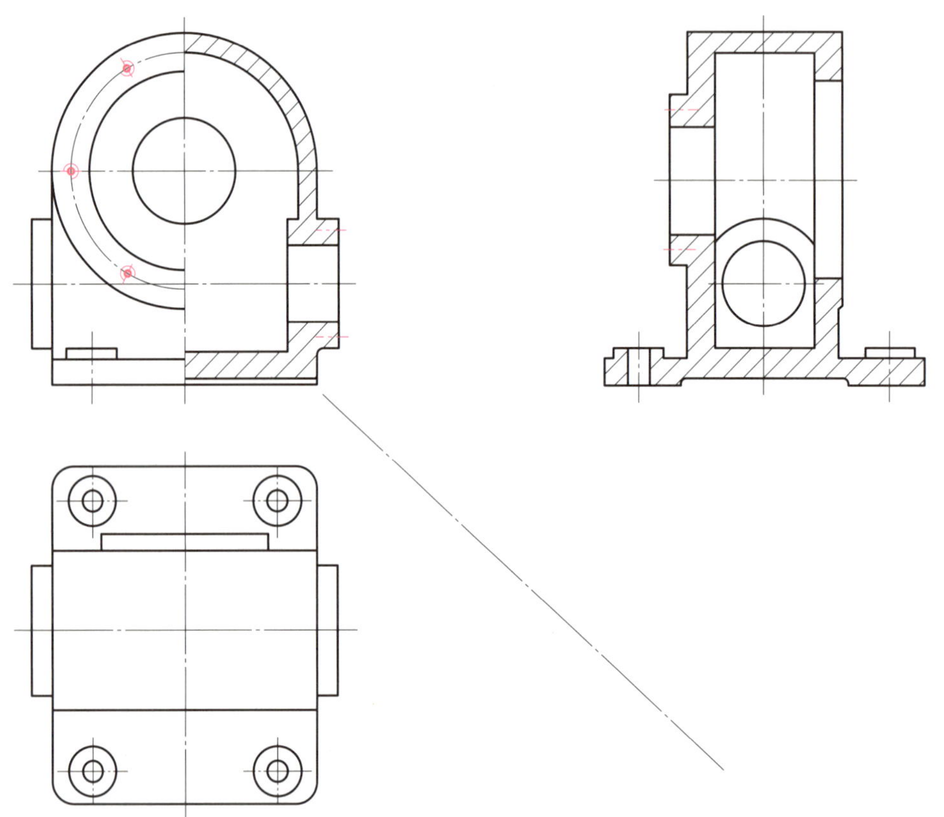

图 7-53　绘制螺钉孔

8. 标注线性尺寸

应用“基本标注”命令，标注蜗轮箱上的线性尺寸，结果如图 7-54 所示。

9. 标注基准符号、表面结构代号、剖切符号及几何公差

应用“基准代号”“粗糙度”“剖切符号”和“形位公差”命令，标注蜗轮箱上的基准代号、表面结构代号、剖切符号和几何公差，结果如图 7-55 所示。

10. 标注技术要求

应用“技术要求”命令，标注蜗轮箱的技术要求，结果如图 7-56 所示。

148
4 × M6↧10EQS
R55
4 × M6↧8EQS
25
100
47
32
φ40J7
φ60
74
8
48
13
4 × M6↧8EQS
φ80
φ50H7
φ92
11
12
17
3
80
4×φ24
4×φ11
152
120
R10
90
128

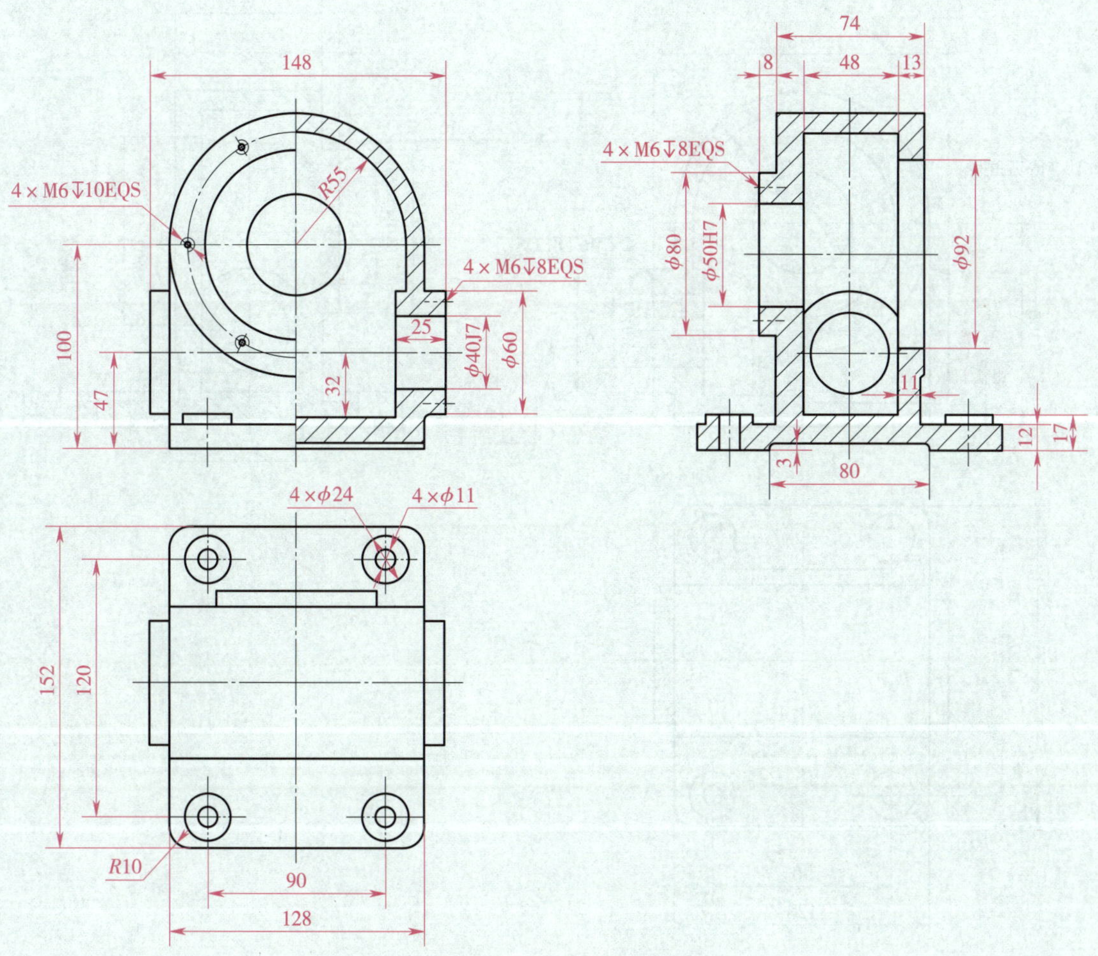

图 7–54　标注线性尺寸

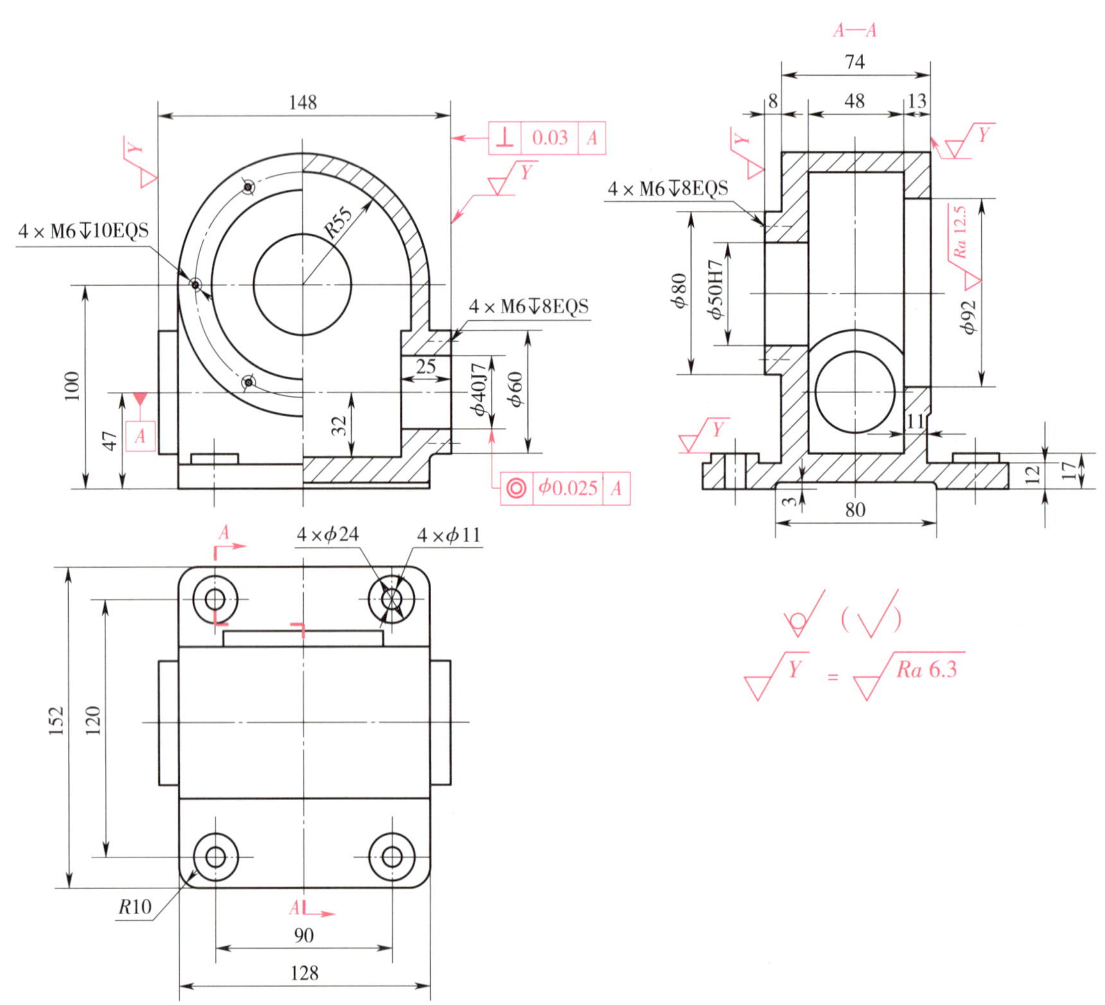

图 7-55　标注基准符号、表面结构代号、剖切符号及几何公差

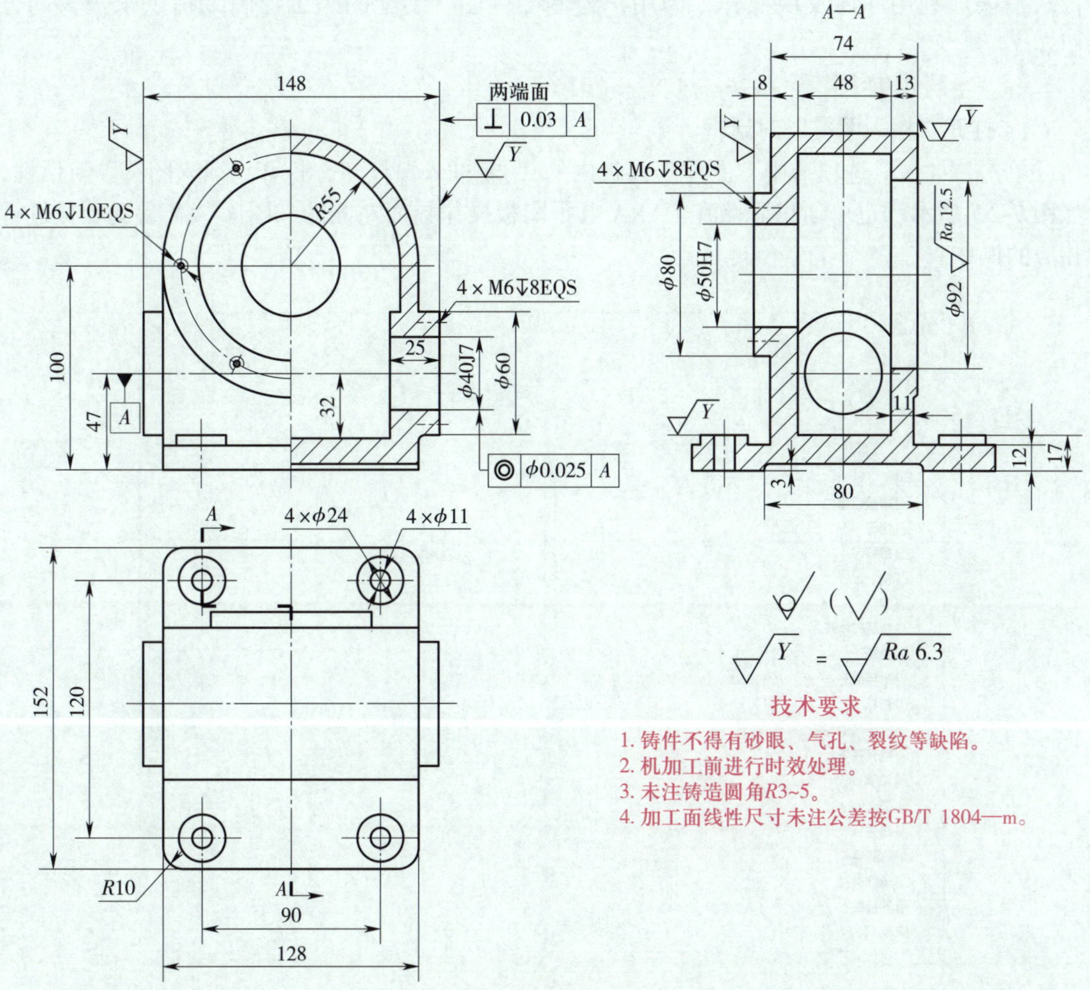

图 7-56　标注技术要求

第六节　调用标准件图符

图库是由各种图符组成的，而图符就是由一些基本图形对象组合而成的对象，同时具有参数、属性、尺寸等多种特殊属性。通过提取图符可以按所需参数快速生成一组图形对象，并且方便后续的各种编辑操作。

图符按是否参数化分为参数化图符和固定图符。图符可以由一个视图或多个视图（不超过六个视图）组成。图符的每个视图在提取出来时可以定义为块，因此在调用时可以进行块消隐。利用图库及块操作，为用户绘制零件图、装配图等工程图纸提供了极大的方便。

一、绘制六角头螺栓（GB/T 5782—2016）

1. 打开“插入图符”对话框

单击“插入”选项卡中“图库”面板内的“插入”按钮，打开“插入图符”对话框，如图 7–57 所示。也可通过隐藏在 CAXA 电子图板操作界面左侧的“图库”工具选项板进行相应的操作。

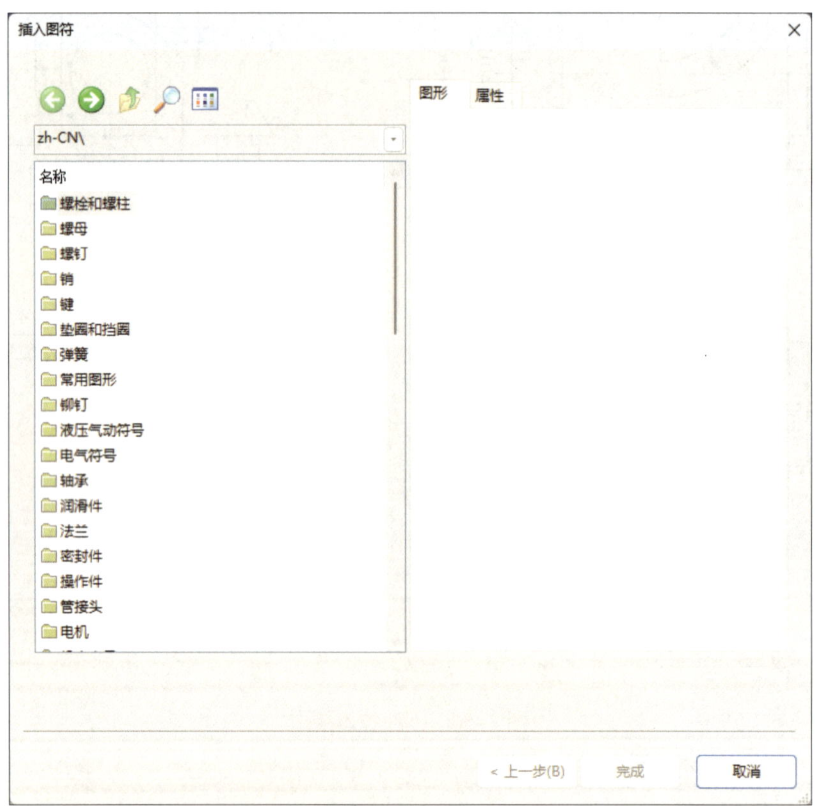

图 7–57 “插入图符”对话框

2. 打开“六角头螺栓”列表框

双击图 7–57 中的“螺栓和螺柱”文件夹，打开后如图 7–58 所示；双击“六角头螺栓”文件夹，打开“六角头螺栓”列表框，如图 7–59 所示。

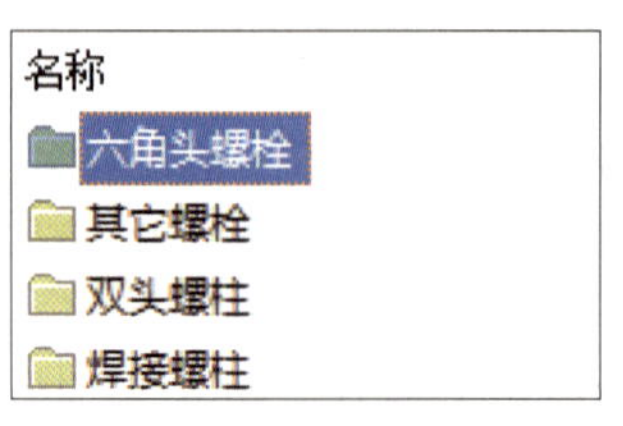

图 7–58 “螺栓和螺柱”文件夹

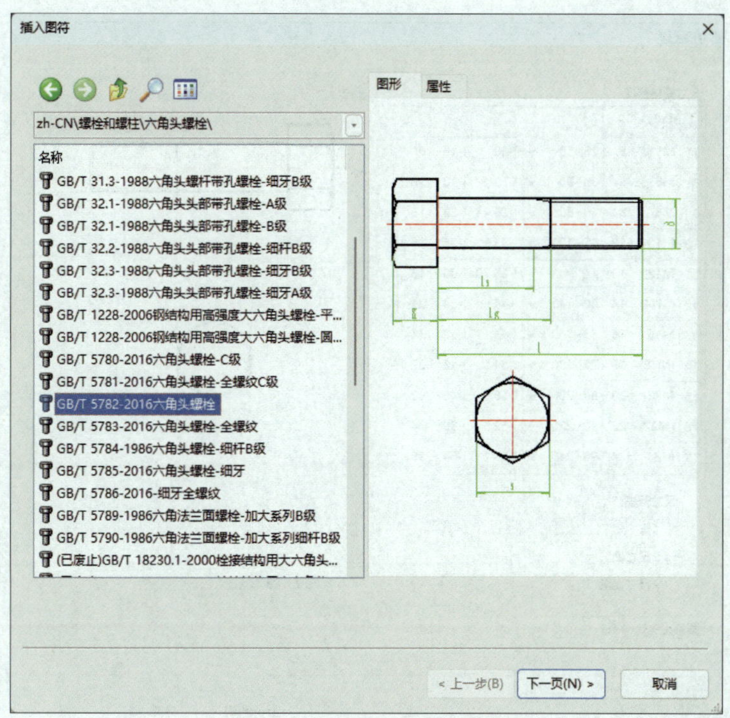

图 7-59 “六角头螺栓”列表框

3. 图符预处理

双击图 7-59 中的“GB/T 5782—2016 六角头螺栓”，打开如图 7-60 所示的六角头螺栓“图符预处理”对话框。尺寸规格选择“M12”，长度选择“60”；尺寸开关选择“尺寸值”选项，图符比例选择“1∶1”。

4. 插入图符

单击如图 7-60 所示“图符预处理”对话框中的“完成”按钮，系统显示“图符定位点”，移动光标并单击确定插入图符的定位点；系统提示“旋转角”，输入角度确定图符的旋转角。再根据系统提示输入左视图的图符定位点和旋转角，完成六角头螺栓图符的插入，结果如图 7-61 所示。

5. 调整尺寸标注

图 7-61 所示图形中的尺寸标注比较乱，可应用“分解”命令，将图符分解，然后调整六角头螺栓的尺寸标注，结果如图 7-62 所示。

二、绘制 1 型六角螺母（GB/T 6170—2015）

1. 选择插入的图符

打开“插入图符”对话框，选择“zh-CN\螺母\六角螺母\GB/T 6170—2015-1 型六角螺母”，如图 7-63 所示。

2. 图符预处理

双击图 7-63 中的“GB/T 6170—2015-1 型六角螺母”，打开如图 7-64 所示六角螺母“图符预处理”对话框，选择“d=20”尺寸规格，尺寸开关设置为“关”，图符比例设置为“1∶1”，预显界面中选择“1、2、3”选项，如图 7-64 所示。

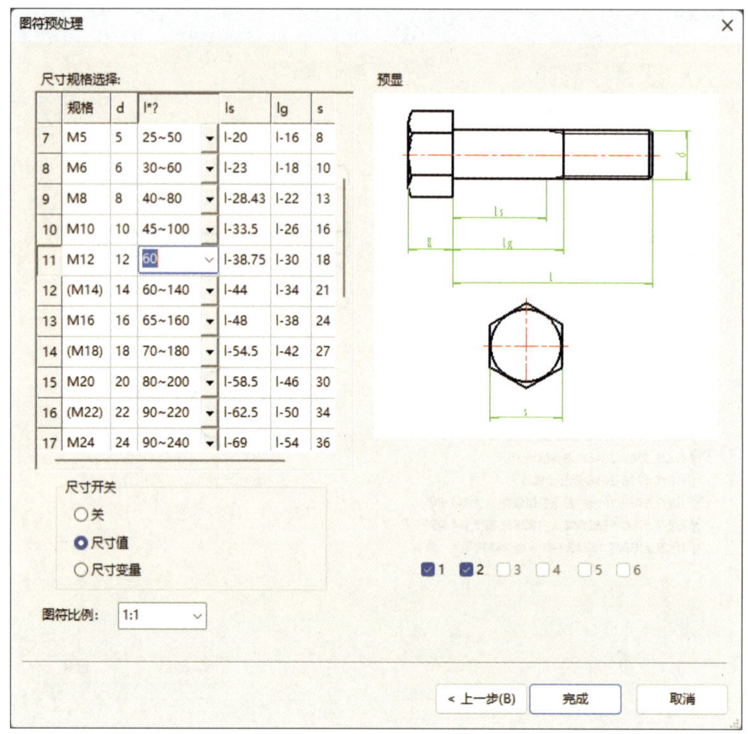

图 7-60　六角头螺栓“图符预处理”对话框

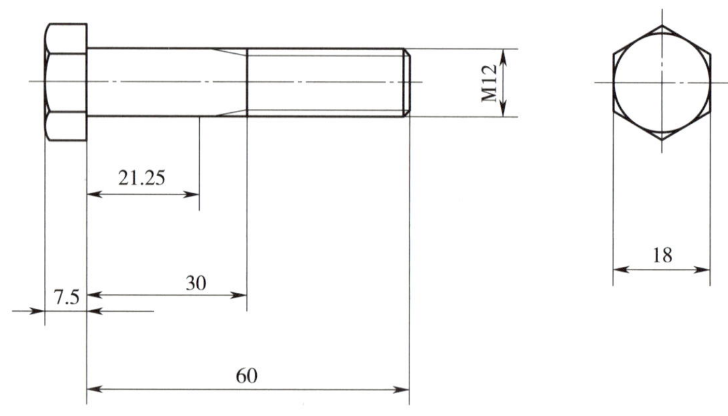

图 7-61　插入六角头螺栓图符

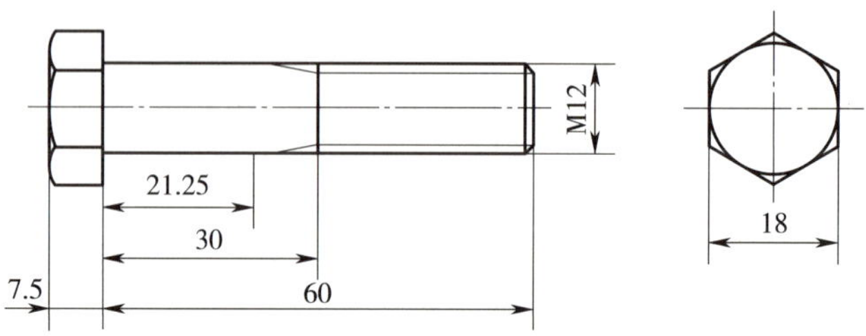

图 7-62　调整后的六角头螺栓零件图

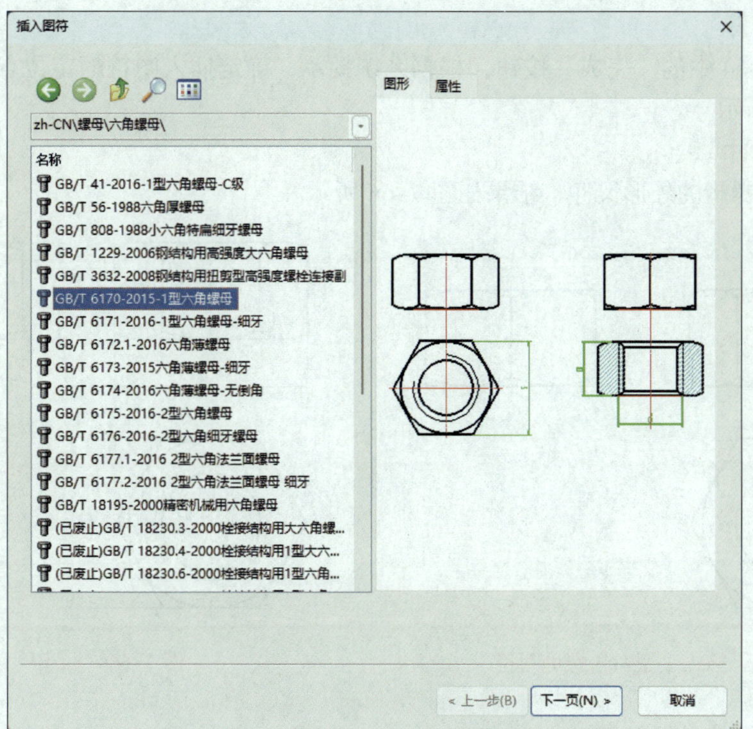

图 7-63　选择插入的图符

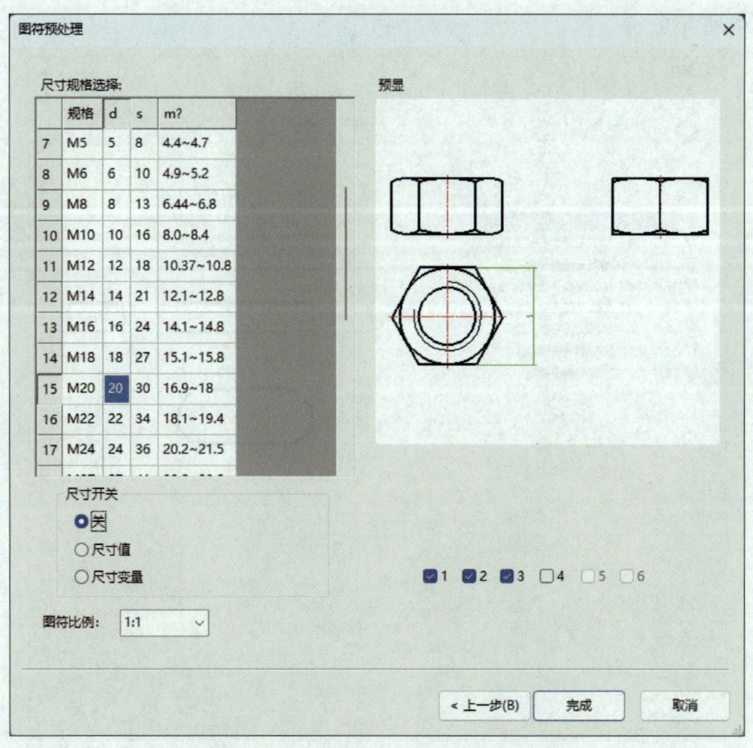

	规格	d	s	m?
7	M5	5	8	4.4~4.7
8	M6	6	10	4.9~5.2
9	M8	8	13	6.44~6.8
10	M10	10	16	8.0~8.4
11	M12	12	18	10.37~10.8
12	M14	14	21	12.1~12.8
13	M16	16	24	14.1~14.8
14	M18	18	27	15.1~15.8
15	M20	20	30	16.9~18
16	M22	22	34	18.1~19.4
17	M24	24	36	20.2~21.5

图 7-64　六角螺母“图符预处理”对话框

3. 插入图符

单击图 7-64 中的“完成”按钮，根据系统提示，确定插入图符的定位点和旋转角，结果如图 7-65 所示。

4. 标注尺寸

标注六角螺母的外形尺寸，结果如图 7-66 所示。

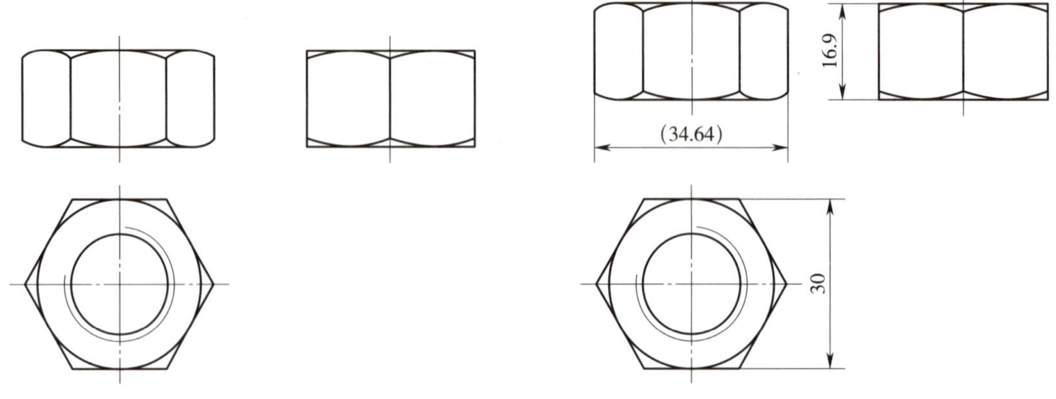

图 7-65　插入 1 型六角螺母图符　　　　图 7-66　标注尺寸

三、绘制圆头普通型平键（GB/T 1096—2003）

1. 选择插入的图符

打开“插入图符”对话框，选择“zh-CN\ 键 \ 平键 \GB/T 1096—2003 普通型平键 -A 型”，如图 7-67 所示。

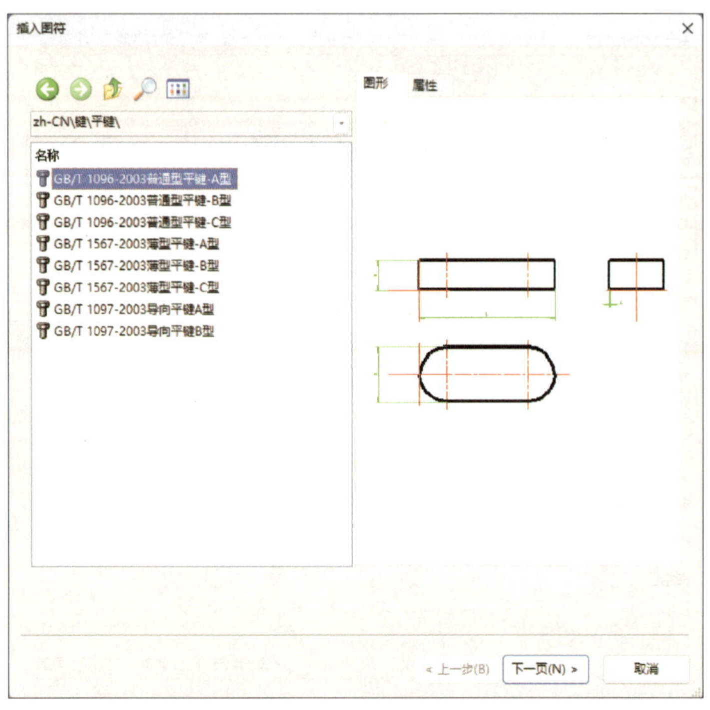

图 7-67　选择插入的图符

2. 图符预处理

双击图 7-67 中的“GB/T 1096—2003 普通型平键 -A 型”选项，打开如图 7-68 所示的平键“图符预处理”对话框，键的尺寸规格选择“$b \times h \times L = 16 \times 10 \times 80$”，尺寸开关设置为“尺寸值”，图符比例设置为“1∶1”，预显选择“1、2、3”，如图 7-68 所示。

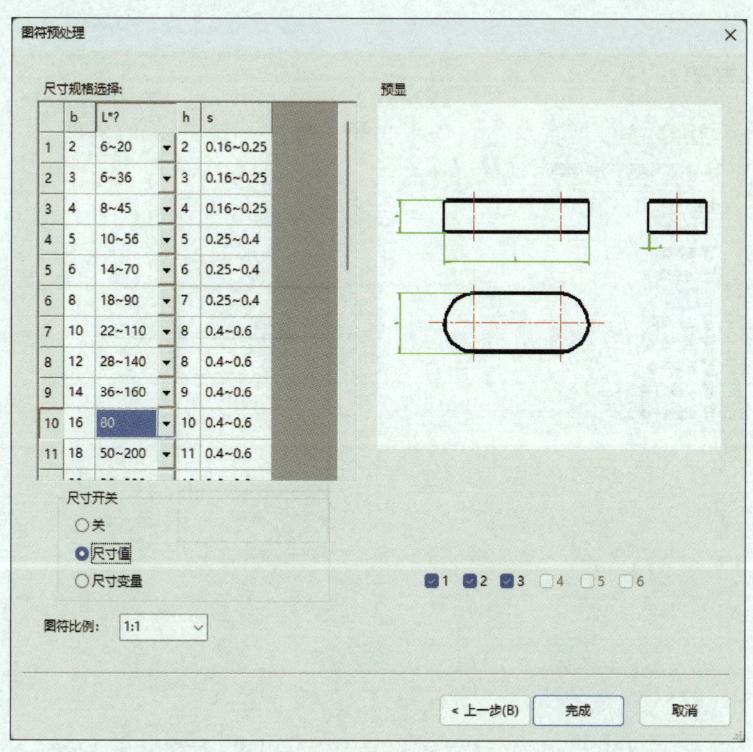

图 7-68　平键“图符预处理”对话框

3. 插入图符

单击图 7-68 中的“完成”按钮，根据系统提示，确定插入图符的定位点和旋转角。将插入的图符应用“分解”命令进行分解，然后调整尺寸标注位置，并修改倒角标注为“*C*0.4”，结果如图 7-69 所示。

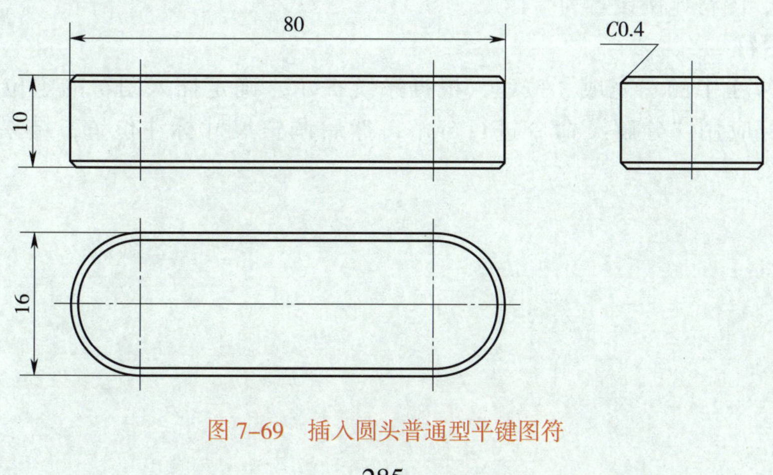

图 7-69　插入圆头普通型平键图符

四、绘制套筒

1. 选择插入的图符

打开“插入图符”对话框，选择“zh-CN\常用图形\常用剖面图\套筒”，如图 7-70 所示。

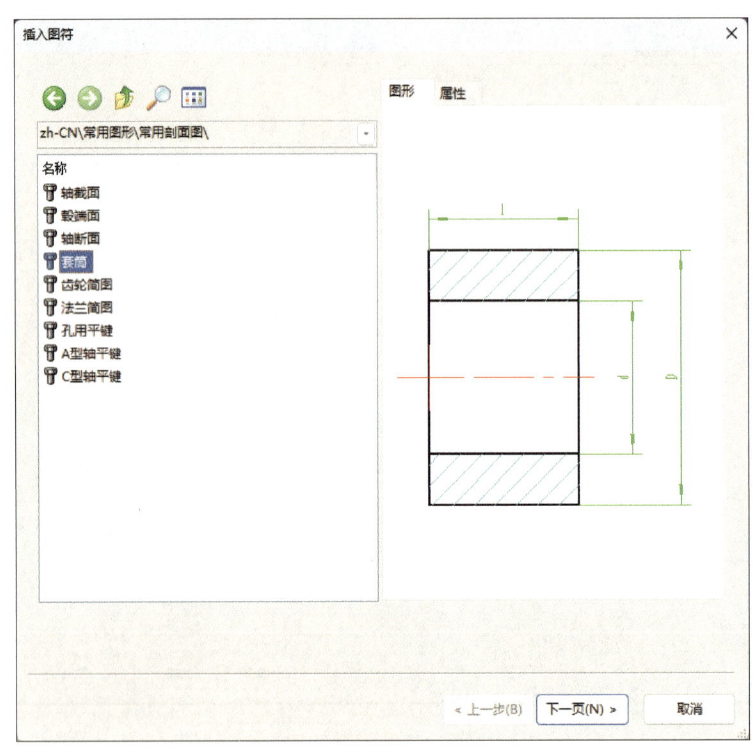

图 7-70　选择插入的图符

2. 图符预处理

双击图 7-70 中的“套筒”选项，打开如图 7-71 所示的套筒“图符预处理”对话框，将套筒的尺寸规格“$l \times D \times d$=30×50×30”修改为“$l \times D \times d$=50×40×24”，尺寸开关设置为“尺寸值”，图符比例设置为“1∶1”。

3. 插入图符

单击图 7-71 中的“完成”按钮，根据系统提示，确定插入图符的定位点和旋转角。将插入的图符应用“分解”命令进行分解，然后调整尺寸标注位置，结果如图 7-72 所示。

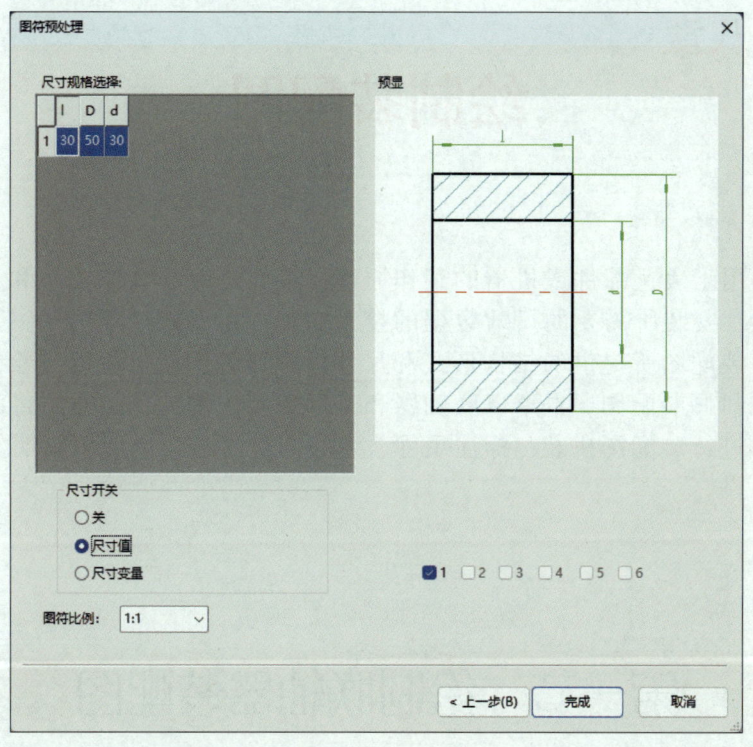

图 7-71　套筒“图符预处理”对话框

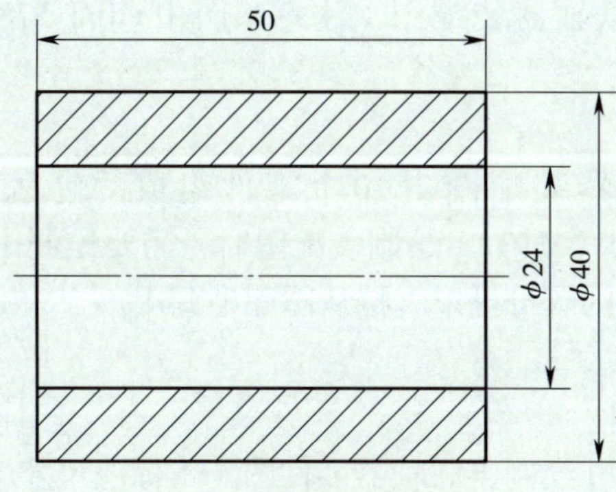

图 7-72　插入套筒图符

第八章 绘制装配图

装配图是用于表达部件或机器的工作原理，零件之间的装配关系和相互位置，以及装配、检验、安装所需要的尺寸数据的技术文件。在设计过程中，一般都先绘制出装配图，再由装配图所提供的结构形式和尺寸拆画零件图；也可以先绘制零件图，再根据零件图来拼画装配图。本章以联轴器和千斤顶装配图为例，介绍将已有的零件图定制成块，再进行装配图拼装，标注尺寸、编写零件序号，最后填写明细栏的绘制流程。

第一节 绘制联轴器装配图

绘制如图 8–1 所示的联轴器装配图（注意：图中 GB/T 5782—2000 已被 GB/T 5782—2016 替代）。

一、图样分析

如图 8–1 所示的联轴器装配图由 10 个零件组成，包括 2 个半联轴器、4 个螺栓（M10 × 80）和 4 个锁紧螺母（M10）。绘制装配图时，需要绘制出半联轴器零件图，并将其创建为块，螺栓和锁紧螺母的图符可以直接从图库中调用。

二、绘图步骤

1. 绘制半联轴器零件图

（1）根据图 8–2 所示尺寸绘制半联轴器零件图（不标注尺寸）。

（2）创建半联轴器块

单击“插入”选项卡中“块”面板内的“ 创建”按钮，系统提示“拾取元素”，拾取半联轴器零件图后确认，系统弹出如图 8–3 所示的“块定义”对话框，在名称处输入“半联轴器”，单击“确定”按钮，即可完成半联轴器块的创建。

2. 插入半联轴器块

单击“插入”选项卡中“块”面板内的“ 插入”按钮，系统弹出如图 8–4 所示的“块插入”对话框，“比例”设置为 1，“旋转角”设置为 0°，单击“确定”按钮，确定插入点后，即可完成半联轴器块的插入，结果如图 8–5 所示。按相同的操作方法，再次插入半

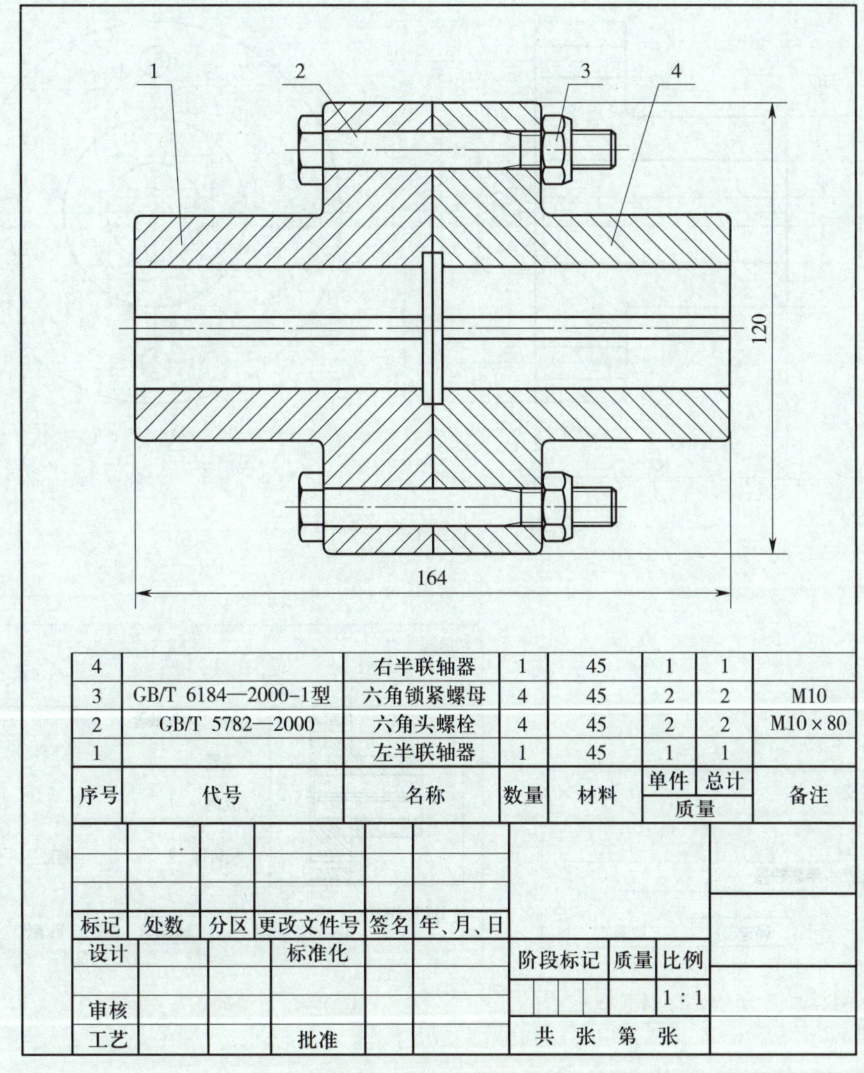

4		右半联轴器	1	45	1	1	
3	GB/T 6184—2000-1型	六角锁紧螺母	4	45	2	2	M10
2	GB/T 5782—2000	六角头螺栓	4	45	2	2	M10×80
1		左半联轴器	1	45	1	1	
序号	代号	名称	数量	材料	单件 质量	总计 质量	备注

图 8-1　联轴器装配图

联轴器块，旋转角设置为 180°，插入点选择在图 8-5 中的右端面与中心线的交点处。

注意：右端半联轴器块的剖面线与左端半联轴器块的剖面线方向一致，不符合机械制图要求，应用“分解”命令将右端半联轴器图块打散，删除剖面线并重新绘制，剖面线旋转角度为 90°，结果如图 8-6 所示。

3. 插入六角头螺栓图符（M10×80）

（1）打开“插入图符”对话框，选择“zh-CN\螺栓和螺柱\六角头螺栓\GB/T 5782—2000 六角头螺栓”（注意：GB/T 5782—2016 已替代 GB/T 5782—2000）；尺寸规格选择“M10×80”，尺寸开关设置为“关”，预显尺寸选择“1”；插入点选择图 8-6 所示图形的上螺栓孔左侧面与其中心线交点，结果如图 8-7 所示。

（2）按照相同的操作方法，在联轴器下方螺栓孔中插入第二个六角头螺栓，结果如图 8-8 所示。

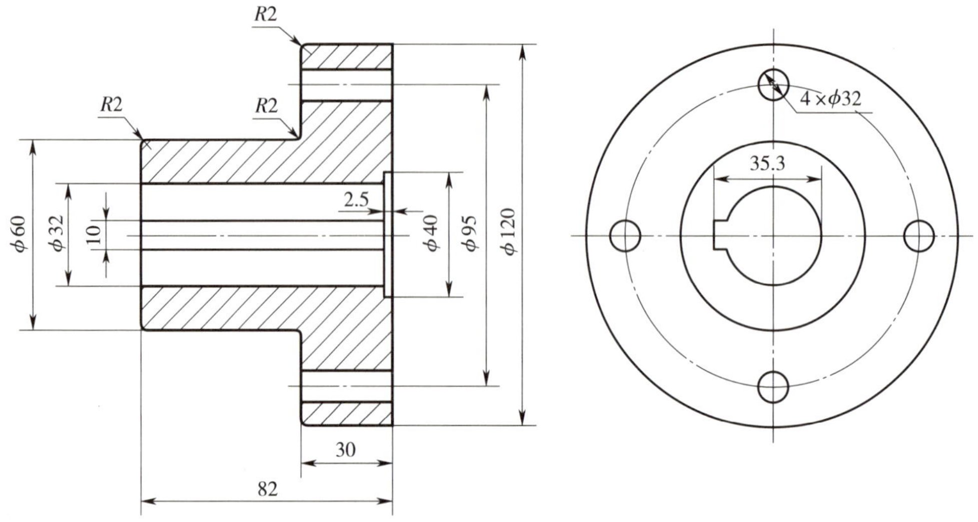

图 8-2　半联轴器零件图

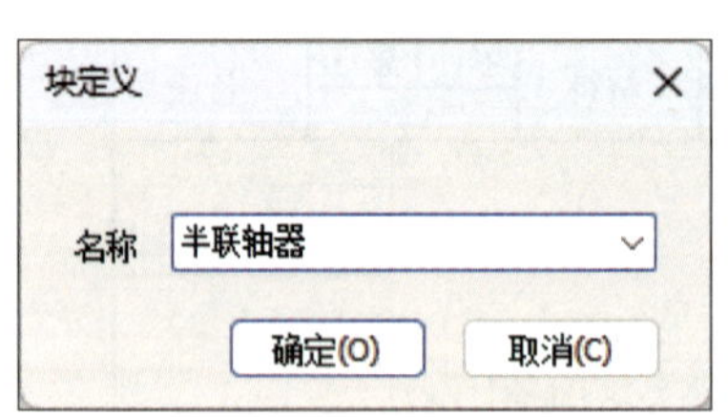

图 8-3　“块定义”对话框

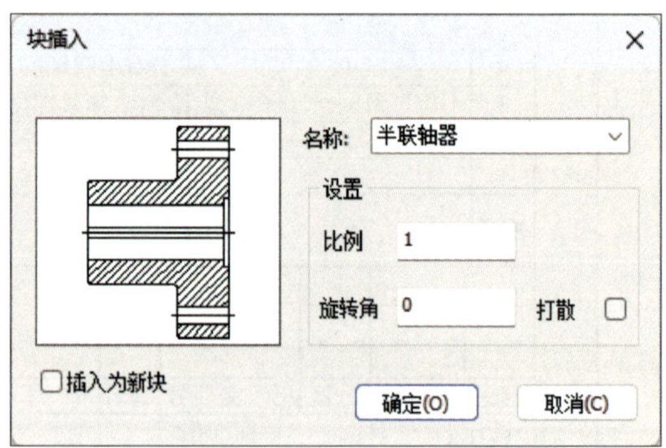

图 8-4　“块插入”对话框

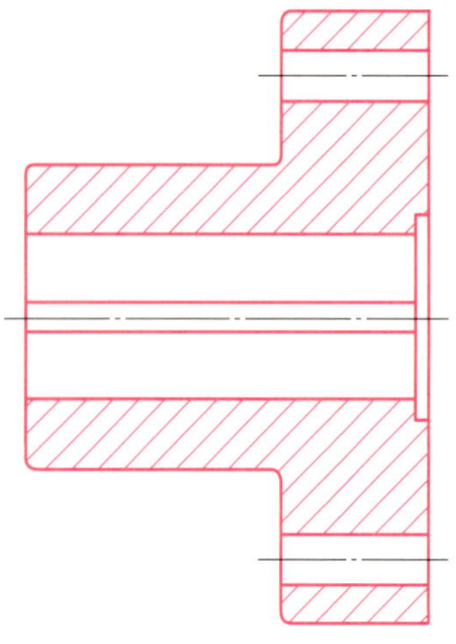

图 8-5　插入半联轴器块（旋转角为 0°）

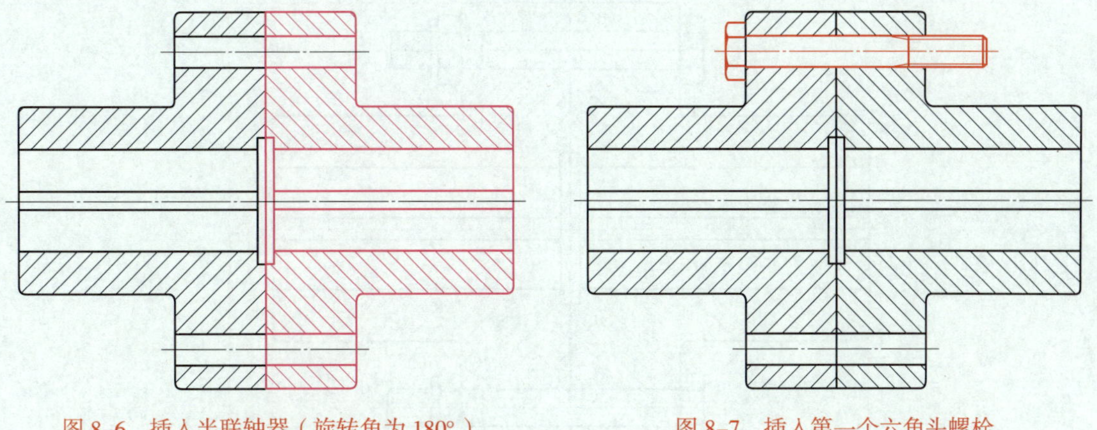

图 8-6　插入半联轴器（旋转角为 180°）　　图 8-7　插入第一个六角头螺栓

4. 插入锁紧螺母图符

打开“插入图符”对话框，选择“zh-CN\螺母\六角锁紧螺母\GB/T 6184—2000-1 型全金属六角锁紧螺母”；尺寸规格选择“M10”，尺寸开关设置为“关”，预显尺寸选择“1”；插入点选择螺栓中心线与半联轴器螺栓孔的右端面交点，结果如图 8-9 所示。

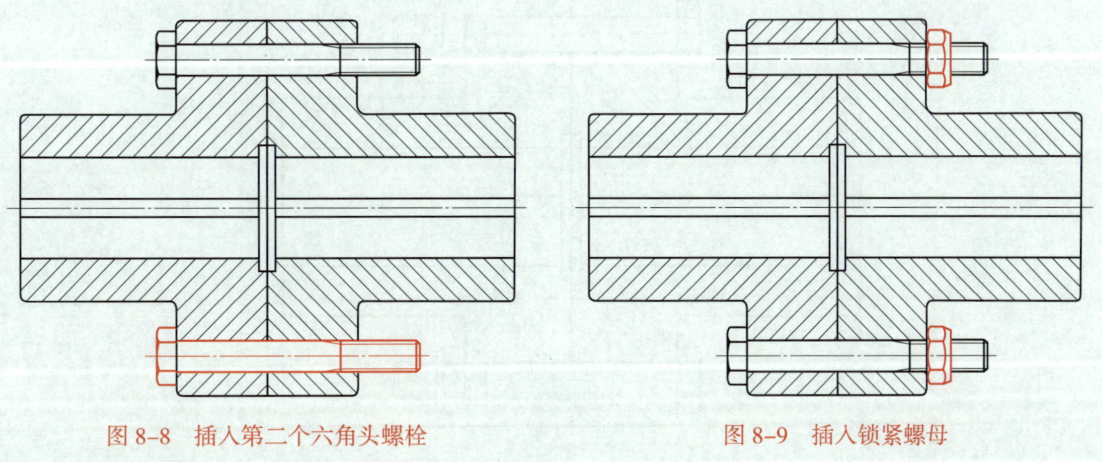

图 8-8　插入第二个六角头螺栓　　图 8-9　插入锁紧螺母

5. 标注尺寸

由于联轴器的结构和功能比较简单，只需要标注出联轴器的外形尺寸，结果如图 8-10 所示。

6. 编写零件序号

单击“图幅”选项卡中“序号”面板内的“ 生成序号”按钮，依次编写零件序号，结果如图 8-11 所示。

7. 调用图框、标题栏

应用“图幅设置”命令，系统弹出如图 8-12a 所示“图幅设置”对话框。图纸幅面设置为“A4”，绘图比例选择“1 : 1”，调入图框选择“A4E-A-Normal（CHS）”，标题栏选择“GB-A（CHS）”，明细栏选择“标准”，序号选择“GB（4458.2—2003）”。单击“确定”按钮，完成图幅和标题栏的设置，结果如图 8-12b 所示。

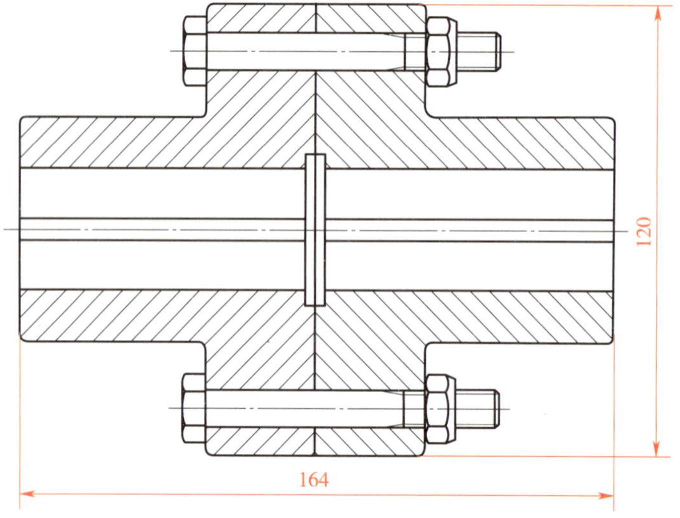

图 8-10　标注尺寸

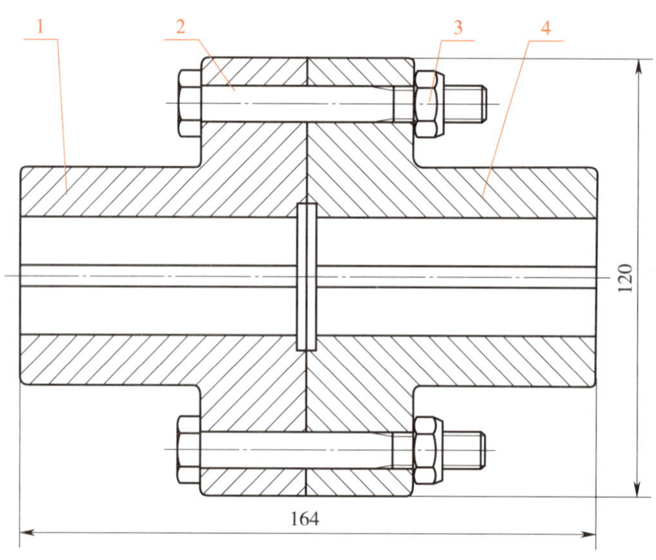

图 8-11　编写零件序号

8. 填写明细栏

单击“图幅”选项卡中“明细表”面板内的“ 填写明细表”按钮，弹出如图 8-13 所示的“填写明细表”对话框。按序号顺序依次填写明细栏内容，并单击“不显示明细表”复选框，去掉对号，使系统显示明细栏，单击“确定”按钮，则在标题栏上方列出零件明细栏，结果如图 8-14 所示（注意：图中 GB/T 5782—2000 已被 GB/T 5782—2016 替代）。

9. 整理保存

整理图形并保存图形。

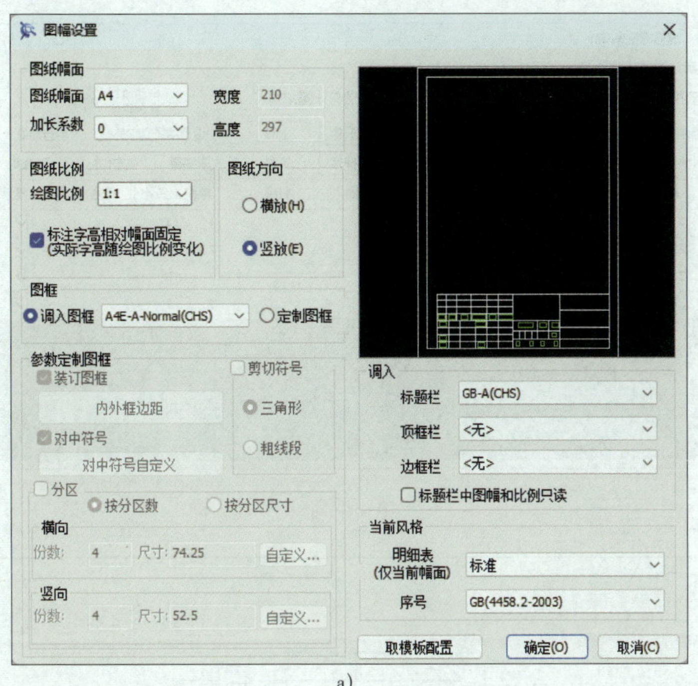

a)

1 2 3 4

120

164

标记	处数	分区	更改文件号	签名	年、月、日
设计			标准化		
审核					
批准			批准		

阶段标记	质量	比例
		1 : 1
共 张 第 张		

b)

图 8-12 调用图幅和标题栏

a）“图幅设置”对话框 b）绘图结果

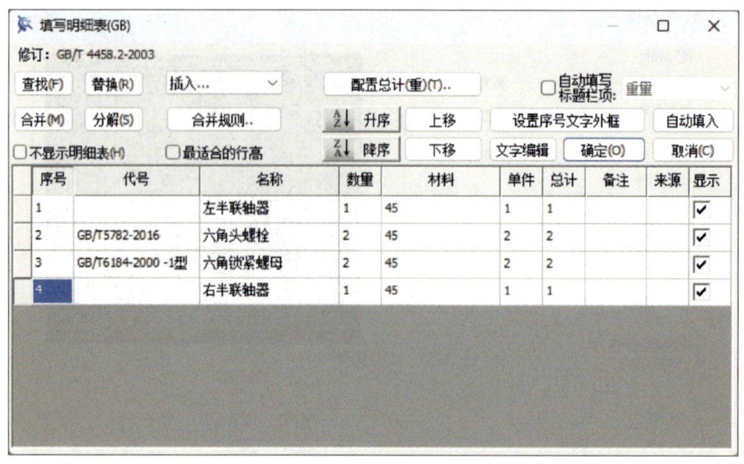

序号	代号	名称	数量	材料	单件	总计	备注	来源	显示
1		左半联轴器	1	45	1	1			✓
2	GB/T5782-2016	六角头螺栓	2	45	2	2			✓
3	GB/T6184-2000 -1型	六角锁紧螺母	2	45	2	2			✓
4		右半联轴器	1	45	1	1			✓

图 8-13 “填写明细表”对话框

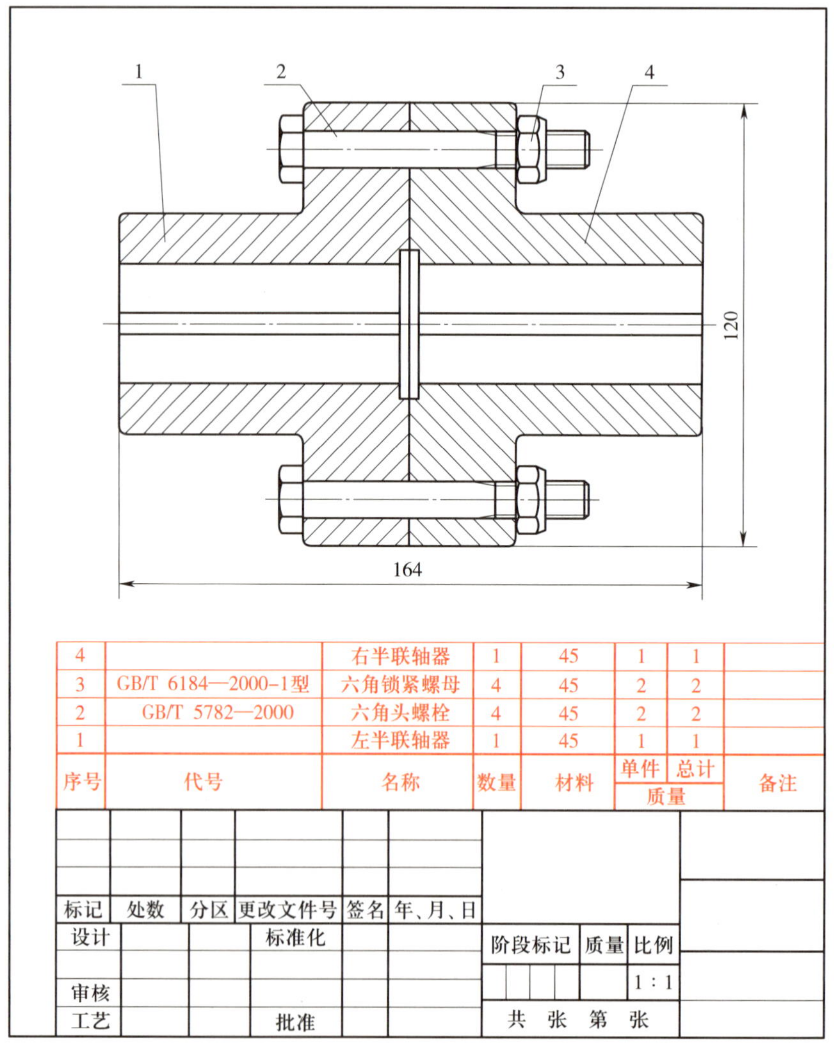

4		右半联轴器	1	45	1	1	
3	GB/T 6184—2000-1型	六角锁紧螺母	4	45	2	2	
2	GB/T 5782—2000	六角头螺栓	4	45	2	2	
1		左半联轴器	1	45	1	1	
序号	代号	名称	数量	材料	单件 质量	总计 质量	备注

标记	处数	分区	更改文件号	签名	年、月、日			
设计			标准化			阶段标记	质量	比例
								1 : 1
审核								
工艺			批准			共 张 第 张		

图 8-14 填写明细栏

第二节　绘制千斤顶装配图

绘制如图 8-15 所示的千斤顶装配图（注意：图中 GB/T 68—2000 已被 GB/T 68—2016 替代，GB/T 71—1985 已被 GB/T 71—2018 替代）。

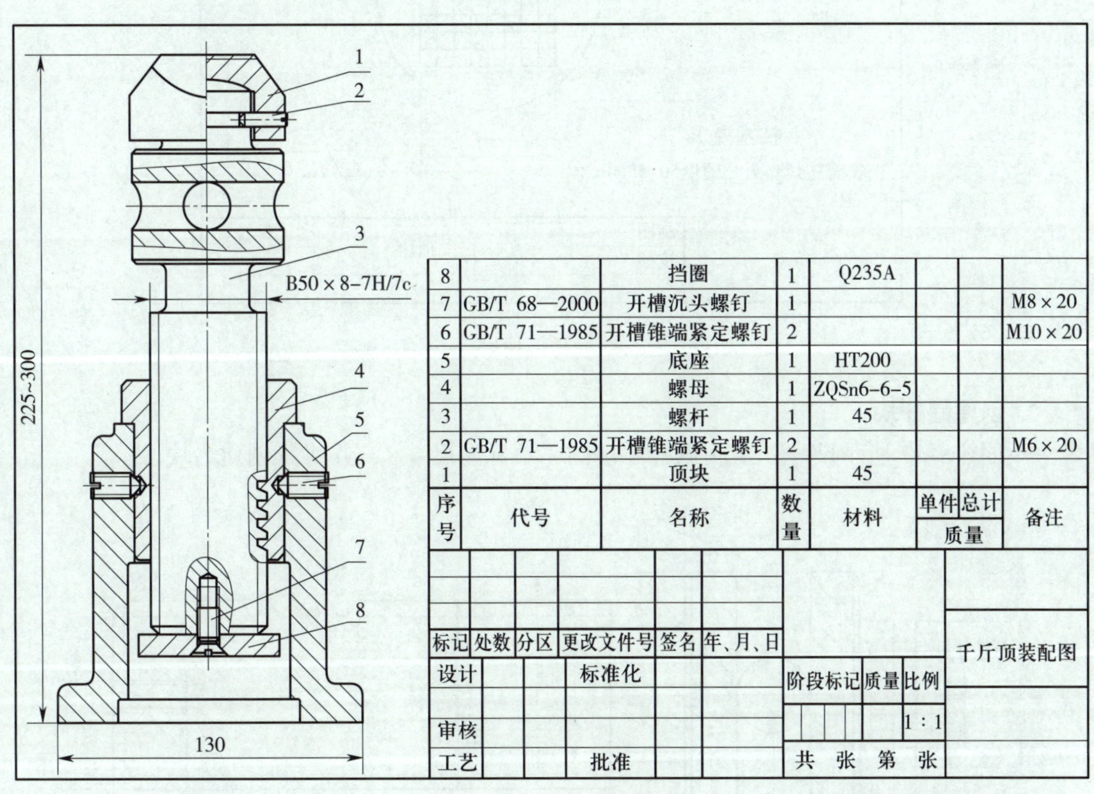

8		挡圈	1	Q235A			
7	GB/T 68—2000	开槽沉头螺钉	1				M8 × 20
6	GB/T 71—1985	开槽锥端紧定螺钉	2				M10 × 20
5		底座	1	HT200			
4		螺母	1	ZQSn6-6-5			
3		螺杆	1	45			
2	GB/T 71—1985	开槽锥端紧定螺钉	2				M6 × 20
1		顶块	1	45			
序号	代号	名称	数量	材料	单件 质量	总计 质量	备注

标记	处数	分区	更改文件号	签名	年、月、日		千斤顶装配图
设计		标准化				阶段标记 质量 比例	
审核						1∶1	
工艺		批准				共　张　第　张	

图 8-15　千斤顶装配图

一、图样分析

千斤顶是一种小型起重工具，螺母 4 和底座 5 固定在一起，当转动螺杆 3 时，由于螺纹副的作用，螺杆 3 上下移动，通过顶块 1 将重物顶起或落下。绘制千斤顶装配图时，先将零件图转化为图块，再进行装配图拼装，标注轮廓尺寸、编写零件序号，最后填写明细栏。

二、创建块

1. 创建顶块块

根据图 8-16 所示尺寸，绘制顶块主视图（不标注尺寸），并将其创建为块。

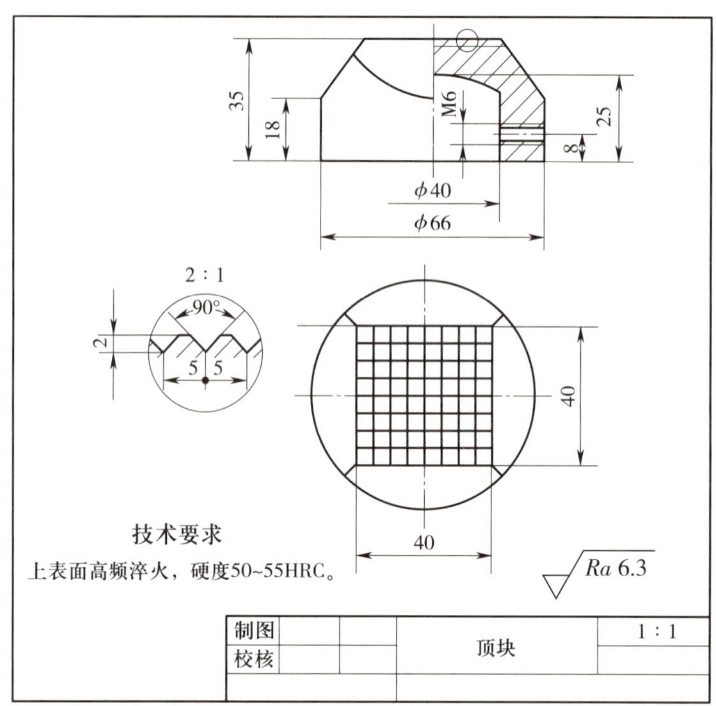

图 8-16　顶块

2. 创建螺杆块

根据图 8-17 所示尺寸，绘制螺杆零件图（不标注尺寸），并将其创建为块。

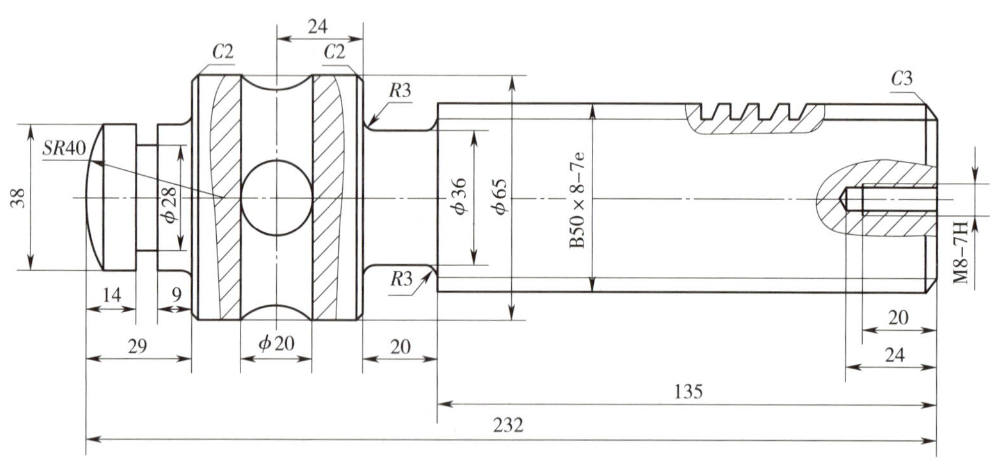

图 8-17　螺杆

3. 创建螺母块

根据图 8-18 所示尺寸，绘制螺母零件图（不标注尺寸），并将其创建为块。

4. 创建底座块

根据图 8-19 所示尺寸，绘制底座零件图（不标注尺寸），并将其创建为块。

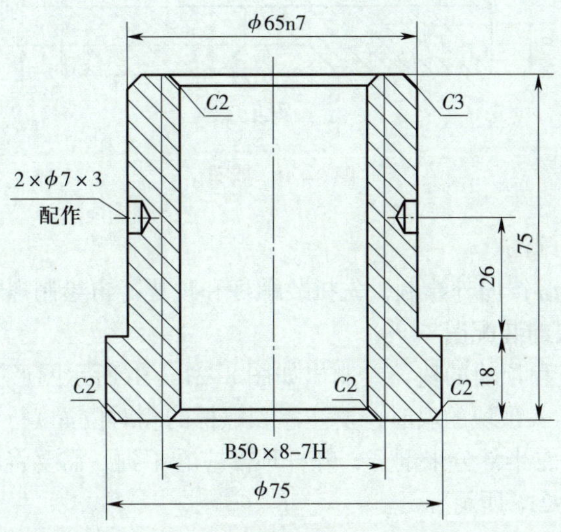

图 8–18　螺母

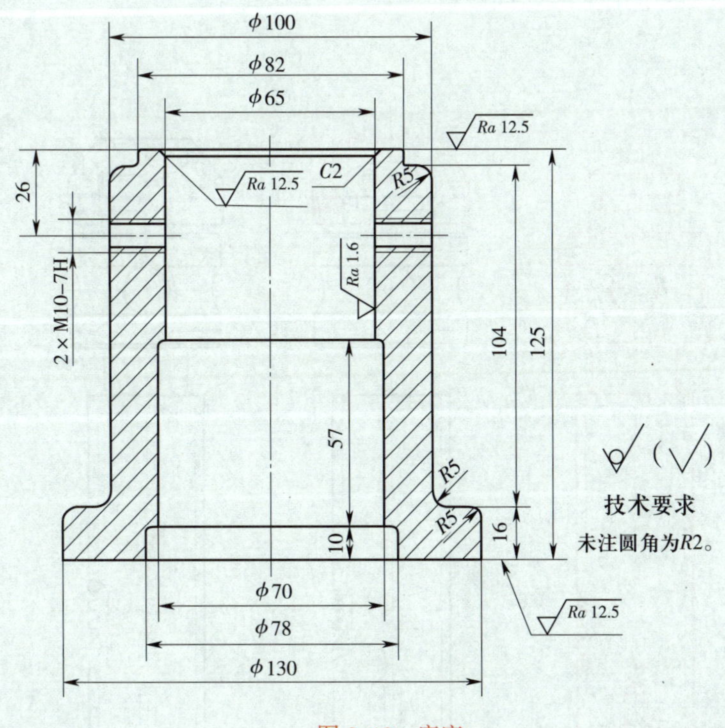

图 8–19　底座

5. 创建挡圈块

根据图 8–20 所示尺寸，绘制挡圈零件图（不标注尺寸），并将其创建为块。

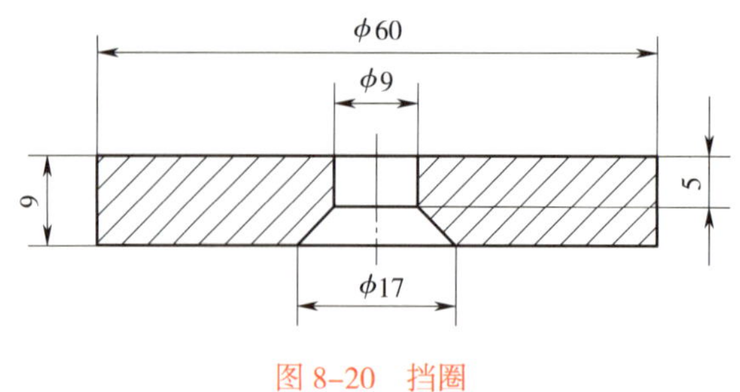

图 8-20　挡圈

三、拼画千斤顶装配图

绘图的思路是从中心线向外绘制，先拼装螺杆和顶块，再绘制螺母，最后绘制底座。

1. 绘制螺杆与顶块的装配图

首先插入螺杆的块和顶块的块，绘制出如图 8-21a、b 所示图形（注意：插入螺杆的块时，旋转角为 -90°。插入顶块的块时，要注意和螺杆的相对位置）。

图 8-21b 中的顶块左半部分未剖开，螺杆顶部应看不到，需要将看不到的轮廓线进行裁剪或删除，结果如图 8-21c 所示。

裁剪和删除轮廓线时，需要将块分解后再进行修改。

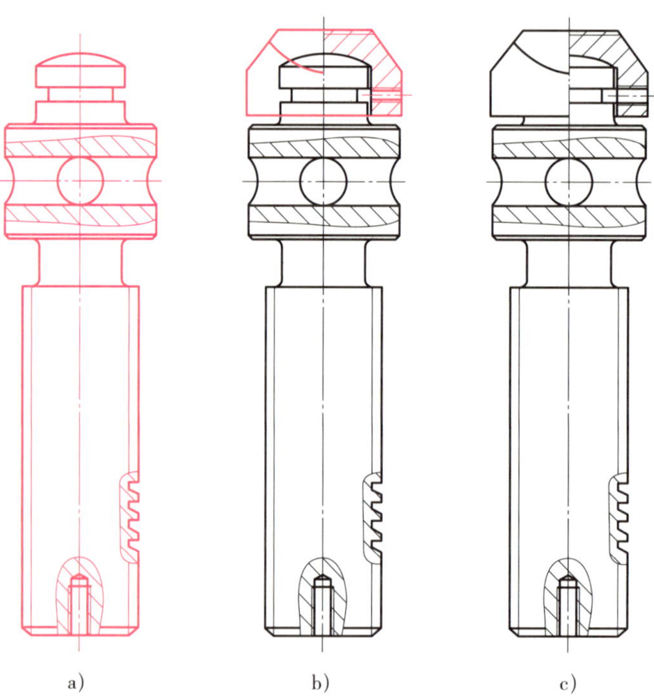

图 8-21　绘制螺杆与顶块的装配图

a）插入螺杆块　b）插入顶块块　c）修改后的装配图

2. 绘制 M6 紧定螺钉的装配图

打开“插入图符”对话框，选择“zh-CN\ 螺钉 \ 紧定螺钉 \GB/T 71—1985 开槽锥端紧定螺钉”（注意：GB/T 71—2018 已替代 GB/T 71—1985）；尺寸规格选择“M6 × 20”，尺寸开关设置为“关”，预显尺寸选择“1”；插入点选择螺钉孔中心线与顶块右轮廓线的交点，并裁剪被紧定螺钉遮挡的轮廓线，结果如图 8-22 所示。

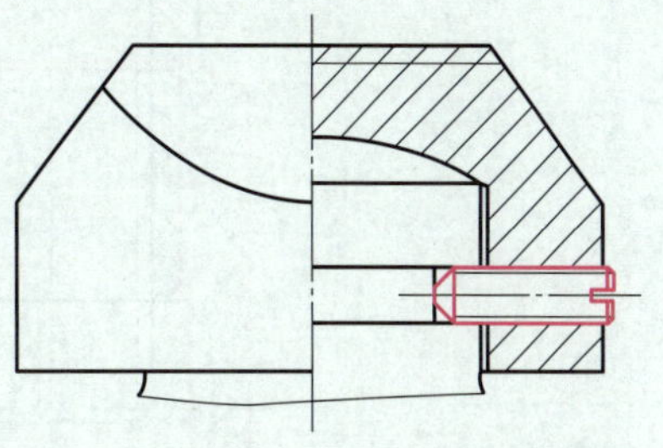

图 8-22　绘制 M6 紧定螺钉的装配图

3. 绘制螺母与螺杆的装配图

螺母和螺杆是相互运动的，绘制螺母时，最好放在螺杆的中间位置。螺母采用全剖，为了表达出螺杆和螺母的配合关系，螺杆采用局部剖表达牙型，如图 8-23 所示。插入螺母块时，需要旋转 180°（见图 8-23a），同时要删除多余的轮廓线和剖面线（见图 8-23b）。

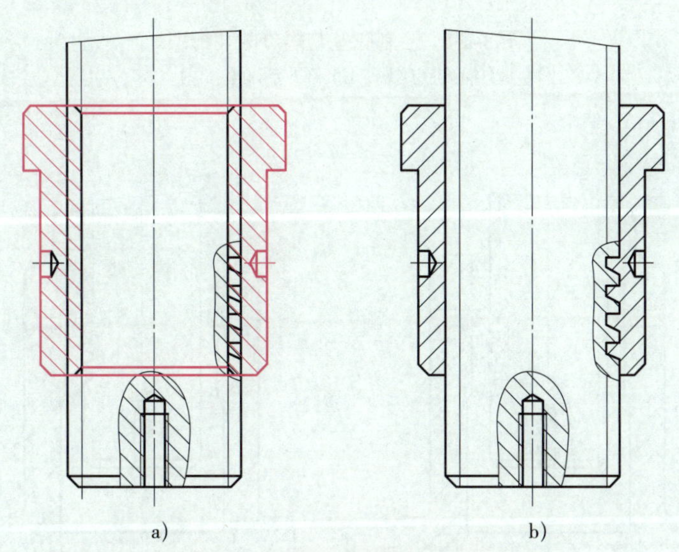

图 8-23　绘制螺母与螺杆装配图

a）插入螺母块　b）修改后的装配图

4. 绘制底座与螺母的装配图

螺母镶在底座中，用螺钉固定。插入底座的块时，注意底座与螺母的配合，如图 8-24a 所示；裁剪或删除多余的轮廓线条，结果如图 8-24b 所示。注意装配图中各零件剖面线的方向，若相邻零件剖面线相同，应对剖面线进行调整。

5. 绘制 M10 紧定螺钉的装配图

打开“插入图符”对话框，选择“zh-CN\ 螺钉 \ 紧定螺钉 \GB/T 71—1985 开槽锥端紧定螺钉”（注意：GB/T 71—2018 已替代 GB/T 71—1985）；尺寸规格选择“M10 × 20”，尺寸开关设置为“关”，预显尺寸选择“1”；选择插入点，并根据位置调整紧定螺钉，结果如图 8-25a 所示。修改轮廓线及剖面线，结果如图 8-25b 所示。

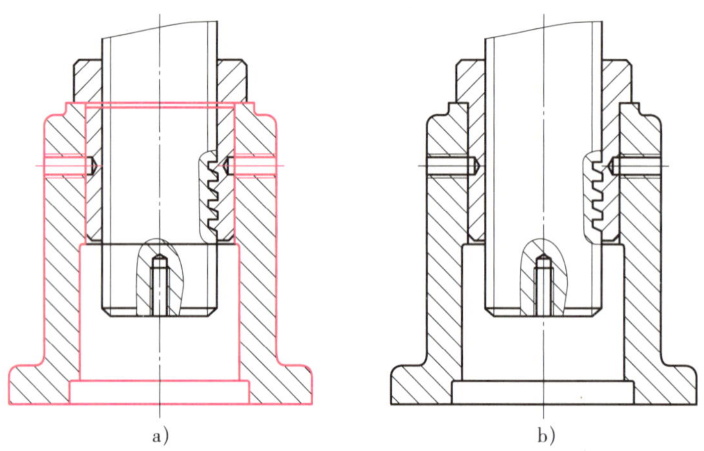

图 8-24　绘制底座与螺母的装配图

a）插入底座块　b）修改后的装配图

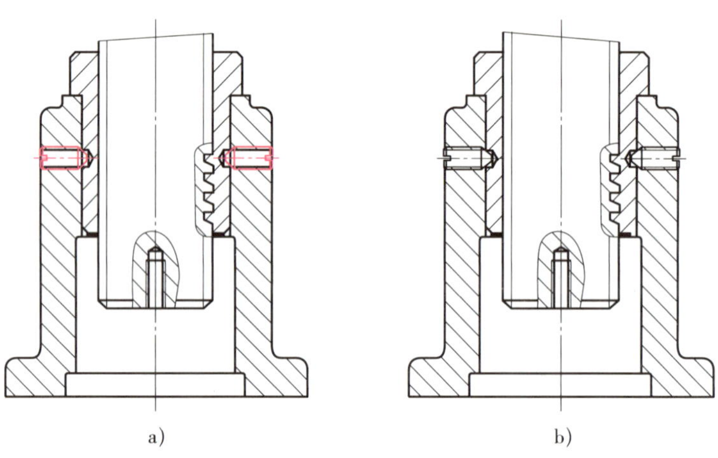

图 8-25　绘制 M10 紧定螺钉的装配图

a）插入 M10 紧定螺钉　b）修改后的装配图

6. 绘制挡圈和 M8 沉头螺钉的装配图

用上述相同的方法，绘制挡圈和沉头螺钉的装配图，如图 8-26 所示。装配沉头螺钉时，打开“插入图符”对话框，选择“zh-CN\ 螺钉 \ 其他螺钉 \GB/T 68—2000 开槽沉头螺钉”（注意：GB/T 68—2016 已替代 GB/T 68—2000）；尺寸规格选择“M8 × 20”，尺寸开关设置为“关”，预显尺寸选择“3”。插入 M8 沉头螺钉后，裁剪和删除多余的轮廓线，结果如图 8-26c 所示。

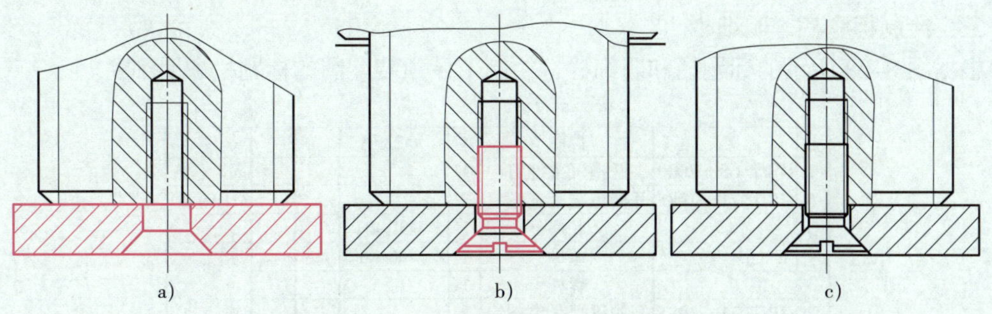

图 8-26　绘制挡圈和沉头螺钉的装配图

a）插入挡圈块　b）插入开槽沉头螺钉　c）修改后的装配图

四、标注尺寸、编写零件序号

1. 标注尺寸

由于千斤顶的结构和功能比较简单，只需要标注出千斤顶的移动范围、螺母和螺杆的装配关系、外形尺寸等即可，结果如图 8-27 所示。

2. 零件序号

单击“图幅”选项卡中“序号”面板内的“ 生成序号”按钮，依次编写零件序号，结果如图 8-27 所示。

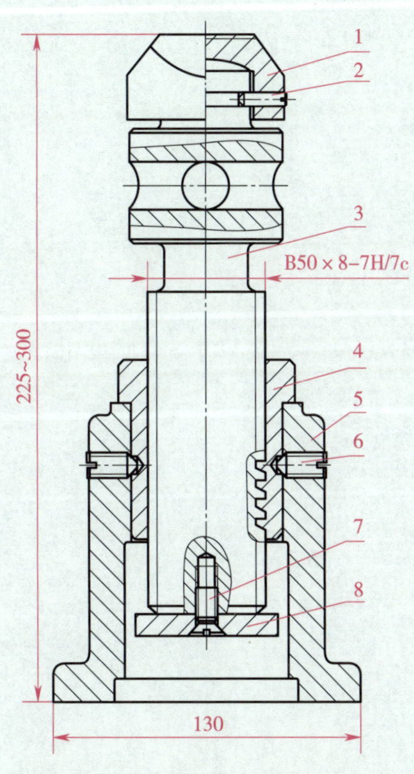

图 8-27　标注尺寸、编写零件序号

五、绘制标题栏、明细栏

根据图 8-28 所示的标题栏和明细栏，绘制千斤顶装配图的标题栏和明细栏。

8		挡圈	1	Q235A			
7	GB/T 68—2000	开槽沉头螺钉	1				M8 × 20
6	GB/T 71—1985	开槽锥端紧定螺钉	2				M10 × 20
5		底座	1	HT200			
4		螺母	1	ZQSn6-6-5			
3		螺杆	1	45			
2	GB/T 71—1985	开槽锥端紧定螺钉	2				M6 × 20
1		顶块	1	45			
序号	代号	名称	数量	材料	单件	总计	备注
					质量		

<table>
<tr><td></td><td></td><td></td><td></td><td></td><td></td><td colspan="4" rowspan="4"></td><td rowspan="2"></td></tr>
<tr><td></td><td></td><td></td><td></td><td></td><td></td></tr>
<tr><td></td><td></td><td></td><td></td><td></td><td></td><td rowspan="3">千斤顶装配图</td></tr>
<tr><td>标记</td><td>处数</td><td>分区</td><td>更改文件号</td><td>签名</td><td>年、月、日</td></tr>
<tr><td>设计</td><td></td><td></td><td>标准化</td><td></td><td></td><td colspan="2">阶段标记</td><td>质量</td><td>比例</td></tr>
<tr><td></td><td></td><td></td><td></td><td></td><td></td><td colspan="2"></td><td></td><td>1 : 1</td><td rowspan="2"></td></tr>
<tr><td>审核</td><td></td><td></td><td></td><td></td><td></td><td colspan="4"></td></tr>
<tr><td>工艺</td><td></td><td></td><td>批准</td><td></td><td></td><td colspan="4">共 张 第 张</td><td></td></tr>
</table>

图 8-28　标题栏和明细栏

六、整理保存

整理图形并保存图形。